山西省科技重大专项“晋北沙化土地防治的关键技术研究与试验示范”

晋北地区乡村人居与森林生态适应性研究

编著　王晓军　刘　勇　张　鸾

中国环境出版集团·北京

图书在版编目（CIP）数据

晋北地区乡村人居与森林生态适应性研究/王晓军，刘勇，张鸾编著．—北京：中国环境出版集团，2018.6（2019.2 重印）
ISBN 978-7-5111-3550-6

Ⅰ．①晋… Ⅱ．①王…②刘…③张… Ⅲ．①区域生态环境—系统管理—研究—山西 Ⅳ．①X321.225

中国版本图书馆 CIP 数据核字（2018）第 038559 号

出 版 人 武德凯
责任编辑 韩 睿 田 怡
责任校对 任 丽
封面设计 宋 瑞

出版发行 中国环境出版集团
（100062 北京市东城区广渠门内大街 16 号）
网 址：http://www.cesp.com.cn
电子邮箱：bjgl@cesp.com.cn
联系电话：010-67112765（编辑管理部）
发行热线：010-67125803，010-67113405（传真）
印 刷 北京中献拓方科技发展有限公司
经 销 各地新华书店
版 次 2018 年 6 月第 1 版
印 次 2019 年 2 月第 2 次印刷
开 本 787×1092 1/16
印 张 24
字 数 526 千字
定 价 84.00 元

本书编委会

编　　著： 王晓军　刘　勇　张　鸾

编写组成员： 张　红　贾宁凤　王亚文　李茹梦　梅傲雪

赵庆玲　周　洋　鄢彦斌　辛　亚　陈文英

李　蕾　申彦舟　闫新平　王嘉维　姚艳丽

许　媛　牛冰娟　李虹睿　田晋嘉　任艳中

孙　骞　王　雪　武江涛　郭妙玲

前　言

本书将乡村和森林都视为社会生态系统，应按照复杂适应系统的思想开展适应性管理。全书分为四大部分共 13 章的篇幅，介绍了主编及其课题组成员多年来在晋北乡村和晋北森林生态系统适应性管理方面的一些主要研究成果。

第一部分　社会生态系统与适应性管理

人类生存本来是依赖自然的，然而随着人类技术进步和人口增长等人类社会的演变，人类所依赖的对象已从完全的自然依赖逐渐转向影响、管理与控制自然系统的要素上来，人类社会创造了由人类行为主导自然环境的人工生态系统。如今，在人类快速增长的需求驱动下，这些变化导致了一些严重的全球性生态问题。

近年来，全球各界都认识到，破解全球性生态问题的途径必然是综合自然与社会等所有科学领域的认识，将人类社会与自然生态系统耦合在一起，这样才有机会维持对人类社会必不可少的生态系统的服务功能。生态学近几十年来的发展也早已突破单纯自然科学的界限，消除生态学家与社会科学工作者之间的鸿沟，强烈的与社会科学相互渗透和结合，构建社会与生态结合的管理体制，使他们能够共同应对生态环境问题与挑战。

一些生态学家从社会与生态的耦合系统的方向上，开展了一些理论性的研究，虽然经验和实践案例并不多，但他们都将其作为复杂适应性系统来研究，并将其作为有关人类与生态系统发展与演化的系统理论。社会生态系统被认为是人类社会、经济活动和自然条件共同组合而成的生态功能统一体。

这种社会生态的系统观并非横空出世，而是 20 世纪 50 年代以来系统论思想发展的结果。第一代系统论有一般系统论、控制论和信息论，其出现后不久，60 年代就出现了第二代系统论，如耗散结构论、协同论和突变论等。系统论与相关一些学科一起，不仅为现代科学的发展提供了理论和方法，而且也为解决人类社会与环境中的各种复杂问题提供了方法论的基础，系统观念正渗透到每个领域。到了 20 世纪末，第三代系统论即复杂适应性理论也面世了，这一系统思想的提出，深刻揭示了复杂社会生态系统运行的规律。

本书第 1 章就从回顾系统论发展的历程谈起，认识三代系统思想的特征与主要内容，并分析目前社会生态系统思想的几个主要来源和主要观点。

人类对社会生态系统开展管理活动面临着两大难题：一是人类对于社会生态系统的理

解是不完全的；二是人类管理行为的生物物理响应具有很高的不确定性。不确定性在区域社会生态系统中是普遍存在的。在传统生态系统管理中，管理活动主要基于以往数据，静态地分析和预测未来的不确定性，这种方法存在许多问题，可操作性面临挑战。正是针对社会生态系统开展的管理环境与对象的不确定性、复杂性和适应性等的特征，传统上基于状态的规划与管理方法已不适合解决社会生态系统问题，适应性管理（规划）因而应运而生。适应性管理针对社会生态系统管理的不确定性等特征，展开一系列决策、规划、实施、监测等资源管理行动，基于先前的经验和试验，强调学习和后期的管理，降低不确定性，随着时间的推移在目标导向和结构化过程中构建知识和提高管理，最终实现系统健康和资源管理的可持续性。

本书在第 2 章重点介绍了针对社会生态系统的适应性规划与管理，也分析了半个世纪以来规划与管理的多种范式转换，试图说明适应性规划与管理思想来自多学科思想和社会思潮的冲击。面对规划与管理的未来导向性本质特征，西方的规划与管理思想经历了“二战”后物质环境空间决定论后，经受了系统论与理性主义思想的洗礼，完全理性管理思想曾在规划与管理思想中达到高峰；在西蒙有限理性管理思想影响下，规划与管理方式受到过西方左翼与右翼社会思潮的冲击，倡导式思想、渐进主义思想、实用主义思想也深刻影响规划范式的形成；哈贝马斯沟通理性的提出、公众参与理论的渐成主流，使得沟通式规划、参与式规划等规划范式引起世人的关注，并与适应性管理思想相互融合，逐渐成为一种与不确定性和复杂性相适应的规划与管理新思路。

适应性规划与管理要求各利益相关群体相互协作，界定共享价值，是一个不断地学习与交流、不断地评估和调整的循环过程。适应性管理思想将各个管理环节与系统整体联系起来，并将社会、经济、政治以及相关联的生态系统等管理环境联系起来，对未来可能出现的问题做准备，随时调整规划与管理策略，以适应不断出现的各种变化，使由于不断变化所产生的复杂性与不确定性大大削减。

总之，本书第一部分对社会生态系统与适应性管理的介绍与讨论，作为随后其他部分的主要理论依据。

第二部分　基于社区的适应性管理

这部分内容集成了笔者近年来在晋北乡村社区开展适应性管理研究的一些成果，以逻辑框架分析（LFA）等方法的介绍为主线，基于空间与时间变迁分析，构建出一幅较为完整的乡村社区适应性管理方法和过程的图景。这一适应性管理方法以结构性管理框架为基础，促进利益相关者的社会学习特点，以有助于满足生态、社会和经济目标的实现为标准，通过乡土知识与科学知识的结合，降低利益相关者之间的紧张关系，促进各方在管理中的合作。简单地说，这里提出的社区适应性管理方法具有以下一些特征：

广泛参与：社区社会生态系统管理离不开利益相关者的广泛参与，参与的过程就是促进公众教育和社会学习的过程，社会学习是步向社会生态系统可持续发展的必要步骤。社区发展中的广泛参与不是指特殊利益群体代表的参与，而是所有利益相关者的参与。村民可以融入社会学习过程中，而不仅仅只是少数的关键利益相关者。所有人无论其阶级、性别、种族、宗教、年龄、教育程度还是其他都能参与，也应当鼓励他们参与。

当地的社会治理：适应性管理强调基于共识合作来解决问题和制定决策，以当地社区为主导开展社会生态系统管理。这些共识和协同过程都强调达成所有利益相关者都满意的政策或策略成果。它们还基于对多元知识的尊重，必须认识到乡土知识、科学知识与专家知识的重要性，并把它们结合到制订管理计划与方案决策当中。论述和对话参与必须是真实的、开放的、包容的和平等的。这里强调当地社区为主导，其本质就是社区拥有最后的决定权。

多层面沟通讨论：任何社区社会生态系统的决策讨论过程都会让参与者和决策者看到相关问题和压力的全景，因为每个利益相关者群体都有各自不同的利益诉求，存在利益的多元性，适应性管理决策过程必须是促进所有利益相关者平等协商的过程，追求满意共识的达成，以调和所有人的利益。多层面参与有助于问题的深化。

全过程持续性：适应性管理反对对具体项目一次性的、孤立的决策与讨论，认为管理的制定过程是一个自始至终不断沟通与共识达成的全过程。适应性管理重视参与式规划，重视促进所有利益相关者的社会学习。强调公民全过程参与的重要性，也强调对话和社会学习的全程性。强调边干边学，关注过程监测与阶段性评估，帮助调整管理政策或行动，甚至实施完成后，仍需有持续的监测与评估的能力。

适应性与恢复力：上述社区的适应性管理更强调促进灵活的决策，使得社会生态系统能够在面对管理行为和其他活动的不确定性时得到及时调整，并得出更好的成果；以历史与现实可控的结果为基础，从而制定出适应新环境的最佳策略；促进生态恢复力和生产力的自然增值能力；充分认识问题分析与目标构建之间的联系，关注管理目标的适宜性和管理方式的可行性，重点解决系统复杂性、动态性和不确定性。

这部分内容重点介绍了社区尺度上开展适应性管理的方法与过程，并通过一些研究案例加以说明。

调查与研究社区层面的社会生态系统时常见的方法与技术见第 3 章。介绍了多学科结合的一些乡村社会与生态调研方法，主要有参与式农村评估方法（PRA）、参与式地理信息系统（PGIS）以及乡土知识（地方性知识）的挖掘与利用。

在晋北一些乡村开展的社会生态系统历史与现实状况评价研究见第 4 章。通过对村庄农耕景观历史格局变迁的分析，指出宏观农村政策对村庄农耕方式的深刻影响，说明评价社会系统与生态系统的历史变迁的重要性（第 4 章 4.1）；通过几个村庄的社会经济状况与可持续性状况分析，从当地社区的视角，指出社区社会生态系统现实状况评价的途径与重要方面。

利益相关者参与是社区社会生态系统适应性管理的一部分（见第 5 章）。通过一个案例说明开展利益相关者分析的方法，并通过构建利益相关者参与评价体系，对利益相关者参与质量进行评价。

开展深入的问题分析和目标分析，也是适应性管理的重要内容（见第 6 章）。本章介绍了采用“问题树”和“目标树”的问题——目标分析方法，将问题与目标按照一定的逻辑关系建立分析框架，澄清各利益相关者对社区问题与目标的不同观点，并纳入一致性的决策体系之中。

在第 7 章中，对社区适应性管理的框架、过程与效果进行了综合介绍。本章认为，将逻辑框架分析方法借鉴到乡村社区的社会生态系统适应性管理中是可行的，在外部专家的帮助下，采用参与式方法，以社区为主导，可以在社区层面上对社会生态系统进行有效而合理的管理。

第三部分　晋北森林生态系统变迁

社会生态系统中人类与自然之间的相互作用，构成了人地关系复杂网络和反馈环。一方面，人类社会在其发展过程中对森林资源的过度消耗和对森林生态系统的过度破坏，使自然生态系统的各个方面和不同过程都受到严重威胁；另一方面，自然界也会通过环境退化和自然灾害等形式对人类系统产生反作用。这种人类与自然之间的相互作用构成了社会生态系统。

过去人类与自然耦合系统相互作用的累积以及演化对现今和未来状况产生的影响，在生态学上称为系统的遗留效应。遗留效应在持续时间和密度方面，因干扰、物理和生物状况以及社会经济地位等因素不同而各异。例如，晋北不同历史时期对森林、土地等资源的不合理利用会产生遗留效应，可以很好地解释当前晋北被定义为“稀树草原带”的现实景观状态。

这部分通过两章的篇幅，采用综合历史生态学的观点和方法，研究了不同历史时期晋北森林生态系统的变迁历史，评述变迁发生的原因及生态系统在受到干扰之后的运动方向，揭示历史时期晋北森林生态系统变迁的时空格局。基于史料所做的研究表明，历史上晋北曾经是广袤的森林，森林生态系统完备。自秦汉以来的两千多年，森林生态系统持续退化，退化主要是各种人为活动直接导致的。虽然有些历史时期晋北的森林生态系统稍有恢复，但总趋势是退化加剧，直至森林生态系统被摧毁殆尽。

新中国成立后晋北的森林生态系统得到较大发展，森林面积显著扩大。短短的 60 多年，遏止了本区森林的退化，森林面积逐渐增多，基本上扭转了历史时期森林植被不断被摧毁致使的生态环境恶化趋势，使晋北初步摆脱了生态恶化的历史。虽然当前森林生态系统中天然林所占比重较少，仍主要以人工林为主，树种单一，质量不高，森林生态系统状况仍比较脆弱，但晋北森林生态系统会逐步向复兴的方向发展。

晋北区域目前已基本度过生态系统的初步恢复期，但距达到为人类提供良好森林生态系统服务功能的能力仍有较大差距。从生态史研究来看，晋北森林生态系统发展的空间潜力仍十分巨大，森林数量与质量仍可大大提高，我们努力恢复与完善晋北森林生态系统的过程仍是长期的、复杂的，存在众多不确定性，只能采用适应性管理框架进行管理。

许多研究认为，北方农牧交错带生态系统退化原因是自然因素和人为因素共同作用的结果。本书的研究表明，在我国北方农牧交错带南侧的晋北地区森林生态系统退化的直接原因是各种人为活动，晋北生态困局的历史根源就在于这里的人类长期对森林的无节制索取，是人类出于军事目的、商业用材以及过度放牧和农耕等因素造成的，与气候变化的关系倒在其次，各种自然灾害都是人为活动的直接后果，人为破坏是因，自然灾害是果。正是由于人为活动改变了区域的森林环境，森林的减少导致区域的气候改变，干旱加剧，土壤贫瘠，进而又导致森林恢复困难，生态系统越发偏离平衡态。

基于上述观点，本书根据历史时期晋北森林生态系统变迁、晋北土壤空间格局现状及晋北土壤发生学分析和质量分析，结合植被演替与土壤演替的紧密关系，在分析了晋北植被分布现状的基础上，对历史时期晋北森林景观进行空间模拟。

第四部分 晋北森林生态系统适应性管理策略

晋北要扭转千百年来人类破坏的生态恶果，绝非一朝一夕可以达成。由于我们对驱使资源动态变化的生物和生态关系结构的认识不足，存在着社会、经济等众多变化和不确定性因素，以及生态建设过程漫长引起的管理复杂性和不确定性，因此不可能存在几百年一以贯之的生态管理策略，现实社会、经济和生态三大系统的“负和”博弈更是晋北森林生态系统恢复管理要解决的现实困局，这也必然是一个近百年甚至上百年的事业，并且需要分不同阶段、不同空间来发挥生态空间发展潜力的最大化。因此，第四部分内容（第 10～13 章）依据适应性管理循环过程，从森林生态系统的适应性管理阶段、框架、目标和步骤几方面，分析恢复晋北森林生态系统将要采取的管理策略。

本书认为从新中国成立以来，晋北森林生态系统适应性管理大致可分为 3 个阶段：一是新中国成立初至今大致可以认为是晋北森林初步恢复阶段，这一时期在“以绿为主、以活为主”的总体思想指导下，大力植树造林，森林数量大大增加，森林面积基本得到恢复；二是今后相当长一段时期，晋北将进入“森林生态系统恢复阶段”，在继续扩大森林面积的同时，将森林质量以及森林生态系统服务功能的发挥作为适应性管理的总体目标；三是晋北将逐步过渡到森林生态系统稳定发展阶段，区域社会生态系统真正得到可持续发展。

基于奥斯特罗姆的社会—生态系统分析框架，本书给出了晋北森林生态系统适应性管理框架，全面分析晋北森林生态系统中的资源系统（RS）、社会治理系统（GS）、资源参与者（A）以及之间的作用机制。在广阔的社会—政治—经济背景（S）和相关联的生态系统（ECO）下，在森林初步恢复阶段的晋北地区，资源参与者从资源系统中获取资源单位（RU），并根据具有支配性的治理系统所规定的规则和程序来维持森林资源系统的持续运转。在提取资源并维持系统的过程中，社会系统与生态系统进行了持续的互动（I），并已经产生了一些社会绩效和生态绩效结果（O），持续相互作用还会不断产生新的结果，这些结果将反过来不同程度地影响核心子系统及其低层次要素。

为此，在今后晋北森林生态系统恢复期内，将经历以下几个适应性管理步骤：森林生态系统现状及问题分析；确定恢复森林生态系统战略目标；制定森林生态系统恢复战略和社会—经济—生态复合监测计划；权衡并确定最佳方案；实施方案；监测与阶段性成果评估；基于结果，学习与适应。

本书基于上述对晋北森林生态系统保护与发展的适应性管理策略分析，针对宝贵的残留天然林、新中国成立后发展起来的人工林以及与河流生态系统提出了相应的适应性管理策略。本书沿用王国祥先生 2008 年提出的森林经营思想，有别于按森林起源划分的纯天然林或纯人工林，还提出了晋北“人天混交林”的可持续经营策略。人工种植的树木与天然更新起源的树木混交形成的森林称为“人天混交林”，这类森林生态系统中人工种植的树木与天然更新的树木在林内分别所占成数均不少于一成。本书还沿用王国祥先生的另一观点，即人工林可持续经营的目标必然是人工林的天然林化，通过合理森林经营作业，阐述了使晋北人工林沿着接近于天然林发生、发展的规律生长发育，形成天然林化的、可持续发展和发挥效益的人工林生态系统。最后，本书还针对晋北河流生态系统严重退化的现实，提出一些有建设性的恢复河流生态系统的适应性管理策略，以期适应性管理思想能够引入更广泛的区域资源管理中。

本书的完成与出版要感谢张红教授主持的山西省“十二五”科技重大专项“晋北沙化土地防治的关键技术研究与试验示范”项目的资助，也要感谢项目组研究人员对本书提出的宝贵意见和无私贡献。

王晓军

2017.12

目　录

第一部分　社会生态系统与适应性管理

第二部分　基于社区的适应性管理

第三部分 晋北森林生态系统变迁

第四部分 晋北森林生态系统适应性管理策略

第一部分

社会生态系统与适应性管理

第 1 章
社会生态系统

人类社会系统与自然生态系统的关系是多维度的和复杂的。目前来看，还没有一个单一学科和观点可以全面地理解和解释这两个系统之间的关系，唯一合理的途径是多学科的协调和合作。然而，在目前关于社会系统与生态系统之间关系或联合后的社会生态系统的研究中，尤其是在生态学方面，仍然缺乏在社会科学和自然科学之间的共同的理论框架，在各学科之间也没有大家共同认可的定义和解释。本书试图将适应性管理的理论应用在晋北实践的解释中，在不同时空尺度上诠释社会生态系统。

在社会生态系统中，人是最活跃的因素，积极的或是破坏的因素都是人。一方面，人是社会经济活动的主人，以其特有的文明和智慧驱使自然为自己服务，使其物质文化生活水平以正反馈为特征持续上升；另一方面，人只是自然中的一员，其活动不能违背自然生态系统的基本规律，受到自然条件的负反馈约束和调节。这两种力量的基本冲突，正是社会生态系统的一个最基本特征。因此，研究社会生态系统，将人与自然作为统一的系统来研究具有重要意义。

社会与生态耦合的系统观不是一蹴而就的，是系统论思想发展的结果，并仍在不断发展和丰富之中。本章将从回顾系统论发展的历程谈起，认识三代系统思想的特征与主要内容，并分析目前社会生态系统思想的几种主要观点。

1.1 还原论与整体观

在系统论未确立之前，采用传统科学分析方法研究问题，一般是把事物分解成若干部分，抽象出最简单的因素，然后再以部分的性质去说明复杂事物。这种方法的着眼点在局部或要素。然而，它不能如实地说明事物的整体性，不能反映事物之间的联系和相互作用，它只适合认识较为简单的事物，而不胜任对复杂问题的研究。在介绍系统论之前，我们先说明两个重要的认识论，即还原论和整体论。

所谓还原，就是把复杂系统层层分解为其组成部分的过程，由整体到部分、由连续到离散不断分析，恢复其最原始的状态，化复杂为简单。作为一种西方哲学思想的还原论（Reductionism），认为复杂系统可以通过将系统分割为各部分之组合的方法，经分析简化，加以理解和描述，这种方法的着眼点在局部或要素，由最基本要素的性质去了解系统整体变化原理的理念。人类有寻根探源的还原意识，在此基础上形成的还原思维方式，其实质是把事物返回到其所在的整体系统与原初状态中去进行考察，以获得对事物的真实把握。这种寻根探源现象表现在科学研究、艺术创造及人类生活的方方面面。还原论曾经是西方认识客观世界的主流哲学观，其理念主要来源于一元论哲学（Monism），认为万物均可通过分割成部分的途径了解其本质。

还原论思想在自然科学研究中有很大影响，如认为化学是以物理学为基础，生物学是以化学为基础等。在还原论支配下，自然科学界认为自然界普遍存在因果法则的学说，即因果法则存在于一切事物之中，世界上不存在绝对偶然性的东西，宇宙间的一切事物都有严格的因果关系可循，都被一定的因果定律所制约和统治着，称为因果决定论。在这一思想主导下，经典科学的两个分支的基本观念在科学思想的领域内占据统治地位。

一个是牛顿力学，它的机械决定论的世界观和线性的思维方式使它倡导对事物做分解的、还原式的研究。18 世纪和 19 世纪的各种学科都效仿牛顿体系来构造自己，牛顿物理学成了“硬科学”的样本，一切学科的构筑、建立和发展都以此为标准。近代科学体系正是以此为基础，按此方式建立起来的，并且直至今日仍旧发挥着它的影响。在牛顿科学看来，物质的宇宙是被精巧地设计出来的巨大的机械装置，它服从于决定论的运动规律。世界大机械由数量巨大的运转部件组成，所发生的一切都存在一定的原因，并会产生一定的后果，只要能够知道该系统在任何时刻的状态的所有细节，原则上就可以绝对地预言该系统任何一部分的未来；其分析方法是，复杂的事物集合只要分解成自然的相互作用，人们就可以理解。机械决定论认为，整个宇宙由物质组成；物质的性质取决于组成它的不可再分的最小微粒的空间结构和数量组合；物质具有不变的质量和固有的惯性，它们之间存在着万有引力；一切物质运动都是物质在绝对、均匀的时空框架中的位移，都遵循机械运动定律，保持严格的因果关系；物质运动的原因在物质的外部。所谓线性思维（Linear Thinking）是指思维沿着一定的线型或类线型（无论线型还是类线型都既可以是直线也可以是曲线）的轨迹寻求问题的解决方案的一种思维方法。线性思维也称一维思维，有两个特点，一是把多元素问题变成一元素问题，一条道走到黑，排除其他道路的可能性，这就是我们平常说的“死脑筋”；二是非此即彼，非对即错，不考虑其他方案中正确和有效益的东西，简单地进行二选一的选择。

另一个是平衡态热力学，平衡态热力学所研究的是处于平衡态的封闭系统及其由一个平衡态变为另一个平衡态的过程。常见的过程包括等温过程、等压过程和等容过程。等温过程是系统始态与终态温度相等且等于环境恒定温度的过程；等压过程是系统始态与终态压力相等且等于环境恒定压力的过程；等容过程是系统体积恒定不变的过程。系统与环境的温度（或压力）相等并恒定的过程，是等温（或等压）过程极限情况的可逆过程。在寻常的实验时间里，可逆过程等于没有过程，也就是平衡状态。我们知道，热力学第一定律是能量守恒定律，但它未解决能量转换过程中的方向、条件和限度问题。热力学第二定律定义为，不可能把热从低温物体传到高温物体而不产生其他影响；或不可能从单一热源取热使之完全转换为有用的功而不产生其他影响；或不可逆热力过程中熵的微增量总是大于零，表明了在自然过程中，一个孤立系统的总混乱度（即“熵”）不会减小。以上每一种表述都揭示了大量分子参与的宏观过程的方向性，自然界中进行的涉及热现象的宏观过程都具有方向性。因为它注目于热力学第二定律引起的世界的无序化、离散化的趋向，导致局限于对事物的大数的统计的认识。

因为机械论世界观把物质粒子活动当作最高实在，把所研究的每样东西都当作由分离的、零散的部分或因素所组成，而其方法论忽视了生命有机体的基本特征是组织，完全没有把有机体的概念放在其视域之内。贝塔朗菲断言：“经典物理学在无组织的复杂事物的理论发展上是非常成功的。……最终归结为随机和概率定律以及热力学第二定律。”然而与此相反，今天的基本问题是有组织的复杂事物。显然，还原论存在一定局限性，它不能如实地说明事物的整体性，不能反映事物之间的联系和相互作用，它只适应认识较为简单的事物，不胜任对复杂问题的研究。

东方文明的整体观和西方的整体论相近似，它们都认识到，还原论只可用于简单系统，对于复杂系统（如区域规划）而言，一旦被分割，将会因此丧失许多信息而失真。系统的复杂程度越高，因分割而失真的程度就越严重。

东方的整体观或西方的整体论是从全局考虑问题的观念，它们首先认为自然界本身是一个整体，人和其他的生命、生物都是其中的一部分，如果这个整体或某一部分受到损害，那么其他方面也将受到影响，整体则因之破坏。它们又认为将生物机体与自然环境这些不同层次的亚系统或子系统看成统一的整体，是着眼全局观察事物和解决问题的一种心理能力。因此，整体观或整体论不仅是一种理念，也是一种行动。

西方近代科学发生和发展的300多年来，前200年还原论占主导，而近百年来，随着相对论的提出、量子力学的建立以及复杂科学的兴起等，整体论取得大量的成就，同时也唤醒了人们对东方文明深刻内涵的重新评价。一般地说，西方的整体论与东方的整体观还有区别。整体论是西方百年来少数杰出科学家个人在反思还原论后得出的结果，多少还残留着还原论桎梏的痕迹；而东方的整体观则是数千年文明积淀的结果。

1.2 系统论的发展

英文中系统（system）一词是部分组成整体的意思。今天人们从各种角度对系统提出很多种定义。钱学森认为：系统是由相互作用、相互依赖的若干组成部分结合而成的，具有特定功能的有机整体，而且这个有机整体又是它从属的更大系统的组成部分。可见，任何系统都是一个有机的整体，它不是各个部分的机械组合或简单相加，系统的整体功能具有各要素在孤立状态下所没有的性质。在这个定义中包括了系统、要素、结构、功能四个概念，表明了要素与要素、要素与系统、系统与环境三方面的关系。

人们将研究系统的一般模式、结构和规律的学问称为系统论，它研究各种系统的共同特征，整体观念是其核心思想。系统论主张任何事物都是一个系统。系统论认为，系统中各要素不是孤立地存在着，每个要素在系统中都处于一定的位置上，起着特定的作用。要素之间相互关联，构成了一个不可分割的整体。要素是整体中的要素，如果将要素从系统整体中割离出来，它将失去要素的作用。

系统论早已经发展为系统科学（Systems Science），系统科学是以系统思想为中心的一类新型的科学群。它包括系统论、信息论、控制论、耗散结构论、协同学以及运筹学、系统工程、信息传播技术、控制管理技术等许多学科，是 20 世纪中叶以来发展最快的一大类综合性科学。这些学科是分别在不同领域中诞生和发展起来的，本来都是独立形成的科学理论，但它们相互间紧密联系，互相渗透，在发展中趋向综合、统一，有形成统一学科的趋势。所以，系统论连同这些其他横断科学一起，不仅为现代科学的发展提供了理论和方法，而且也为解决现代社会中的各种复杂问题提供了方法论的基础，系统观念正渗透到每个领域。

我们简单梳理一下三代系统论的发展和主要观点。我们认识系统论，不仅在于认识系统的特点和规律，更重要的还在于利用这些特点和规律去控制、管理、改造或创造一系统，使它的存在与发展合乎人的目的需要。也就是说，研究系统的目的在于调整系统结构，协调各要素关系，使系统达到优化目标。

1.2.1 第一代系统论

最先发展起来的系统论包括系统论、控制论和信息论，人们习惯地称为“老三论”，也可称为“第一代系统论”。

贝塔朗菲的系统论：系统论的创始人是美籍奥地利生物学家贝塔朗菲。系统论要求把事物当作一个整体或系统来研究，并用数学模型去描述和确定系统的结构和行为。贝塔朗菲旗帜鲜明地提出了系统观点、动态观点和等级观点，指出复杂事物的功能远大于某组成因果链中各环节的简单总和，认为一切生命都处于积极运动状态，有机体作为一个系统能够保持动态稳定是系统向环境充分开放，获得物质、信息、能量交换的结果。系统论强调整体与局部、局部与局部、系统本身与外部环境之间互为依存、相互影响和制约的关系，具有目的性、动态性、有序性三大基本特征。贝塔朗菲把生物和生命现象的有序性和目的性同系统的结构稳定性联系起来：有序，因为只有这样才使系统结构稳定；有目的，因为系统要走向最稳定的系统结构。

维纳的控制论：控制论是美国数学家维纳在解决自动控制技术问题中建立的。控制论是研究系统的状态、功能、行为方式及变动趋势，控制系统的稳定，揭示不同系统的共同的控制规律，使系统按预定目标运行的技术科学。它是关于生物系统和机器系统中控制和通信的科学，认为通过反馈实现有目的的活动就是控制，而系统的输出转变为系统的输入就是反馈。它提炼出的基本概念有：目的、行为、通信、信息、输入、输出、反馈、控制以及在这些概念基础上的控制论系统模型。

申农的信息论：信息论则是美国数学家申农在解决现代通信问题时而创立的。它是关于研究各种系统中信息的计量、传递、贮存和使用规律的科学。它是用概率论和数理统计方法，从量的方面来研究系统的信息如何获取、加工、处理、传输和控制的一门科学。信息就是指消息中所包含的新内容与新知识，是用来减少和消除人们对于事物认识的不确定性。系统正是通过获取、传递、加工与处理信息而实现其有目的的运动的。信息是一切系统保持一定结构、实现其功能的基础。信息论认为信息有别于物质或能量，既不能脱离物质也不能脱离能量。是否传递了信息，用系统是否消除了事物的不确定性来量度；是否贮存了信息，用系统的有序度来量度。

第一代系统论的系统观点、等级观点和动态观点和方法概括如下：

系统的观点就是整体性观点、联系的观点。如前所述，所谓系统是指由两个或两个以上的元素（要素）相互作用而形成的整体。这里相互作用主要是指非线性作用，它是系统存在的内在根据，构成系统全部特性的基础。即系统整体具有部分或部分之和所不具有的特征和功能，即整体不等于（大于或小于）部分之和，称为系统质。与此同时，系统各组成部分受到系统整体的约束和限制，这种特性称为系统的整体突现性，也称非还原性原理。整体突现性来自系统的非线性作用，这是系统的首要特性。

系统存在的各种联系方式的总和构成系统的结构。系统结构的直接内容就是系统要素之间的联系方式；任何系统要素本身也同样是一个系统，系统要素作为系统构成原系统的子系统，子系统又必然为次子系统，……构成一种层次关系。因而，系统结构另一个方面的重要内容就是系统的层次结构。系统的结构特性可称为等级层次观点。与一个系统相关联的、系统的构成关系不再起作用的外部存在称为系统的环境。系统相对于环境的变化称为系统的行为，系统相对于环境表现出来的性质称为系统的性能。系统行为所引起的环境变化，称为系统的功能。系统功能由要素、结构和环境三者共同决定。相对于环境而言，系统是封闭性和开放性的统一。这使系统在与环境不停地进行物质、能量和信息交换中保持自身存在的连续性。系统与环境的相互作用使二者组成一个更大的、更高等级的系统。

因此，整体性观点是系统方法的首要原则。我们必须从非线性作用的普遍性出发，始终立足于整体，通过部分之间、整体与部分之间、系统与环境之间的复杂的相互作用、相互联系的考察达到对对象的整体把握。具体来说，第一，从单因素分析进入系统的组织性、相关性的把握；第二，从线性研究进入非线性研究；第三，从单维度研究进入多维度研究。在一定意义上，系统科学的各种具体方法都是整体研究的基本方法。

（1）黑箱方法：是在客体结构未知或假定未知的前提下，给黑箱以输入从而得到输出，并通过对输入、输出的考察来把握客体的方法。在运用黑箱方法时，首先要对箱子的性质和内容不做任何假定，但要确定有一些作用于它的手段，并以此对箱子进行工作，使人与箱子之间形成一个耦合系统。然后规定箱子的输入，使耦合以确定而可重复的方式形成。最后通过输入/输出数据建立数学模型，推导内部联系。这里值得注意的是，黑箱方法考察的不是箱子本身，而是人—箱耦合系统。

绝对的黑箱实际上并不存在，任何客体都可以说是一个灰箱。绝对的“白箱”实际上也并不存在。白箱方法就是把系统结构按一定关系式表达出来，形成“白箱网络”，并进一步以白箱网络对系统进行再认识，预测系统未来行为，控制系统将来过程。

（2）反馈方法：是以原因和结果的相互作用来进行整体把握的方法。维纳指出，反馈是控制系统的一种方法，它的特点是根据过去操作的情况去调整未来行为。所谓反馈就是系统的输出结果再返回到系统中去，并和输入一起调节和控制系统的再输出的过程。如果前一行为结果加强了后来行为，称为正反馈；如果前一行为结果削弱了后来行为，称为负反馈。反馈在输入、输出间建立起动态的双向联系。反馈方法就是用反馈概念分析和处理问题的方法，它成立的客观依据在于原因和结果的相互作用。不仅原因引起结果，结果也反作用于原因。因而对因果的科学把握必须把结果的反作用考虑在内。

（3）功能模拟法：是用功能模型来模仿客体原型的功能和行为的方法。所谓功能模型就是指以功能行为相似为基础而建立的模型。如猎手瞄准猎物的过程与自动火炮系统的功能行为是相似的，但二者的内部结构和物理过程是截然不同的，这就是一种功能模拟。功能模拟法为仿生学、人工智能、价值工程提供了科学方法。

功能模拟法的特点：一个模型也是一个系统，它可以是想象的，可以是现实存在的，也可以是自然的。一个系统称为模型，必须满足三个条件：相似性、代表性和外推性。控制论的功能模拟方法与一般的模拟方法相比还具有如下特点：第一，以行为相似为基础。在控制论看来，一个系统最根本的内容就是行为，即在与外部环境的相互作用中所表现出来的系统整体的应答。与此相应，两个系统间最重要的相似就是行为上的相似。在建立模型的过程中，可撇开结构，而只抓取行为上的等效，从而达到功能模拟的目的。控制论重新定义了行为概念：一个客体可从外部探知的任何改变就是行为。这一规定确立了行为的共同本质，使行为具有了普遍性。第二，模型本身成为认识目的。在传统模拟中，模型是把握原型的手段。对模型的研究，目的是获取原型的信息。而在功能模拟中，模拟以行为为基础，以功能为目的。模型是具有生物目的性行为的机器，这种机器的研制恰恰就是控制论的本来任务。在这个意义上说，人的行为本身反倒仅仅具有参照意义，这种原型反过来成为模型的手段。第三，从功能到结构。一般模拟遵循的是从结构到功能的认识路线。而功能模拟首先把握的是整体行为和功能，而不要求结构的先行知识，之后才要求从行为和功能过渡到结构研究，获得结构知识。

功能模拟方法忽略质料、结构和个别要素的分析，暂时撇开系统的结构、要素、属性，而单独的研究行为，并通过行为功能把握其结构和性质。这不仅是可行的，而且是研究复杂客体的必要手段，尤其在客体结构知识不明的情况下，行为对我们把握客体就具有了根本性意义。功能模拟法提供了对复杂客体进行整体研究的重要途径，即行为功能研究。

（4）信息方法：是指运用信息观点，把系统存在看作信息系统，把系统运动看作信息传递和转换过程，通过对信息流程的分析和处理，达到对系统运动过程及其规律性的认识的方法。信息方法的特点是用信息概念作为分析和处理问题的基础，它完全撇开研究对象的具体结构和运动形态，把系统的、有目的性的运动抽象为一个信息变换过程。信息流的正常流动，特别是反馈信息的存在，才能使系统按预定目标实现控制（见图 1-1）。

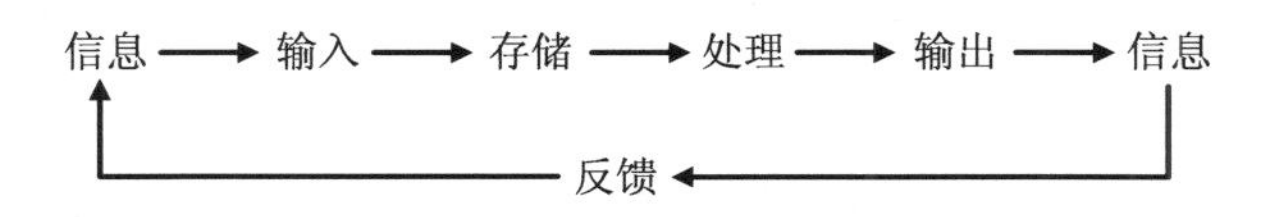

图 1-1　信息流的流动过程

运用信息方法，首先，要根据信息观点把对象处理为一个信息模型。这个环节的主要任务可称为信息分析。其次，要对信息模型进行定量化处理，即建立数学模型。最后，根据数学模型分析系统形态，预测其行为，确定利用原理和方法。运用信息方法对复杂事物进行研究时，不需要对事物的具体结构加以解剖性的分析，而是对其信息流程加以综合性的考察，着眼于该系统在与环境交互作用过程中的动态功能，从而获得关于事物整体的知识。信息方法不是割断系统的联系，不是用孤立的、局部的、静止的方法研究事物，也不是那种在剖析的基础上进行简单的机械综合，而是直接从整体出发，用联系的、全面的观点去综合分析系统运动过程。

信息方法具有以下特点：①抽象性：它完全撇开对象的具体运动形态，把抽象的信息运动作为分析问题的基础。②整体性：信息方法直接从系统的整体存在出发，通过系统与环境的信息输入/输出关系来综合研究系统的信息过程。③动态性：信息方法是一种动态性方法，是对对象进行动态研究的有力手段。

系统的动态观点就是指系统的动态演化原理或过程原理。系统的动态性包含两方面的意思，一是系统内部的结构状况是随时间而变化的；二是系统必定与外部环境存在着物质、能量和信息的交换。如生物体保持体内平衡的重要基础就是新陈代谢，如果新陈代谢停止就意味着生物体的死亡，这个作为生物体的系统就不复存在。贝塔朗菲认为，实际存在的系统都是开放系统，动态是开放系统的必然表现。系统动态观点的基本内容包括：一切实际系统由于其内外部联系复杂的相互作用，总是处于无序与有序、平衡与非平衡的相互转化的运动变化之中，任何系统都要经历一个系统的发生、系统的维生、系统的消亡的不可逆的演化过程。也就是说，系统存在在本质上是一个动态过程，系统结构不过是动态过程的外部表现。而任一系统作为过程又构成更大过程的一个环节、一个阶段。

除可逆与不可逆、确定性与随机性之外，与系统变化发展相关的重要概念还包括有序与无序，它们刻画系统演化的形态特征。热力学、协同学、控制论和信息论分别用熵、序参量和信息量来刻画有序与无序。简单地说，所谓有序是指有规则的联系，无序是指无规则的联系。系统秩序的有序性首先是指结构有序。例如，激光是空间有序的，行星绕日旋转是时间有序。结构无序是指组分的无规则堆积。例如，一盘散沙是空间无序，分子的布朗运动等各种随机运动为时间无序。此外系统秩序还包括行为和功能的有序与无序。

平衡态与非平衡态则是刻画系统状态的概念。平衡态意味着差异的消除、运动能力的丧失；非平衡态意味着分布的不均匀、差异的存在，从而意味着运动变化能力的保持。与此相联系，有序可分为平衡有序与非平衡有序。平衡有序是指有序一旦形成，就不再变化，如晶体。非平衡有序是指有序结构必须通过与外部环境的物质、能量和信息的交换才能得以维持，并不断随之转化更新。

1.2.2 第二代系统论

第一代系统论时期所说的“系统”，是以机器为背景的，部分是完全被动、死的个体，其作用仅限于接收中央控制指令，完成指定的工作。任何其他动作或行为都被看作只起破坏作用的消极因素（噪声），应当尽量排除。这既保证了它在工程领域的成功应用，也决定了它在生物、生态、经济、社会等以“活的”个体为部分的系统中必然遇到困难，这里系统的背景已经不是人造机器。

20 世纪 60 年代末期开始建立并发展起来的一种系统理论称为自组织理论，它主要由三大理论组成，即耗散结构论、协同论和突变论，一般习惯称为“新三论”，其他还有如超循环理论等。自组织理论以新的基本概念和理论方法研究自然界和人类社会中的复杂现象，并探索复杂现象形成和演化的基本规律。从自然界中非生命的物理、化学过程怎样过渡到有生命的生物现象，到人类社会从低级走向高级的不断进化等，都是自组织理论研究的课题。

一般来说，组织是指系统内的有序结构或这种有序结构的形成过程。如果一个系统靠外部指令而形成组织，就是他组织；如果不存在外部指令，系统按照相互默契的某种规则，各尽其责而又协调地、自动地形成有序结构，就是自组织。一个系统自组织功能越强，其保持和产生新功能的能力也就越强。其基本思想和理论内核可以完全由耗散结构论和协同论给出，二者从宏观、微观以及两者联系上回答了系统自己走向有序结构的基本问题。

第二代系统论提出的“系统”，具有两个新特征：第一，要素数量极大，致使“我推你动”的控制和管理方式成为不可能；第二，要素具有自身的、另一层次的、独立的运动，使整个系统不可避免地具有统计性和随机性。从这两点出发，第二代系统论拓宽了控制的概念，引进了随机性和确定性统一的思想，讨论了自组织涨落、相变等新概念，对系统的理解深入了一大步。

（1）普利高津的耗散结构论：主要研究系统与环境之间的物质与能量交换关系及其对自组织系统的影响等问题。一般来说，开放系统有三种可能的存在方式：①热力学平衡态；②近平衡态；③远离平衡态。普利高津认为，稳定结构的形成是系统诞生的标志，而系统从一种旧的稳定化结构演变为一种新的稳定化结构则是系统进化的标志。但在开放并远离平衡的情况下，系统通过和环境进行物质、能量的交换，一旦某个参量变化达到一定的阈值，系统就有可能从原来无序状态自发转变到在时间、空间和功能上的有序状态。普利高津把这种在远离平衡情况下所形成的新的有序结构称为“耗散结构”，如城市、生命等就是建立在与环境发生物质、能量交换关系基础上的耗散结构。一个系统由混沌向有序转化形成耗散结构，至少需要四个条件：①必须是开放系统；②必须远离平衡态；③系统内部各个要素之间存在着非线性的相互作用；④涨落导致有序。

由大量子系统组成的系统的可测的宏观量在每一时刻的实际测度相对平均值或多或少有些偏差，这些偏差就叫涨落，涨落是偶然的、杂乱无章的、随机的。在正常情况下，由于热力学系统相对于其子系统来说非常大，这时涨落相对于平均值是很小的，即使偶尔有大的涨落也会立即耗散掉，系统总要回到平均值附近，这些涨落不会对宏观的实际测量产生影响，因而可以被忽略掉。然而，在临界点（即所谓阈值）附近，情况就大不相同了，这时涨落可能不会自生自灭，而是被不稳定的系统放大，最后促使系统达到新的宏观态。当在临界点处系统内部的长程关联作用产生相干运动时，反映系统动力学机制的非线性方程具有多重解的可能性，自然地提出了在不同结果之间进行选择的问题。在这里瞬间的涨落和扰动造成的偶然性将支配这种选择方式，涨落导致有序的论断明确地说明了，在非平衡系统具有了形成有序结构的宏观条件后，涨落对实现某种序所起的决定作用。

（2）哈肯的协同论：与耗散结构论一样，协同论也是研究系统演化的理论，都试图找到一个能对系统结构的自发形成起支配作用的原理，并从两个不同的方面，互相补充地说明了系统的演化原理。耗散结构论对远离平衡态的系统演化提出方案，而协同论则对非远离平衡态系统实现的系统演化提出了方案。

哈肯认为自然界是由许多系统组织起来的统一体，这许多系统就称为小系统，这个统一体就是大系统。在某个大系统中的许多小系统既相互作用，又相互制约，它们具有平衡结构，而且由旧的结构转变为新的结构具有一定的规律，研究本规律的科学就是协同论，研究系统内部各子系统间通过怎样的相互协作而在宏观尺度上产生空间、时间或功能有序的结构。

哈肯发现有序结构的出现不一定要远离平衡，系统内部要素之间协同动作也能够导致系统演化（内因对于系统演化的价值和途径）。在热力学中，用“熵”表示体系混乱程度的参量。哈肯认识到熵概念的局限性，而用序参量的概念，它是从相变理论中借用过来并且加以发展的概念。序参量是系统通过各要素的协同作用而形成的，同时它又支配着各个子系统的行为。序参量是系统从无序到有序变化发展的主导因素，它决定着系统的自组织行为。当系统处于混乱的状态时，其序参量为零；当系统开始出现有序时，序参量为非零值，并且随着外界条件的改善和系统有序程度的提高而逐渐增大，当接近临界点时，序参量急剧增大，最终在临界点突变到最大值，导致系统不稳定而发生突变。序参量的突变意味着宏观新结构出现。因此，协同论主要研究系统内部各要素之间的协同机制，认为系统各要素之间的协同是自组织过程的基础，系统内各序参量之间的竞争和协同作用是使系统产生新结构的直接根源。

协同论也解释了“涨落”，由于系统要素的独立运动或在局部产生的各种协同运动以及环境因素的随机干扰，系统的实际状态值总会偏离平均值，这种偏离波动大小的幅度就叫涨落。当系统处在由一种稳态向另一种稳态跃迁，系统要素间的独立运动和协同运动进入均势阶段时，任一微小的涨落都会迅速被放大为波及整个系统的巨涨落，推动系统进入有序状态。

协同论也是处理复杂系统的一种策略，其目的是建立一种用统一的观点去处理复杂系统的概念和方法。协同论的重要贡献在于通过大量的类比和严谨的分析，论证了各种自然系统和社会系统从无序到有序的演化，都是组成系统各要素之间相互影响又协调一致的结果。

（3）托姆的突变论：突变论吸收了系统结构稳定性理论、拓扑学和奇点理论的思想，通过描述系统在临界点的状态，来研究自然多种形态、结构和社会经济活动的非连续性突然变化现象。物质系统中物理、化学性质完全相同，与其他部分具有明显分界面的均匀部分称为相。与固、液、气三态对应，物质有固相、液相、气相。物质从一种相转变为另一种相的过程称为相变。突变论认为，系统的相变，即由一种稳定态演化到另一种不同质的稳定态，可以通过非连续的突变，也可以通过连续的渐变来实现，相变的方式依赖于相变条件。如果相变的中间过渡态是不稳定态，相变过程就是突变；如果中间过渡态是稳定态，相变过程就是渐变。原则上可以通过控制条件的变化控制系统的相变方式。

突变论通过探讨客观世界中不同层次上各类系统普遍存在着的突变式质变过程，揭示出系统突变式质变的一般方式，说明了突变在系统自组织演化过程中的普遍意义；它突破了牛顿单质点的简单性思维，揭示出物质世界客观的复杂性。

第二代系统论时期重要的理论还有运筹学、系统工程等。运筹学是一些科学家应用数学和自然科学方法参与“二战”中的军事问题的决策而形成的；系统工程则是为解决现代化大科学工程项目的组织管理问题而诞生的。现在，人们将所有这些描绘系统运动的理论命名为“系统论”，这里的“系统”，已经不只是第一代贝塔朗菲所讲的一般系统论，而是更综合、更全面的自组织理论。自组织理论基本观点主要有三点：

1）系统内部的相互作用是系统演化的内在根据和动力

系统要素之间的相互作用是系统存在的内在依据，同时也构成系统演化的根本动力。系统内的相互作用，从空间来看就是系统的结构和联系方式；从时间来看就是系统的运动变化，使相互作用中的各方力量总是处于此消彼长的变化之中，从而导致系统整体的变化，作为系统演化的根据。系统内的相互作用规定了系统演化的方向和趋势。

系统演化的基本方向和趋势有二：一是从无序到有序、从简单到复杂、从低级到高级的前进的、上升的运动，即进化。产生进化的基本根据是非线性作用及其对系统的正效应在系统中居于主导地位。在这一条件下，非线性作用进一步规定了什么样的有序结构可能出现并成为稳定吸引子，同时规定了系统演化可能的分支。二是从有序到无序、从高级到低级、从复杂到简单的、倒退的、下降的方向，即退化。热力学第二定律表明，在孤立或封闭系统内，这一演化趋势是不可避免的。普利高津指出，对于一个处于热力学平衡态或近（线性）平衡态的开放系统，其运动由玻耳兹曼原理决定，其运动方向总是趋于无序。从相互作用上来理解，退化主要基于非线性相互作用对系统的负效应占有了支配地位。

2）系统与环境的相互作用是系统演化的外部条件

任何现实系统都是封闭性和开放性的统一。环境构成了系统内相互作用的场所，同时又限定了系统内相互作用的范围和方式，系统内相互作用以系统与环境的相互作用为前提，二者又总是相互转化的。在这个意义上，系统内的相互作用是以系统的外部环境为条件的。

系统的进化尤其依赖于外部环境。系统的相互作用是在系统内存在差异的情况下表现出来的。没有温度梯度就不会有热传导，没有化学势梯度也不会有质量扩散。但热力学第二定律指出，系统内在差异总是在自发的不可逆过程中倾向于被削平，导致系统向无序的平衡态演化。因此，必须不断从外部环境获得足够的物质和能量才能使系统差异得以建立和恢复，维持原平衡状态，使非线性作用得以实现。因此系统必须对环境保持开放才能进化，但开放性只是进化的必要条件，而非充分条件。普利高津的耗散结构论指出，孤立系统没有熵流（即系统与外界交换物质和能量而引起的熵），而任一系统内部自发产生的熵总是大于或等于零的（当平衡时等于零），因此孤立系统的总熵大于零。它总是趋向于熵增，无序度增大。当一个系统的熵流不等于零时，即保持开放性时，有三种情况：第一种情况是热力学平衡态，此种系统中，熵流是大于零的，因此物质和能量的涌入大大增加了系统的总熵，加速了系统向平衡态的运动。第二种情况是线性平衡态。它是近平衡态，其熵流约等于零。这种系统一般开始时有一些有序结构，但最终无法抵抗系统内自发产生的熵的破坏而趋平衡态。第三种情况大为不同，这种系统远离平衡态，即熵流小于零，因此物质和能量给系统带来的是负熵，结果使系统有序性的增加大于无序性的增加，新的组织结构就能从中形成，这就是耗散结构。如生命系统、社会系统等。

3）随机涨落是系统演化的直接诱因

稳定与涨落是刻画系统演化的重要概念。由于系统的内外相互作用，使系统要素性能会有偶然改变，耦合关系会有偶然起伏，环境会带来随机干扰。系统整体的宏观量很难保持在某一平均值上。涨落就是系统宏观量对平均值的偏离。按照对涨落的不同反应，可把稳定态分为三种：恒稳态，对任何涨落保持不变；亚稳态，对一定范围内的涨落保持不变；不稳态，在任何微小涨落下会消失。对于稳定态而言，涨落将被系统收敛平息，表现为向某种状态的回归。在热力学平衡态中，不论何种原因造成的温度、密度、电磁属性等的差异，最终都将被消除至平衡态。

但对于远离平衡态，如果系统中存在着正反馈机制，那么涨落就会被放大，导致系统失稳，从而把系统推到临界点上。系统在临界点上的行为有多种可能性，究竟走向哪一个分支，是不确定的。是走向进化，还是走向退化，是走向这一分支，还是走向那一分支，都有可能。涨落在其中起着重要的选择作用。达尔文的生物进化论证明，生物物种的偶然变异的积累可以改变物种原有的遗传特性，导致新物种的出现。耗散结构论和协同学则定量地证明，随着外界控制参量的变化，原有的稳态会失稳，并在失稳的临界点上出现新的演化分支。由此可见，稳定态对涨落的独立性是相对的，超出一定范围，如在上述条件下，涨落将支配系统行为。如果涨落被加以巩固，那就意味着新稳态的形成。涨落在系统演化中的重要作用说明，系统演化是必然性与偶然性的辩证统一。普利高津指出“远离平衡条件下的自组织过程相当于偶然性与必然性之间、涨落和决定论法则之间的一个微妙的相互作用”。

从存在到演化，这是科学发展的必然。普利高津可以说是这一发展趋势的理论代言人。然而，当人们试图把第二代系统论思想应用于经济、社会等系统时，还是不能令人满意。原因在于，虽然个体（或要素）可以有“自己的”运动，这种运动在一定条件下对整个系统的进化起着积极的、建设性的作用，然而，这种运动仍然是盲目的、随机的。个体没有自己的目的、取向，不会学习和积累经验，不会改进自己的行为模式，不是真正的“活的”主体。

1.2.3 第三代系统论

到了20世纪末，复杂适应性系统（Complex Adaptive System，CAS）所提出的新一代系统理念不仅完全颠覆和替代了传统的系统研究范式，而且也有别于早期的系统思想。中外学者把注意力集中到个体与环境的互动作用上，将复杂适应性系统称为第三代系统思想，复杂适应性系统论的代表人物是霍兰（Holland）。

1.2.3.1 基本概念

复杂适应性系统论的核心思想是强调个体的主动性，承认个体有其自身的目标和取向，能够在与环境的交流与互动作用中，有目的和有方向地改变自己的行为方式和结构，达到适应环境的合理状态。

系统中的个体成员称为具有适应性的主体，简称主体（Agent）。从要素到主体，并不仅仅是一个简单的名称变换，而是观念上的重大突破，即将复杂适应性系统组成单元的个体的主动性提高到了复杂性产生的机制和复杂系统进化的基本动因的重要位置。在复杂适应性系统中，任何特定的适应性主体所处环境的主要部分，都由其他适应性主体组成，所以任何主体在适应上所做的努力，就是要去适应别的适应性主体。因此，主体与主体之间的相互作用、相互适应成为复杂适应性系统生成复杂动态模式的主要根源。

适应性主体具有感知和效应的能力，自身有目的性、主动性和积极的“活性”，能够与环境及其他主体随机进行交互作用，自动调整自身状态以适应环境，或与其他主体进行合作或竞争，争取最大的生存和延续自身的利益。但它不是全知全能的或是永远不会犯错失败的，错误的预期和判断将导致它趋向消亡。因此，复杂适应性系统的核心思想正是主体的适应性造就了纷繁的系统复杂性。

主体具有适应性是说主体能够与环境以及其他主体进行交互作用。主体在这种持续不断的交互作用的过程中，不断地“学习”和“积累经验”，并且根据学到的经验改变自身的结构和行为方式。整体宏观系统的演变或进化，包括新层次的产生、分化和多样性的涌现，新聚合而成的、更大的主体的涌现等，都是在这个基础上逐步派生出来的。因此，复杂适应性系统就是由适应性主体相互作用、共同演化并层层涌现出来的系统。当然，造就复杂性的因素是多方面的，适应性仅是产生复杂性的机制之一，并不排除还有其他产生复杂性的机制。

在微观方面，主体在与环境的交互作用中遵循一般的刺激—反应模型，所谓主体的适应能力表现在它能够根据行为的效果修改自己的行为规则，以便更好地在客观环境中生存。在宏观方面，由这样的主体组成的系统，将在主体之间以及主体与环境的相互作用中发展，表现出宏观系统中的分化、涌现等种种复杂的演化过程。

霍兰认为系统演化的动力本质上来源于系统内部，微观主体的相互作用生成宏观的复杂性现象，其研究思路着眼于系统内在要素的相互作用，其研究方法主要是基于大量适应性主题的建模，其研究问题的方法是定性判断与定量计算相结合，微观分析与宏观综合相结合，还原论与整体论相结合，科学推理与哲学思辨相结合。

生态系统是复杂适应系统的典型例子，生态系统中的动植物是系统的主体，也是组成系统的要素。这些主体以不可预测的、计划之外的方式相互作用和相互联系；但是，随着大量相互作用规律的涌现，逐渐形成一种结构，这种结构又对系统进行反馈，并形成主体间的交互行为。在生态系统中，如果病毒开始耗尽一个物种，这将或多或少地影响生态系统对其他物种的食物供应，进而影响它们的行为和数量。生态系统中的所有种群会在一段时间内不断地变动，直到建立一个新的平衡。

复杂适应性系统被看成由用规则描述的、相互作用的适应性主体组成的系统。

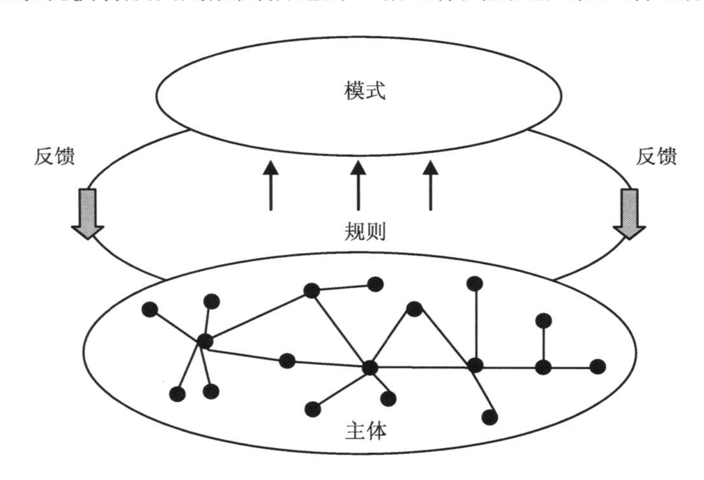

注：图 1-2 为了说明问题，图中把规则、结构与反馈都放在系统外，而事实上它们都是系统的内在的部分。

图 1-2　复杂适应性系统示意图

复杂适应性系统论具有其他理论所没有的更具特色的新功能，提供了模拟生态、社会、经济、管理等复杂系统的巨大潜力，对于人们认识、理解、控制、管理复杂系统提供了新的思路。

1.2.3.2　基本内容与特征

为了完整表达 CAS 理论的丰富内容，霍兰给出了 CAS 理论的 7 个基本点，分别是主体的 4 个特性：聚集、非线性、流、多样性，它们将在主体的适应和演化中发挥作用，此外，还有主体与环境进行交互的 3 个机制：标识、内部模型、积木。霍兰指出“同时具有这 7 种性质的系统，没有哪个系统不是复杂适应性系统”。

1）聚集

复杂适应性系统的聚集有两个含义：一是指简化复杂系统的一种标准方法，即把相似的事物聚集成类：二是指个体通过“黏着”形成较大的、所谓的多个体的聚集体，这既不是简单的合并，也不是消灭主体的吞并，而是新的类型的、更高层次上的个体的出现。原来的个体并没有消失，而是在新的、更适宜自己的环境中得到了发展。这一概念克服了个体与整体之间的对立，体现和发展了系统科学中强调个体之间联系的思想。

2）非线性

非线性指个体以及它们的属性在发生变化时，并非遵从简单的因果关系，而是呈现出非线性的特征，特别是在与系统的反复交互作用中，这一点更为明显。

3）流

在个体与环境之间、个体与个体之间存在有物质流、能量流和信息流。这些流的渠道是否通畅，周转迅速到什么程度，都直接影响系统的演化过程。

4）多样性

在适应过程中，由于种种原因，个体之间的差别会发展与扩大，最终形成分化，这是复杂适应性系统的一个显著特点。

5）标识

复杂适应性系统的标识是为了聚集和边界生成而普遍存在的一个机制。为了相互识别和选择，个体的标识在个体与环境的相互作用中是非常重要的，因而无论在建模中，还是实际系统中，标识的功能与效率是必须认真考虑的因素。

6）内部模型

复杂适应性系统的内部模型代表实现预知的机制，这一概念表明了层次的观念，每个个体都有复杂的内部机制，对于整个系统来说，统称为内部模型。内部模型分为两类：隐式的和显式的。隐式内部模型在对一些期望的未来状态的隐式预测下，仅指明一种当前的行为；显式内部模型作为一个基础，用于作为其他选择时进行明显的、内部的探索，就是经常说的前瞻过程。

7）积木

积木是组成系统的基础构件，它由基本的主体通过各种方式组合而成，并呈现出自身的特性。不是构件的大小和多少，而是构件之间重新组合的形式和次数是产生复杂性的决定性因素。使用积木生成内部模型是复杂适应系统的一个普遍特征。当模型是隐式的，则发现和组合积木的过程通常是按照进化的时间尺度来进展的；当模型是显式的，则时间的数量级就要小得多。

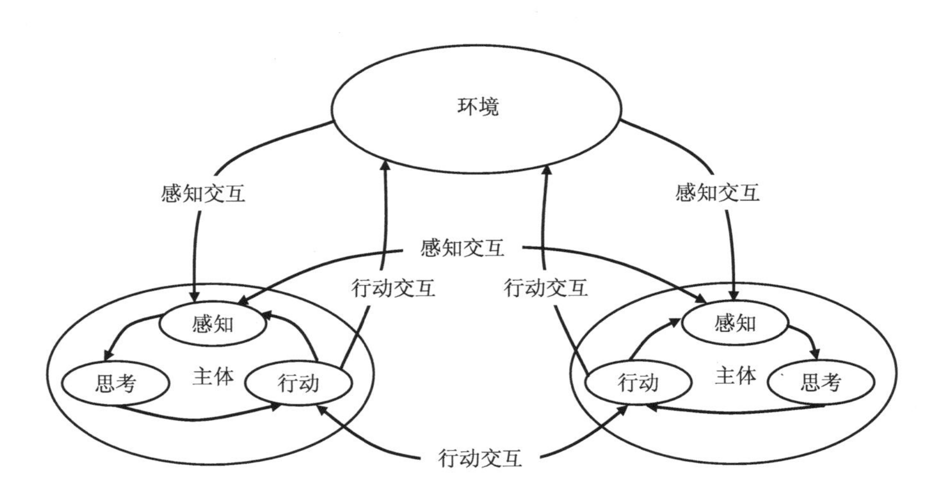

图 1-3 CAS 理论中各主体的相互作用关系

复杂适应性系统还有其他一些特征，最重要的有：

（1）涌现（Emergence）：涌现的本质特征是由小到大、由简入繁。复杂行为并非出自复杂的基本结构，极为复杂行为只是从极为简单的元素群中涌现出来的。系统中主体间发生相互作用和影响显然不是计划过的或受什么控制的，而是以随机的方式进行的。从所有这些相互作用来看，结构的涌现形成系统中主体的行为以及系统本身的行为。例如，一个白蚁巢是一座奇妙的建筑，有迷宫般相互连通的通道、大洞、通风道等众多结构，而并没有什么宏伟计划，蚁巢的涌现仅仅是白蚁群遵循一些简单当地规则的结果。又如，生物体在共同演化过程中既合作又竞争，从而形成了协调精密的生态系统。

涌现现象产生的根源是适应性主体在某种或多种毫不相关的简单规则的支配下的相互作用。主体间的相互作用是主体适应规则的表现，这种相互作用具有耦合性的前后关联，而且更多地充满了非线性作用，使得涌现的整体行为比各部分行为的总和更为复杂。在涌现生成过程中，尽管规律本身不会改变，然而规律所决定的事物却会变化，因而会存在大量的不断生成的结构和模式。这些永恒新奇的结构和模式，不仅具有动态性还具有层次性，涌现能够在所生成的既有结构的基础上再生成具有更多组织层次的结构。也就是说，一种相对简单的涌现可以生成更高层次的涌现，涌现是复杂适应性系统层级结构间整体宏观的动态现象。

（2）协同演化（Co-evolution）：适应性主体从所得到的正反馈中加强它的存在，也给其延续带来了变化自己的机会，它可以从一种多样性统一形式转变为另一种多样性统一形式，这个具体过程就是主体的演化。适应性主体不只是简单的演化，而且是协同演化。同样，所有系统都存在于其自身环境中，它们也是环境的一部分。因此，随着系统环境的变化，它们也需要改变，以更好地适应环境。但是，因为它们是环境的一部分，当它们发生变化时，也改变了它们的环境，并且因为环境已经改变，它们又需要再次改变，因此协同演化是一个持续不断的过程。

有人总结了复杂进化系统与复杂适应性系统之间的区别。前者持续适应其周围的变化，但不从该变化过程中学习；后者从每个变化中学习和演化，并使其能够影响环境，更好地预测未来可能发生的变化，并为它们做好相应的准备。

（3）亚适量（Sub Optimal）：一个复杂适应性系统不一定是完美的，它仍在其环境中不断茁壮成长着。它只要比它的竞争对手稍好，并且所用的能量比消耗的能量多一些即可。一个复杂适应性系统一旦达到足够好的状态，就会权衡每次增加的效能是否有利于达到更好的效果。

（4）必要的多样化（Requisite Variety）：系统内的变化越大，系统就会越强大。事实上，在复杂适应性系统中矛盾和歧义比比皆是，复杂适应性系统利用冲突来创造新的可能性，才能与其所处环境协同演化。民主就是一个好的例证，民主的力量来自它的宽容，甚至坚决捍卫政治观点的多样化。

（5）关联性（Connectivity）：一个系统中的主体与另一个主体相互连接和关联，这样的方式对系统的生存至关重要，因为正是这些关联使结构得以形成和反馈得以传播。主体与主体之间的关系比主体本身更为重要。

（6）简单规则（Simple Rules）：复杂适应性系统其实并不复杂。涌现的结构虽然可能具有丰富的多样化，但是就像万花筒一样，控制系统功能的规则却非常简单。一个经典例子就是，世界上所有的水系、河流、湖泊、海洋、瀑布等与它们无限的美景、动力和变化都是由简单的规则所支配——水总会自然成为平面，总是往低处流的。

（7）反馈循环（Iteration）：系统初始状态的微小变化在它们通过几次涌现，称为反馈循环或迭代，然后能够表现出显著的影响，如蝴蝶效应；又如，一个滚动的雪球每滚一圈就会比之前获得更多的雪，很快一个拳头大小的雪球就会变成一个巨大的雪球。

（8）自组织（Self Organizing）：在一个复杂适应性系统中不存在命令和控制的层次。虽然没有计划和管理，但是有一个持续地再组织过程，以找到最佳去适应其环境。一个典型的例子是，如果有人把一个城镇中所有商店的食物加在一起，再除以镇上的人数，会发现食物大约够全镇两周的供应；但是，并没有人正式计划和管理过食物供给或控制过食物供应过程，而系统会持续通过涌现和反馈的过程进行自我组织。

（9）混沌边缘（Edge of Chaos）：复杂适应性系统具有将秩序和混沌融入某种特殊的平衡的能力，它的平衡点就是混沌状态的边缘。处在平衡态的系统不具备内在动力对其环境做出反应，会慢慢（或快速）死亡；处在混沌状态的系统则会中止成为系统的功能，即一个系统中的各种要素从来没有静止在某一个状态中，但也没有动荡到会解体的地步。因此，最具生产力的系统状态是处于混沌状态的边缘，具有最大的变革和创造力，会导致新的可能性。一方面，每个适应性主体为了有利于自己的存在和连续，都会稍稍加强一些与对手的相互配合，这样就能很好地根据其他主体的行动来调整自己，从而使整个系统在协同演化中向着混沌的边缘发展；另一方面，混沌的边缘远远不止是简单地介于完全有序系统与完全无序系统之间的区界，而是自我发展地进入特殊区界。在这个区界中，系统会产生涌现现象。

（10）嵌套系统（Nested Systems）：大多数系统是嵌套在其他系统中，并且许多系统都是小一些的系统组成的系统。如果我们仍用上面自组织中考虑食品店的例子，一个商店本身就是一个包括店员、顾客、供应商和邻居的系统，它还属于小镇或更大的国家的食品供应系统，也属于当地和全国零售系统和经济系统，甚至更多。因此，它是许多不同系统的一部分，大多数系统本身又是其他系统的一部分。

复杂适应性系统就存在于我们周围，大部分事情我们可以理所当然地认为是复杂适应性系统，即使完全无视其理念的存在，在每个系统中都有主体及其行为存在，但这并不妨碍它们对系统的贡献。复杂适应性系统是我们思考周围世界的一种模式，而不是用来预测将会发生什么的模型。我们几乎可以用复杂适应性系统的理念观察任何情况下发生的事情，这为我们开辟了更多新选项，给我们更多选择和自由。

1.3 社会生态系统

人类本离不开对自然的依赖，然而，复杂人类社会的演变早已改变了这种关系，随着人类技术的进步和人口增长，人类所依赖的对象已从完全的自然依赖逐渐转向包括影响、管理与控制自然系统的要素上来。人类社会是一类以人的行为为主导、自然环境为依托、资源流动为命脉、社会体制为经络的人工生态系统。

人类发展到当今，大部分地球表面都已成为为人类服务的一部分，无任何地方没有人类的影响，其后果就是地表土地覆盖与土地利用的快速变化。主要是由于在快速增长的人类需求驱动下，这些变化导致一些严重的生态问题，如生物多样性和生态系统功能的丧失，入侵物种、污染、食物短缺的蔓延，水量供应和水质的下降，以及传染病的迅速蔓延等。现在，科学家和政策制定者们都认识到，将我们人类在自然与社会两个科学领域对自然与人类影响的认识综合在一起有多么重要，这样才能更好地维持对人类社会必不可少的生态系统的服务功能，从此，耦合人类社会与自然生态系统的概念框架逐渐涌现。

国内外研究和发展社会生态系统主要有两个驱动力：一是需要解决生态环境的不断恶化问题。世界正经历着自然灾害频发、空气与水污染、水资源短缺、关键栖息地减少和生物多样性下降，以及过去 30 多年来粮食与能源安全问题，主要表现在发展中国家的经济发展和人口增长间的权衡。针对单一自然或人类系统的研究，虽然可以揭示科学界和社会所面临的与上述挑战有关的变化和基本过程，然而，解决方案的提出更取决于我们对这两类系统的复杂结构、可变性和相互作用的模拟与预测能力的理解程度。二是需要自然科学家和社会科学家共同努力寻找全球变化问题的解决方案。

人类的自然科学知识很多都属于生物科学的研究领域，生物的结构、行为和起源、进化与遗传发育等都是其研究范畴。生态学作为一门年轻的学科，原本是生物科学的一个分支，但它发展到今天早已突破了原来生物科学的范畴，从生物科学中独立出来，并与数学、物理学、化学、地理学、大气科学、系统科学和信息论等自然科学紧密结合。不仅如此，生态学近几十年来的发展早已突破了单纯自然科学的界限，强烈地与社会科学相互渗透和结合，如出现了人类生态学、政治生态学、生态经济学等新学科，建立了自然科学与社会科学的联盟。从科学管理体制上打破了立于自然科学和社会科学间的屏障，消除了科学家与社会科学工作者间的鸿沟，使他们能够共同对付人类面临的生态环境问题与挑战。

几十年来，利奥波德的《沙乡年鉴》、卡逊的《寂静的春天》、奥德姆的《生态学基础》、戴蒙德的《枪炮、病菌与钢铁：人类社会的命运》、赫拉利的《人类简史：从动物到上帝》和其他人的开创性名著都清楚地展示了社会生态系统的结合。许多国际项目包括“人与生物圈计划”（1969）、“国际人文因素计划”（1989）、“千年生态系统评估”（2001）和“未来的地球”（2015），都呼吁社会科学融入生态学与环境关系的未来研究，其目标是在促进经济发展和社会价值的同时，维持和加强生态安全、生态服务以及生态健康等。国际上对“社会生态系统”的科学理解就是在这样的背景下出现的。

社会生态系统有多种称谓，如复合生态系统（complex ecosystem）、人类与自然耦合系统（CHANs）等。无论什么样的称谓，都是指人类社会、经济活动和自然条件共同组合而成的生态功能统一体。社会生态系统是有关人类与生态系统发展与演化的系统理论，按时间前后，这一概念的提出与发展目前有 4 个来源：

（1）社会—经济—自然复合生态系统（social-economic-natural complex ecosystem）（马世骏，1981；马世骏，王如松，1984；王如松，欧阳志云，2012）。

（2）人类与自然耦合系统（CHANs）（Liu et al.，2007）。

（3）社会—生态系统（social-ecological system，SES）（奥斯特罗姆，2009）。

（4）自然—人类—社会复杂生态系统（丁德文等，2005；徐惠民等，2014）。

无论对自然科学还是社会科学，社会生态系统研究都是新的领域；同时，社会生态系统更是从各种自然科学和社会科学中迅速获益，对于理解自然系统与人类系统之间的过程及复杂相互作用的综合科学框架越来越清晰。

1.3.1　社会—经济—自然复合生态系统

马世骏和王如松早在 30 多年前就提出了社会生态系统，他们从我国几千年人类生态哲学中汲取营养，对社会生态系统的内涵研究最为透彻。在总结了整体、协调、循环、自生为核心的生态控制论原理的基础上，提出了社会—经济—自然复合生态系统的理论，指出可持续发展问题的实质是以人为主体的生命与其栖息劳作环境、物质生产环境及社会文化环境间的协调发展，它们在一起构成了社会—经济—自然复合生态系统。他们认为，人类社会是一类以自然生态系统为基础，人类行为为主导，物质、能量、信息、资金等经济流为命脉的社会—经济—自然复合生态系统。

在社会—经济—自然复合生态系统中，人类是主体，环境部分包括人的栖息劳作环境（包括地理环境、生物环境、构筑设施环境）、区域生态环境（包括原材料供给的源、产品和废弃物消纳的汇及缓冲调节的库）及社会文化环境（包括体制、组织、文化、技术等），它们与人类的生存和发展休戚相关，具有生产、生活、供给、接纳、控制和缓冲功能，构成错综复杂的生态关系。

马世骏先生把复合生态系统各分系统的结构耦合关系描述为：①自然子系统：由土（土壤、土地和景观）、金（矿物质和营养物）、火（能和光、大气和气候）、水（水资源和水环境）、木（植物、动物和微生物）五行相生相克的基本关系所组成，为生物地球化学循环过程和以太阳能为基础的能量转换过程所主导。②经济子系统：由生产者、流通者、消费者、还原者和调控者五类功能实体间相辅相成的基本关系耦合而成，由商品流和价值流所主导。③社会子系统：由社会的知识网、体制网和文化网三类功能网络间错综复杂的系统关系所组成，由体制网和信息流所主导。

三个子系统间通过生态流、生态场在一定的时空尺度上耦合，形成一定的生态格局和生态秩序。复合生态系统内部各要素之间、各部分之间的相互作用是通过物流、能流、价值流和信息流的形式实现的。

后经进一步发展与演化，形成了完整的复合生态系统理论（王如松和欧阳志云，2012；见图 1-4）。

“可持续发展”是作为人类共同理想而提出的，其实质是解决以人为主体的生命与其环境间相互关系的协调发展问题。王如松将环境分为：人栖息劳作环境（包括地理环境、生物环境、构筑设施环境）、区域生态环境（包括原材料供给的源、产品和废弃物消纳的汇及缓冲调节的库）及文化环境（包括体制、组织、文化、技术等）。这三类环境与作为主体的人一起组成社会—经济—自然复合生态系统。这一系统具有生产、生活、供给、接纳、控制和缓冲功能，构成了错综复杂的人类生态关系。包括人与自然之间的促进、抑制、适应、改造关系；人对资源的开发、利用、储存、扬弃关系，以及人类生产和生活活动中的竞争、共生、隶属、乘补关系。发展问题的实质就是复合生态系统的功能代谢、结构耦合及控制行为的失调。

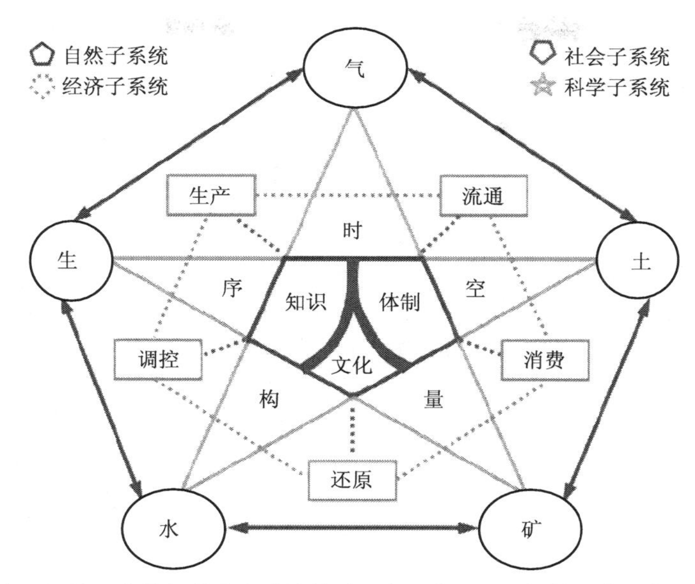

图 1-4 社会—经济—自然复合生态系统关系研究示意图（王如松和欧阳志云，2012）

复合生态系统演替的动力学机制来源于自然和社会两种作用力。自然力的源泉是各种形式的太阳能，它们流经系统的结果导致各种物理、化学、生物过程和自然变迁，特别是从个体、种群、群落到生态系统等不同层次生物组织的系统变化。社会力的源泉包括：经济杠杆——资金，社会杠杆——权力，文化杠杆——精神。资金刺激竞争，权力推动共生，而精神孕育自生。三者相辅相成构成社会系统的原动力。自然力和社会力的耦合控制导致不同层次复合生态系统特殊的运动规律。

复合生态系统的行为遵循 8 条生态控制论规律，由此总结出 8 条生态控制论原理：①开拓适应原理；②竞争共生原理；③连锁反馈原理；④乘补协同原理；⑤循环再生原理；⑥多样性主导性原理；⑦生态发育原理；⑧最小风险原理。以上原理可以归结为 3 类：对有效资源及可利用的生态位的竞争或效率原则；人与自然之间、不同人类活动间以及个体与整体间的共生或公平性原则；通过循环再生与自组织行为维持系统结构、功能和过程稳定性的自生或生命力原则。

竞争是促进生态系统演化的一种正反馈机制，在社会发展中就是市场经济机制。它强调发展的效率、力度和速度，强调资源的合理利用、潜力的充分发挥，倡导优胜劣汰，鼓励开拓进取。竞争是社会进化过程中的一种生命力和催化剂。共生是维持生态系统稳定的一种负反馈机制。它强调发展的整体性、平稳性与和谐性，注意协调局部利益和整体利益、眼前利益和长远利益、经济建设与环境保护、物质文明和精神文明间的相互关系，强调体制、法规和规划的权威性，倡导合作共生，鼓励协同进化。共生是社会冲突的一种缓冲力和磨合剂。自生是生物的生存本能，是生态系统应付环境变化的一种自我调节能力。中华民族就形成了一套鲜为人知的“观乎天文以察时变，观乎人文以化成天下”的人类生态思想。我国社会正是靠着这些天时、地利及人和关系的正确认识，靠着阴阳消长、五行相通、风水谐和、中庸辩证以及修身养性自我调节的生态观，维持着相对稳定的生态关系和社会结构，使中华民族能得以自我维持、延绵至今。自生的基础是生态系统的承载能力、服务功能和可持续程度，而其动力则是天人合一的生态文化。竞争、共生和自生机制的完美结合，应该成为我国国情条件下的可持续发展的特色。

该理论的核心在于生态综合，相对于传统科学分析方法，其特征在于：将整体论与还原论、定量分析与定性分析、理性与悟性、客观评价与主观感受、纵向的链式调控与横向的网状协调、内禀的竞争潜力和系统的共生能力、硬方法与软方法相结合，强调物质、能量和信息关系的综合；竞争、共生和自生能力的综合；生产、消费与还原功能的协调；社会、经济与环境目标的耦合；时、空、量、构与序的统筹；科学、哲学与工程学方法的“联姻”。

对社会生态系统的管理就是要运用系统工程的手段和生态学原理去探讨这类系统的动力学机制和控制论方法，协调人与自然、经济与环境、局部与整体间在时间、空间、数量、结构、序理上复杂的系统耦合关系，促进物质、能量、信息的高效利用，技术和自然的充分融合，人的创造力和生产力得到最大限度地发挥，生态系统功能和居民身心健康得到最大限度的保护，经济、自然和社会得以持续、健康的发展。

复合系统是由相互制约的三个系统构成，因此，衡量此系统的标准，首先看其是否具有明显的整体观点，把三个系统作为亚系统来处理。

（1）社会科学和自然科学各个领域的学者打破学科界限，紧密配合，协同作战。未来的系统生态学家，应是既熟悉自然科学，又接受社会科学训练的多面手。

（2）着眼于系统组分间关系的综合，而非组分细节的分析，重在探索系统的功能、趋势，而不仅在其数量的增长。

（3）冲出传统的因果链关系和单目标决策办法的约束，进行多目标、多属性的决策分析。

（4）针对系统中大量存在的不确定性因素，以及完备数据取得的艰巨性，需要突破决定性数学及统计数学的传统方法，采用宏观与微观相结合、确定性与模糊性相结合的方法开展研究。

一般来说，复合生态系统的研究是一个多维决策过程，是对系统组织性、相关性、有序性、目的性的综合评判、规划和协调。其目标集是由三个亚系统的指标结合衡量的。

（1）自然系统是否合理看其是否合乎于自然界物质循环不已、相互补偿的规律，能否达到自然资源供给永续不断，以及人类生活与工作环境是否适宜与稳定。

（2）经济系统是否有利看其是消耗抑或发展，是亏损抑或盈利，是平衡发展抑或失调，是否达到预定的效益。

（3）社会系统是否有效考虑各种社会职能机构的社会效益，看其是否行之有效，并是否有利于全社会的繁荣昌盛。从现有的物质条件（包括短期内可发掘的潜力）、科学技术水平，以及社会的需求进行衡量，看政策、管理、社会公益、道德风尚是否为社会所满意。

在可持续发展的要求和生态文明建设的新形势下，对经济社会发展方式的转变就是要对社会生态系统进行有效的管理。正如王如松院士指出的："就是要在倡导一种将决策方式从线性思维转向系统思维，生产方式从链式产业转向生态产业，生活方式从物质文明转向生态文明，思维方式从个体人转向生态人的方法论转型。"通过社会生态系统管理，将单一的生物环节、物理环节、经济环节和社会环节组装成一个有强大生命力的生态系统，从技术革新、体制改革和行为诱导入手，调节系统的主导性与多样性，开放性与自主性，灵活性与稳定性，使生态学的竞争、共生、再生和自生原理得到充分的体现，资源得以高效利用，人与自然高度和谐。

1.3.2　人类与自然耦合系统

2007 年，虽然当时一些学者已经研究了作为复杂适应性系统这样的社会与生态的耦合系统，但大多数工作仍是理论性的，而非经验性的。刘建国等学者在 *Science* 等上发文，介绍了在世界各地开展的六个耦合人类与自然系统（CHANs），综合了这六个案例研究结果后，提出"人类与自然耦合系统"这一概念，认为人类与自然耦合关系在不同空间、时间与组织单位上变化；而且这一系统还表现出非线性动力学特征：阈值、交互反馈环、时滞、恢复力、异质性和意外性等；此外，历史上人类与自然的各种耦合关系会对现实状况与未来可能性产生遗留效应。

1.3.2.1　相互作用和反馈回路

在人与自然系统耦合的过程中，人与自然相互作用，形成复杂的反馈回路。发达国家农业和旅游部门的人与自然系统之间的反馈在许多方面与发展中国家的反馈相似。城市耦合系统的生态和社会经济格局与过程不同于农村地区，它们是由城市形态、建成的基础设施以及异质性的住户与商业的位置和消费偏好等因素所调节的。人类—自然系统的动力学受许多因素的影响，包括政府政策及其环境因素，其中当地过程由更大尺度的过程形塑，并最终由全球尺度的过程所决定。市场和治理都可以导致一个地方做出的决定，对更远地方的人们和生态系统产生影响。

1.3.2.2　非线性与阈值

人类与自然耦合系统中的许多关系是非线性的。阈值（交替状态间的过渡点）是非线性的常见形式。主动发起利益相关者参与的过程，作为从传统管理向适应性共管转变的基础。文化价值观和环境问题促使当地利益相关者去建立新知识、发展新愿景和新目标，并建立新型社会网络。这些社区活动的结果是建立起一个新型的、更适合的景观共管治理系统。系统行为随着时间（时间阈值）和空间（空间阈值）从一种状态转移到另一种状态。

1.3.2.3 意外性

当人们不理解复杂性时，人们总会对人与自然的耦合结果感到意外。保护政策也会产生意想不到的反常结果。有些生态系统只能通过人类管理实践来维持，而许多保护工作却阻止这种人为干扰。

1.3.2.4 遗留效应和时滞

遗留效应是先前人类与自然耦合的结果对后来条件的影响。由于人与自然之间的相互作用及其生态、社会经济后果的时滞，耦合人类与自然的生态、社会经济影响可能不会立即被观察到或预测出来。由于单一原因引起的滞后时间长度可能因不同指标而不同；相反地，由于不同原因引起的（滞后时间长度），相同指标在不同时间段内可能变得明显。

1.3.2.5 异质性

在空间、时间和组织单元上，人与自然的耦合各不相同。耦合的人类自然系统不是静态的，它们随着时间而变化；空间变化也存在于所有耦合系统中。

通过上述研究，这些科学家得出结论，促进生态科学与社会科学的综合是一项重要的方向，他们在此项研究中使用的方法和研究结果可应用于全球、其他国家和地方层面上的耦合系统。他们现有的研究耦合系统的方法还不够，需要今后开发更全面的系列组合，建立全球跨国家、区域、地方的各级跨学科研究的国际网络。

也是在近期，基于对景观生态学的研究，陈吉泉等也提出了与耦合人类与自然系统相类似的耦合自然与人类系统（CNHS），并基于这一系统理念提出了景观研究框架（见图 1-5）。

景观生态学的目的是通过应用生物物理和社会经济科学，来了解生态系统和不同景观之间的非生物环境之间的相互作用。景观生态学回答了有关生态、保育、管理、设计/规划以及景观可持续性等的基础和应用研究问题。自然和人类之间紧密联系的固有特征，决定了社会生态系统成为景观生态学研究中一个非常有价值的概念；同样，景观生态学研究也为社会生态系统提供了强有力的理论与方法论支撑。

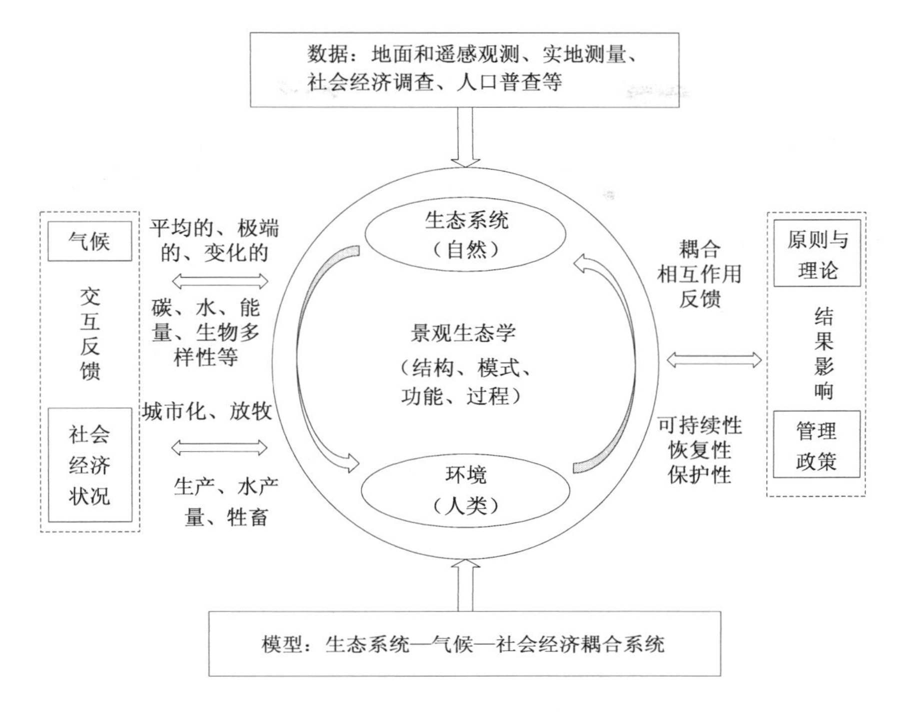

图 1-5　基于耦合自然与人类系统（CNHS）理念的景观研究框架（陈吉泉等，2014）

1.3.3　奥斯特罗姆的社会—生态系统

埃莉诺·奥斯特罗姆提出公共池塘资源理论，森林资源是典型的公共池塘资源。一方面，森林资源的使用和消费具有非排他性，而阻止其他人使用森林资源的成本很高；另一方面，资源单位的消费（如林木、林产品等的数量）却是竞争性的，即森林资源会随着人们的使用而减少。奥斯特罗姆又在 1996 年提出了制度分析与发展框架（IAD），指出对资源退化等问题的研究不应该仅限于相关的自然属性，如土壤、动植物种类、降水；资源所在社区的特点、管理体系、产权、用以规范个体之间关系的应用规则等社会因素和自然属性一样重要。

进入 21 世纪以来，在制度分析与发展框架的基础上，奥斯特罗姆也提出了社会与生态的耦合，她认为，人类行动和生态结构是紧密地联系在一起且相互依赖的，依此形成了相互耦合、多维互动的社会—生态系统（Social-Ecological Systems，SES），并提出了 SES 研究框架（见图 1-6）。

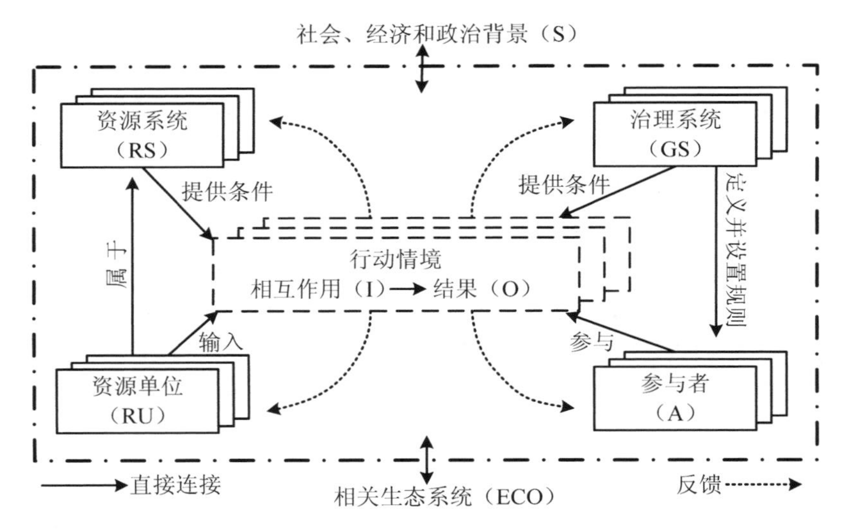

图 1-6 分析社会生态系统的多层次框架（奥斯特罗姆，2009）

奥斯特罗姆的 SES 框架，强调一个社会—生态系统中的“社会面”依赖于资源参与者的人数规模与社会经济属性，其使用的历史、地理位置、工作环境、领导风格、共同文化规范、社会资本的水平、对生态系统的认知及可获得的技术与信息等变量；而这些变量又是与“生态面”的诸多因素相互密切联系在一起的。因此，这需要决策者从宏观层面上审视整个系统中的“生态面”和“社会面”因素及其之间的相互影响，并进而找出影响结果的关键性变量，将宏观因素和微观变量有效整合起来思考和解决问题。

人类与森林的关系不仅仅是一个生态问题，更是一个社会问题、一个治理问题。未来的森林资源治理必须从资源—参与者—治理系统之间的紧密关系入手，建立一个完整的治理循环体系。奥斯特罗姆的 SES 分析框架系统，细致地揭露了公共资源治理过程中所“隐匿”的复杂因素。这个框架描绘了一幅全景式的资源管理状况：在相关生态系统（ECO）和广阔的社会—政治—经济背景（S）下，资源参与者（A）从资源系统（RS）中获取资源单位（RU），并根据具有支配性的治理系统（GS）所规定的规则和程序来维持资源系统的持续运转。在提取资源并维持系统的过程中，社会系统与生态系统进行了持续的互动（I），并产生了不同的结果（O）。由此，这个框架可以作为研究者探索社会—生态系统中紧密嵌套、相互影响、复杂多变的人类与自然互动形式及其结果的基本分析工具。

1.3.4 自然—人类—社会复杂生态系统

生态系统管理问题不仅仅是将社会和生态之间的关系当作直线或线性的，而是需要理解人类社会和生态系统之间的动态复杂关系。丁德文院士从 2005 年开始提出“自然—人类—社会复杂生态系统”。该系统包括社会、经济、资源、环境、人类五大部分，在经济全球化、全球气候变化以及信息网络全球化的背景下，人类对生态环境的影响无处不在，人类已成为自然—人类—社会复杂生态系统的核心（见图 1-7）。

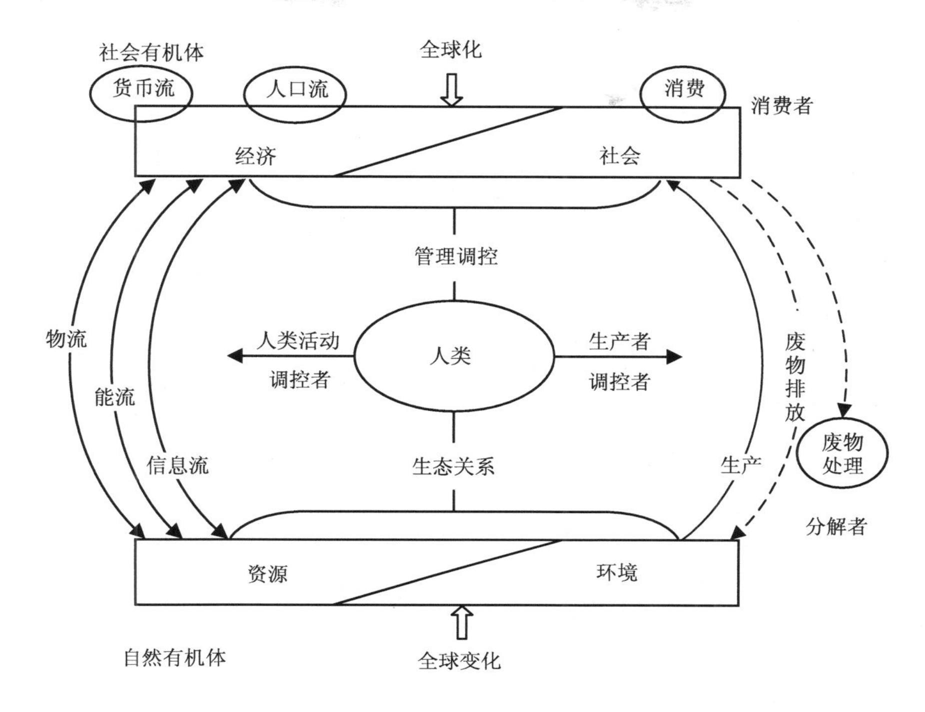

图 1-7 自然—人类—社会复杂生态系统示意图（徐惠民等，2014）

生态重要性是针对人类社会而言的。在资源环境的自然有机体与社会经济的社会有机体中，无机物质/有机物质与产品进行转化，质量不变，但可能会产生污染；自然能/生物能传递，能量守恒，但产生衰减；自然信息/遗传信息传递，信息守恒，但产生增值。自然有机体对社会有机体的重要性基于自然有机体的服务功能（生态系统服务功能），而服务功能则取决于社会有机体的价值偏好（人类社会的价值偏好）、价值选择以及社会伦理，生态资产、生态安全是这一偏好、选择的归纳阐述（见图 1-8）。

生态赤字是生态经济系统中生态资产减少的表现，而生态危机则是生态安全在生态社会系统中的体现，两者从不同角度表述了生态重要性。

通过以上基于系统论观点对“社会生态系统”的回顾，我们可以清楚地看到对“社会生态系统”的研究和应用都是在路上，一些原理和方法也在不断补充和探索之中，有助于本书在随后的章节中，从时间、空间和组织等多尺度和维度，深入探讨社会生态系统视角下的晋北乡村景观管理和森林生态系统建设。

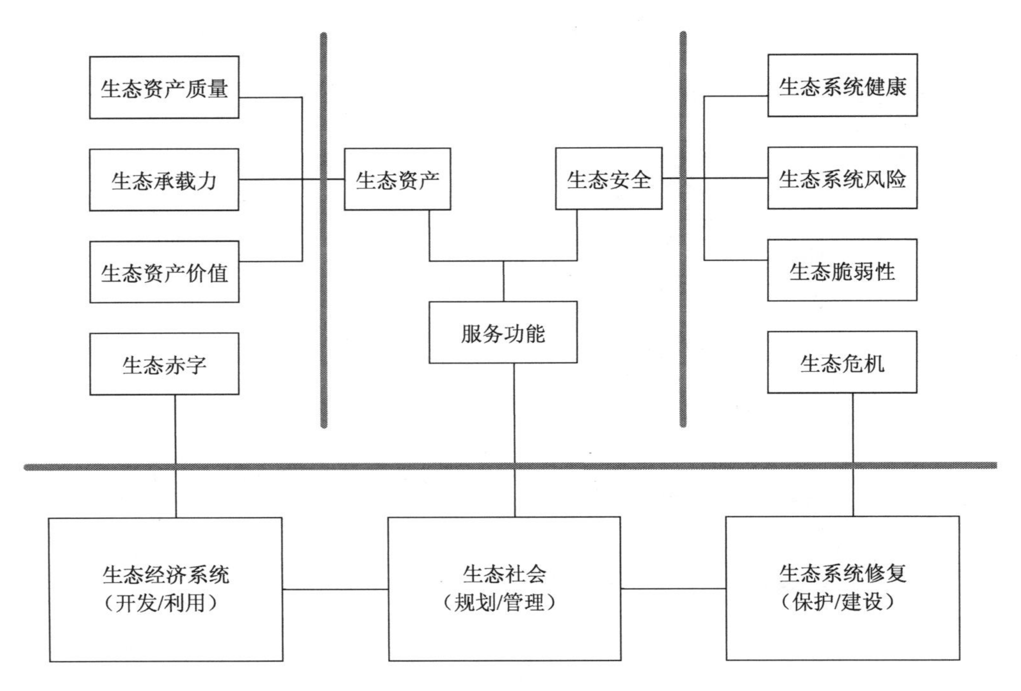

图 1-8 生态社会与生态系统服务及其功能组成图（徐惠民等，2014）

第 2 章

适应性规划与管理

2.1 适应性管理

2.1.1 适应性管理及其概念

2.1.1.1 适应性管理概念

适应性管理（Adaptive Management）是一种关注学习的结构化决策方法，即“边干边学”（Learning by doing）。无论什么人出于什么目的对适应性管理如何定义，适应性管理的实质很明确，它针对社会生态系统管理中的不确定性，展开一系列决策、规划、实施、监测等资源管理行动，基于先前的经验和试验，强调学习和后期的管理，降低不确定性，随着时间的推移在目标导向和结构化过程中构建知识和提高管理，最终实现系统健康和资源管理的可持续性。

适应性管理促进灵活的决策，使得能够在面对管理行为和其他活动的不确定性时能够得到调整，并得出更好的成果；以过去可控的结果为基础，从而制定出适应新环境的最佳策略；仔细监测这些成果既增进科学理解，又帮助调整政策或行动；促进生态恢复力和生产力的自然增值能力；强调边干边学，而不是“试错”。适应性管理是一种手段，以便更有效的决策和提高效益。它是否成功的衡量标准是它如何有助于满足生态、社会和经济目标的实现，增加科学知识，并降低利益相关者之间的紧张关系。它具有以下突出的特点：①应用不断更新的高价值信息；②在管理中不断学习，广泛应用新知识；③充分认识管理目标的适宜性和管理方式的可行性；④重点解决系统复杂性、动态性和不确定性；⑤拟定多种可能的管理方式，优化选择；⑥通过实施过程中的监测、调整，不断适应系统动态发展，降低不确定性。

自然资源管理中适应性管理理念的文献最早可追溯到 Beverton 和 Holt（1957）在渔业管理方面的工作，那时还没有使用适应性管理一词。现在，C.S. Holling 被公认为适应性管理之父，他在 1978 年称适应性管理为“适应性环境评估与管理”（Adaptive Environmental

Assessment and Management，AEAM），其思想催生于 1973 年 Holling 和他的同事在英属哥伦比亚大学的经验和对恢复力理论（Resilience）的发展。

适应性管理提出之后，经不断实践与完善，已成为一套受人注目的管理理论，并被广泛应用。然而，目前适应性管理仍存在许多困难：①对适应性管理的研究主要集中在理论层面上，相应的实际应用较少，而且不同学者和不同的领域对适应性管理的概念和应用都有不同的理解。②适应性管理主要体现在“学习”和“自适应”，强调多学科的交叉与综合，具体在某个领域的实施难度较大。③适应性管理的对象是复杂且具有较大不确定性的开放性系统，由于人类认知水平的局限性，在实际管理过程中势必面临诸多问题，因此，适应性管理本身是一个渐变、不断循环和长期自适应的过程。

随着近年来不断地发展，适应性管理方法已相继完善了恢复力、结构化决策、适应性共管、适应性治理等概念与内涵，并不断有新范式或概念建模涌现出来。

2.1.1.2 适应性

一般来说，适应性（Adaptation）是指一个无须管理就对竞争压力做出响应的系统变化过程。根据领域不同，适应性具有不同的内涵。

适应的概念源于生物学领域，在生物学中，适应是反映生物与环境之间关系的最基本概念。对生物种群来说，适应是指种群在环境选择压力下形成的累积性基因反应，包括形态特征、生理特征和行为特征等形式。在进化论中，如果一个物种以促进其在各种环境条件下继续生存（通过个体的生殖成功）的方式得到进化，则这一物种是适应的；反之，没有坚持下来的物种则是不适应的。适应性是一种自发的系统过程，通过这一过程，相对于某一特定标准，一个物种的表现得以改善。有人认为，这些进化过程会发生在具有变异特征和有选择压力的对象上，包括基因、思想和文化的进化［通常被描述为模因（Memes）］和机构。

IPCC（2012）将适应性定义为：“人类系统针对已经发生或者预计将发生的气候变化及其影响趋利避害，并对其进行相应调整的过程。”如果社会系统中的变化是改善社会安排的有效性，则它们通常也被认为是适应的。如果它们提高了人们潜在需求和偏好的满意度，机构治理安排有赖于他们的操作与合法性。判断一个制度变迁是适应或不适应的标准，包括是否促进人类福祉或结果对人类有价值，以及人类作为一个物种生存。

总之，面对自然系统和人类系统的复杂性和不确定性，在变化环境下可能产生或者预期可能产生的不同时间和空间尺度上对系统的调整过程都可以称为适应性。将变化环境纳入未来情景下系统调整和管理的决策过程中，结合外部环境变化对自身系统进行相应的调整，降低其脆弱性，提高其应对变化环境的能力。

2.1.1.3　恢复力

适应性管理的理念深刻根植于生态恢复力理论。Holling（1973）提出生态恢复力（Resilience）一词，作为解释生态系统结构和功能突然变化的一种范式。在将该词译成中文时，由于理解的侧重点不同，有些译为“弹性”，有些用“韧性”。但是，不同学科的学者均接受奠基人 Holling 给出的最基本的含义：系统能较快恢复到原有状态，并保持其结构和功能的能力。

Holling 在其生态学研究中，深刻质疑以下常规假设：生态系统中关键变量之间的关系不仅是固定的和持久的，而且导致的动态是可预测的。他指出，面对不断变化的外部影响，生态系统具有适应性，因为状态变量和参数之间的关系是随着时间的推移而不断变化的。他进一步指出，恢复力是衡量系统持久性和吸收变化与干扰的能力的一种方法，并保持种群或状态变量之间的相同关系。他这一关键概念性的突破提出了一个命题：即使很多系统可以用吸收了外部干扰的稳定构造（结构和功能）来定义，但是更大的系统可以翻转或迅速跃迁到其他的构造。因此，生态恢复力用来描述“远离平衡的行为”和过程，在多种构造或稳定状态之间协调跃迁。

Holling 认为，生态系统行为可以通过两个不同的性质加以定义：恢复力和稳定性。恢复力决定了系统中关系的持久性，并用于衡量这些系统吸收状态变量、驱动变量和参数变化的能力，并且一直存在。在这一定义中，恢复力是系统的固有属性，持久性或灭绝概率是结果。稳定性（Stability）是系统在暂时扰动后恢复到平衡态的能力，回报得越快，则波动越小，稳定性越强。在这一定义中，稳定性是系统的固有属性，围绕特定状态波动的程度是结果。恢复力关注系统吸收干扰的能力，并且基本上保持相同的结构、功能和特性。它强调渐变和突发干扰、反馈、非线性行为以及适应性循环的相互作用。

可见，基于生态系统的存在不止一种可替代稳定状态的假设，恢复力有两个含义：第一，管理人员要非常小心，不要超过可能改变被管理系统的状态阈值，并且这些阈值的位置是不确定的；第二，要使生态系统处于良好状态，管理应着眼于维护这种状态及其恢复力。因此，适应性管理是一种探索系统动态和恢复能力的方法，同时通过管理实验来持续管理，以加强学习和减少不确定性。

近年来，恢复力理论得到很大发展。有很多从不同视角给出的概念理解。从以下三个方面可以更好地理解恢复力理论：第一，工程恢复力，内涵很窄，它专注于保持功能的效能、系统的稳定性以及在单一稳定态附近的可预测的范围。简而言之，这仅是关于抵制扰动和变化，以保护已有的弹性。第二，生态恢复力，与生态系统关系紧密，不再赘述。第三，社会恢复力，人类社会抵御外部对其社会基础设施冲击的能力，如环境变迁或社会、经济和政治动荡。

由于人类生活和活动在社会系统中，与生态系统有着千丝万缕的联系，只单纯考虑生态恢复力是不完全的，只考虑社会恢复力也是不够的，应当将生态系统与社会系统联系起来考虑，用“社会生态恢复力”的概念更能完整表达恢复力的思想。随着社会生态系统理论的引入，恢复力的定义也日臻完善。

在研究恢复力时，关心的主要是系统进入其他“状态空间”（state space）或集合前承受干扰的大小。应用状态空间可以直观地理解恢复力的内涵。状态空间是由系统的状态变量定义的。基于这种理解，恢复力有三个关键属性：①系统能够吸收干扰并仍保持在原稳态（即保持结构与功能不变）的变化量；②系统自组织的能力；③系统能够构建和提高学习与适应性的能力（适应性是恢复力的重要因素）。

恢复力包括五个关键因素：①社会系统与生态系统的耦合；②跨尺度的关联；③非线性（包括多稳定态、阈值、迟滞、适应性循环）；④不确定性；⑤利益相关者参与。由于恢复力思想反映了复杂适应性系统进行自组织、学习并构建适应性的能力，因此，恢复力思想的发展大大促进了社会生态系统的研究。从可持续发展视角，一个理想状态的、有恢复力的社会生态系统具有很大能力，即使受到各种冲击，仍能够继续向我们提供支持我们生活质量的商品和服务。在这方面，恢复力的概念不可避免地具有规范性，这点与可持续发展的概念一致，好系统或坏系统是需要人类社会去做决定的，事实上，好的和坏的恢复力系统都能坚持下去。

当然，恢复力理论用于实践时目前仍困难重重，如生态系统动力学存在不确定；作为适应性管理前奏的环境评估很困难；管理这样非线性生态系统的制度具有复杂性等。

2.1.1.4　不确定性

Holling（1978）起初提出适应性管理的关注点主要是弥合科学与实践之间的鸿沟。Carl Walters（1986）进一步发展了 Holling 的这一思想，认为适应性管理是一个持续学习的过程，它质疑过去的管理理论或方法，强调把管理活动当作设计的实验，用于减少不确定性（Uncertainty）。两位科学家都寻求一种方法，允许资源管理与开发持续进行下去，同时都明确承认不确定性，并设法通过适应性管理来减少这些不确定性。

适应性管理如果以适当的方式应用于复杂自然资源问题，可以加速学习这些问题的过程。适应性管理用于自然资源管理，其方法强调通过知识不完备的管理来学习，即使不确定性存在，管理者和决策者也必须采取管理行动。适应性管理也是社会生态系统管理方法之一，不仅强调系统存在不确定性，而且把社会生态系统的利用与管理视为试验过程，从试验中不断学习。Williams 也认为适应性管理的关键是尽力加强学习（经验和实验）来识别和减少不确定性。

不确定性的来源包括几个方面：①管理目标的不确定性。对所管理的生态系统缺乏了解，如植物个体的收获方式如何影响其种群结构和密度，称为“认知的不确定性”或“不完全的知识”。这类管理目标的不确定性主要是由于时空因素的变化会引起管理目标也发生变化，除非接受新治理和合作管理新理念和方法，否则会导致对管理目标设定的明确性和可行性带来不确定性。②生态实验中自然、模型、参数、数据等的不确定性，主要是指自然随机因素众多，设计或构建模型的技术不足，模型输入变量和参数不能准确量化行动条件和时空变化，以及测量误差、数据处理误差、数据不连续性和口径不一致等因素造成的不确定性，缺乏理论上的理解或普遍的无知同样可能存在不确定性。③管理行为的不确定性。一方面是由于管理机构和部门协调能力不足，如条块分割；另一方面是由行为人自身带来的，自身个人素质和管理业务能力的不确定性、学科交叉存在着不协调现象，如技术专家与决策者间由于分析问题的立场不同，会给管理决策带来很大的不确定性。④管理体制的不确定性。在管理中不可避免地会面临国家政策、机构、立法的不确定性，面临经济、社会和体制方面的挑战和障碍，对管理目标的实现造成影响。此外，还存在资金投入不稳定引发的不确定性以及新科学和技术发展的不确定性等。

2.1.1.5 边干边学

适应性管理是为实现社会生态目标进行行动设计而发展起来的。适应性实验或治理的设计是适应性评估的结果之一。这些实验或治理措施设计中会存在大量问题，如没有能力把关键变量控制在适当的范围内；不愿意冒险探索有风险的结果；实验成本过高而无法监测关键的资源反应；缺乏领导力等。适应性管理的一个关键障碍是人们不愿意冒险或容忍失败的实验。因此，适应性管理十分强调学习，其应对不确定性的一个重要方法是边干边学（Learning by doing）。Gunderson 和 Holling（2002）提出了至少三种组织（机构）的学习类型。

第一种是增量学习（Incremental learning），用于评价实施计划与政策。增量学习是根据评估中收集到的新信息更新和修改计划和策略。在这种学习计划的模式中，首先假设模型和政策是正确的，这时学习的特点是收集信息来升级和强化这些模型和政策，而不是要证明这些政策可能存在错误并推翻它。在许多资源系统中，增量学习行动是由自己的专业人员或专家进行的，他们主要把学习当作解决问题的途径。

第二种是情景学习（Episodic learning），在要学习的知识和技能的实际应用情境中去学习的方式，情境学习强调两条学习原理：第一，在知识实际应用的真实情境中呈现知识，学以致用，把学与用结合起来，让学习者像专家一样进行思考和实践；第二，通过社会性互动和协作来进行学习。在官方资源系统中，尤其是环境危机之后的环境政策遭遇失败，资源动态的基本模型发生变化后，在外部群体推动下，这种学习往往会发生。

第三种是转化学习（Transformational learning），也称质变学习，是指人们在面对一些对自身产生转折性影响的真实境遇后，通过对自己原有的假设、期待等进行批判性反思，并做出评估性解释的学习过程。所有的学习都可以引起变化，但并非所有的变化都引起转化。转化学习是一种社会性、互动性和情境性的学习过程，其最终目的就是要实现观念的转变。转化学习过程要经历以下四个循序渐进的阶段：导致个体感到不舒服或困惑的意外引发事件；通过反思推进质疑假设；深入理性的交谈相互影响、相互启发、相互渗透思想与观点的过程；之后的行动重新整合，强调行动的催化作用。

2.1.2 结构化决策

结构化决策方法（Structured decision making）往往是作为适应性管理同义词来使用的一个术语。它可能在减缓主要不确定性时做出正确决策的框架体系和流程，使不确定性减少，使管理随着时间推移得到改善，使模型随着新知识的获取而得到更新，并相应地衍生出最佳的管理策略。

2.1.2.1 结构化决策的类型

适应性管理的最终目的是服务于管理决策，结构化决策框架就是促进学习和重复循环（迭代）决策的理想模式。在适应性管理中存在着三种结构化管理模式（见图 2-1）。

（1）传统管理模式被称为控制式管理或增量适应性管理（Incremental adaptive management）方法。在多数情况下，该方法只进行一些表面的决策，用于指导实际，管理没有目的性，知识也只是早期的，早期决策必然是偶发性的，后来的选择也由给出更好结果的一部分内容组成。传统管理模式不能解释社会生态系统内部复杂的相互作用引起的潜在反馈、阈值或突变。

（2）被动适应性管理（Passive adaptive management）首先基于现有的知识和信息，构建一个简单的估计、响应或预测模型，制定管理决策；随着新知识、信息的获得后，再升级初始模型，决策也相应做出调整。可见，被动适应性管理采用历史数据以寻找解决问题的最佳方法，决策是基于所采用的模型是正确的前提假设之上的。尽管此管理模式用于指导决策的数据和模型不一定完全可靠，但因其用简单模型来提高系统功能，且这一模型持续升级，因此易于实施且提供有用信息，依然显示出了强大的生命力。

（3）主动适应性管理（Active adaptive management）完全依赖于对新假设的检验，通过对假设检验的学习来确定最佳管理战略。主动适应性管理具有很强的目的性，它把政策和管理活动视为试验和学习的机会，并将试验结果和学到的知识结合到政策、措施的制定和实施过程中。主动适应性管理为可选择的管理模式提供信息，并对其相对实施效果进行反馈，而不是集中寻找一种最有效的方法。然而，因为根据情况随时在测试不同的模型，知道哪个供选模型是正确的，有利于了解系统状态，降低不确定性因素，能做到短期成果与长期价值之间的平衡。但是，这种方式并不适用于所有系统，这种多因素的管理策略也很少能得到广泛应用和实施。

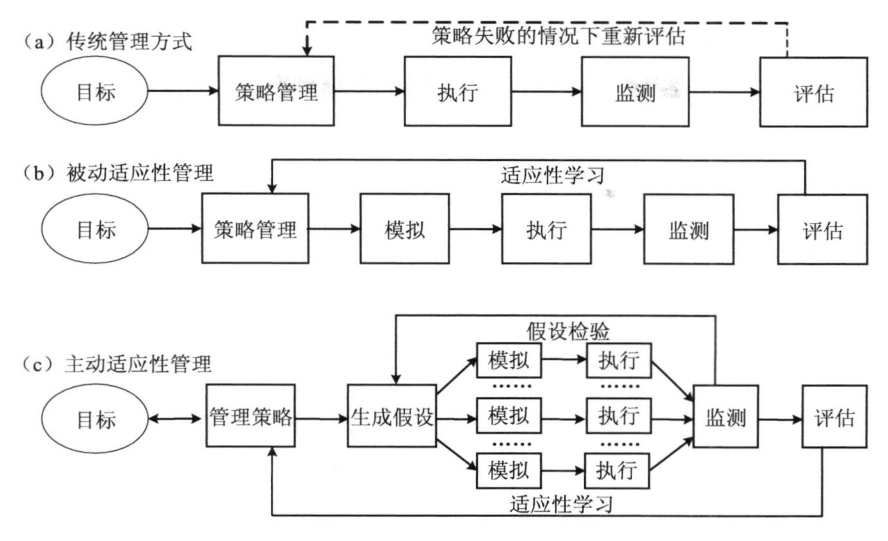

图 2-1 三种结构化适应性管理方法示意图

Allen 等总结了用于适应性管理开展假设检验或试验的三种模式："试错""排除""赛马"（见图 2-2），是适应性管理中典型的实施模式（见表 2-1）。

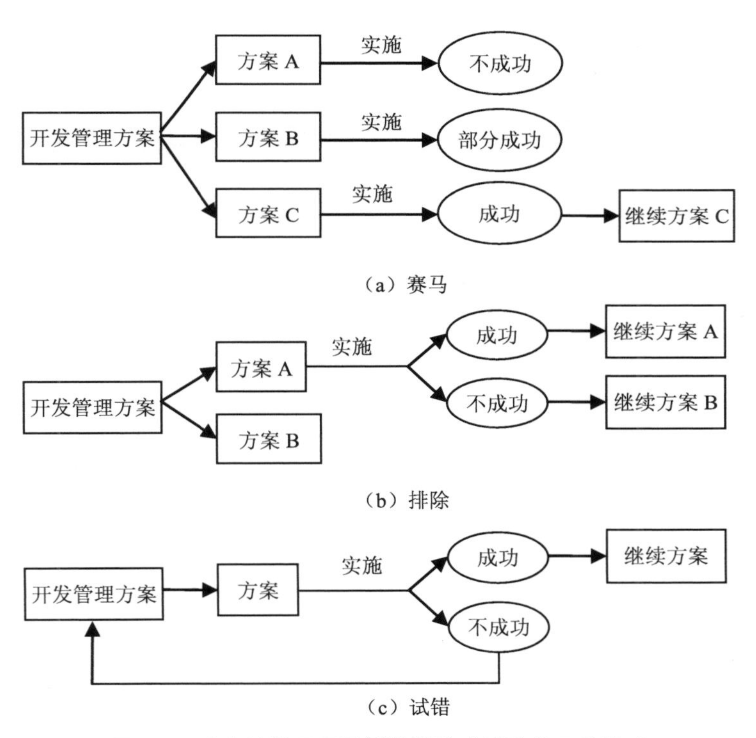

图 2-2 适应性管理开展假设检验或试验的三种模式

表 2-1 适应性管理的实施策略

管理策略	控制式管理	被动的适应性管理	主动的适应性管理
不确定性程度	低	中	高
出发点	利用已有的知识和组织惯例	通过试验弥补信息缺口，减少主观不确定性	通过管理干预减少客观不确定性
过程特点	外化学习过程，较少的反馈和循环	适度学习，一定数量的反馈和循环	高强度学习，大量的反馈和循环
管理成本	低	中	高
典型模式	计划—控制	试错、排除	赛马

2.1.2.2 结构化决策框架与过程

Holling（1981）构建了适应性环境评估与管理（AEAM）概念模型，尝试结构化的决策过程集成，用于对生态系统动态和政策实施的假设进行评估、提出、测试以及评价等（见图 2-3、图 2-4）。

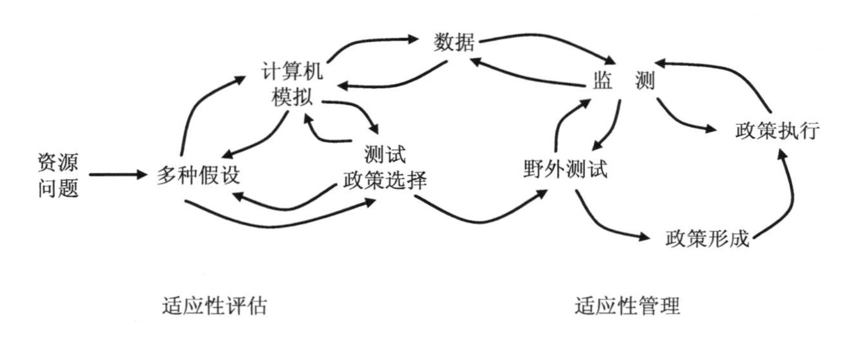

图 2-3 Holling 的适应性环境评估与管理的概念模型

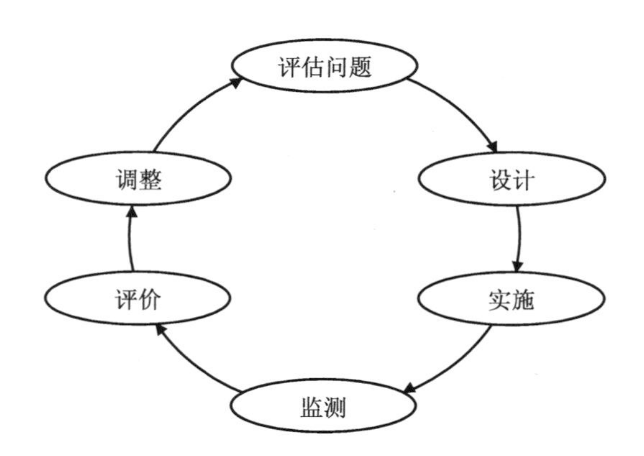

图 2-4 适应性管理过程及其主要步骤

图 2-5 中，结构化决策与学习共同构成适应性管理的完整过程。灰圈代表结构化决策过程（确定问题→澄清目标→制定评估标准→预估结果→评估利弊→决策）；白圈代表学习过程（实施决策→监测→评估→调整）。表示“边干边学”的过程。

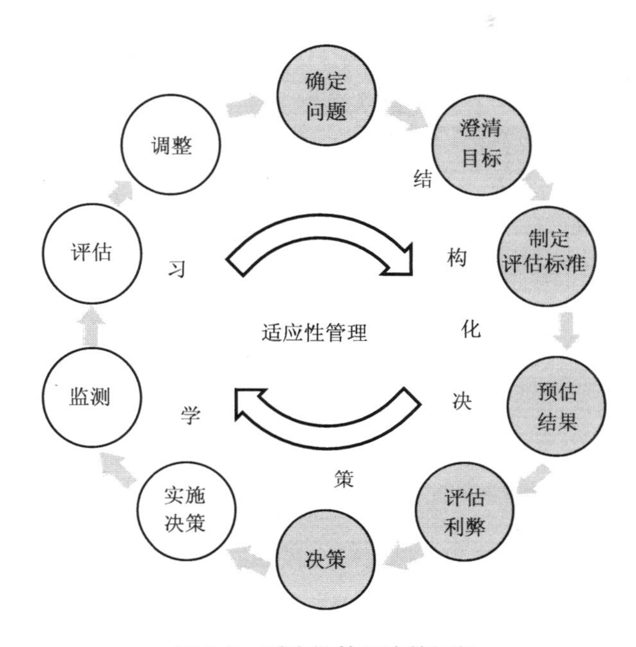

图 2-5　适应性管理决策框架

在一个结构化决策过程中，具体包括以下内容：①在决策过程中，邀请利益相关者全过程参与；②确定需要解决的问题；③从利益相关者的角度具体说明目标和利弊；④确定备选的决策方案和范围；⑤提出关于资源结构和功能的假设；⑥提出备选行动的结果；⑦识别重要的不确定性因素；⑧衡量决策潜在结果的风险承受能力；⑨审核决策对未来的影响；⑩考察法律规定和限制。

由于适应性管理包括这里列出的所有关键要素，所以它本身就是结构化决策。适应性管理的显著特点在于它面对不确定性，并提供再学习的机会，以不断完善决策过程。

2.1.2.3　结构化决策循环

适应性管理是“从实践中学习，以学习指导实践”的螺旋式推进环境系统健康持续发展的过程。结构化决策使用一套简单的步骤来评估问题，并将规划、分析和管理整合到一个透明的过程中，该过程提供了侧重于实现该计划基本目标的路线图（见图 2-6）。

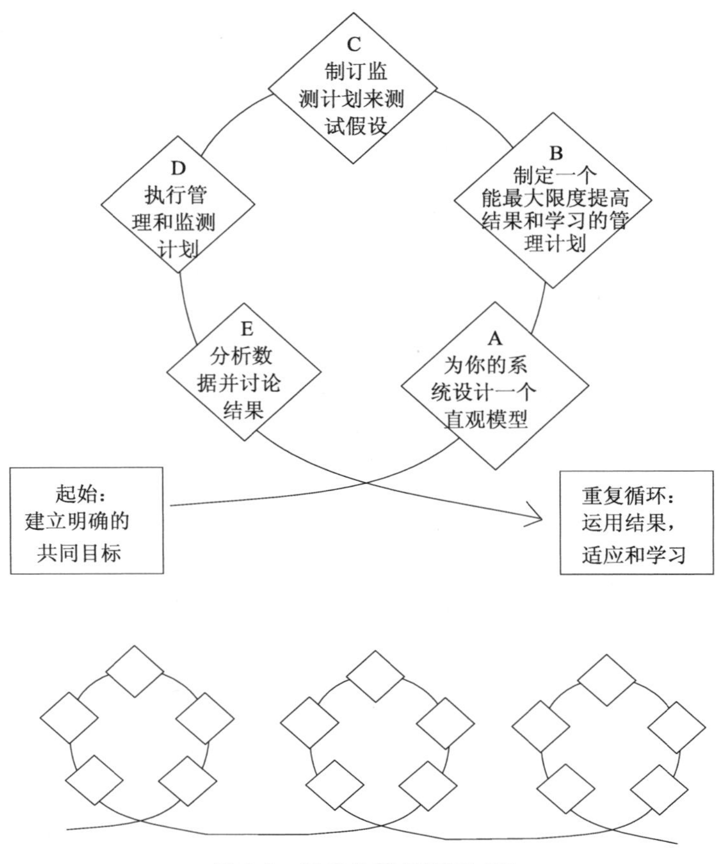

图 2-6　适应性管理循环过程

2.1.3　适应性治理

适应性管理已经在国外应用了 40 多年，现在已广泛用于解决各种资源管理问题，然而因其涉及面太广，目前未解决的问题仍很多。适应性管理中除了科学分析，十分强调利益相关者参与的重要性。它包括三个阶段或组成部分：评估（assessment）、管理（management）和治理（governance）。通过促进利益相关者参与，减少各方之间的分歧，从而使得人们在社会可接受的风险水平上承认自然生态系统的可变性并从中受益。

适应性治理的概念原本来自规制理论，主要关注各种机构对公共资源的管理和使用，如提供生态系统服务的自然资源和环境资产等公共资产。适应性治理概念的提出是生态系统理论和自然资源管理两个领域交叉应用的结果，此概念提出后导致社会生态系统理论中整合了社会维度，出现适应性治理的概念，近年来又更强调人类活动对生态系统恢复力的影响，治理的作用更加凸显。

相关概念解读：

（1）治理：治理没有通用的定义，但它绝不等同于“统治”（government）或公共政策。一般地说，治理是指引导参与者决定和行动的制度安排，包括行使职权的群体或组织（如企业或国家）。它隐含着一个政治进程，即在众多不同利益相关者共同发挥作用的领域建立共识或取得认同，以便实施某项计划。

（2）制度：制度一般被解释为规定和规范。“规定”指正式强制性的原则，如成文法或普通法组成的法律，以各种形式的法律制裁为后盾。在某些情况下，制度分析中还将区分“操作规定”（对行为的影响）和“法律规定”（不一定遵守或强制执行）。“规范”指的是共同的态度、价值观和文化传统，这些都是由各种积极和消极的奖励（如尊重、获得资源、社会支持和风险分担安排）维持和传递的。“制度”的概念也被解释为包括组织和政府机构，但通常不强调。这里对制度一词进行解释是要说明，“治理”是在多个层面上运作的，并依赖于不同的权力来源。它有四大特征：①治理不是一套规则条例，也不是一种活动，而是一个过程；②治理的建立不以支配为基础，而以调和为基础；③治理同时涉及公私部门；④治理并不意味着一种正式制度，而确实有赖于持续的相互作用。

（3）管理：管理与治理正好相对，管理指的是在给定的制度背景下发生的决策、协调和资源调配的过程，前提是制度（规定和规范）不发生变化。

管理与领导或指导工作密切相关，可以被认为是（通过运用技能和知识）确定所需的战略，并通过实在的行动和技术来实施这些战略。在适应性治理语境下，“管理”是指直接控制资源的制度和主体的行为的情境，而不是一个主体或主体群体产生影响或“间接控制”其他人的决定或行为的情境（这是治理而不是管理）。

适应性管理的倡导者主要关注管理的第一个要素——确定战略，关注一系列不确定性和潜在的缺陷。包括了解系统动力学和系统变量之间关系的重要性，认为在超越前系统的阈值可能是不明显的（之后的恢复可能是困难的或不可能的），变异是一种内在的和重要的生态系统特征，资源和事件很少在时间或空间上均匀分布。这意味着一是未来的策略至少应部分地基于来自回顾过去管理行动的影响和有效性；二是当下的管理策略应包含一定程度的实验，以减少与目前行动相关的风险，以及改善未来决策的信息基础。实际上，在管理中实现上述变化需要在治理方面的变化，特别是改变对管理人员和正式管理结构的激励措施。

（4）适应性治理（Adaptive governance）：适应性治理是一种治理的形式，正式机构、非正式群体以及不同范围的个体一起，达成合作性的环境管理目标，使得制度安排能够在不断变化的环境中演进到满足社区需要和愿望的一种方式。更正式的，适应性治理是指规定和规范（制度）的演化，在理解、目标以及社会、经济和环境背景下，这些规定和规范能更好地促进人类潜在需求和偏好的满足。需要说明的是：第一，用来判断治理安排是否是“适应的”或“好的”的规范性标准来自选民的价值和偏好，而不是由管理分析师强加的。在这种情况下，通过集体行动选择的制度以及作为个体做出的选择，价值观才得以揭示出来。第二，规定和规范的演化是适应性的，不需要有意识或审慎的，或以目标导向性的术语来表述。

适应性治理的理念对于那些热衷于秉持相互依存的社会与生态系统的动态性观点的人们是有价值的，因为它可以帮助我们了解合作确定政策战略的有效性和潜在方案的适应性的一些因素，此外，它通过在一个清晰的框架内整合具体学科的贡献来实现。

适应性治理有助于提高研究人员对我们所从事的更广泛系统的了解，并帮助我们更有效地参与政策问题以及发展与这些问题相关的社会响应。我们在协助解决社会性争议决策方面扮演两个不同的角色：一是为围绕需要对建立共识的社会进程或集体行动做出贡献；二是对政策顾问提供更多的技术建议。对于政策问题的分析还提供了有用的综合性框架，提供连接相关学科的桥梁，同时保持一个连贯的智慧核心。

适应性治理的概念可用于社会学习和集体决策的制度动力学和相关过程，耦合生态学和复杂适应性系统分析，从其他社会科学获得观点，将有助于确定有效的选择，以应对人类在向可持续发展过渡方面面临的诸多挑战。

（5）适应性共管（Adaptive co-management）：适应性治理之所以能通过共享管理权力和责任、促进合作和参与过程，主要仰仗于适应性共管。

共管即共同管理，一般泛指在某一具体项目或活动中，参与各方在既定的目标下，以一定的形式共同参与计划、实施及监测与评估的整个过程。共管过程在知识生产、社会学习和适应变革方面固有的活力得到了大家认可。近年来共管与适应性管理原则和实践的结合，产生了适应性共管，代表着在变化、不确定性和复杂性条件下，自然资源治理的一项潜在的重要创新方法的兴起。适应性共管作为一种维持社会生态系统的创新性治理策略，明确学习和合作的关系，促成了有效的治理。

适应性共管被描述为一个包括不同利益相关者跨尺度交互作用的治理系统。这些网络连接（横向和纵向）通过反馈促进学习，强调鼓励灵活性和构建适应性能力的社会过程。

适应性共管创造一种恢复力和变化之间的“适应性舞蹈”，有可能维持复杂社会生态系统。虽然必须承认，适应性共管不是一种万能的治理，但它有助于从实践中开启适应性管理取得成功的条件。这些条件包括：明确的资源系统和小尺度背景；通过可识别的一系列社会实体分享利益；清晰的产权；获得适应性管理措施；致力于长期的制度建设过程；培训和资源的可用性；关键领导人或领头人的存在；参与者对接受诸多知识的开放性；受拥护的政策环境。

2.1.4 利益相关者参与

适应性管理虽然不能完全解决复杂而长期的问题，但是从目前来看是最合适、最优的选择，可以用于解决或减少结构不确定性。这其中最重要的就是其过程将利益相关者参与（Stakeholders' participation）放在了中心位置（见图 2-7）。

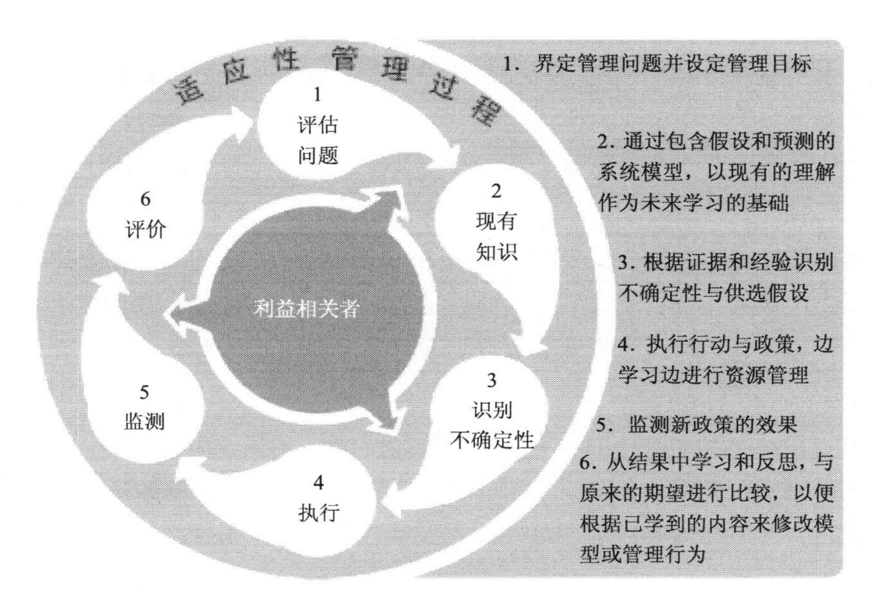

图 2-7 以利益相关者为中心的适应性管理过程

决策参与者主要包括以下三个群体：政策制定与决策者、利益相关者（包括公众、商业和其他利益群体）、专家学者与工程技术人员。

（1）政策制定与决策者主要负责界定问题的背景和限定决策的总体范围；负责最终决策，以积极和透明的决策分析方式（群体决策机制或决策方法），确定管理的可能方案，包括方案标准的筛选和管理中的价值选择；并通过价值判断对方案进行排序，解决资源管理中固有的复杂性和不确定性，并负责后续的政策实施。

（2）利益相关者帮助界定问题，其最大的贡献在于确定方案筛选的标准和价值考量，并对最后的政策选择提出建议。

（3）专家和工程技术人员主要通过环境模拟或试验来识别和评估替代资源管理选项，提供政策措施和评价标准，为决策过程提供技术支撑。

有关利益相关者参与更详细的说明见本书第 5 章的相关内容。

2.2 适应性规划

“规划”与“管理”的界线在不同的人那里向来就有不同的认识。一种观点认为，规划是管理的一部分，规划先行，规划的文本和图件完成后，规划过程到规划方案编制完成后就结束了，规划师的任务也就此完成，接下来的行动就交到管理者手中，规划制定的行动方案是由管理者来实施的。另一种观点认为，规划与管理是相互交融、彼此配合的，规划应延伸到规划方案的具体实施阶段，规划不仅要对实现预期结果的行动进行预先安排，而且还对利益相关各方的行动施加管理和控制。按照后一种对规划的理解，规划是一个策划、咨询、协调、设计、行动、监测和评估的全过程，规划者与管理者一起对规划的全过程负责。规划还应是一个循环往复（Iterative）的过程，即规划编制与实施是一个交叉进行的过程，一方面规划指导行动；另一方面规划从行动中不断学习，通过监测规划的行动过程及其评估阶段性的成果。按第二种观点，不断改进规划就是为了改进管理，规划与管理区别并不大。

国内外有很多对规划不同的理解，阐述各自强调的理念，错综复杂，甚至达到相互矛盾、相互对抗的程度，然而，这些不同规划理解的讨论都是在管理学领域内的。为此，本书将不刻意区分规划与管理的区别，并认为二者的内涵没有多大的差异。在谈论“适应性规划”时其实也是在讨论“适应性管理”。

规划方法论自“二战”后经历过多次范式转换。从目前来看，不同规划理解间可达成的共识是：规划不单单是一个编制过程或实施过程或技术过程，更是一个社会过程、政治过程和学习过程。以下对规划方法论的简单回顾，将有利于我们更深入理解，适应性规划是如何处理规划中的不确定性和复杂性问题的。

2.2.1 规划概念及其特征

一般来说，规划是对未来可能的状态所进行的一种设想或构想，是对客观事物和现象的未来发展进行超前性的调配和安排，以及为不同目的所采取的不同策略与途径，即向人们指出为实现未来目标要采取的行动过程与途径。简而言之，规划是为了达到预定目标而针对一定时间编制的行动顺序和方案。因此，目标建构是规划过程的核心；在该目标指导下，规划以有组织性和有目的性的方式，在时间顺序上的安排，对实现目标的规划内容做出决策，制定出有步骤的行动方案；虽然不是全部，但有价值的规划往往是以实施为导向的。

规划最根本的特征是未来导向性：一是规划是对未来行动结果（目标）的预期，任何规划都是以未来作为目标趋向的，总是针对未来的某个时段的；二是规划也是对实现这种结果的行动内容的预先安排，因此，规划必须对其过程中的不确定性进行调节和控制；规划面对的是不断变化的未来世界，规划是一个动态调整的过程；规划是对区域未来一段时期内的预测和安排，具有时限性。

规划除了涉及自然、生态、环境外，很多规划必须要介入解决的问题还涉及经济、社会、政治、文化等方面。即使是物质性规划也不得不综合考虑社会、经济与生态环境等其他方面。因此，规划早已穿越自然科学，汲取了丰富的社会科学营养。

2.2.2 几种重要的规划范式

2.2.2.1 物质空间形态规划论

“二战”后到 20 世纪 60 年代，规划被视为一种物质空间形态的规划与设计行为。规划是只针对有关物质空间形态环境的，只规划“物质空间”环境，也就是以实物为对象。规划本身只是一种不具政治性的“技术”行为，至少这一行为不带任何特定的政治价值观或承诺。规划是建筑设计的延伸，更接近工程专业，强调规划作为设计，并希望规划来提高环境的美学品质。规划图被视为“蓝图”，描绘了区域的未来发展状态，一种总有一天将达到的终极状态。由此，规划思想也就成了表述区域形态的总体规划思想。

2.2.2.2 系统规划论

20 世纪 60 年代后，形成了系统规划论。系统规划论视环境为一个系统，把人造系统和自然系统紧密地联系起来，强调理性的分析、结构的控制和系统的战略。相较物质空间规划，系统规划方法论有以下特征：承认区域是复杂系统；视区域为相互联系的系统整体；规划要适应区域结构和功能的变化；规划是一个持续监测、分析和干预的过程；规划视区域为相互关联的综合系统。视区域为一种系统，就要按系统原理对区域实行控制和管理，即令事物发展遵循规划所制定的方向，控制偏离系统目标的变化维持在可允许的限度之内。系统规划论强调过程，改变了以往以某种终极状态为目标的规划方式，要求不断分析来确定区域所处状态，并通过直接或间接的干预、控制来不断调整规划。

系统规划方法论深刻地影响了后来的规划思想，规划从原来“试错”方法，向依靠分析和综合的科学方法以及逻辑过程的思维方法发展；同时，建立在系统方法基础上的技术手段更加强调理性的运用，形成了后来的理性规划论。

2.2.2.3 理性规划论

理性规划论主要来源于决策理论，以工具理性为思想指导，林德布洛姆称其为完全理性的决策模型，其要点有：①面对一个存在的问题；②一个理性的人首先澄清他的目的、价值或目标，然后在头脑中将这些东西进行排列或用其他方法加以组织；③列出所有可能达到其他目的的主要政策手段；④审查每项可选择的政策会产生的所有重要后果；⑤理性人就能将每项政策的后果和目的进行比较；⑥最后选出其后果与目的最为相称的政策。这种工具理性规划模型隐含着几个前提假设：相信规划师有足够的技术能力去预测和管理未来，规划师作为技术专家可以控制未来的发展，而且规划师有合法的理性代表社会公正来控制管理未来。

理性规划模型的优点是简明性及逻辑性，规划是达成最佳结果的方法，为此，规划者必须像科学家一样在众多的手段与目的之间寻找最好的途径。规划应成为科学管理的一种形式，规划师对决策过程和资料进行科学理性的分析。规划需强调国家角色和集体理性的重要性，政府通过规划可以捍卫公众利益，指导社会的进步和发展。理性规划重视规划的社会引导功能，从社会精英的角度出发，结合国家权力，进行自上而下的改革。规划是代表公众利益的“纯科学”，规划师利用专业化的科学知识，按理性模型的步骤制定规划方案，把经科学分析的方案（结论）提供给决策者选择，即规划师做规划，决策者选择规划。规划师和规划中的决策者（政府）都是价值中立、不带任何偏见的，规划师不对特定的社会阶层负责，不包含他们个人的价值选择。规划师作为“技术专家”来控制整个过程，规划师可以代表“公共利益”，因此是典型的“精英规划”。

在系统和理性规划论迅速风行的20世纪60年代末期和70年代前期，被称为“官僚职业化胜利”的时期。基于对理性规划论的批判，60年代后又出现了以下几种重要的规划方法论。

2.2.2.4 马克思主义规划论

在20世纪60年代末期西方新左派运动后，规划理论界将马克思主义传统用于规划理论分析，对60年代建立起的系统理性规划论开始反思，对规划官僚职业化的正统性提出了强烈的挑战。认为系统理性规划论在内容上空洞无物，忽视规划的阶级内涵和民主职能，将规划理解或贬低为非政治化工程学的做法，无助于实现普遍的公共价值和社会公正。

一些西方规划学者开始运用马克思主义方法系统研究资本主义规划问题，尤其是采用政治经济学方法，其实质在于：它认定规划作为研究对象必须与社会相联系，规划是资本主义的反映并帮助构建了资本主义制度。虽然对于规划在多大程度上为资本主义生产方式所左右，不同的人有不同的看法，却不同程度地赞同和运用了马克思主义的国家、资本积累、阶级和社会冲突的理论和观点。总之，马克思主义规划学者从生产方式和阶级关系出发，说明了规划事业与所规划的社会之间的关系，探讨了国家制定和执行规划的性质作用，解释了规划不平衡发展的原因与后果。规划属于上层建筑，但规划也并不是简单地服务于资本利益，还必然要服从于民主社会的总体格局。

2.2.2.5 新右翼规划论

新右翼政治运动开始于20世纪70年代后期。这一冠以“新”的新右翼论是市场导向促进竞争（自由主义）和政府强制干预（保守主义）的结合。一般认为，新右翼的宗旨在于重新界定关于国家、市场与政治体制之间的关系。新右翼理论家们都同意需要采取某种形式来干预（土地）市场，但对于干预机制所实现的目的则并没有形成共识，因而形成了两种截然不同的看法：一种倾向是强调市场价值的新自由主义，另一种倾向是强调社会秩序的新保守主义，而两者又有相互联系的契合点。

自由主义新右翼规划观认为：规划应促进市场成为发展和繁荣的动力；规划的关键是要运用市场及其价值规律；规划处于被动从属地位，干预在有限的范围之内；规划应该只在地方层面开展。由于新自由主义观否定政府和社会整体意志的必要性，所以它从根本上动摇了政府干预和规划的合法性地位。新保守主义的立场强调政府干预，它是为了修正自由市场缺陷，重视强势政府、社会威权、规制的社会、科层与服从。由于战后西方出现了诸如犯罪、无序、破坏公共财物等现象，保守主义新右翼认为只有通过强势政府才能维持秩序。新右翼理论今天备受争议。不过随着环境问题的恶化，新右翼的一些理论，如公共选择理论、环境经济学，对于环境成本外部化，像污染、噪声和都市生活等对于环境政策仍有重要的启发。

2.2.2.6 实用主义规划论

实用主义强调以人的价值为中心，以实用、效果为真理标准，以实践、行为为本位走向，倡导教育与社会联系等，顾名思义，实用主义“主张经验而非理论才是真实的裁判”。其根本纲领是：把确定信念作为出发点，把采取行动当作主要手段，把获得实际效果当作最高目的。对规划来说，实用主义是一个操作性很强的方法，它强调在特定的条件和形势下对特殊问题的直接行动（Direct Action）和“成事”（Getting Things Done）的办法。在美国盛行的实用主义着重自由主义与科学的方法，自由主义提供适于实用主义的政治与社会框架，而科学方法强调持续的批判和反思。

实用主义规划师奉行实用主义规划的一些特征：实用主义可为规划师提供反省自身及其行动的观察角度，强调批判性机制，视规划为一个演变的活动，其目的将随时间而改变。规划是为我们所理解的实用性目标而服务。实用主义关注规划的实践，对在规划实践中的微观政治有兴趣。实用主义注重选择和各种偶然性，缺乏抽象地强调伦理的思维。实用主义坚定地强调用人类行动来反对抽象思想，关注实践性的方面。

2.2.2.7 倡导规划论

倡导规划论是一种结合法庭辩护，并通过公开说明、听证的方式作为实现规划实践的规划方法论。戴维多夫认为，规划师的角色是倡导者或辩护人，他们应该能以身为政府与团体、组织或个人利益的倡导者身份加入政治过程，特别是代表社会上的“弱势”群体，通过交流和辩论来解决规划问题，对社区未来发展提出政策。因此依该理论的思想，规划师作为倡导者的身份是非中性立场的，无论规划师代表着谁的利益，他们总要以某一种人的身份参与到政治进程之中。

倡导规划论号召规划师中的左派进行职业实践，为实现“自下而上”式的规划和多元化的规划理念而做一名规划师，它对规划师长期以来引以为骄傲的价值观进行挑战，否定了规划师的“圣者”形象。解决问题的途径应该具有社会属性，而不是单纯理性的技术，其出发点是：既然规划师不能保证自己立场的客观、合理和全面，不能保证完全没有偏见，那么索性就回避规划师恒定和唯一的是非标准，剥除那种公众代言人和技术权威的形象，放弃高度自信、充满优越感的价值标尺，把科学和技术作为工具，将规划作为一种社会服务提供给大众。

倡导规划对规划理论界的贡献在于：倡导式规划师为其代表的立场辩护；规划应有公开的程序、公平的告知与公听的要求；为专业与政治作协调。总之，倡导规划的理念都已逐步落实在西方国家的法制中，辩护制度和行使听证权等，成为规划审议阶段必需的手续。

2.2.2.8 渐进规划论

1965年，林德布洛姆在对理性决策模型质疑基础上，提出渐进决策模型，其核心是把“党派相互调适”作为一种公共决策模式。这一模型在规划界被称为渐进规划论，一种在不同利益群体间商讨规划问题，寻求折中方法的规划决策模式。

在规划界对理性规划批判的背景下，渐进规划论坚持分散与多样的多元主义观。决策的过程只是决策者基于过去的经验对现行政策稍加修改而已，这是一个渐进的过程，看上去似乎行动缓慢，但积小变为大变，其实际速度往往要大于一次大的变革。他反对政策上的大起大落，认为“欲速则不达”，否则会危及社会稳定。

林德布洛姆决策模型归纳为下列几个要点：知识是有限的，人们无法完全了解和掌握信息；政策形成要考虑党派与利益群体相互调适，在政策制定时要考虑政党、利益群体或利益相关者的意见；现实的政治是由各党派相互妥协、调和的民主政治；决策要兼重社会互动与科学分析；通过渐进分析可以造成渐进政治，渐进政治较符合民主政治的精神。

2.2.2.9 沟通式规划论

沟通式规划是哈贝马斯提出的沟通理性在规划领域应用的结果，它的思想来源主要有三：第一，哈贝马斯的研究，他质疑工具理性，认为应重新强调其他的理解与思考的途径。第二，福柯等关于话语及权力的学说，他们寻找隐藏在语言、方法背后以及潜藏在现有权力关系中占据潜在主导性的内容。第三，吉登斯及制度主义学派的研究，他们考察通过社会关系建立彼此关系的方法以及我们能够在社会中合作存在的方式。实用主义也是沟通式规划理论的思想来源之一，并强调哈贝马斯理论的重要性，二者共同构成了规划理论的哲学基础。

1）沟通理性与规划

沟通规划论的最重要思想来源就是哈贝马斯的沟通行动理论。沟通行动理论以沟通理性作为对工具理性思想的扬弃。工具理性是一种“主体与客体对立”的理性，这种“主体为中心”的理性，基本源自“人的主体”对“客观自然世界”认知的能力，是建立在人的经验主体对物质客体的一种静态的、单向的、支配性的关系上。在社会实践时和在生活中操作的理性，却建立在人与人之间、主体与主体之间的互相理解之上，他将这种动态的、双向交流的理性称为“沟通理性”。沟通理性的意义在于，它认为理性不仅是主体与客体各自的理性，还意味着主体之间（即人际沟通）的理性。

“沟通”是行动者个人之间以语言或非语言符号作为媒介的一种互动，“媒介”是行动者各方理解相互状态和行动计划的工具，相互理解是沟通行动的核心。两个或多个人之间要进行有效的交流与沟通，需要满足一定的条件，即沟通的“有效性要求”。这种沟通模型称为“理想语境”，它为现实生活中的规划程序提供了检验与衡量的标准。理想语境用于决定接受或拒绝某一断言的真理要求，其目标是要达成“真理共识”。

沟通行动之所以可能，是以语言作为中介，将说话者隐藏的意义做一个假设性的重建，进而形成一种共识。在沟通主题有所交集，才能达成有效沟通的结果。规划中，沟通最主要目的是取决于双方对沟通的态度，而不完全在于双方或一方的沟通技巧。

沟通式规划是哈贝马斯沟通理性在规划领域应用的结果。沟通行动理论对规划理论来说既是重要哲学理念，也是重要的实践论，它除具备批判性、足以批判“现代社会”与检讨“规划理论”之外，它还具有积极而正面的建设性，通过更本质的理性手段、更深刻的知识建构方法及思维模式，引导我们的社会及规划再向下一阶段演进。

福雷斯特对沟通理性在规划层面的应用做了进一步的引申和发展，提出了“沟通伦理”的概念，认为规划师并非权威的问题解决者，而是公众关注程度的组织者（或干扰者）：这种关注经过精挑细选并被加以讨论，以此为行动提供各种选择、特定的效益与成本或者是支持或反对方案的特定辩论。

2）权力话语理论与规划

福柯认为“话语”是权力的表现形式，是知识传播和权力控制的工具。权力如果争夺不到“话语”，便不再是权力。“话语”不仅是知识传播和施展权力的工具，同时也是掌握权力的关键。因此，福柯赋予“话语”在政治文化分析中的特殊含义。话语不过是对事物的论述，论述中必定包含了对物体的价值判断，话语也一定还需要逻辑、句法、语义等，而所有这些都是由权力提供的。

福柯把“话语”与“权力”结合在一起进行考察，认为社会制度、权力机制对话语实践有着不可忽视的影响。在任何一个社会里，“话语”一经产生，就立刻受到若干权力形式的控制、筛选、组织和再分配。我们通常看到的某种历史性表述，都是经过具有约束性的话语规则的选择和排斥后的产物。其实，语言本来是无阶级性的，但作为言语乃至话语却无不打上主观情感烙印，它与政治、权力及意识形态相互交织，构成一个巨大的网络系统，牵制着人们的思维和活动。所以说，话语并不是一种客观透明的传播媒介，而是一种社会实践，是社会过程的介入力量。语言不单纯反映社会，它直接参与社会事物和社会关系的构成。

有什么样的权力就有什么样的话语。权力是强力意志，它启动了话语，话语积累起来、扩展开来形成学科，学科又组成公共机构（如高校、医院、监狱）；反过来，学科和公共机构又成为话语栖居和生产的场所。权力推动了话语，话语也加强了权力。权力话语的活动生产出了传统意义上的知识，权力是知识生产的原初动力。知识的生产有一个系统，有人把权力—话语—学科—公共机构看成这个系统的有机组成部分。知识生产系统推出的观念、价值、意义渗透到全社会，牢牢地控制着人们的心灵和行动。

基于权力话语理论，工具理性被认为是一种逻辑，带有经科学武装的知识霸权，被揭示出具有凌驾于其他存在与领悟方式之上的支配权力，因而排挤了道德与美学方面的话语。工具理性化的权力掌控了以民主行动之名建立的制度，即国家的官僚机构。按照福柯的分析，规划应当通过国家官僚机构与系统化的理性这种支配性力量发生联系。从为贫民建造的灾难性的高层建筑街区，到主要以经济标准来衡量道路建设的可行性，以及为大型工业企业及其职工服务的活动区域的功能分区，这种证据随处可见，但妇女、老人与残疾人，以及许多必须在既有经济准则的边缘上艰难生存的群体并未被考虑在内。

规划理论界对沟通理性的各种应用模型在实践中的可操作性持怀疑态度，认为以下缺陷会影响其实施：第一，沟通规划对权力的忽略；第二，完美理论和行动之间的鸿沟；第三，参与讨论过程耗时过长。针对上述不足，福柯的权力分析学说可以对沟通规划进行补充与修正，通过正视社会冲突，将规划方法论从完美状态转入现实状态中来。

3）吉登斯的理论与规划

吉登斯的“第三条道路”思想，如左派的政治立场，经济领域强调政府与市场力量的均衡，“积极的福利社会”和“投资型社会”，推行政府改革、培育公民社会、建立“新型民主国家”，迈向全球化时代的全球治理思想等，正在深刻地影响着规划界的发展方向，然而他的结构化理论对规划思想的影响更大。

结构化理论主要论述了社会结构和个人主体这两者之间的关系，一种建立在结构二重性基础上的理论，强调主观—客观、行动—结构、微观—宏观是相互包容的，具有二重性，并提出了其建构的观点。他提出社会学所探求的社会结构，只有经过结构化过程才能得到说明。“社会系统的结构性特征，既是其不断组织的实践的条件，又是这些实践的结果。结构并不是外在于个人的，……它既有制约性同时又赋予行动者以主动性”，这就是吉登斯的“结构化理论”的核心思想。

结构化理论认为我们既被我们所处的社会情境所塑造，又反过来在积极塑造这种情景。人们在其所处的结构化社会背景中做出接受或拒绝的选择，通过这种社会关系和日常选择，构建行动者的世界结构和塑造日常生活的强大力量就随着这种行动、观看和了解的过程而不断形成和变化。其中，态度和价值观在特定的地理和历史背景中形成，并随着社会关系的变化而不断被重构和转换，而所有的关系又都是权力运作的表征。吉登斯认为，有三大核心关系促进了主体的理解并推动结构不断演进：权威体系（指一些正式和非正式的规则）、分配体系（即物质资源分配的方式）和观念（指知识和文化体系，它影响着行动发展并形成了合法化的形式）。通过这三大关联因素，结构得以在持续不断的实践中形成并维持。

吉登斯吸取了马克思主义、现象学与文化人类学，它们也激发规划理论家去了解规划中权力关系的社会嵌入。吉登斯提供了一种方法，可以在这样的结构化过程中，对参与治理的人的积极工作进行定位。他的结构化理论把焦点放在互动关系的性质上，这就为规划中的利益相关者主动参与规划的讨论和规划决策的制定提供了理论基础。

4）新制度主义与规划

新制度主义学者对“制度”的看法可归纳为三种：①制度是一种均衡。制度是理性个人相互理解偏好和选择行为的基础上的一种结果，呈现出稳定状态；稳定的行为方式就是制度。②制度是一种规范。它认为许多观察到的互动方式是建立在特定的形势下，一组个体对“适宜”和“不适宜”共同认识基础上的。这种认识往往超出手段—目的的分析，很大程度上来自一种规范性的义务。③制度是一种规则。这种观点建立在认为许多所观察到的互动建立在一种共同理解基础上，如果不遵循这些制度将受到惩处或带来低效率。新制度主义的方法，即把结构与主体的关系、权力关系以及对话语和实践的社会性建构进行理论化的方法，对于规划理论家重新评价、修正、调整或者重构规划理论有相当的启示。

规划理论同政治学里的“制度转向”研究建立了更多的关联，新制度主义能够给规划学科带来新的洞见。在某些情况下，有效应用新制度主义甚至能产生新的规划理论。规划和新制度主义，都关注“集体选择和组织结构”这样的问题。规划学科是“一门关于公共、私人决策的知识、职业实践和政治的学科”。因此，规划师和规划理论家，一直都对制度，也就是集体决策的结构、法律和社会规则有着强烈的兴趣。制度对人们的选择和决策有着深远的影响。因此，对于规划师和规划理论家而言，即使是没有新制度主义的兴起，他们依然会关心制度及其对规划本身的影响。在短期内，新制度主义也许对指导规划实践和促进规划理论的发展影响有限，但是，从长期来看，应用新制度主义，将有助于规划理论家，能够更好地解释为何规划在人口增长和资源短缺的形势下应有一席之地，并能够为解决有关人口增长过速、资源日益短缺的矛盾添砖加瓦。

新制度主义有助于帮助规划中的三个基本理论问题：我们为什么需要规划？规划在何处发生？人们该如何规划？

（1）我们为什么需要规划？制度分析的方法，特别是交易费用的理论框架，能够更好地解释规划为何存在。规划首先不能简单地看作是“个体或者个体对个体的活动”，或者简单地看作官方的行为和政府事务。规划应该被视作治理的一个层面和一种特殊的制度。规划之所以存在，是因为它能够帮助地方政府以一种市场不能做到的方式协调各利益相关者的投资和选址行为。这种方式降低了各方的交易成本。这种交易成本下降的情形，在不完善的市场内，更加明显。因此，简单地把规划当作是市场的外部化行为，或者简单地把规划作为市场的补充，都是不全面的。

（2）规划在何处发生？规划发生在社会复杂的有机网络之中。新制度主义的观点有助于人们更好地解析这一网络。传统规划理论把规划和市场简单区分为两大块的做法，忽略了上述网络的存在。私有化和“第三方的治理”（即非政府组织的治理）已经让公共部门、私人部门和市民社会之间的界限变得模糊。这种趋势的出现，降低了整个社会治理的交易成本。

（3）人们该如何规划？人们需要更多关注制度的设计。在传统的规划里，制度设计常常不被人们所重视。新制度主义关于“制度”的全新定义，能够帮助人们从新的视角看待和处理上述设计。例如，人们需要考虑不同的规划模式，如“自下而上”这一规划模式所带给社会的全部交易成本。

从新制度主义中的“社会构建”框架研究规划，是规划师更好理解治理这一概念的重要工具。一方面，规划就是要寻找和设计面向未来的“转变的轨道”；另一方面，规划也是治理的一个方面和一种特殊的制度。因此，制度是治理的柔性基础设施，它和规划有着密不可分的关系。新制度主义给规划以四点启示。

一是制度作为一种柔性基础设施，影响着规划师所关注的未来的种种可能性。这些可能性，一定程度受制于制度自身自我更新和再造的能力。新制度主义，提供了看待这些柔性基础设施及其更新、再造的系统框架。

二是地方性的制度能力、治理能力和社会能力，形成了规划置身其中的小环境。对未来可能性的预测，需要系统考虑这个小环境。

三是新制度主义在全局上，社会学的新制度主义在具体的情形中，能够帮助规划理论家和规划师超越“传统部门的界限”，让他们学会“如何在复杂的制度领域内，学会言行（得体）”。

四是新制度主义帮助把规划定位为“一个地方性的，一个小环境内的延续不断的治理形成过程”。这个定位，让规划理论家，能够把规划的概念和“潜在的物质和概念的现实”、制度、社会能力和地方性等相互联系起来。

沟通规划理论家们都强调沟通理性转向，但关注点主要有三个面向：把沟通式规划视为一种科学分析（相对于抽象的理想语境）；把沟通式规划视为一种解决方案；把沟通式规划视为一种规范理论。通过这些不同的面向，我们可以勾勒出沟通式规划理论的共同特征：决策的制定由未来会被该决策所影响的人共同参与制定；决策的制定是经由能够承担理性与公平的价值的参与者相互辩论而出来的等。

2.2.3　适应性规划

近年来，地理空间科学与技术的飞速发展推动规划方法论的变革，适应性规划思想就是在近年来规划方法论变革的结果。规划师认识到像区域生态系统这样的规划对象所天然具有的开放性、复杂性和多样性的特征，也逐步认识到这是规划中无法回避的事实。对于区域生态系统规划而言，规划与管理中的种种不确定因素是客观存在的，需要规划师充分考虑不确定性带来的问题和潜在影响，利用非确定性规划的思想和方法进行规划工作，最大可能地减小规划与实际的裂隙，削减不确定性的结果。本书所指的适应性规划，就是这种与不确定性和复杂性相适应的规划新思路。

采用适应性规划一般是基于两个前提：一是人类对于生态系统的理解是不完全的；二是人类管理行为的生物物理响应具有很高的不确定性。如前所述，不确定性在区域社会生态系统中是普遍存在的。然而，在传统区域规划方法中，主要是建立在对以往数据的归纳总结上，这种静态的分析方法无法预测不确定性带来的问题，使规划的未来导向性和预见性受到严峻的挑战，影响规划结果的可操作性。资源管理问题是在时间上以资源优化利用为目标的一类问题。资源与资源之间的相互依赖关系使得有必要制定规划来合理利用这些资源。这样的规划只能在不确定性的环境中（如由于竞争性的主体）进行构建，传统的基于状态的规划方法并不适合这种规划问题的类型。

与对“适应性管理”的理解相同，本书对适应性规划的理解为：它是一个面对不确定性因素的、结构化的、重复反馈的优化决策制定过程，以达到通过系统控制降低不确定性的目标。与传统的规划方法和管理方法相比，它所研究的问题大多具有较高的不确定性和较低的可控性。适应性规划所采用的技术方法包括数学建模、统计学和计算机仿真等方法和技术。

适应性规划与采用启发法的规划有许多相近之处。启发法（Heuristics）是人们根据一定的经验，用于解决问题、学习或探索的一类实践性方法。它虽不追求最佳或完美，但直接针对目标的达成。在不可能找到最佳解决方案或寻找最佳方案不现实时，启发法可用于加速找到令人满意解决方案的过程。启发法可能是减轻决策认知压力的精神捷径。例如，单凭经验的方法、有根据的推测、直观的判断、旧有定式、侧写或常识等。更确切地说，启发法采用的策略要点是，使用随手就能拿来，并容易获得的信息来控制复杂问题解决的策略。它有以下几种策略：①手段—目的分析：就是将需要达到问题的目标状态分成若干子目标，通过实现一系列的子目标最终达到总的目标；②逆向搜索：就是从问题的目标状态开始搜索直至找到通往初始状态的通路或方法；③爬山法：采用一定的方法逐步降低初始状态和目标状态的距离，以达到问题解决的一种方法。

近年来，应用启发式规划技术进行森林资源管理规划变得越来越普遍，如可以用于传统的森林采伐调控问题、森林运输问题、野生动物保护和管理、水生系统管理以及生物多样性目标的实现等。许多类型的复杂的非线性目标（如动物栖息地时空分布），传统上被认为太复杂，无法用传统优化技术来解决的，现在都可以考虑用启发法。

与适应性管理一样，适应性规划的内涵也非常丰富。适应性规划要求各利益相关群体相互协作，界定共享价值，是一个不断地学习与交流、不断地评估和调整的循环过程。适应性规划将各个环节与系统整体联系起来，并将各利益相关方与大的管理环境联系起来，对未来可能出现的问题做好准备，随时调整规划，以适应不断出现的各种变化，可以大大降低不断变化所产生的复杂性与不确定性。可见，适应性规划是一种顾及多方利益、多方参与、整体考虑的规划；适应性规划是一种不断适应、不断反馈的规划；适应性规划是具有恢复力（韧性或弹性）的规划。

适应性规划的程序可以总结为以下几个步骤：①界定关键问题；②通过学习与交流明确目标；③确定为实现目标可供选择的方案；④用明确的标准评价各种选择；⑤确定以最佳方案并予以实施；⑥监测与评估；⑦调整方案。然后用一个反馈回路把上述各步骤联系起来形成一个循环，并使发现、经验或变化等能纳入规划中来。

第二部分

基于社区的适应性管理

第 3 章

社会生态系统研究方法

3.1　乡村调研方法

与城市规划相比，村庄规划一直以来并未受到重视，对乡村社区的调查与研究更是一个非常薄弱的环节。由于村庄与城市不同，村庄规划与管理要面对的是广大农村社区居民，城市规划中常用的调查方法对村庄往往无能为力，难以了解到村庄实际。同时，常规的农村调研方法常常受到业界的质疑，在调查中以规划人员为主体，经过走访和问卷调查获取信息，而作为直接利益相关者的农民因知识结构不同、信息渠道不畅等因素限制，自身意愿和想法得不到充分表达，导致调查过程流于形式，获取信息深度不够，最终结果不能深入了解农村状况。因此，我们需要找到一种有效的调查方法，可以从社会和生态等多方面综合而全面地了解农村，对于村庄社会生态系统的规划与管理起着至关重要的作用。

3.1.1　乡村调研技术与工具

关于乡村调研的方法论目前尚处于不断探索阶段，由于其涉及的方面很多，所以还没有形成完整的理论体系。然而，随着多学科调研方法的不断借鉴，许多参与式工具和技术都可以在乡村调研中借鉴。当然有许多这样的方法起初是从管理学、社会学、人类学等学科的方法论中经过改造后借鉴过来的。

在决定采用哪种技术用于将要开展的乡村调研时，可以参考以下一些标准，总的来说，我们采用的工具和技术必须：①完善规划与管理项目的方法和基本原理；②被社区参与者认为是帮助自己找出问题的方法，而不是收集有关自己的信息和为外来者提供信息这么简单；③使最终用户参与到数据的收集和分析中；④与参与者的技能和能力相匹配；⑤调整到适应人们日常活动和能负起的责任范围内；⑥为决策者提供适时的、他们需求的信息；⑦产生可靠的结果，即使不是定量数据，但也要是足以让他人相信、可靠性高的数据；⑧资金投入要视复杂性而定，以满足不同调研的需要；⑨加强社区团结、合作和参与；⑩只收集需要的信息。

根据上述工具的选择方法，因为每种工具产生的信息不同，需要不同的资源和技能，所以，据需要的信息、工作的目的、可利用的资源，把不同的方法组合起来很重要。结合的技术有利于数据间的交叉检验，这样比较、审核或代替信息就成为可能。

当然，乡村调研过程不是终结于信息收集过程，与信息收集同样重要的还有：分析和评价调查结果，为管理行动计划和利用调查结果，提高、改革及学习、考虑下一步骤，评估整个过程，掌握所取得的成绩等。通过适应性管理的每个阶段，使适应性管理过程更具可持续性。这里介绍几种重要的乡村调研工具和技术。

3.1.2 参与式农村评估方法（PRA）

参与式农村评估（Participatory Rural Appraisal，PRA）方法，是国内外农村发展项目中常用、为规划提供依据的调查方法。其应用的前提是规划师承认农民拥有与自己生存环境相适应的独特的乡土知识、乡土技术和对社会的认识。在调查中，本着“参与、互动、讨论、研究”的原则，与村民一起工作，从而促进村民改变对自己所生活的村庄的看法，明确自己在村庄规划建设中的作用，赋权于村民。

PRA 工作的要点和核心是：真诚和广泛地听取村民的意见；在工作中注意尊重村民，对村民的所知、所说、所为、所示表现出兴趣；耐心听取意见，不鲁莽、不打断对方；多听、少说，忌用自己的观点诱导村民；谦虚并热情鼓励村民表达、交流，分析他们的知识。

在进行村庄规划时，PRA 立足于详细地了解和占有所需要的一切客观资料。在此过程中，PRA 工具起着至关重要的作用。该工具不仅能够通过参与式方法了解村庄的历史、现状、社会、经济、文化等方面存在的问题、机会，而且为解决问题提供可靠的第一手资料。更重要的是它调动了村庄内村民的自主性、积极性和自信心，建立了村民对发展的决定性。PRA 工具的应用，使发展对象体会到了自身的力量、知识及认知在发展过程中的价值。而且，该工具启动了双向学习过程，改变了传统的单向式学习范式，使我们的知识系统更加完整、准确。

常用的农村调查存在严重的“旅游主义”现象，问卷调查冗长枯燥、难以驾驭，获取信息所需时间长、成本高且不太准确。常规村庄规划在开展村庄调查中，以外来规划师的观点为主，在规划师和村民间存在“你是你”和“我是我”的感觉，而且调查成果是为规划师服务的。始于对传统调查方法中固有偏见的不满，在 20 世纪 70 年代出现了快速农村评估方法（RRA），后来发展成为参与式农村评估（PRA），该套方法强调在规划师的协调和帮助下，重在村民参与，双方共同交流、分享结果，采用这套方法可全面地了解村庄，调动村民的积极性。目前这套 PRA 方法不仅可以用于农村，还可以用于城市，尤其在各国际项目的村庄规划中普遍采用，规划组多年来也一直在使用这套方法，现在普遍被称为参与式行动研究（Participatory Action Research，PAR）。

PAR 是所有相关的群体一起积极参与到当前他们所研究（他们发现的问题）的行动中，以便改善和改变现状。他们通过认真反思历史、政治、文化、经济、地理和其他情况来开展行动。PAR 不仅是为了采取行动后开展预期的研究，更是为了研究、变革和再研究参与者在研究过程中所采取的行动；PAR 不单是一种外来咨询的变形，实际上，它是为了能与受帮助的一方开展积极的合作研究的一种方式；PAR 不是一个人群强迫另一个人群去做自认为最有益的事情，如执行上级政策、改变制度或服务，实际上，它努力推行一种真正的民主或非强制的过程，以帮助确定后者自己需要的目标和结果。PAR 的“研究”避免了由大学和政府组织的传统的“提炼式”研究，“专家”去一个社区，研究他们的课题，带走收集到的数据去写他们的论文、报告和课题；PAR 是现代科学家参考后现代科学观，把研究回顾与外业调查相分离的科学研究框架进行反思，修正了传统的科学研究观点与路线，建立起理论与实践相互交融的研究路线。PAR 是真正由当地群众去做的研究，也是为当地群众服务的研究，研究的设计是围绕当地群众自己确定的特定问题展开的，研究的结果也直接用于这些问题的解决。

Chambers（1994）认为，PAR 有三原则：“穷人是有创造性的和有能力的，……他们能够也应当做更多属于他们自己的调查分析和规划”；“外来者的角色是会议召集人、催化剂和协调员”；“弱者和边缘化人群能够也应当被赋权”。

采用 PAR 的优势：①通过在设计过程中让主要的参与者参与进来，探索有关问题；②建立合作伙伴关系并培养当地对项目的拥有感；③加强当地的学习、管理能力和技能；④为管理决策提供及时、可靠的信息。

采用 PAR 的劣势：①有时被认为客观性不足；②如果关键利益相关者以建设性的方式参与的话，费时；③存在某些利益相关者支配和滥用此方法谋私的可能性。

PRA 或 PAR 工具一般可以分为六大类：访谈类工具、与空间相关的工具、与时间相关的工具、与社会结构相关的工具、与次序/排序相关的工具、建立良好关系的工具。以下只以访谈类工具为例，介绍其使用方法。

常规结构式访谈是一种对访谈过程高度控制的访问。访问过程是高度标准化的，即对所有被访问者提出的问题、提问的次序和方式，以及对被访者回答的记录方式等是完全统一的。

PRA 调查主要采用半结构式访谈，它是在明确的目标和指导思想的指导下，经过充分准备的系统化访谈。它按照预先准备的提纲进行访谈，但访谈方式和顺序、访谈对象回答的方式、访谈记录的方式和访谈的时间、地点等没有具体的要求，由访谈者根据情况灵活处理。可以是个人访谈、小群体访谈或随意性访谈等。

采用半结构式访谈获取信息时，鼓励访谈者和被访谈者间相互交流、相互学习，规划师在访谈中只起引导作用，不将自己的想法和观点加入。整个过程以村民为主导，体现农民的主体地位，而不仅是被动参加，并充分利用农民拥有的与自己生存环境相适应的独特的乡土知识、乡土技术和对社会的认识，使分析组所获取的信息更具准确性、时效性。

在调查中经常采用的其他工具还包括：资源图、剖面图、季节历、大事记等，见图 3-1～图 3-3、表 3-1。

图 3-1　资源图示例

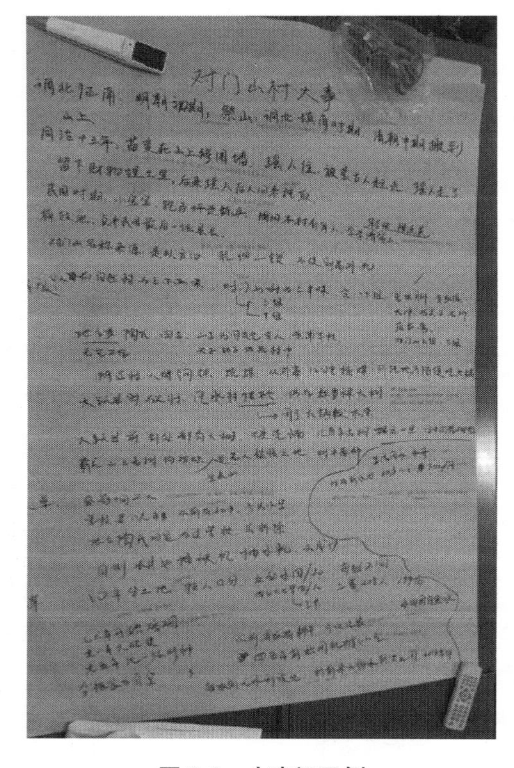

图 3-2　大事记示例

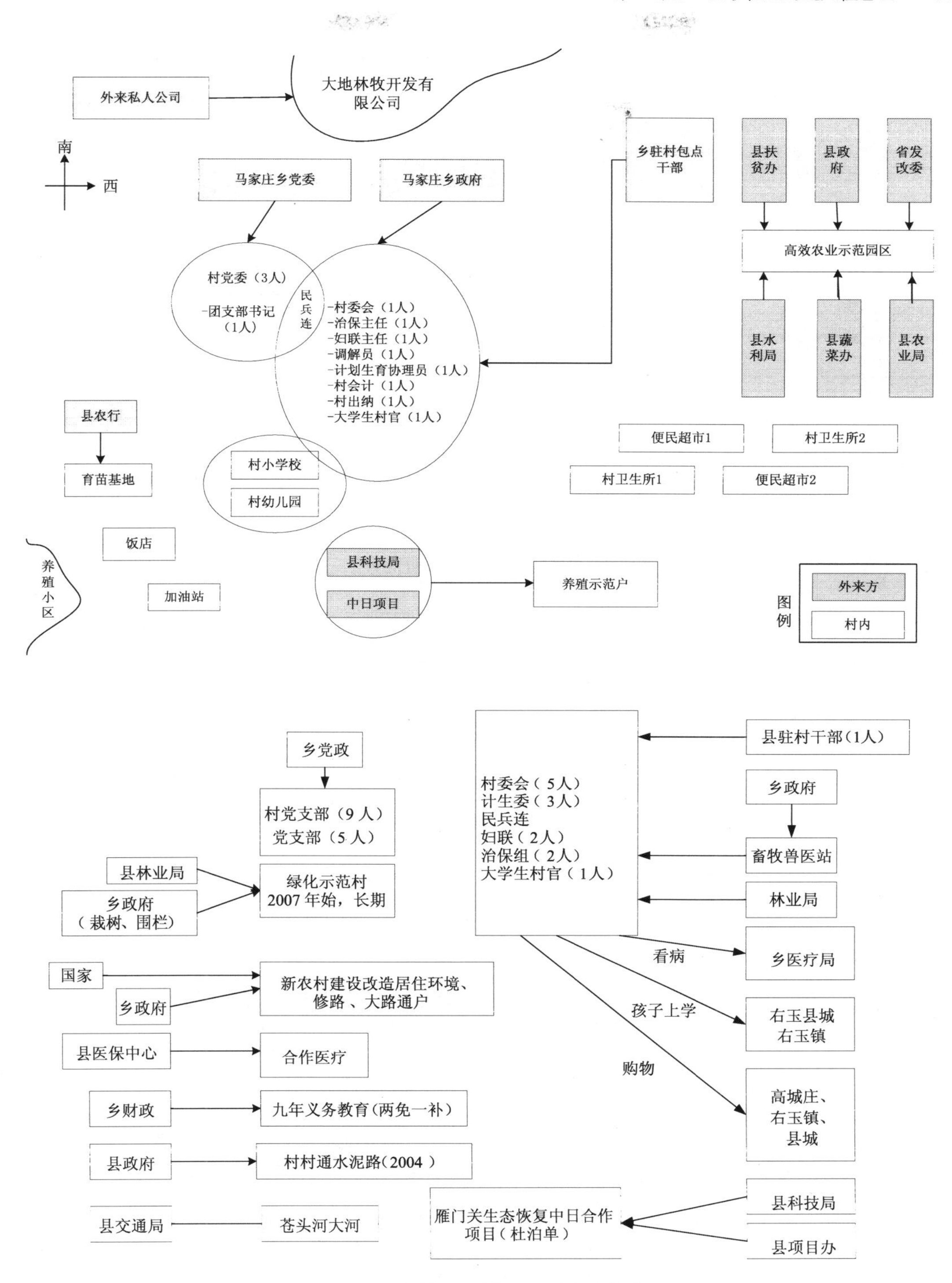

图 3-3　组织机构图示例——潘家庄村文氏图

表 3-1 （农事、羊养殖）季节历——潘家庄村农事季节历

20××年×月×日

月份	农事	羊养殖
1	准备年货打扫卫生	圈养、留种
2	冬闲过年，年后走亲戚	部分产羔，饲养管理
3	春季备耕、备种、准备肥料等生产资料	抓绒，产羔结束
4	翻地、下种	抓绒
5	翻地、下种	育肥、饲养管理
6	田间管理	驱虫、育肥、种草
7	田间病虫害防治	放牧、种草
8	庄稼后期管理	放牧
9	秋收开始	放牧
10	入场、加工、入库	肉羊出售、部分配种
11	秋耕地	配种
12	农闲	母羊怀胎、饲养管理

村民每日作息调查：

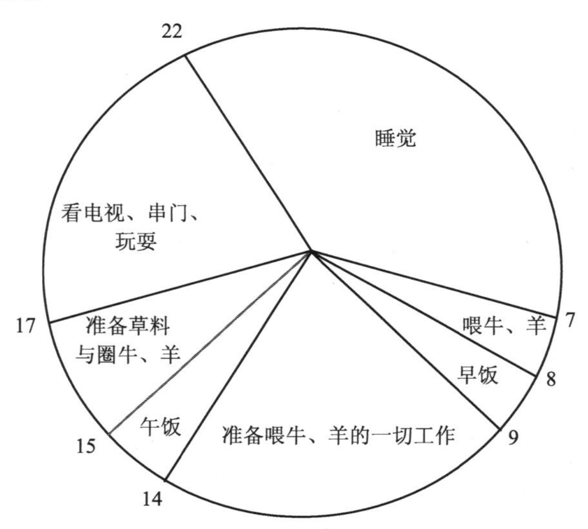

图 3-4 农闲季节（10 月初至翌年 2 月底）村民每日作息图（男）

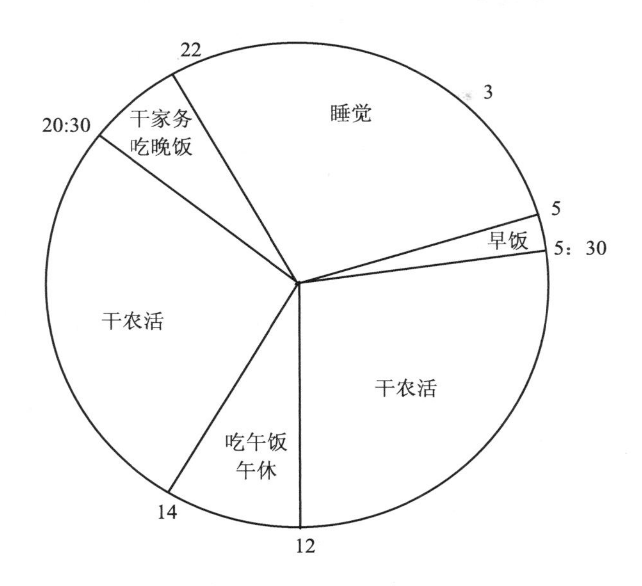

图 3-5　农忙季节（3 月初—9 月底）村民每日作息图（男）

表 3-2　×××村存在问题排序表

关心的问题	非常严重（a）	严重（b）	一般	不是问题	合计 a+b	排序
水土流失	15	6	1	2	21	2
缺柴烧*	6	7	6	5	13	6
建房木料不够	7	13	4	0	20	3
灌溉困难	18	3	3	0	21	1
交通不方便，山货卖不出去	14	5	3	2	19	4
庄稼遭森林里的动物破坏	5	4	7	8	9	8
盗砍木料出售	5	6	10	3	11	7
在集体林开荒	4	5	8	7	9	9
上山打猎没人管	7	8	6	3	15	5

表 3-3　双扣子村村庄发展问题打分与排序结果表

排放结果	打分结果	发展问题	村主任的描述
1	52	没有圈养设施	
2	31	缺少良种羊	
3	16	灌溉用水不足	
4	15	缺少草地和饲料	
5	12	缺少土地	
6	10	缺少饲料加工设备	

排放结果	打分结果	发展问题	村主任的描述
7	9	医疗问题	
8	7	需要修护村河坝	
9	5	羊饮用水缺乏	
10	2	人饮用水缺乏	
11	0	缺少养殖技术和专业人员	
12	0	村里没有学校，上学不方便	

注：1. 18 名村民参加打分与排序，其中：男性村民 14 名，女性村民 4 名。

2. 村民共提出 12 个问题，但在打分时无人投票，因此最后两个发展问题打分为“0”。

村庄人口变化趋势分析：

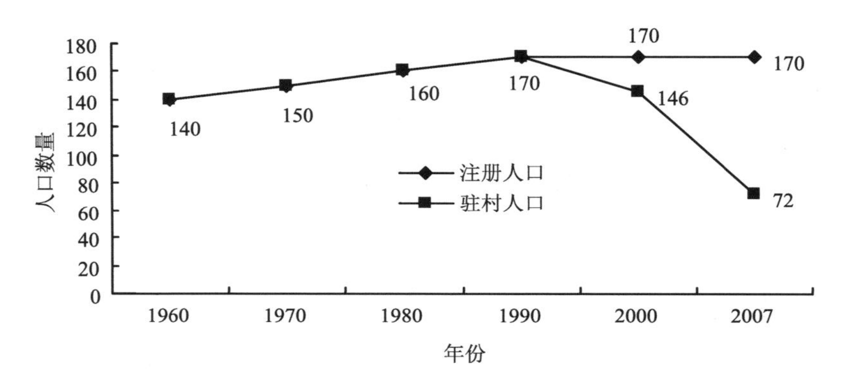

注：近年来当地人口常年外出打工，实际驻村人口大量减少。

图 3-6　双扣子村人口数量变化趋势图

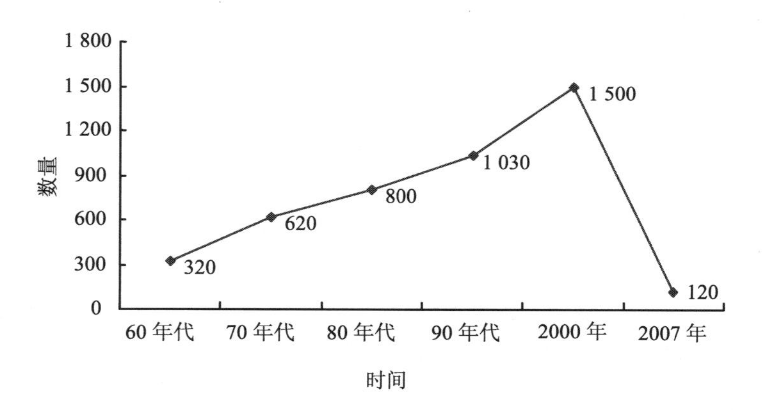

图 3-7　潘家庄村养羊历史趋势分析图

3.1.3　快速评估方法

快速评估方法是快速、低成本收集受益群体和其他利益相关者观点和反馈信息的方法，以便满足决策者对信息的需求。

快速评估方法用于：①提供管理决策（特别在工程项目层面上）的快速信息；②定性理解复杂的社会经济变化、相互作用的社会状况，以及人们的价值观念、动机和反应；③通过正规方式收集定量数据，并说明和解读定量数据的来龙去脉。

优势：①低成本；②可快速进行；③对探索新理念提供灵活性。

劣势：①调查结果通常是针对特定社区或地域，所以难以从调查结果中获得一般性的结论；②与正规调查相比，有效性、可靠性和可信性都不高。

关键知情人访谈：针对一个感兴趣的问题，选定有知识和经验的人，询问一系列开放式的问题。访问是定性的、深入的和半结构的访谈。访谈是依列出的主题或问题为指向进行的。

焦点小组讨论：主持人精选 8～12 名具有相似背景的人参加讨论。参加者可以是受益群体或工程项目工作人员，例如，主持人使用讨论指南、记录人记录评论或观察过程。

社区小组访谈：这种有主持人的讨论会对社区全体成员开放，会议上提出的一系列问题要紧扣访谈人员事先认真准备的问卷。

直接观察：使用详细的观察表格记录在工程区看到的和听到的，信息可能是正在进行的活动、过程、讨论、社会关系以及可观察到的结果。

小型调查：调查使用结构式问卷，它们由一定数量的封闭问题所组成，在 50～75 人中进行。被调查者的选择可以是随机的，也可以是“有目的的”（如访谈某地的利益相关者时，调查果树管理时可以在果园或果农家里进行）。

图 3-8　快速评估方法

3.1.4　正式调查

正式调查可用来从仔细选择的人群或农户中收集标准化信息，调查常常是在相对大的人群数量中为特定目标群体收集可比较的信息。

正式调查方法用于：①可为战略、工程项目提供基线数据；②特定问题上及时对不同群体间进行比较；③在时间序列上对群体内部变化进行比较；④对工程或项目设计的目标实际发生的情况进行比较；⑤描述特定社区或群体的现状；⑥为工程项目效果的正式评估提供关键投入；⑦评估贫困水平，为减贫战略做准备。

优势：①抽样人群访谈得到的调查结果可用于作为总体的更大范围的目标人群；②定

量化估计可用来反映成效的大小及分布。

劣势：①一般没有长期结果；②即使有计算机，数据的处理和分析仍是大规模调查中的瓶颈；③农户调查既昂贵又费时；④许多信息很难从正式调查中获得。

3.1.5 分析类工具

SWOT 分析法与头脑风暴法：

在调查初步分析阶段，有一种 SWOT 分析法和头脑风暴法相结合的方式，相得益彰，使得调查结果有效性大大提高。

头脑风暴法是采用会议的方式，利用卡片等可视化工具，鼓励集体思考，引导每个参加会议的人围绕某个中心议题，广开言路、激发灵感，在头脑中掀起风暴，畅所欲言地发表独立见解的一种创造性思考的方法。通过该方法，调查组成员可以识别存在的问题并寻找其解决办法并且识别潜在的改进的机会；使用头脑风暴法可以引导调查组成员创造性的思考，产生和澄清大量观点、问题和议题。

用 SWOT 分析法是一种能够较客观而准确地分析和研究村庄现实情况的方法。包括优势分析（Strength）、劣势分析（Weakness）、机会分析（Opportunity）和挑战分析（Threat），利用这种方法可从中找出对乡村发展有利的因素，以及发展中不利的、需要回避的方面，发现存在的问题，找出解决办法，并明确以后的发展方向。SWOT 分析具有较好的针对性和系统性，克服了项目规划方法中问题分析、目标分析、项目方案分析分离的缺点，具有很强的直观表述效果。

乡村调查组成员在访谈结束后，对访谈内容进行细心整理、归纳，主要对乡村的区位条件、自然资源、基础设施、日常管理等方面进行了 SWOT 讨论分析，达到对调查初步分析的目的。

3.1.6 逻辑框架方法

逻辑框架帮助澄清项目、工程或政策的目标。它有助于在以下的结果链中澄清期待的因果联系（“工程逻辑”）：投入、过程、产出（包括覆盖范围或涉及的利益群体）、结果和效果。它引导甄别这个链上的每个阶段绩效指标，以及在目标实现过程中可能遇到的障碍。逻辑框架也是合作伙伴参与进澄清目标和设计活动的载体。实施过程中，逻辑框架还是回顾进展和采取正确行动的有用工具。

逻辑框架用于：①改进工程项目设计质量（通过明确、详细的目标的获得、绩效指标的使用以及风险的评估等）；②概括复杂活动的设计；③帮助准备详细的实施计划；④为活动回顾、监测和评估提供目标基础。

优势：①确保决策者询问基本问题并分析假设和风险；②让利益相关者参与规划和监

测过程；③当使用恰当时，它是引导实施、监测和评估的有效管理工具。

劣势：①如果使用过于生硬，可能扼杀创造性和创新性；②如果在实施过程中不及时更新，它有可能成为僵死的工具，并不能反映变化着的情况；③需要经常培训和后续工作。

其他方法还包括：①利益相关者分析：是绝大多数参与式工作和社会评估的起点。它是用来理解权力关系、影响力、各参与者参与活动的兴趣，从而决定谁参与、什么时候参与（另节专门讨论）。②参与式地理信息系统方法：一种将常规参与式方法与新兴的地理信息系统技术相结合的乡村空间调查与分析方法，运用前景广泛。③受益群体评价：项目受益群体和其他利益相关者共同进行系统协商，以便澄清并设计发展的动机、指出对参与的限制条件、提供反馈意见来改进服务和行动。④参与式监测与评估：让不同层面上的利益相关者一起，澄清问题、收集和分析信息、提出建议。

另外，还有如蜘蛛网评价图（又称星形图）、绩效指标、成本—效益与成本—效果分析、力场分析法等方法。所有上述工具和方法，其中的一些为补充性的，一些为替代性的，而且有些有广泛的适用性，而有些使用范围极有限，要根据调查需求进行选择和组合。

3.2　参与式地理信息系统方法

我们认为，对社区的社会生态系统开展适应性规划与管理，其中最为重要的一类研究与分析方法应当是出自地理空间科学与技术领域并兼有人文情怀的方法，参与式地理信息系统（Participatory Geographic Information System，PGIS）正是这样一类方法。

PGIS是近年来地理信息技术与系统（Geographic Information Technologies and Systems，GIT&S）应用领域重点关注的课题之一，它是将通过参与式理念与方法获取的信息用GIT&S来表达而兴起的一个交叉应用领域。PGIS通过复杂现实世界与各种信息形式的有效联系，促进社会学习过程，支持社区内外的平等沟通，扩大公众参与公共决策的范围。

3.2.1　PGIS的兴起

3.2.1.1　对传统GIS的批判

GIS是人们为探索复杂的空间世界而建立的模拟模型，但它起初是由专家掌控和操作的“黑箱式”专家系统。Tomlinson最早认识到GIS与公众参与结合时存在着许多非技术性因素。Chrisman也指出除技术因素外，GIS运用中还蕴含着社会、政治和伦理等方面的意义。到20世纪90年代前期，来自不同领域的学者开始广泛关注GIS应用中过多代表强势集团利益而过少反映边缘人群意愿的问题，在北美曾引发一场“GIS与社会”讨论，激烈地抨击GIS中所隐含的实证主义和霸权主义力量。

文献表明，传统GIS过分强调不必要的精度，容易给人造成误解，使不良数据合法化，进而使技术精英们控制和使用空间知识与工具成为正当理由；传统 GIS“高科技”的灵光会给人造成假象，强烈影响决策者，进而弱化对当地社区和公众意愿的追求，与公众参与的目标背道而驰；对 GIS 工具及其产品的过分依赖，强化技术统治论的主张，并导致人类知识倒退回实证主义和经验主义的年代；掌握传统 GIS 的“精英们”增强其对 GIS 特殊知识和技能进行控制的能力和技术，具有潜在的反民主性；传统 GIS 无视技术的政治影响，政治意义不准确和含糊不清，不能表现基本权力关系，不能反映实际政治进程和社会—政治权力的现实。

事实上，20 世纪 60 年代以来，许多人就认识到公共事务的规划或决策已经无法用传统的“自上而下”的专家方式来进行，从此基于参与理念的规划或决策方式逐渐发展。参与就是赋权予弱势公众，让当地民众能够握有发展的主导权，做出自己的分析和决定，并且获得能力、自信的过程。赋权（Empowerment）则是某些人的行动促进了使某些人获得权力或让某些人理解到他们所拥有的潜力。通过利益相关方的参与，凝聚社区民众的意愿，提升他们对事件的了解；并通过赋权，达成对事件决策的共识和达到能力建设的作用，实现以当地社区为主体的决策目标。

3.2.1.2 PGIS 的兴起

从发展的视角，地图体现着制图者本身的价值观与立场以及对客观环境掌握的能力与态度，反映了特定人群了解和控制空间的社会过程，也由此产生出不同社会群体间的权力关系。地图以直观的可视化方式呈现环境信息与空间意志，因此它不仅是一种良好的传播媒介，更可以作为一个具有影响力的群体象征，来强化社区群体的凝聚力，促进社区发展进步。在此背景下，自 20 世纪 80 年代末期，能在制图中表达参与理念的社区制图方法迅速兴起。

基于“空间就是社会关系，其中蕴含着复杂权力关系”的观点，PGIS 的起源最早可追溯到 20 世纪 80 年代末期兴起的参与式制图（Participatory mapping）技术。伴随着参与式方法的演进，发展工作者开始尝试运用如示意图（Scale mapping）这样的参与式制图方法，来激发当地公众的参与热情，唤醒乡土知识。它不仅可以弥补专家主导制图方法（如情景分析）难以促进社区、研究者与决策者等利益相关方之间有效互动的缺陷，而且不用采用复杂而费时、有比例的正规制图技术，在当地公众与外来者间建立信息沟通和合作关系。然而，由于参与式制图产生的地图存在地理比例失真、内部信息不一致和文化误解等固有的局限性，使得这种方法还不能成为正式规划的依据；而且当时在一些国家，航片、卫星影像和大比例尺地形图都由政府控制，出于国家安全的考虑，公众要得到这些数据受到种种限制。

进入 20 世纪 90 年代，随着 GIS、GPS、RS 软硬件的不断降价以及可以通过互联网开放地获取地理信息数据，使得空间信息技术得以迅速发展，非政府组织、社区组织、少数族群和其他社会上的非政府部门可以越来越容易地获取先前由政府部门控制而未公开的空间数据，因使用专业地图受限而被剥夺了应有权利的这些群体和组织，从此有机会改变自己在决策中被边缘化的地位。

世界各地的发展工作者大量开发赋权予下层社会民众运用的 GIT 技术，携手在世界各地开展了许多非传统 GIS 实践，从此 PGIS 逐渐兴起。例如，有人把 GIS 运用到北极和热带地区的自然资源参与式制图中；有些环境学家尝试用基于社区的 GIS 来促进环境平等；国际上一些非政府组织、援助机构和政府部门在实施可持续发展项目中也在着力推动社区发展与 GIS 的结合；中国台湾地区有学者用 PGIS（或 PPGIS）分析 GIT 对少数民族的赋权或边缘化的影响，促进民众参与传统领域调查和传统知识的整合；在中国大陆，有学者用 PGIS 构建参与式规划支持系统；有环境学家基于 PGIS 建立流域决策支持系统；有的农村发展项目用 PGIS 促进少数民族社区的环境决策参与。

3.2.1.3　PGIS 的存在形式

PGIS 目前主要有两种存在形式，在文献中分别被称为“PGIS”和“PPGIS”。

英国等欧陆国家的组织在其推动的国际发展项目中更倾向于使用前者。它是基于社区的对空间信息管理的应用，是参与式学习和行动（PLA）方法与 GIT 新兴的结合体。它结合了包括示意图、立体地形模型、航片、卫星影像、GPS 和 GIS 在内的各种地理空间信息管理工具，用以将人们的空间知识组织成虚拟的或物理的、平面的或立体的地图，作为交互式空间学习、讨论、信息交换、分析、申辩和决策的媒介。

而作为后者的公众参与 GIS（Public Participation GIS，PPGIS）在北美及其在第三世界的研究或发展项目中大量使用。它的开发是为了克服城市中心区和少数族群社区民众应用 GIS 时所面临的障碍，促进 GIS 的社区运用。PPGIS 主要在大学、非政府组织、当地社会团体、政府的公众参与机构中运用，它们将 GIS 与多种现代沟通技术相结合，促进在当地群体中的对话和数据共享，强调公平和“环境正义”的空间意义。

术语“PGIS”和“PPGIS”目前仍在平行使用，以前还有人采用融合社区 GIS（Community-integrated GIS）、自下而上 GIS（Bottom-up GIS）及反制图（Counter mapping）等。称谓的不同反映了它们各自不同的发展起源、应用形态和对参与质量和目标的不同追求，也说明 PGIS 仍处于发展初期。

3.2.2　PGIS 的主要特征

PGIS 研究者笃信 GIS 所依附的社会属性、政治影响和文化意义，同时秉承了参与的理念。因此，作为参与式规划或决策的支持系统，PGIS 的每一特征既表现出对传统 GIS 所表达的空间信息的择优与摒弃，也必然表现出与参与式规划或决策相同的特征。

3.2.2.1　PGIS 突出技术服务于人

常规 GIS 仅为少数专家所使用，而 PGIS 体现以人为本的理念。PGIS 的目标用户是所有利益相关者，从应用之初，PGIS 就与所有用户群体一起合作开发，因此，PGIS 关注的焦点是与利益相关方一起或由利益相关者自己进行有效参与和实施。PGIS 尤其将当地民众的需求摆在优先于 GIS 技术的位置上，在决定何种 GIS 适合社区用户群体以及他们将如何操作 GIS 时，如果 GIS 构建技术既不与社区进行讨论，也没有他们的参与，还忽视他们的需求，会使其不知所措。因此应用 PGIS 也是能力建设的一部分，PGIS 的开发和实施鼓励社区在真实世界中边干边学。

3.2.2.2 PGIS 集成系统功能，强调用户友好性

PGIS 汲取传统 GIS 系统功能有益的方面，摒弃传统"黑盒"嵌入式专家 GIS，基于"面向对象的数据库系统"开发规划支持系统（Planning Support System，PSS），既保证系统的开放、透明，又确保系统的可行、可靠和用户友好。PGIS 要求只有用户同意，才可以将规划支持系统纳入 PGIS，否则必须将它去除。PGIS 突破传统 GIS 采用大量主题图层的建构思想，具有系统模拟和决策支持能力，只运行限量对象，每个对象又各有其对应的数据库。例如，许多 PGIS 研究都采用准确可靠的真实影像数字地图作为 GIS 制图平台，这被认为是发展 PGIS 的前提，因为高分辨率、真彩数字正射地图能让那些没有接受过制图训练的人也能准确、可靠和容易地判读。理想情况下，为充分发挥 GIS 的能力，PGIS 依赖于 GIS 建模策略的选择集成和软件的支持，通过系统设计和开发加以集成。

3.2.2.3 PGIS 的全程性

PGIS 必须构建一个体现参与和赋权精神的 PGIS 过程，此过程要比 GIS"技术"问题或 GIS 的专业操作人士所需的特殊技能更重要，参与者以 GIS 为平台，通过记录、保存、重现和共享空间信息和分析为沟通媒介，对事件进行学习、争论及妥协，进而达到沟通、合作、协调与协作。行之有效的 PGIS 过程可避免各方可能的争执，从而保障所有民众平等的参与机会，容易实现决策或规划的共识性，是一个整合各方意见的理想方法和完全民主化的决策方式。

3.2.2.4 PGIS 的当地性

很多研究表明，PGIS 还具有鲜明的当地性。计算机或 PGIS 过程中生成的各种图表必须放置在社区的公共场合或社区成员容易接近的地方，对所有社区成员都应开放。当地居民在需要时能获得、查询、输出信息，并在社区中传播、讨论和反馈。只有这样，地图、资源信息、经济机会和环境问题才可以在全社区内迅速传播。

3.2.2.5 PGIS 的多层面性和广泛性

对所有利益相关者产生影响是 PGIS 的重要议题之一，也是它有别于传统 GIS 的一个重要特征。PGIS 在具体构建过程中，将定性和定量信息数据结合、"专家"知识与乡土空间知识（ISK）结合，支持所有利益相关者参与到规划或决策中来。其实践意义在于：PGIS 借助于高科技手段来表达社区的乡土空间知识，以达到促进社区民众、规划者和决策者等

利益相关者间的空间信息沟通的目的，也避免了利益相关者之间不必要的争议。这样，一方面，由于赋予社区乡土知识以“科学的”权威，从而保证了其结果（如地图产品）的科学性和多层面性；另一方面，PGIS 构建了利益相关者的高质量参与过程，保证了其作为参与式规划或决策支持系统的广泛性。

总之，PGIS 与传统 GIS 不同，它是所有利益相关者都使用的系统。因 PGIS 表现出与参与式规划相同的特征，如当地性、多层面性、广泛性、全程性、持续性、共识性等，因而也表现出复杂性、灵活性等特点。这种具有多重综合的特质，使 PGIS 既保留了传统 GIS 的功能，还赋予 GIS 以参与和赋权的意义。如果在公共事件中能够恰当地运用 PGIS，那么让那些提供文化敏感空间数据的公众能自己获取、控制和利用这些数据，进而会激励创新和社会变革，产生深远的政治影响。

3.2.3　PGIS 的应用形态

Arnstein 在其公众参与阶梯理论中指出参与具有不同的质量或水平，并指出“低程度参与”类型具有负面性。而 Dorcey 等认为不同质量或水平的参与可能都是合理的，要采取何种参与程度是由决策所寻求的结果决定。Jackson 提出一种用于选择最佳公众参与的策略。她发现，所有的公众参与层次只能在一定条件下、针对特定利益相关者时才是适合的，不同的参与质量可以对应不同的设定目标；在组织参与项目中，确定最适宜的参与质量之前需要设置合适的目标，例如，单向沟通（One-way communication）的参与程度可以达成“告知”的目标，双向沟通（Two-way communication）可以达成了解公众反应的目标，咨询可以用于寻求不同想法，转变解决方案，而分享决策这种最高参与的程度可以达成寻求共识的目标。

因此，项目的参与目标不同，各自采用的 PGIS 策略也有所差异，不存在“普适的” PGIS。与传统 GIS 运用更关注技术本身相比，PGIS 研究者更加关注什么是行之有效的 PGIS 实践（Good practices）。以下，笔者依据上述参与的质量理论，尝试将 PGIS（或 PPGIS）的建模策略分为以下 4 种形态，阐述它们在国际上的具体应用。需要说明的是，这些典型应用形态之间并不存在严格界限，相异的 PGIS 形态，正是它遵循不同决策目标而采用相应参与水平原则的具体体现。

3.2.3.1　基于网络 PPGIS

近年来，一种被称为基于网络的 PPGIS（Web-based PPGIS）的方法被广泛报道，尤其用于发达国家和城市发展较快国家的城市地区。Carver 等将他们基于网络的 PPGIS 称为在线决策支持系统（DSS）平台，强调空间信息的双向沟通，以实现在线讨论、在线调查等目的；Peng 通过研究指出，公众可以通过基于网络的 GIS 向市政府报告路灯损坏的地点、表达新建公园区位的建议等，市政府人员也可以借助网络传达施政理念与信息。中国香港规划署利用 GIS 咨询公众，开展景观资源调查和景观特征评价，用于研究和评价香港具景观价值的地点，并将研究成果向公众公布；在中国台湾地区也有过此类运用的报道。这类系统发展各种用户友好的、易于操作的平台，着力将 GIS 技术的复杂性掩藏起来。它所提供的沟通平台，使公众能通过互联网络环境了解官方数据信息，进而介入政府机构的决策，从而提高当地政府决策的透明度，改善公众与公共服务机构的相互理解与沟通，提高政府决策的有效性。

然而，互联网再普及，“数字鸿沟”也永远存在，填平这一鸿沟并非如点击鼠标般容易，城市存在不使用网络的老年人、蓝领人士，广大农村、欠发达的第三世界互联网和电脑还不普遍等，人们普遍质疑通过互联网所表达的公众意见是否能真实反映所有公众的声音。同时，由于其高技术投入的特点，这一 PGIS 形态只局限于在发达地区运用。

3.2.3.2 社区融合 GIS

参与的精神要求所有利益相关者的多元互动（Multi-way interaction），即所有参与方，无论是政府、民间组织、民众等都可以在一个平台上平等地表达意见、传递信息，而不仅仅是政府与公众二者间的参与、沟通与协调。在很多案例中，利益相关方通常不止两个。Craig 等大量研究都认为，PGIS 要达到参与的高质量，就不能被少数人所操纵或主宰，必须完全达到多元互动的沟通，尽可能具备多元化的功能，才能充分体现参与的理念，进而实现共识的决策。

在北美，一些政府研究机构和当地社区组织合作，致力于开发和改善 GIS 的使用界面，使其能被稍加培训的人士所利用，并将 GIS 技术结合到社区的日常管理工作当中，提高当地社区的能力，Harris 等称这类 PGIS 形态为社区融合 GIS（Community-integrated GIS）。他们的研究强调项目的能力建设，包括获取软硬件、开展个人和小组培训、生成数据图层、指导项目发展过程、把参与的机制引入技术讨论会、提供不间断的项目咨询以及评估项目的重要方面等，从而使当地公众参与到规划过程之中。当地社区公众在通过适当培训的前提下，能够保证他们享用政府信息公开的数据，促进项目决策过程的参与和沟通。

3.2.3.3 可视交互式 PGIS

在现实世界中，当地社区团体和民众很可能不懂电脑和 GIS，从而接受这方面培训的可能性很低。为此，一些 PGIS 实践者着力于“隐藏”GIS 的技术性而突出其“参与”的方面，通过运用可视化工具，将人机界面（Human-Computer-Interface，HCI）技术引入 PGIS 设计，鼓励公众最大化地参与项目的不同阶段。Al-Kodmany 在芝加哥的一个参与式规划项目中采用了 3 种不同的可视化工具：徒手画、GIS 和计算机照片处理技术。在项目研讨会上，GIS 与一位画家配合，用 GIS 展示地图和影像，而画家则快速捕捉人们发表的意见并绘成草图；通过计算机图片处理技术使与会者看到他们提到的各种模拟现实的设计方案，供大家进一步讨论。Al-Kodmany 认为，徒手画和 GIS 对诊断问题和集思广益最有效，而采用计算机图片处理技术在设计阶段对找出解决方案非常有效。

为了使GIS更接近主要依赖自然资源的被边缘化社区，在东南亚地区发展了参与式三维地形模型（Participatory 3D Model，P3DM）方法，它也属于可视交互式PGIS应用形态。其开发过程为：在与社区讨论的过程中，发展工作者与社区公众一起，用普通地形图为底图，用普通材料制作成一定比例的地形（立体）模型，并将当地公众的意见表达到模型上；然后通过拍照提取该模型上所反映的信息，再通过GIS数字化处理生成数据，用于此后规划的各个阶段。P3DM的开发者发现，当他们与当地群众一起用制作好的地形（立体）模型进行讨论时，当地群众更容易把自己的空间知识按一定比例，用准确的地理空间定位的方式勾绘出来。然而，他们自己也认识到，这种方法非常费时、费力，在更大范围的运用有限。

也是为了提高利益相关者间互动的有效性，在中国云南、东南亚及新西兰土著人社区中曾采用过一种强调移动性、可视化的PGIS形态——移动交互式GIS（Mobile interactive GIS），在当地的参与式规划中发挥了良好作用。该方法采用一些便携式设备（如手提电脑、数字化仪、数码相机、投影仪、扫描仪和发电机）来辅助开展社区PRA调查。通过PRA调查获得的图绘空间信息可以在现场马上转换成计算机接受的格式，形成可视化的结果，然后在全体社区成员参加的研讨会上用屏幕展示出来，供大家一起讨论、修改和提意见。显然，这种方法对研究人员的能力和有效的移动设备有较高要求。

3.2.3.4 参与性GIS

许多PGIS应用形态强调GIS服务于人，参与过程要比专家提供GIS技术解决方案更为重要，通过GIS来赋权社会。因此用PGIS来设计规划支持系统（PSS）时，强调信息沟通和运用灵活性（Flexibility）的原则。信息沟通的原则要求系统不仅能够有效地在利益相关者之间传递信息，还必须能够协助他们表达意见而无任何阻碍；参与式规划支持系统具有复杂性，各规划项目的信息投入与产出都无法事前完全掌握，因此，系统必须具备足够的灵活性才能应对多种情况。

Cinderby将他在南非采用的PGIS称为参与性GIS（GIS for participation，GIS-P），用于自然资源管理中白人与黑人社区间的冲突；后来他又将此方法用于英国城市的空气公众监测、公共卫生等领域。王晓军等在参与式土地利用规划与监测项目中也采用了与GIS-P相似的方法，用以设计其项目的规划支持系统。其过程如下：研究人员与当地关键知情人一起判读本村的正射影像地图（比例尺1∶5 000左右），共同确定环境特征，澄清现有的主要问题和潜力；将醋酸纸覆在图上，由村民自己用可擦写的水溶性彩笔按村民的分类绘出各种信息；然后由规划者对这些乡土空间信息进行处理，形成GIS草图，并反馈给村民核实，再向各相关部门报告讨论结果；在各利益相关方中间反复沟通后，将成果分发给各利益相关者，成为未来参与式规划中多方合作工作的平台。

GIS-P过程基于参与者的能力和需求，如村民的教育程度不高、当地规划机构中设备不充分等情况来设计的。它不必向当地民众提供如何操作GIS的培训，当地民众也不必知道 GIS-P 是如何构建的，更不必关心信息是如何后期处理的，但仍能达到在规划各阶段激发当地社区意见的目的，赋予民众分享输入和输出信息以及决定如何利用这些信息的权利。

3.2.4　PGIS 社区制图过程

以下探讨基于 PGIS 的社区制图方法，以一个村庄的土地利用现状图制作过程为例，简要说明在一个村庄里开展社区制图过程（见图 3-9、图 3-10）。

步骤 0：准备工作。

首先准备底图，如数字化航片、普通航片或地形图等，最主要的是准备正射影像地图。在打印的单色（或彩色）正射影像地图上，包括了必要的地图要素，如村庄名、指北针、比例尺（1∶5 000～1∶8 000）以及影像摄制时期。

为村庄现状分析准备初步的土地利用分类方面的提问，包括：土地利用、土壤类型、村界、基础设施、土地权属、土地利用冲突、土地退化、水资源状况、农户承包地分散状况等。另外，还要准备一台 GPS 接收器（如果必要）、透明醋酸纸、胶带和水溶性彩笔等。

步骤 1：讨论、判读及收集空间信息。

研究人员依靠访谈提纲，与当地一些群众一起判读该村的正射影像地图。在村里总有一些人对其生活的村庄非常熟悉，被称为关键知情人。研究人员询问这些关键知情者，共同确定土地利用特征，澄清现有的主要问题和潜力。将醋酸纸覆在正射影像地图上，村民用可擦写的水溶性彩笔绘出各种土地利用信息，在研究人员的主持下，根据村民的分类，标记各类土地利用地块。这样，由村民绘制的土地利用信息被绘在了醋酸纸上。

步骤 2：野外复核信息。

村民访谈和绘图结束后，研究人员和村民一起来到野外复核所绘信息，使研究人员能现场了解村民绘在图上的内容；如果一些信息，如井、泉、变电器或村界在图上不清楚，规划者和村民可以在野外利用 GPS 接收器进行定位。这样，村民的乡土空间知识就被结合到了正射影像图的透明覆盖图上。在这一过程中，规划者是协调者、是主持人，而村民是实际的绘图者。

步骤 3：把乡土知识数字化处理到数据库。

村庄社区制图和数据收集完成后，规划者用 ArcView GIS 软件在室内对信息进行处理，空间信息分成点、线和多边形三种图层存入计算机，并与相应的属性数据相连。完成的草图包含基本的地图要素，如图例草稿、解释说明等。首先要评估地图版式被当地群众接受的程度，尝试多种显示信息的方法，通过与关键知情人的讨论，边做边修改，如为了保持影像图上原有的基本地物特征，后来形成的多边形斑块最好用透明的颜色，使影像图上的地物特征仍然可视。

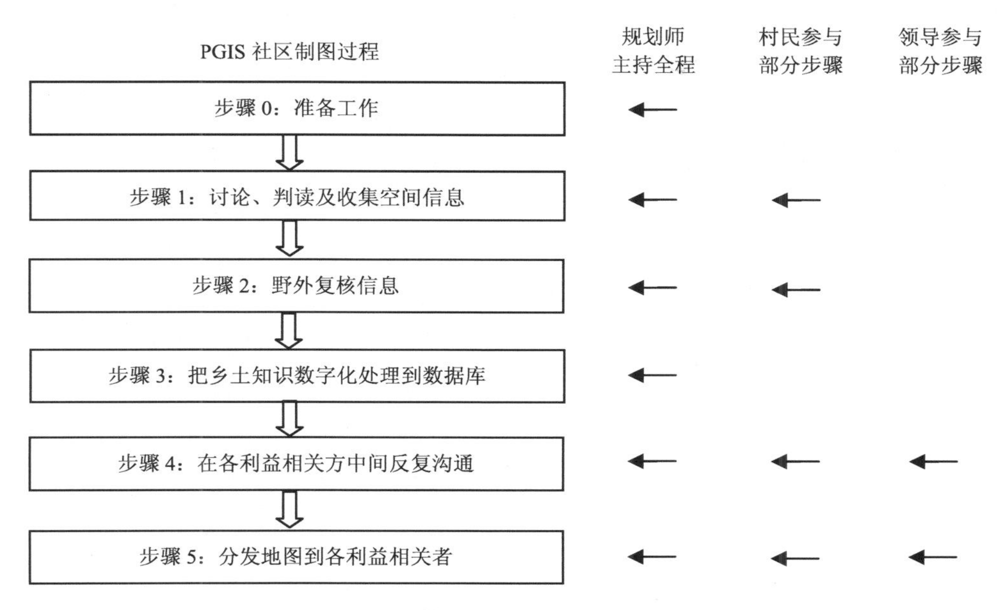

图 3-9　基于 PGIS 的社区绘图过程

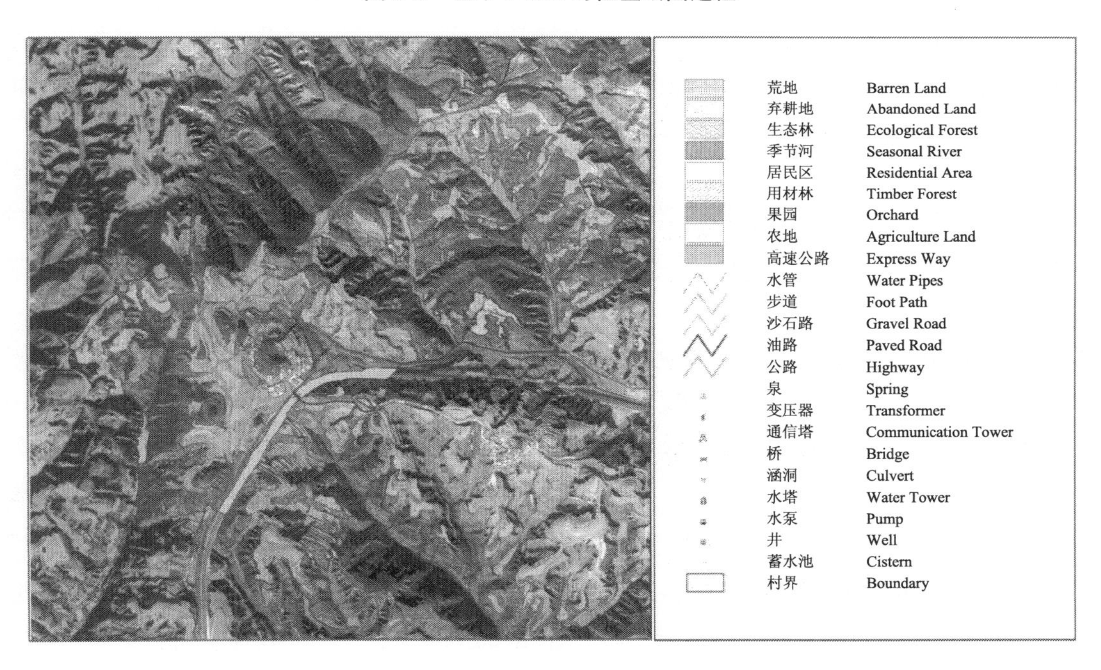

图 3-10　地图示例：要罗村土地利用现状

步骤 4：在各利益相关方中间反复沟通。

专题地图草稿返回到村民中间进行讨论，信息可以逐渐被核实或纠正。之后地图又提交给县一级的决策者和技术人员，通过这些参与过程中利益相关者的广泛参与，使所有利益相关者不同的意见得以消除，数据得到普遍接受。这一步如果安排或协调不好，可能非常费时。

步骤 5：分发地图到各利益相关者。

由规划组最后汇总各方意见后定稿并打印出图。一个地图副本送到村里作为今后村民的一种决策工具，其他副本分送到县相关部门，使得所有利益相关者能以此 GIS 地图为平台，在未来的规划中开展合作。

步骤 1 和步骤 2 都是在村里完成的，它们是村庄信息的外业调查收集过程，这期间获取的主要信息包括：土地利用现状、树和森林、土地权属、承包地状况、村界、土地利用冲突、水资源状况、土壤类型、土地退化等。步骤 3 是在村里获取信息后，由研究人员将数据输入到 GIS 中，并整理外业数据；同时研究人员在室内制作 GIS 主题图层，并输出主题地图。步骤 4 和步骤 5 是利益相关各方相互沟通、协商的过程，也是信息在他们中平等分享的过程，带着这些草图，研究人员与县、乡、村各级人员讨论地图，然后根据讨论结果进行修改。最后研究人员完成地图（地图示例见图 3-10），并送达有关人员和机构。

由上述过程可见，采用 PGIS 有助于各利益相关方的参与和沟通，有助于改变传统自上而下的技术专家操纵的规划方式。

3.2.5 PGIS 社区制图运用效果分析

在三年时间里，上述 PGIS 方法经过了 8 个村庄的试验，此后五年，又在其他 6 个村得到修改和验证，证明了该方法是可行的，被所有利益相关者所接受。从上述步骤可初步得到以下主要结论：

3.2.5.1 正射影像图保证了 PGIS 社区制图的参与性

PAAF 项目的 PGIS 试验表明，与常规社区制图、地形图制图、航片制图等社区制图方法相比，采用正射影像图的 PGIS 方法保证了社区制图的参与性。

（1）常规社区制图：社区制图工具是参与式规划实践中一直普遍采用的常规方法。它强调可视化和使用当地材料，一般由男女村民们在纸上画（有时还会画在地上），主要用来促进村民与研究人员之间的沟通，激发村民去认识自己生计等方面的问题。此方法不要求绘出的地图准确反映空间信息的比例关系，因此地理比例不一定反映真实世界。然而，地图内部信息不一致的局限性，也使得没有参加过现场讨论过程的决策者不能通过此类地图顺畅了解当地知识和村民意见，因而导致这类地图不会被外来的决策者和专家看作正式的空间规划文件，这是此类制图方法的缺陷。

（2）基于地形图的社区制图：常规土地利用规划中，1∶10 000 地形图被广泛使用，抽象的制图模式（如等高线、高程）是它的主要特征。但研究表明，除了有专门训练和经验的技术人员掌握，多数村民发现自己很难在地形图上定位自己想找的地方，所以把它用在社区制图时并不可靠。由于没有正射影像数据，PAAF 项目不得不在原平市杜家口村试验用地形图进行社区制图（见图 3-11）。最初有 10 位村民参与制图，但最终参与绘图的村民只剩下 3 人，其他人因为读图障碍选择不辞而别。留在他们脑海中对自己村庄的印象无法与眼前用等高线表达的村庄地形图联系起来，因而导致其意见无法表达，影响了社区制图的参与效果。

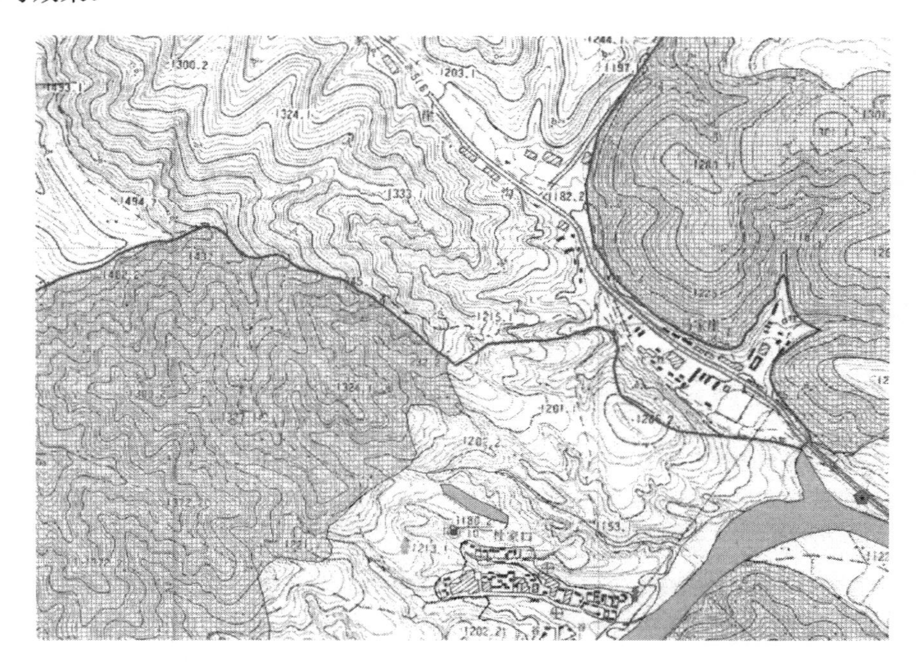

图 3-11 基于地形图的社区制图方法产生的土地利用现状地图（局部）

（3）基于航片的社区制图：将航片用于社区制图的做法在很多国家和地区都有过报道。它有别于常规社区制图，当地村民把资源信息画在覆上透明醋酸纸膜的航片上，直观且可随意涂改。参与各方似乎更喜欢这样的讨论方式，通过航片这种可视、直观的空间信息平台，村民更容易在制图过程中发表意见，方便了社区成员之间以及社区与外来者间对土地利用信息的解译、再现和传递。然而，普通航片是中心投影，存在偏角，使它大部分区域比例失真，像丘陵和山区这样的区域，一张航片的比例差异可能存在 10%～100%的线性误差。此外，直接利用航片进行社区制图还存在其他一些局限性，如信息贮存不方便、信息收集重复等。

（4）基于正射影像图的 PGIS 社区制图：近年来在世界各地，PGIS 方法采用正射影像地图作为 GIS 的地理平台，这样的数据已能容易地从当地测绘部门获得。正射影像图是经过了几何纠正后的航片，并附上了地理坐标，能准确表达真实世界，因此可作为社区制图中最准确的遥感信息来源。其正射影像信息的输出产品称为正射影像地图，与其他类型的地图相比，此类地图更逼真，更直观、易懂，是一个很容易使用的地图资源。基于正射影像地图的社区制图是一种行之有效的 PGIS 方法（Good PGIS），它能方便参与者定位并解译整个社区的环境资源状况。

曾有人质疑过村民是否有能力读懂正射影像地图，它能否作为一种可靠的沟通手段来帮助村民与外来者讨论其村庄状况和环境问题。本研究结果表明：这种担忧是不必要的。社区制图中，村民们，无论是男是女、是贫是富、识字还是不识字、是老是少都能随时从他们村庄的正射影像地图上指出他们房屋、田地等地物的确切位置，他们非常喜欢用可视化的图像。在研究期间成功完成了多项绘图和评估，可靠性很高。如果没有正射影像地图这种准确可视化工具的帮助，村民们就不可能有效参与。同样，当最终地图提交给村民后，留给研究人员深刻印象的是，所有村民完全可以理解这种地图上的各种信息。

3.2.5.2　PGIS 制图促进各利益相关方的沟通

许多研究者都认为 PGIS 产品（如空间地图和属性数据）作为传媒和工具，有助于当地传统技术知识的发现与表达。在参与式规划中，PGIS 制图可作为一种“可视化平台”或“通用语言”，促进村民、规划者（包括受邀专家）和当地政府及其部门之间的协商和讨论，使规划过程真正成为村民与村民之间、村民与外来者之间的一个双向信息传递过程（见图 3-12）。通过 PGIS 地图，使得村民和规划师共同获取的信息以一种双方都能接受的、接近“科学”的面目示人，信息得以方便地输入、储存、更新、输出，不仅反映了乡土空间知识和意见，同时，规划师的技术观点也通过由他们掌握的数据输入和处理过程得以体现。

图 3-12　PGIS 作为利益相关者间双向信息传递的桥梁

PGIS 制图数据库能结合当地意见和科学知识，且其语言和输出版式又尽量以“科学的”面目出现，因此，在当地参与式规划研讨会上，与过去采用的常规社区制图相比，PGIS 产品作为正式媒介，更容易被决策者、部门领导和技术人员所接受。利用 PGIS 制图进行的参与式规划，比使用常规社区制图方法获得的规划结果容易得到政府的批准和支持，进而促进规划的赋权，可极大改善各种利益相关者间的关系。具体表现在 PGIS 制图方法。

（1）促进当地社区成员间的沟通。常规社区制图方法的初衷就是用来促进当地社区成员间的沟通，而 PGIS 制图强化了社区制图的这一作用。就参与式规划而言，PGIS 在表现空间信息、有效促进社区内部交流方面比常规社区制图有较大的优势。

（2）促进村民与规划者之间的沟通。村民和规划者都可以使用 PGIS 制图获取的信息和生成的产品，这有助于提高参与规划决策过程的质量。PGIS 制图所具有的获取、展示和交流作用，使双方充分理解当地的问题、村民的愿望和规划师的科学知识，它提供的系统方法有助于村民和规划者共同理解社区规划背后所包含的深刻社会经济和历史文化意义。

（3）促进当地社区与当地政府的沟通。乡土知识和科学知识在 PGIS 中的结合，使 PGIS 成为一个官方与民间都能使用的语言，从而改善了外来者和社区成员间的沟通和理解。这样就可能建立起在一个共同起点上分享信息的平台，也使当地知识和群众的声音合法化，更进一步放大了规划信息在当地社区的利用。

3.2.5.3　PGIS 是社区制图的一种新工具

从社区发展的角度，常规 GIS 技术往往被看成是一个剥夺当地群众的权利、排除当地群众参与的技术，它把与当地相关的规划过程与群众的影响分离开来，因此，要将 GIS 技术和社区制图结合，必须处理好二者之间的矛盾，重点对前者进行参与式改造和重构，使其成为适应社区发展需要的“参与式”GIS，这也是它与常规 GIS 间的本质区别。

PGIS 与社区制图有相似的起源。如前所述，社区制图是一类参与式学习与行动（PLA）的方法或工具，PLA 也称参与式农村评估（PRA），所以 PLA 与 PRA 是同一概念的不同称谓。PRA 的创始人 Chambers 认为 PRA 是一套仍在不断扩大的、赋权的手段、方法、态度、行为和关系，它使群众能共享、分析和增加其生计方面的知识，去规划、行动、监督、评价和反思。PLA（PRA）的发展反映了人们对线性、实证、技术转移模式的不满；它的立足点是：现实是复杂、不断变化、可以做出多种解释的；它强调各利益相关者间不同观点的表达，并鼓励他们更广泛地参与。PRA 强调开放地获取信息，而避免专业控制：当地群众通过小组讨论和制图等手段来分享知识；作为促进这一过程的协调者，外来者不能让自己的意见影响这一过程，而强调把当地人的意见放在优先地位。从 PGIS 的发展看，它与 PRA 有共同的理念，因此可以说 PGIS 是一种新型的 PRA 工具。

PGIS 的技术特征还分享了常规 GIS 的功能优点：数据存储、数字化数据、数据空间分析、再现有地理参考的数据等能力。Turyatunga 认为，使该系统能够实现这些功能的组成部分有地图、数据库和程序模块等。因此，PGIS 制图可以克服常规社区制图的一些弊端，如在每个规划周期中不得不重复收集基础数据的问题。一旦 GIS 数据库建立，每次只需要根据利益相关者的需要，核对过去的数据，进行简单更新就可以了，这样既能在内、外业中节省时间，避免造成社区对重复收集数据的“疲劳”，又能确保收集信息的准确性和将来的可用性。基于正射影像地图，PGIS 制图是一个准确的、实用的和以当地人为本的工具，支持参与式规划。PGIS 制图方法使得村民主宰信息输入和产出成为可能，虽然数据是由研究人员处理的，但村民随时都能使用这些信息，从而实现了赋权和促进了当地社区对信息的拥有感。

然而必须指出，PGIS 制图仍只是一种社区制图方法，更不可能代替社区制图归属的PRA 方法，而应被视为对社区制图等 PRA 工具的补充。研究表明，在 PGIS 制图前，必须利用常规社区制图等 PRA 工具进行参与式社区调查。原因在于：

首先，PGIS 制图不可避免地集中在村庄资源某些方面，偏重准确可视化信息内容，可能忽视了其他的经济、社会和文化信息，但后者与空间信息同样重要。而其他 PRA 工具，可以用来调查这些非空间方面的详细资料，例如，虽然风水禁忌深深影响中国农村社区的土地利用，但它有可能在地图判读时被忽略掉。通过剖面图调查的野外步行调查和深入的关键知情人访谈，可以更容易地发现深入的事实、问题和潜力。其次，PGIS 制图必须符合参与的一般原则，如“求变数而非求平均数”“重交叉检查”“渐进学习，并通过多重调查逼近事实”，因此它的效力不应被过分夸大，只是作为一种新的社区制图工具，与其他 PRA 工具结合，来增强参与式规划过程中各利益相关者的沟通和深度参与。

3.2.6 结论与讨论

研究表明，参与式 GIS（PGIS）是一种在保留常规 GIS 优点的基础上，对 GIT 的社区应用。PGIS 强调在有关发展规划、资源管理的讨论中，所有的利益相关者都应该能使用 GIS 数据和产品，并因此而促进他们共同决策的进程。所以，PGIS 过程促进了民众参与信息识别和选择的进程，可以代表社会群体及个人，引出当地（和乡土）知识，从而反映当地利益和愿望，也有助于当地人的能力建设，进而能赋权当地群体参与决策。

目前，PGIS 开发者不断研究如何在实践中处理好参与理念与 GIS 技术之间的矛盾以及二者结合后可能产生的后果等问题。虽然出现在世界各地的 PGIS 应用形态非常不同，然而它们至少发挥着两个基本作用：一是 PGIS 可以作为空间信息探索工具，将科学知识和乡土知识结合后用于规划或决策的问题诊断过程中；二是作为利益相关者之间的沟通媒介，用于空间信息的学习、讨论、交流、分析、表达和决策。因此，PGIS 强调所有的利益相关者必须能分享 GIS 信息和地图产品。然而，由于其固有的参与性、复杂性、灵活性等特点，决定了对它如果使用失当，有被误用的风险。

总之，无论 PGIS 运用于何时何地，所有对 PGIS 方法的应用都要首先回答同样的问题：GIS 软硬件对当地群众团体或公民社会是否适宜？要使 GIS 对当地群众有用，是否只能依赖短期参与项目的外部机构、出资方或研究机构的帮助？从 PGIS 目前的发展看，其应用仍存在一些局限性，但这种局限性不应被视为 PGIS 本身的问题，各 PGIS 的应用案例都是应对当时、当地复杂情况不断探索的有益成果，是 PGIS 没有普适运用模型的真实反映。PGIS 兴起的时间虽然不长，但它一方面分享着常规 GIS 的最新成果，同样也深刻影响着 GIS 开发者的建构理念，并在很大程度上引领 GIS 的技术发展方向，正向多学科综合的方向发展。

3.3　乡土知识的挖掘与利用

20世纪后半叶，人类运用现代科技和经济手段取得了令人瞩目的成就。然而，伴随这些不计后果的发展也衍生了一系列的问题：自然资源急剧减少、生态环境遭受严重破坏、经济不增反退、发展中国家与发达国家经济差距增大导致社会动荡等。

大部分国家对于自然资源的管理和利用都是以现代生物学和林学的知识为主要指导原则。随着自然资源管理理念的不断发展，越来越多的专家意识到自然资源的管理和利用不仅仅是纯粹自然科学问题。人们逐渐意识到自然资源不仅仅是森林、草地、河流的集合，更与农村社区的社会、经济和文化活动紧密相连，且农村社区的异质性决定着自然资源管理和利用的地域性特征，即自然资源的管理和利用广泛涉及生物学、林学、社会学、政治学、经济学和心理学等学科知识。实施管护和经营自然资源行为的是当地社区的居民，他们在长期的生产和生活中逐渐形成了一系列知识，这就是与自然资源紧密相关的乡土知识。

最近十多年来，一批国内外学者逐步认识到：乡土知识是由一群具有某种共同或基本相同的社会经济利益和文化价值体系的当地居民，在长期不断适应环境变化过程中产生形成的对现实反映的认知成果或结晶。在当地社区多年的生产生活实践中，他们很好地利用这些乡土知识管理和利用当地社区的自然资源。

随着现代科技的进步，这些乡土知识由于其所具有的朴素的自然观，在很长的一段时间里遭受了政府和学者甚至是当地居民的漠视，认为其是落后、愚昧、不科学的象征。经过多年的发展，人们开始意识到，忽视乡土知识在自然资源保护、管理和利用方面已经造成了自然资源以及经济、政治和社会方面的众多损失。这些都促使研究机构和学者对传统发展模式和发展目标进行反思，开始尝试从人文科学的视角研究农村社区发展，进而取得了一定的进展。至此，人文科学中的乡土知识开始进入自然科学家的研究视野，整个学术界都有人将目光转向乡土知识的挖掘、研究和传承方面。

3.3.1　乡土知识概述

3.3.1.1　什么是乡土知识

尽管有许多学者对乡土知识（Indigenous Knowledge）给予了广泛关注，但是到目前为止，对什么是乡土知识还没有一个比较权威的定义。国际上，研究者们和各科研机构都在根据自己所要强调的主题来给予乡土知识新的内涵，同时，众多的定义并没有出现含义上的矛盾与抵触，相反，它们在相互补充的同时也在很多方面有共同之处。其中，Warren（1991）认为：“乡土知识是一种本土的知识，即某一个特定社会或文化的一种特有知识。

本质上，乡土知识有别于或相对于由大学、科研机构和大公司所产生的国际知识体系。同时，乡土知识是在当地农耕、健康护理、食品制作、教育、自然资源管理和其他一些农村社区生产生活活动的决策基础。”Flavier 等（1995）提出：“乡土知识是某一个社会对于交流沟通和做决策的信息基础。乡土知识信息系统是动态和变化的，它不断受到内部的创新与试验以及外部知识系统的影响。”这些定义从本质上阐明了乡土知识的几个最为根本的要素：有别于或相对于在实验室里专家们所产生的知识体系；由某个特定社区所享有；由于是人们长期的经验总结，它是某个社区内人们进行日常生产生活的决策基础；能适应于当地的文化和环境；乡土知识的动态性。

基于这些要素，学者们进一步对乡土知识的定义展开讨论，而被广泛认可的有三种定义。

一是为强调本土性，最为简单的定义是：“乡土知识泛指当地人和特定社区的知识”（IIRR，1996）。

二是以较为学术的眼光看，在加拿大国际发展研究中心的最近出版物中，Lourise Grenier（1998）把乡土知识定义为：“一种特有的、传统的、本土的知识，它是由一个特定地理区域内所世居的妇女和男人在特定的条件下发展起来的，并存在于社区中。”

三是要较为全面地阐述其各要素可把乡土知识定义为：“乡土知识是某个特定地理区域的人们所拥有的知识和技术的总称，这些知识使得他们能从他们的自然环境中获得更多收益。这种知识的绝大多数是由先辈们一代一代传下来的。但是在传承过程中，每一代人中的个体（男人或妇女）也在不断地改编或在原有知识上增加新的内容以适应周围环境条件的变化，然后把改编和增加后的整个知识体系传授给下一代，这样的努力为他们提供了生存的策略”（IK&DM，1998）。

根据 Ellen 和 Harris（2000）的论断，乡土知识的特征可以归结为以下几点：

（1）乡土知识是本土的、当地的。乡土知识根源于一个特定的地方和一系列经验的积累，它是由生存在这些特定地方的居民所生产和发展的。它具有很强的地方性。如果把它原封不动地推广到其他地方可能会由于环境和社会文化的不同而失去实用性。因而，它与现代科学知识相比，具有地方性、文化特定性和环境局限性；相反地，科学知识在适用上具有普遍性、广泛性和全球性。

（2）乡土知识多是口头传承的，或者通过实践活动的模仿和展示来传承。因而，把它书写下来可能会改变其一些最为根本的属性。

（3）乡土知识是人们每天生活实践的经验结晶，并且农民的经验、教训和试验能不断地使它得到加强、补充和巩固。这些经验是一代一代人智慧的产物和积累。

（4）乡土知识是一种实践性知识，而不是具有理论严谨性的理论性知识。

（5）乡土知识是传统的延续和反复。在很多情况下，与外界的互动能使其增加一些内容，但反复和延续的实践可以检验和补充它。

（6）乡土知识是动态的，它是在不断地革新、适应和试验基础上发展起来的。过去的实践是现在的“传统”，现在的实践是将来的“传统”。传统本身是动态变化的，永远没有真正的尽头。

（7）乡土知识的同享程度较高，要高于其他形式的知识，被称为“人民的知识”，因为掌握乡土知识的人是社区内的大多数人，而掌握科学知识的只是世界上的部分人。

（8）虽然乡土知识的同享程度较高，但社区内对它的掌握程度也是不同的，这就是“对于知识掌握的社会分层”。由于年龄、性别、教育和社会经济地位的不同，个人所掌握的乡土知识不同，这也就是在研究中我们为什么要识别出乡土专家。同时，由于知识掌握的社会分层造成了知识传播和传承的片段性。

（9）乡土知识是全面地、综合地来看待人与自然。它是从总体的视角来看待“技术领域”与“精神领域”“理性行为”与“非理性活动”“客观物质”与“文化象征”“真实世界”与“超自然世界”，它不同于现代科学那样趋于把事物分解成一个个单元来进行解析式研究。

3.3.1.2 乡土知识的学科基础

1）参与式发展

参与式发展理论源于20世纪50年代末开始的对传统发展模式的反思，盛行于70年代以后，现已成为国际发展实践的主流理念。参与式发展的核心是赋权，即在发展过程中对参与权和决策权进行重新分配，重点是增加社区中弱势群体的发言权和决策权。

乡土知识研究源起于参与式发展研究，是在对传统发展模式的反思和颠覆的基础上发展起来的。正是参与式发展对传统发展观的理性思维局限性的反思，才使人们开始认识到原住民所拥有的乡土知识对于社区发展和自我发展的重要性，从而开拓了发展研究的视野，也开创了乡土知识研究的新局面。让原住民在自己熟悉的社区中将自己的知识及技能充分地运用发展是参与式发展的重要原则之一，而正是这一点直接促进了乡土知识研究与实践的蓬勃发展。

参与式发展的参与原则为乡土知识研究与实践的基本原则奠定了基础，目前的乡土知识研究与实践都体现了建立“伙伴”关系和社区需要原则，即重视研究过程而非仅关注结果。参与式发展研究与实践的方法和工具包括农村快速评估、参与式农村评估、参与式性别分析、参与式监测与评估、参与式行动培训、参与式社区发展、相关利益群体分析、目标导向的项目规划法、以农民为主体的参与式研究发展、参与式培训等。

2）生态伦理学

生态伦理学是研究人与自然协调发展的伦理学。它利用生态学的原理研究人与环境间的辩证统一关系，以及人类在利用环境时的道德准则和行为规范。

乡土知识研究与实践以生态伦理学为理论基础之一，不仅仅是因为生态伦理学研究中涉及乡土知识方面的内容，更由于生态伦理学奠定了乡土知识研究和实践的理论与原则。如生态伦理学主张关爱生命，强调人与其他生命的平等，是乡土知识研究中的神林保护部分的理论基础之一。生态伦理学认为，人类对自然的利用应限制在大自然再生和自净能力范围之内，这是乡土知识研究中原住民对自然资源的循环利用的理论来源之一。生态伦理学认为要依靠行为主体（即人类自身）的内心信念与舆论谴责来实现对社会的调整作用，是研究原住民的宗教、神话和乡规民约与社区环境保护和利用关系的内在基础。生态伦理学认为人与自然之间应该是平等、和谐统一和相互尊重的关系，这奠定了乡土知识研究和实践中遵循的平等原则。而乡土知识中的原始宗教观念充分体现了原住民对其社区周围的自然物的依赖和崇拜，将森林中的所有自然物都赋予生命而加以尊重，是生态伦理学内涵的体现。

生态伦理学的研究与实践方法包括伦理学与生态学的研究方法，也包括这二者结合产生的新方法，主要有矛盾分析法、普遍联系法、理论联系实践方法、系统分析法等。乡土知识在研究和实践方面正在越来越多地借鉴生态伦理学的方法以充实自己的研究框架。

3）文化人类学

乡土知识是文化人类学理论本土化的结果。文化人类学是人类学的一个分支学科，它研究人类各民族创造的文化，以揭示人类文化的本质。文化人类学以文化整体观、文化相对观、文化适应观和文化整合观入手研究人类，是乡土知识研究与实践遵循的主要原则和乡土知识研究的立足点——人类具有平等的权利，不存在所谓的种族等级制度，即来源于文化人类学研究的核心原则。

文化人类学的基本研究方法包括实地参与观察法、全面考察法和比较法。实地参与观察法是文化人类学最有特色的研究方法。文化人类学家注重通过直接的观察收集证据。全面考察法即在研究人类行为时全面考察与之相关联的问题。比较法分为三个步骤：先找出同类现象或事物，再按照比较的目的将同类现象或事物编组，最后根据比较结果做进一步分析。

4）民族植物学

民族植物学是研究人与植物相互作用的科学，包括研究人类如何认知、利用植物的历史、现状和未来的动态演变过程，其目的是植物资源的可持续利用和植物多样性保护。正是由于民族植物学率先开展与植物相关的乡土知识研究，才促进了乡土知识研究的发展。不论是民族植物学的研究原则还是研究与实践方法都为乡土知识的研究与实践奠定了基础。民族植物学的研究方法多种多样。定性研究是目前乡土知识研究最主要的方式，采用的工具大部分来源于民族植物学，如文献研究、民族植物学编目、访谈法、参与式调查方法、野外调查资料的定性分析等都已成为乡土知识研究与实践的常用工具。定量研究方法则还处在开拓阶段，目前已经在评估植被类型对特定民族的重要性、不同地区范围内植物的利用或价值、比较不同植被对相同民族的重要性等方面开展了研究。

3.3.1.3 乡土知识与科学知识

广义上讲，科学知识是基于理性的科学思想、规范的科学方法、严谨的科学研究而逐渐形成的关于自然、社会和思维的知识体系。狭义上讲，科学知识是指“科研工作者的劳动生产出来的科研成果，即科学理论和应用知识”。归纳起来，科学知识是对社会实践经验的理论总结和高度概括，并在社会实践中得到检验和发展的知识体系，是人类社会最重要的知识，是精神文明的重要组成部分。

相对于科学知识，人们对乡土知识有一定的误解，认为其是“落后”和“愚昧”的东西。本质上，乡土知识是农村贫困人民生活的一部分，是农民在长期的生产实践中积累并能世代相传的，是这个群体社会财富的一部分，并非“落后”和“愚昧”的。

表 3-4 从目的和任务、获取途径、研究方法、成果形式、掌握知识的群体、适用基础、影响力和发展 8 个方面讨论了科学知识与乡土知识的异同。

表 3-4 科学知识与乡土知识的对比

	科学知识	乡土知识
目的和任务	认识自然和社会，探求科学界和社会发展的客观规律，以获得关于自然界和人类社会活动的本质性认识	为当地社区解决生产生活问题提供基本的策略，尤其是对于贫困地区来说，乡土知识系统是村民赖以自然生存的根本
获取途径	通过人对自然界有目的的科学活动而获得	口头相传，或者通过实践活动的模仿和展示来获取
研究方法	通过规范、严谨、求实的科学活动（实验和数理推演等）进行研究。整个过程要求排除主观意志、情感等非理性因素及虚幻等	依靠当地人每天生活实践的经验积累，通过农民的经验、教训和试验不断地使它得到加强、补充和巩固。在世世代代的传承中通过不断的实践补充完善。没有固定的模式是遵循的法则
成果形式	研究论文、报告、专利等具有规定形式，符合一定标准的书面文字或产品	没有规定形式和制定标准的口头话语，并且只在日常生产生活中得以体现
掌握知识的群体	占人类中的小部分，随着文明的进步得以大面积普及，但是其所占比例依然不可观	全人类的绝大部分
适用基础	基于生产实践，在适用上具有普遍性、广泛性和全球性	一个特定的地方和一系列经验的积累，它是由生存在这些特定地方的居民所生产和发展的。具有地方性、文化特定性和环境局限性
影响力	对全人类的文明进步有着广泛而深远的影响	作为一种地方性知识有其区域局限性，但是作为一个大的知识体系同样惠及全人类的乡村地区，在一定程度上也影响着城市地区
发展	随着生产生活需求的变化而不断发展前进，很多时候其发展超越了日常生产需求，成为高深理论，并在未来的某个时间得以应用	随着生产生活需求的变化以及文明的发展而动态变化，以其实用性为根本前提

3.3.2 乡土知识保护与传承

3.3.2.1 为什么要保护与传承乡土知识

通过上文对乡土知识内涵的讨论，我们认识到：乡土知识涉及面广，它为当地社区解决生产生活问题提供了基本的策略，尤其是对于贫困地区来说，乡土知识系统成为村民赖以自然生存的根本。掌握乡土知识的村民不但可以知道在当地社区现有条件下如何以最低成本方式和有效利用与保护现有资源，同时它也是维系社区内和社区间、人与自然、人与人、人与社会和谐关系的重要基石。因而，它也是全球知识系统中促进可持续发展进程的重要知识组成部分。其重要性可以概括为以下三点。

（1）乡土知识的研究项目有利于通过对当地基层的赋权而达到基层能力建设的目的，最终实现当地的自我发展、自我管理和自我决策（Thrupp，1989）。

（2）乡土知识的利用可以为科学知识的进步提供基础，同时为当地的有效自然资源管理提供不可估量的贡献。

（3）乡土知识的研究有助于知识在社区内部和社区间交流，它能增强跨文化间的交流与合作，促进不同文化间的了解，从而在发展问题中加入文化内涵。同时，乡土知识也是一种重要的“社会资本”，它是社区可持续生计发展的资本基础。

乡土知识与科学知识一样具有其不可避免的局限性，这些局限是乡土知识的保护与传承的障碍，具体归纳为以下四点：

一是乡土知识的研究人员在开展工作前，都有这样一个假设：当地人的生产生活天生地对环境采取保护的态度，并与环境相协调（Langill，1995）。但是，有的地方的环境问题恰恰是由于当地人所造成的。因而，在研究前，我们不能预先假设某一地方的乡土知识总是“好的”“对的”“可持续的”；当然更不能回到原来的认识上，把乡土知识始终看作“落后”与“原始”。我们应该更为辩证地、全面地来开展研究工作。

二是乡土知识具有很强的地域性和地方文化性，它是基于当地人与当地环境间长期的互动而积累的经验。因而原封不动地推广乡土知识自然会造成它在其他地方的不适用。同时，如果把当地世居的老百姓移居到另一个地区，在新的环境下他们的乡土知识也同样不能被延续使用。所以，我们应该认真考虑移民问题和知识推广的技巧。同时，鼓励当地试点和试验来增强它的适应性。

三是乡土知识十分脆弱。在经济和政治的压力下，在外来文化、外来宗教信仰的冲击下，当地的信仰、价值观、习俗和实践很容易受到侵蚀，从而造成乡土知识的丧失。因而，我们应该通过赋权和乡土知识研究来增强当地人对拥有乡土知识的自豪感，从而加强乡土知识的传承和延续。

四是由于当前自然环境的快速变化，有的地方当地人的知识虽然能满足他们的生活需要，但往往不能像过去一样适合于当地的环境（Thrupp，1989），也就是说，有可能会造成对环境的破坏。因而，在加强乡土知识的同时，要注意乡土知识与科学知识的结合以及乡土知识创新与革新的问题。

3.3.2.2 乡土知识保护的内涵

对乡土知识的保护实际上包括两方面的内容：第一，对乡土知识的挖掘、弘扬和传承。对乡土知识的继承和发展首先应建立在对乡土知识的正确评价与尊重上。由于许多乡土知识无法通过现代科学来解释，其知识的传播不符合常规的学习方法，加之外来文化的传入与冲击，致使乡土知识遭到社会甚至其“主人”的偏见和拒绝。许多传统习惯已经不为人知。这一问题已随着人们对乡土知识的社会与经济价值（或潜在价值）的逐渐了解及其商业利用的日益广泛而得到认识和部分解决。越来越多的社会学家和自然科学家投身到与各自领域相关的乡土知识的研究和发掘中，并取得了众多研究成果。其中在利用乡土知识遗传资源开发生物新品种，采用民族文化、宗教和村规民约等乡土知识对生物多样性实行社区共管保护，传统文化、艺术、图腾、图案的商业化开发等方面更是硕果累累。第二，对乡土知识的知识产权进行保护。目前很少有乡土知识的持有者能从乡土知识的商业利用中得到合理的收益，而且商业利用往往没有征得乡土知识持有者的同意，也未向其支付合理的使用费。因此，乡土知识持有者应该能依法享有有关权利：①控制乡土知识的公开和利用的权利；②在商业利用中获得利益分享的权利；③来源得到承认和尊重的权利；④防止贬损、攻击和谬误使用的权利。尽管很难采用现行的知识产权保护措施来对乡土知识行进法律上的保护，但国际上很多国家已开始研究采用综合手段来有效保护乡土知识产权。

3.3.3 乡土知识的挖掘与利用——以农用地评价为例

农用地是直接用于农业、林业、牧业等农业生产的土地，是农民维持其生存最基本的物质基础。对农用地的常规评价无论其出于何种目的，都依赖一定的科学方法和程序，并趋向跨区域横向可比的标准化方向发展。常规科学方法多依赖地理信息等科学方法和技术，通过一定算法和模型来开展农用地评价，评价结果也强调定量化，在一定尺度上成为较为完善的方法，但在地块或村级尺度上，尤其是对黄土丘陵沟壑区这样地形破碎的农用地进行评价时，其精度和可信度就成为问题。此外，常规农用地评价强调区域间的可比性，需要依赖模型与专家经验，自上而下地制定相对一致的评价标准，难免忽视了不同区域间的自然、经济和社会等因素的差异。

出于社区自我管理的目的，各地乡村世世代代都对其农用地及其地块质量进行着评价，逐渐形成社区自己“专属”的评价体系，这类评价体系非常适用于所在社区，依赖的也是社区自己的农用地利用和管理方面的乡土知识。就此而言，外界对这方面的研究还很少开展，这些乡土知识也未受到外界的正视，正被湮没在外来现代科学技术的大潮之中。

农民世代从事农业生产，是当地农用地的直接创造者、使用者和维护者，其乡土知识是维系社区内部和社区间人—自然—社会关系的主要基石，有别于严谨的科学知识体系，其知识体系具有本土性非普遍性、实践性非理论性、动态性非规律性、零散性非系统性，甚至具有神秘色彩等一系列自然朴素的特征。长期以来虽然乡土知识深受学术界漠视，认为其是落后、愚昧、不科学的，但十多年来一些国内外学者意识到，不重视乡土知识可能会忽视当地自然资源直接利用者的参与，窄化自然资源决策，降低资源利用的效力，它仍应是我们开展科学研究的源泉之一。

为此，本研究探讨如何借鉴“乡土的”农用地评价知识和智慧，开展适用于地块或村级尺度上的农用地评价，提高农用地评价体系的科学性与适用性；同时也使科学界重新认识乡土知识的价值，实现乡土知识与科学知识的双向“沟通”。

本研究以山西省河曲县沙坪村为例，对其 20 世纪 80 年代初第一轮家庭联产承包责任制时期对农用地的评价结果开展研究。那时各地农村社区都依据自己社区的原则和标准，把农用地承包到农户经营。虽然各地所依据的原则不尽相同，但都在其社区内部形成了一定的农用地评价体系，这些体系的形成都充分考虑了当地特定的自然与社会经济属性，也为当地社区成员所普遍接受和采纳。本研究从农用地科学评价的视角，通过获取本村农民有关农用地评价的知识，对其评价结果、依据和原因开展研究，探讨这一“乡土”农用地评价的合理性和可操作性。

3.3.3.1 研究区概况与农用地承包历史

沙坪村位于晋北河曲县中南部，属于黄河一级支流砖窑沟流域，该流域长 14.2 km，流域面积 29.16 km^2，海拔 845～1 240 m，年平均气温 8.8℃，年降水量 447.5 mm，梁峁起伏，沟壑纵横，是典型的黄土丘陵沟壑区。2012 年全村人口 389 人，共 156 户，经济来源以种植业为主，土地总面积 392.86 hm^2，其中农用地中的旱地（指耕地中的旱地）面积 199.5 hm^2，占全村总土地面积的 50%以上，主要作物为土豆、糜子、玉米、蓖麻等，均为一年一熟制。本村目前仍保留有少量轮作倒茬、粮油混种、粮豆混种等种植习惯；农用地中的有林地和灌土林地有 85.5 hm^2，主要分布于梁峁阴坡和陡沟。

在“七五”期间，这里曾是黄土高原综合治理试验区，目前存在的沟坝地和林地多在那时形成。沙坪村 1982 年实行家庭联产承包责任制时期，自然条件与现在基本一致，农用地等土地利用类型和质量也变化不大。在当时，村集体为公平分配农用地，主要依“按产定级”和“按口粮找地”原则全面评价全村土地。6 位村民代表逐地块确定产量，并丈量，按产量划定农用地级别，各级农用地平均单产分别为：特级地＞3 000 kg/hm^2、一级地 2 250～3 000 kg/hm^2、二级地 1 125～2 250 kg/hm^2、三级地 750～1 125 kg/hm^2 以及四级地＜750 kg/hm^2，五级地不计算产量；然后按“口粮找地”原则，将各级农用地按口粮数量（275 kg/人）平均搭配到各个农户。

3.3.3.2　研究方法

本研究内容包括两部分：一是获取 30 年前社区对农用地的评价结果；二是分析农用地评价时采用的方法、依据的指标和原则以及因素优先度等。这些“乡土”农用地评价知识或存于村集体的档案中，或留在村民的集体记忆中。为此，本研究将地理学与人类学研究方法相结合，运用以下两种研究方法开展研究。

一是采用参与式地理信息系统技术获取乡土空间知识（Indigenous Spatial Knowledge），了解社区农用地评价成果。具体做法：研究人员首先以该村土地承包台簿（登记表）为基础，航空影像图为底图，与当年参与农用地评价和土地分配的关键知情人（包括老村干部、当年的村民代表以及老村民）讨论后，绘制出农用地分级图，从而掌握农用地评价成果。

二是采用参与式农村评估方法开展社区深度调查，提取更多的乡土知识。具体做法：研究人员运用一系列有针对性的 PRA 工具，有半结构访谈、参与式绘图（如资源图、社区分布图、农事季节历）、打分与排序等，与关键知情人和村民开展深度讨论，掌握影响“乡土”农用地分级因子及其权重等信息，提炼评价时依据的原则，分析社区认可并采用的评价体系，研究这一评价体系的合理性。获取的这类乡土知识以定性信息为主，研究人员将其合理定量化处理后用于本研究。

3.3.3.3　“乡土”农用地评价结果的获取

研究人员从关键知情人（村干部、原村民代表和老年人）访谈入手，初步了解全村的土地利用和土地评价信息；然后与村民一起开展 PGIS 绘图，以打印出的正射影像图为底图，确定村庄范围和当地人使用的小地名；以小地名为沟通纽带，基于村委会提供的承包土地登记台簿，提取并绘制农用地等级信息；在野外核对村民提供的信息；利用 GIS 处理上述信息，建立“乡土”农用地评价空间和属性数据库。沙坪村农用地评价结果非常细致，共有 411 个图斑，图斑面积最小的只有 0.006 6 hm^2。评价结果图见图 3-13。沙坪村“乡土”农用地分级结果与土地利用类型对应关系见表 3-5。

除居民点和打谷场外，全村农用地分为 6 个级别，其中：特级地、一级地和二级地均为旱地，面积分别占全村总土地面积的 1.32%、7.81%和 19.14%；三级地为旱地和果园（现废弃砖窑在当时为三级旱地），占 17.43%。前 4 个级别的农用地土质较好，主要用来种植粮食和经济作物。四级地也主要为旱地，占 9.28%，但质量很差；五级地主要为有林地、灌木林地和其他草地，占 41.95%。

以上是 1982 年村民代表们逐地块确定的“乡土”农用地评价结果，依据标准确切，其内在逻辑性强，符合本村实际。这一农用地评价成果经村民大会讨论后实施，是社区所有成员在公开、公平、平等的参与民主原则下开展共识决策的结果。

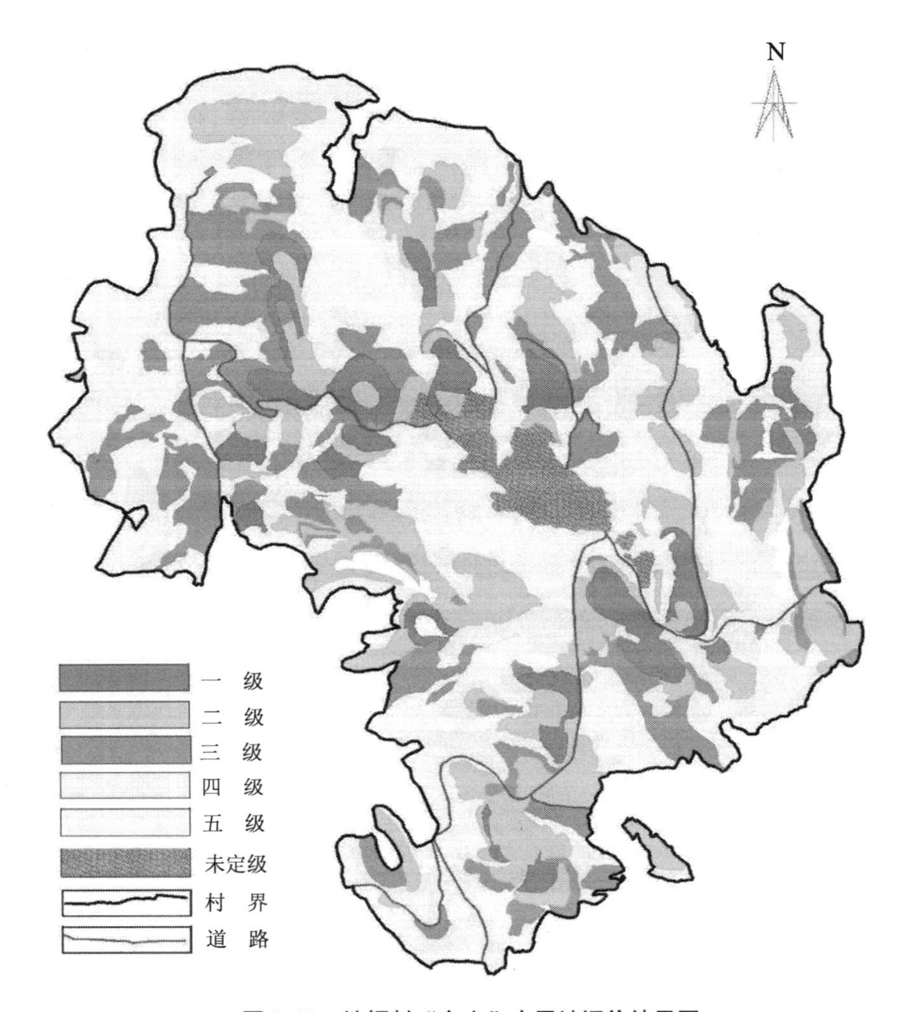

图 3-13　沙坪村“乡土”农用地评价结果图

表 3-5　沙坪村农用地级别与土地利用类型对应关系表

农用地级别	土地利用类型/hm²								合计	比例/%
	旱地	园地	有林地	灌木林地	其他草地	打谷场	废弃砖窑	居民点		
特级	5.19	—	—	—	—	—	—	—	5.19	1.32
一级	30.70	—	—	—	—	—	—	—	30.70	7.81
二级	75.21	—	—	—	—	—	—	—	75.21	19.14
三级	51.95	16.29	—	—	—	—	0.21	—	68.45	17.43
四级	36.45	—	—	—	—	—	—	—	36.45	9.28
五级	—	—	47.38	38.10	79.32	—	—	—	164.80	41.95
未定级	—	—	—	—	—	1.62	—	10.45	12.07	3.07
合计	199.50	16.29	47.38	38.10	79.32	1.62	0.21	10.45	392.87	100.00

3.3.3.4 “乡土”农用地评价体系的表达

基于村民就是农用地评价“专家”的观点，研究人员组织村民召开社区会议，邀请包括当年参与农用地评价的村民在内的 18 位“乡土专家”参加，采用“头脑风暴法”并结合 PRA 调查，对“乡土”农用地评价体系进行了深入挖掘。调查表明，村民们认识到，很多自然和社会经济因素都会影响农用地质量，他们在评价中充分考虑了这些因素和指标。表 3-6 分类列出本村在农用地评价中考虑到的所有因素因子，总结形成三级指标评价体系框架。

表 3-6 沙坪村“乡土”农用地评价体系框架

指标	一级指标	二级指标	三级指标	村民对评价因子的定性描述	权重
沙坪村农用地评价指标（A）	自然因素（B_1）	地形因子（C_1）	坡度（D_1）	较大坡度不宜修梯田	0.086
			坡向（D_2）	阳坡土壤水分较差，农用地级别比阴坡低	0.047
			坡位（D_3）	峁顶和梁顶水分较差，下坡位水分条件较好	0.045
		地壤因子（C_2）	土层厚度（D_4）	土层越厚，级别越高	0.043
			土壤质地（D_5）	壤土最好，沙壤土其次，砂土最差	0.128
			农用地地力（D_6）	农用地地力越高，级别越高	0.132
			土壤侵蚀程度（D_7）	水风蚀严重的地块，土壤养分状况差，级别低	0.003
			土壤保水供水状况（D_8）	保水供水越好，级别越高	0.086
	经济因素（B_2）	基础设施（C_3）	田间道路（D_9）	同等条件下，有田间道路的，级别较高	0.009
		耕作便利条件（C_4）	耕作距离（D_{10}）	距离越近，级别越高	0.097
			地块大小（D_{11}）	田块越大，耕作越便利，级别越高	0.008
		土地利用状况（C_5）	单产（D_{12}）	产量越高，级别越高	0.148
	区位因素（B_3）	交通条件（C_6）	土地利用类型（D_{13}）	耕地级别较高（坝地无论远近，级别为最高）	0.126
			道路通达度（D_{14}）	道路越利于机械通行，级别越高	0.042

3.3.3.5 “乡土”农用地评价要素权重分析

研究人员采用与常规专家打分法类似的方法，与村民一起讨论，由 18 位村民对确定农用地评价时采用因素的重要程度进行打分，确定各因子权重（满分 10 分，无影响 0 分）。村民对农用地评价因子重要性进行打分。然后，研究人员访问典型农户，核实土地评价结果及指标因素；分析这些“乡土专家”的打分结果，归一化后确定四级指标相对于总目标的相对重要性权值，农用地评价定级指标权重结果见表 3-6。

对沙坪村农用地质量评价产生影响的指标共 14 个，各指标相对整个农用地评价的重要性排序依次是：单产（D_{12}）≥农用地地力（D_6）≥土壤质地（D_5）≥土地利用类型（D_{13}）≥耕作距离（D_{10}）≥坡度（D_1）≥土壤保水供水状况（D_8）≥坡向（D_2）≥坡位（D_3）≥土层厚度（D_4）≥道路通达度（D_{14}）≥田间道路（D_9）≥田块大小（D_{11}）≥土壤侵蚀程度（D_7）。

分析结果与先前的村民访谈结果一致，当年他们在农用地评价时综合考虑了 4 项因子作为主导评价因子：农用地单产、农用地地力、土壤质地和土地利用类型。这 4 项因子的标准为：

（1）单产：以糜子或谷子产量作为指定作物（当时糜子和谷子产量基本一致），单产 3 000 kg/hm^2 以上为特级地，2 250～3 000 kg/hm^2 为一级地，1 125～2 250 kg/hm^2 为二级地，750～1 125 kg/hm^2 为三级地，750 kg/hm^2 以下为四级地，无产量为五级地。

（2）地力：主要依据耕地潜在生物生产力的高低，在各种自然要素相互作用下耕地所表现出来的潜在生产能力，对人工投入肥料后的肥力变化考虑不多。

（3）土壤质地：壤土是当地较理想的土壤，其耕性优良，适种的农作物种类多，土地定级标准为：壤土≥沙壤土≥砂土。

（4）土地利用类型：当地的农用土地利用类型包括耕地、园地、林地、草地和未利用地，从高到低依次为耕地≥园地≥林地≥草地≥未利用地；农耕地从高到低依次为沟坝地≥梯田≥坡耕地，坝地位于沟道，水分和土壤条件最好。

3.3.3.6 各级别农用地特征评价

根据上述研究结果，对各级别农用地的自然、经济和区位特征（见表 3-7 和表 3-8）评述如下。

表 3-7 沙坪村各级别农用地自然特征表

土地级别	人均面积	自然特征							
		地形			土壤				
		坡度	坡向	坡位	土层厚度	土壤质地	土壤肥力	土壤侵蚀程度	土壤保水供水状况
特级	0.2 亩	＜2°	无	沟底	较厚	壤土	好	轻度	好
一级	0.5 亩	＜2°	阴、半阴	中下	较厚	壤土	较好	轻度	好
二级	1 亩	＜2°	半阴	上中	较厚	沙壤土	中	轻度	中
三级	1 亩	15°～25°	阳	上中	较厚	沙壤土	中	中度	差
四级	1.5 亩	＞25°	阳	上中	中	砂土	差	中度	差
五级	无	＞25°	无特征	无特征	中	砂土	差	重度	较差

表 3-8　沙坪村各级别农用地经济和区位特征表

土地级别	人均面积	经济特征					区位特征
		基础设施	耕作便利		土地利用状况		交通
		田间道路	耕作距离	田块大小	单产	利用现状	道路通达度
特级	0.2 亩	差	远	小	＞200 kg	耕地（坝地）	较差
一级	0.5 亩	较好	较近	大	150～200 kg	耕地（梯田）	好
二级	1 亩	较好	较近	大	75～150 kg	耕地（梯田）	好
三级	1 亩	好	远	大	50～75 kg	耕地（坡地）	一般
四级	1.5 亩	差	远	中	＜50 kg	林地	差
五级	无	较差	较远	较大	无	未利用地	差

（1）特级地：多为沟底的坝地，当地人称“流域地”，为 20 世纪 80 年代国家小流域综合治理时淤地坝建设形成的农用地。与其他级别土地相比，自然条件最好，土地平整，土层较厚，质地壤土，有轻度水蚀，土壤保水和供水状况较好。特级地因自然条件较好，产量较高，虽然经济和区位条件都较差，但村民多进行蔬菜种植。

（2）一级地：为较长历史时期内形成的梯田，多为阴坡和半阴坡的中下坡位，水分条件较好，土层较厚，多为壤土，土壤保水供水状况较好，但土壤水分和肥力不及特等地。

（3）二级地：多为“七五”期间小流域治理改造坡耕地时修建的梯田，有些为“农业学大寨”时期修建的，与一级地条件基本一致，但是土壤质地为沙壤土，土壤保水和供水中等。一级、二级地道路条件都较好，距村较近，田块也较大，道路通达度也较好。

（4）三级地：土壤质地较差，对作物生长有一定限制，多为坡耕地，位于梁峁顶部，土壤肥力不佳，中度风蚀和水蚀，距村较远，道路通达度不及一级、二级地。

（5）四级地：是耕地中条件最差的坡耕地，前几年已多数“退耕还林”，土层较薄，以砂土为主，土壤肥力和土壤供水保水状况较差，经济和区位条件也较差。

（6）五级地：土壤和地形条件都较差，无法耕种，部分为暂难利用地。有些采取一定配套工程措施后用来种树种草，发展林牧业，未承包到户。人们对其投入较少，经济和区位条件也差。

以上分析表明，村民“乡土”农用地评价是依据自然、经济和区位因素因子对农用地进行生产性综合评价的结果，其评价原则看上去虽然与科学家的相近，但是其评价结果更符合当地农业生产实际，更具体细致，成果也更接近真实。

3.3.4　讨论与结论

本案例研究的前提是承认“当地村民是其社区土地评价专家”的观点，从农用地生产性的本质出发，利用 PRA 和 PGIS 技术挖掘赋存于社区内部有关农用地评价的乡土知识，进行乡土知识与科学知识的“沟通”，分析乡土评价方法的合理性，结论如下。

（1）特定区域的农民积累了丰富的农用地利用和管理知识。从农业生产实际的角度，农民更了解当地农用地的状况，“乡土”农用地评价结果更符合当地自然和社会经济情况，其评价结果是当地社区开展农用地分配、承包、转包和选择种植类型等土地利用管理活动的依据，其有效性和可持续性十分明显。

（2）研究采用 PRA 与 PGIS 相结合的技术，可以提取有关农用地评价的乡土知识，也使评价结果可以用图直观地展示出来，实现研究者和村民之间的空间信息沟通。这样，外界不仅能够准确认识这些乡土知识，而且可以促进乡土知识的科学“合法性”。

农民与环境间长期互动而积累的农用地知识具有很强的地方性，其环境局限性使其适用范围仅针对拥有这些知识的人群所生活的社区，因此，不同村庄社区对农用地的评价结果也不同，不能直接推广到更大的范围或其他区域。这也促使我们思考一个问题：农用地评价的目的是什么？是只为政府管理农用地，还是为农用地的可持续利用与管理？

第 4 章

乡村社会生态系统评价

4.1 乡村社会生态系统变迁

4.1.1 研究背景

4.1.1.1 研究意义

中华文明创造与传承的根源来自农耕文化。农耕景观是人类在长期生产实践的基础上逐渐形成的人文与自然协调发展的空间体系，与中华文明一起延续了数千年之久。在长期的演化过程中，逐渐形成了具有稳定性、连续性，且适应当地自然环境的农耕景观格局。中国传统农耕在经营多样化的传统农作物的种植过程中，强调天、地、人三者整体平衡和协调，生产过程以人畜力为主，合理利用农耕活动中的各种生态因子；建立农耕生态系统内部物质与能量的良性循环，维持资源的再生能力；并利用生物多样性，促进农耕系统的稳定；强调用地与养地相结合，保证土地的永续利用。几百年来在有限的土地上精耕细作，自给自足，生产出了足够的粮食，养活了众多的人口。山西农耕文化中对土地、环境、人类生产生活和文化传承是世世代代实践的成果，人类史已证明它是中华“可持续发展”农耕模式之一。但是这些传统生产理念和经验技术在现代化背景下正在逐渐消失。

我国的现代农业是在近 60 多年逐渐发展起来的，以现代化的农业生产手段、农业生产技术和农业经营方式为特征，具有较高的农业劳动生产率、土地生产率和农产品商品率。农业政策作为农业发展的重要指导，对我国传统农业向现代农业过渡起到了强烈的推动作用。1949 年至今，我国现代化进程不断加快，大部分地区的农耕景观、农作系统等都在政治经济的推动下发生了翻天覆地的变化，这一过程对传统农业产生了巨大的冲击。虽然可以在短期内实现粮食产量的迅速提高，取得一定经济收益，但因其对环境、资源、生态以及食品安全均会产生危害，导致现阶段的我国农业面临多重挑战，可以通过研究这期间农耕景观的变迁而得以显现。

在工业化和城镇化的进程中，我们的农业受到一定程度上的冲击，而极少被认识和重视的农耕文化更处在快速消亡中。乡村大批青年人离开土地外出就业更使农业文化的传承困难重重。然而山西省优秀的传统农耕智慧，对今天及至未来构建可持续发展社会具有深远意义。

60多年来晋北乡村农耕始终笼罩在两大“阴云”之下：第一大“阴云”是以煤炭为主的“能源重化工基地”建设，农耕环境面临着不断被破坏的压力，屏蔽着传统农耕应具备的分量。第二大“阴云”也即我们讨论的重点：千百年来的农耕传统正在被工业化的“现代农业”所取代。全省粮食产量目前虽然比60多年前翻了两番，但所付出的代价是化肥、农药、地膜、机械总动力等的投入，它们的使用从无到有，近30年来更是成百倍地增长。而这些现代石化农业要素的投入，对农田的污染和破坏日趋严重，先民几百年甚至上千年赖以生存的环境与景观正因违背自然规律的做法而出现迅速退化的趋势，世世代代传承下来的传统农耕在急功近利地追求粮食单产的西方现代农业冲击下几乎荡然无存。

晋北大面积的平整土地少，向西方学习发展单一农作方式是劣势（不符合因地制宜原则的做法）。依靠劳动力集约型精耕细作的农耕方式，仍然是立省唯一正确的选择。中国历史上长期农业实践中所形成的农耕理论及其所体现的有机统一的整体观、自然观，是比较符合作为自然—社会再生产统一的农耕本质的，因而也在相当程度上是可持续的，符合山西省农业发展的方向。在实现农业现代化的过程中，把我们传统农耕中的优良传统与科学技术结合起来，取长补短，建设更新、更高的后现代农耕，这是完全有可能的。

在城镇化快速发展以及人们逐渐认识到工业文明局限的大背景下，解决农业问题还是应当在农业的内外共同找寻方案，这也是综合性研究成为科学发展的不可抗拒的潮流。在这种情况下，本研究从乡村农耕与政治、社会、自然的互动关系中去研究当前农耕所面临的外部环境。通过几年来一系列的研究，我们从村庄尺度上揭示山西黄土丘陵区农耕发展和变化的规律，进一步厘清了“现代化”冲击下，传统农耕中哪些应予继承，哪些必须改变，继承的依据又是什么。

本研究将从晋北黄土丘陵区典型村庄的农耕变迁入手考察，采用地理学与人类学相结合的研究方法，基于农民的乡土知识，对这些村庄60多年来农耕景观变迁进行调查研究，从而还原其不同时期的农耕景观，并探寻相应时期农业政策对农耕景观变迁的影响，分析农业政策对农耕产生的影响，以及今后可能产生的影响。这一研究将对重振乡村信心，建立资源、环境、人口协调发展的乡村社区具有重要意义。

农耕景观变迁研究可以帮助我们揭示农耕景观产生的背景、演变原因、基本过程和内部机制，它有两个目的：一是还原景观的原貌；二是分析景观变化的后果以及产生的原因。前者依赖于搜集大量历史信息，后者依赖于采用一定的方法进行合理分析、评判和解释。这一研究并非易事，研究者既要揭示出在人类需求驱动下景观是如何变化的，又要掌握人类是如何适应各种自然与人文变化的，二者存在互动关系。研究者还必须同时应对两个棘手的问题：一是用于还原景观原貌的数据往往来源不足，使得目前的此类研究大多数只能在可获得数据的区域开展；二是虽然景观生态学是一门交叉学科，但目前合理引入其他学科的理论与方法开展的研究案例并不多，使得此类研究进展较为缓慢。

在一个以农耕为主的乡村社区中，强烈的人类活动是乡村农耕景观动态变化过程的主要驱动力，因而研究应从当地农民入手。当地农民长期从事着农耕活动，是当地景观的直接创造者、使用者和维护者，他们不仅亲历了过去到现在的景观变迁，总结和积累了大量景观知识，而且世世代代运用这些知识维护和建设着这里的景观。存在于社区成员集体记忆中的景观历史约 60 年，这是“活”在社区中的景观知识，可以为景观学者提供长时间序列景观信息。以往的研究经验还表明，当地农民有能力判读本村的影像图，研究者与他们在讨论过程中会发现，他们表述的不仅仅是对景观事实的描述，流露出的更是对这些景观的准确记忆与评价。因此，农民是当地当然的“景观生态学家”，最清楚其社区内的景观变迁历程，最了解这里农耕景观存在的问题，也最有资格解释其变化的驱动因素和原因，这些知识和特殊智慧可以转化为区域景观可持续发展的主要动力。

景观研究者对社区乡村景观格局的形成、变迁及其驱动机制的研究，要从研究当地农民对景观的认识、思想、观念和行动方式开始，深入挖掘乡土景观知识，形成基于这些知识的研究途径，这对拓宽和丰富景观变迁研究的范围、方法和内容都有意义。开展研究人员与农民的互动研究，不仅可以真实还原 60 年左右各历史时期乡村景观格局的原貌，在长序列时间尺度上真正体现景观变化的动态过程，同时还能获得当地人对景观变化结果的评价和对变化原因的诠释；而且，此类研究将不再局限于可获得常规研究信息的“特殊”区域，研究区域可以扩展到任何乡村社区，这将延伸景观变迁研究的时间尺度以及扩展研究的空间范围。

景观动态研究要求研究者不仅必须获取研究区域内的地理、生态、人文等一系列信息，而且应当采用自然科学与社会科学综合的方法，才能深刻理解研究区域的人地关系，从而提高研究结论的可信度和合理性。本研究在景观动态研究中将乡土知识纳入景观动态机制的建模研究中，可以弥补景观动态研究中历史空间数据缺乏的问题，将此类研究的范围扩展到缺乏历史信息的区域，使研究不仅仅只局限在可获得历史遥感等数据的特殊区域。本研究采用定性与定量相结合的方法，对获取的乡土景观知识进行合理定量化和空间化处理，分析景观动态驱动机制，将多种主体观点结合于研究框架之中，可以较准确和全面地揭示当地景观变迁与各种自然和人文驱动因子之间的互动关系。

4.1.1.2 研究区域与研究方法

1）研究区域

本研究选择位于晋北黄土丘陵区的五寨县胡会乡石咀头村进行案例研究，深入剖析这些村庄，以点带面，作为本研究的主要信息来源和思想来源。其农耕制度都为一年一熟制，比较方便研究，有利于数据的收集和比较，空间和时间信息可获得性较好，可行性强。

五寨县胡会乡石咀头村为大陆性气候，一年中多受季风影响，年平均气温 4.3℃，年平均降水量 460 mm，无霜期 120 d。石咀头村共有 310 户、1 100 人，全村土地总面积 552.84 hm^2。本村地势平坦，是一个以种植业为主的典型农耕村庄，基本实现农业现代化。主要农作物有玉米、马铃薯、小麦、胡麻、大豆、糜黍、莜麦、谷子、小豆等。村民主要收入来源为务农、养殖和外出打工，年均纯收入为 1 000～2 000 元/人。

2）研究方法

本研究从可持续发展的角度出发，采用社会学、地理学和人类学相结合的方法，研究了村庄各阶段农耕景观类型的变化以及农耕景观要素的变化情况，并在此基础上对农耕景观的变化做出了科学合理的评价。具体来说就是在前期阶段主要采取文献研究法，实地调查期间采用参与式地理信息系统（PGIS）、参与式农村评估（PRA）等方法，获取社区中的乡土景观历史知识，了解产生这些变化的自然社会因素，掌握该区域农作格局的发展变化情况。

本研究特别利用 PGIS 方法完成村庄农作格局现状地图。以 PGIS 为空间组织平台，用空间科学的语言表达和解读该区域的调查成果和变迁过程。在具体操作中，选取当地农民作为参与者，帮助他们将村庄的土地资源利用情况及土地级别绘制在影像图上。绘图完成后，对于不清楚的地块，与农民一起去野外核对信息。后期数据处理中，将半结构访谈所获得的有关农作物、农作方式以及土地利用的变迁情况绘制在地图上，再采用 GIS 软件，将信息矢量处理到计算机中，并对调查结果进行分析处理（见图 4-1）。通过对不同阶段的土地利用方式调查，总结归纳出该区域土地利用方式的变迁情况，以及推测出未来的发展趋势。为改善调查区土地利用方式以及生态环境提供重要的参考依据。

4.1.1.3 研究方案

1）研究目标

以晋北黄土丘陵区典型村庄的乡村农耕为研究对象，通过调查搜集历史信息和当地知识，还原农耕景观的原貌，分析 60 多年来黄土丘陵区农耕与经济社会发展和政策的互动关系，掌握该乡村社区农耕的发展与变迁规律；立足可持续视角，评价区域内当前农耕所面临的压力和挑战，继承优秀传统农耕思想，摒弃现代农业的不合理影响，为探索可持续农业发展可能的政策途径提出相应的对策和建议。

2）主要内容

（1）文献研究和村庄实地调查相结合，归纳晋北黄土丘陵区农耕现状及其社会经济状况，调查 60 多年来时间与空间上的变迁过程及其环境、社会和经济影响。

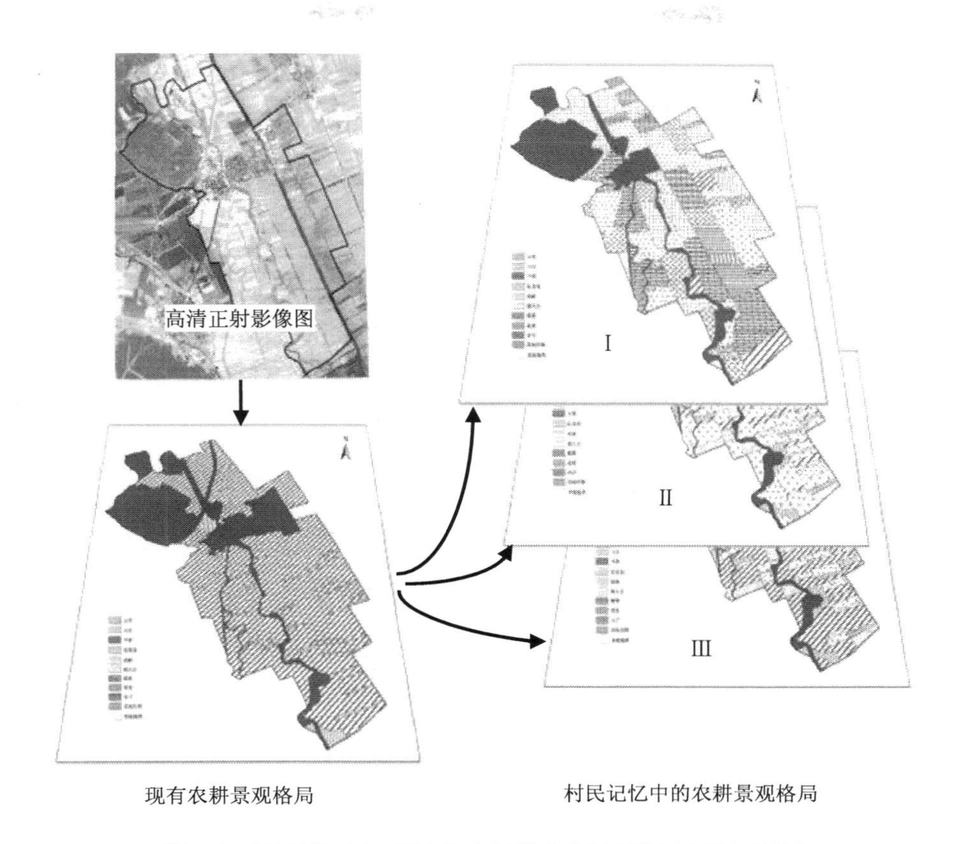

图 4-1 基于村民记忆获取各个时期农耕景观格局方法示意图

（2）采用多学科综合研究方法，在还原其不同时期的农耕景观的基础上，寻找相应时期农业政策对农耕景观变迁的影响。

（3）以可持续发展为依据，评价晋北黄土丘陵区农耕面临的问题和今后的挑战，并提出相应的政策建议。

3）主要成果

（1）在了解晋北黄土丘陵区乡村农耕发展基本特征的基础上，评价了经济、社会和政策等条件在 60 多年间对黄土丘陵区典型农耕村庄农耕景观的作用规律。

（2）归纳出影响农耕景观变迁的因素，并选取农耕可持续发展能力评价指标，使用层次分析法分析农耕可持续发展能力评价指标各因素重要性次序的权重，进而对 60 多年来农耕景观变迁的特征进行评价。

（3）厘清 60 多年间晋北黄土丘陵区乡村农耕系统的管理水平、资源数量与质量以及环境状况变化发展的信息，分析得到农业政策与农耕景观变迁之间的响应关系，评价其对当地社区的生产生活和对外部的影响。

（4）根据以上研究，从未来发展的角度，提出了晋北农耕可能的发展对策和政策建议。

4.1.1.4 技术路线

就一个村庄的微观研究来说，农耕景观的时空变迁涉及时间尺度有几十年，单靠地理学研究方法很难获得村域尺度上 60 多年来不同历史时期的农耕景观空间格局信息。为此，本研究采用地理学与人类学相结合的研究方法，对典型村落的农耕景观变迁的案例研究是比较深入且可行的方法。具体研究步骤如下（见图 4-2）。

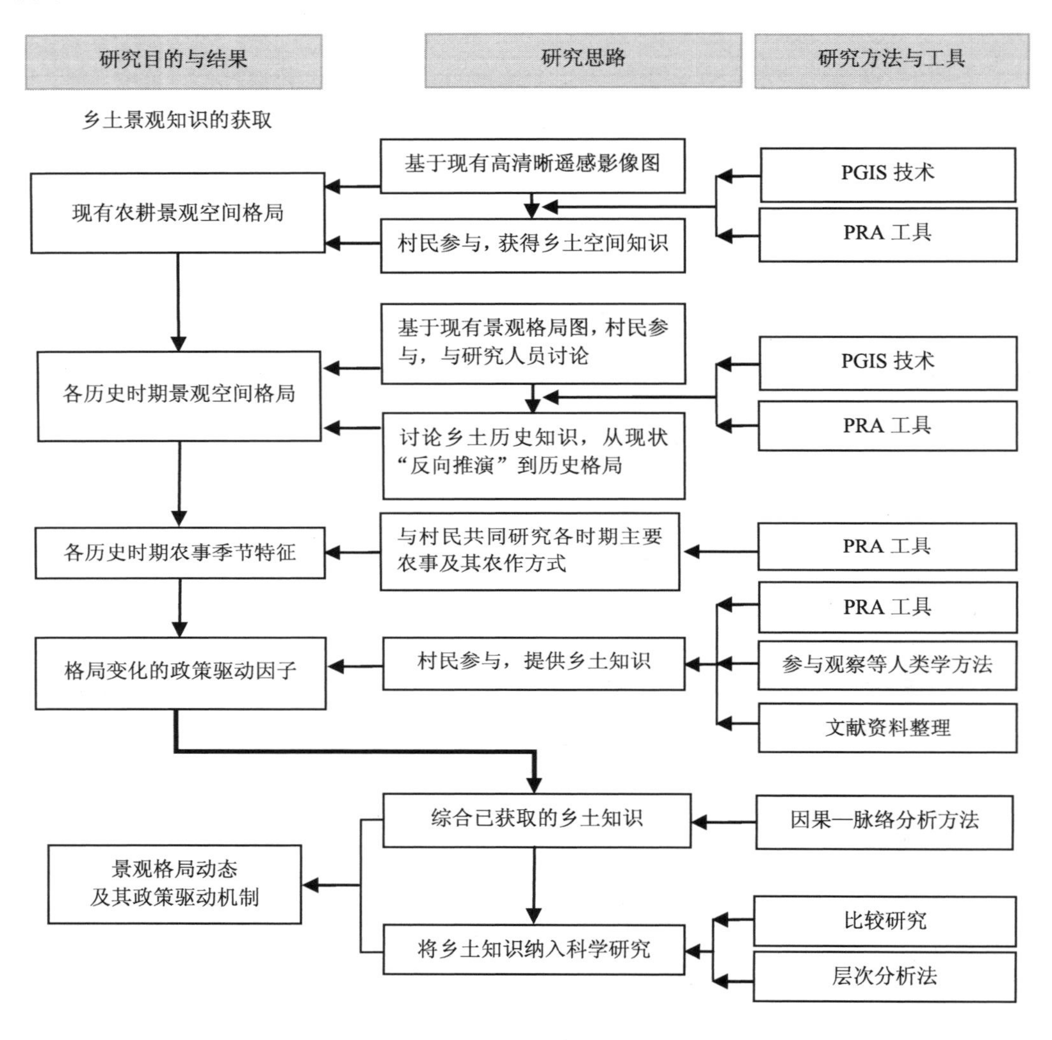

图 4-2 关键步骤详解框图

（1）调查村庄不同时期农耕景观格局。利用村庄现在的高清晰遥感正射影像图，绘制现有村庄景观格局。基于此图，进行农户和关键知情人半结构访谈，与各年龄段的农民一起反复讨论，挖掘农耕景观知识与观点，反向推演出历史景观格局，通过数据融合，形成阶段性的历史景观格局地图。经村民确认后成图。

（2）掌握农耕景观要素的时空动态变化。通过农事季节历等工具，与经验丰富的农民一起讨论确定各时期的主要农作物、农事活动、农作方式等农耕景观要素，掌握农事演变历程和变化特征，深入分析并交叉核对变化原因和驱动因子。

（3）得到不同时期农耕景观要素对农业政策的响应关系。收集各时期农业政策，通过小组讨论，与各时期农耕变化要素进行对照，得到农耕景观要素对农业政策的响应关系，分析不同时期农业政策对农耕景观要素的驱动机制。

（4）室内分析阶段。归纳出影响农耕景观变迁的因素，并选取农耕可持续发展能力评价指标，使用层次分析法分析农耕可持续发展能力评价指标各因素重要性次序的权重，进而对 60 多年来农耕景观变迁的特征进行评价。

4.1.2　农耕景观与农作方式的变迁

进行农耕景观变迁研究可以帮助我们揭示农耕景观发生演变的原因、过程以及内部机制，其目的有二：一是还原景观的原貌；二是分析景观变化产生的原因以及将产生的后果。本节通过广泛调查，采用地理学与人类学相结合的研究方法，研究了石咀头村 60 多年的农耕景观动态变迁，为分析农业政策与农耕景观变迁之间的响应关系提供理论基础，传统乡村农耕景观是如何向工业化农业变迁的过程，并以农业生态学为原则，初步评价这一变迁过程对农业可持续发展带来的正面与负面影响。具体研究步骤如下。

（1）调查村庄不同时期农耕景观格局。以村庄现有高清晰遥感正射影像图为底图，结合实地踏查，利用 ArcGIS 软件绘制现有村庄景观格局图；基于现有村庄景观格局图进行农户和关键知情人半结构访谈，与各年龄级的农民反复讨论，得到历史农耕景观知识；反向推演出历史景观格局信息，再利用 ArcGIS 软件将这些信息转化为空间数据，通过数据融合得到阶段性的历史景观格局图；最后经村民确认成图。

（2）掌握农耕景观要素的时空动态变化。通过农事季节历等工具，与经验丰富的农民一起讨论确定各时期的主要农作物、农事活动、农作方式等农耕景观要素，掌握农事演变历程和变化特征，深入分析并交叉核对变化原因和驱动因子。

4.1.2.1　石咀头村 40 年农耕景观变迁

考虑到石咀头村在 20 世纪 70 年代前，耕地的利用变化不大，而后来发生了剧烈变化，本节只将 40 多年来石咀头村玉米种植格局变迁划分为 4 个时期：1974—1983 年人民公社时期，1984—1998 年第一轮土地承包时期，1999—2006 年第二轮土地承包时期，2007—2013 年小农户现代化时期。

本研究在运用 PGIS 方法和与关键知情农民（老年人为主）一起讨论的基础上，得到了现有村庄景观格局图，并反向推演出过去各个时期的景观格局，制成各时期农耕景观格局图（见图 4-3）。

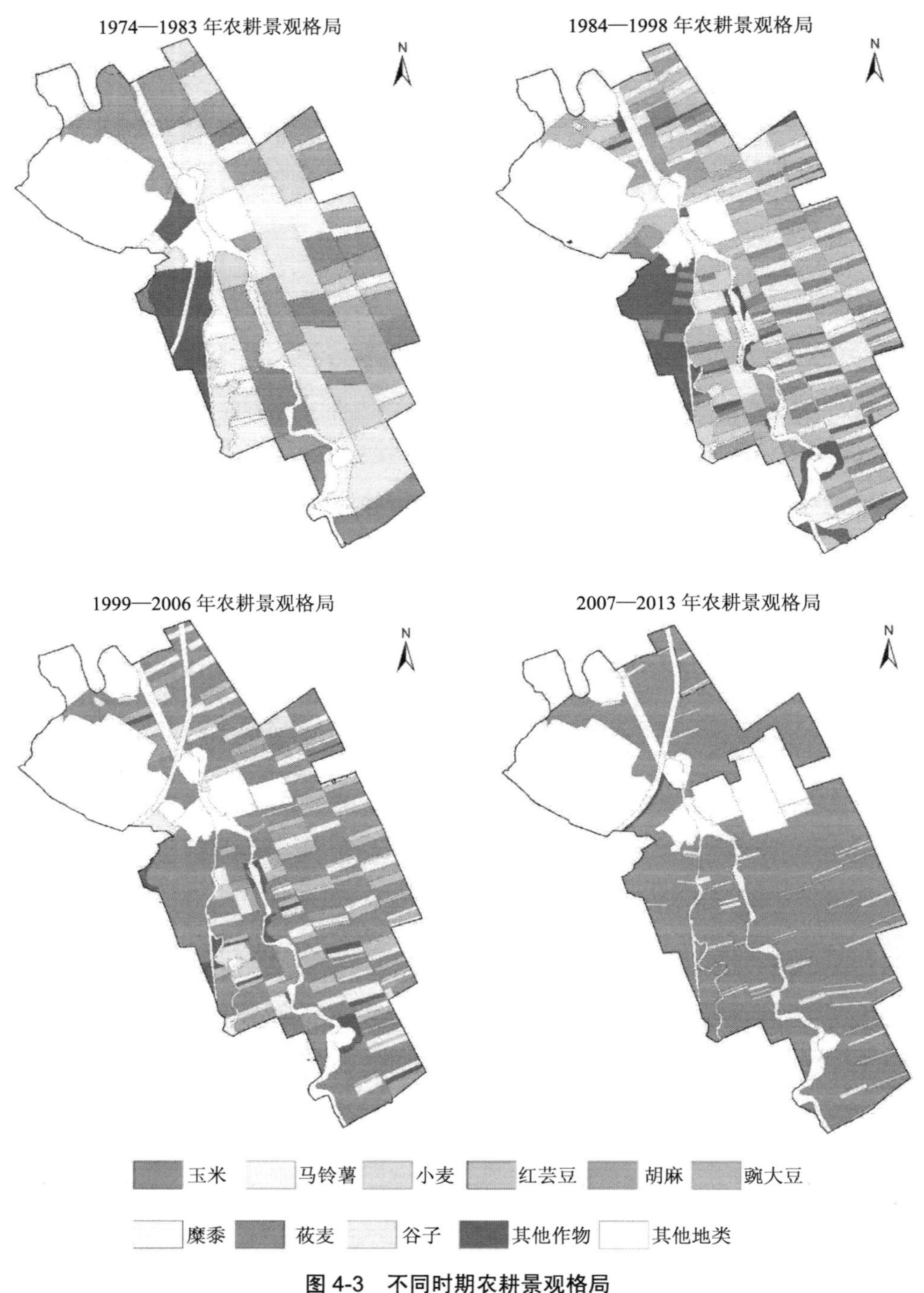

图 4-3 不同时期农耕景观格局

可以看出，40 年间石咀头村农耕景观发生了巨大的变化。1974—1983 年，石咀头村农作物种植呈现多样化种植，主要农作物有马铃薯、胡麻、莜麦、谷子等，多达十几种；

1984—1998 年，红芸豆和玉米成为本村主导农作物，其他农作物面积减少；1999—2006 年，玉米面积继续扩大，发展为大范围连片种植，挤占了种植其他农作物的耕地；2007—2013 年，玉米成为本村唯一的主导农作物，其他农作物只是零星分布于耕地中，玉米种植特征表现为大面积、单一化种植。

基于调查所获得的不同时期农作物分布格局，用 ArcGIS 软件提取出所有农作物的空间数据，制成各时期农作物种植面积统计表（见表 4-1）和各时期农作物种植面积比例图（见图 4-4）。

表 4-1　各时期农作物种植面积统计表

农作物	时期							
	1974—1983 年		1984—1998 年		1999—2006 年		2007—2013 年	
	面积/hm^2	比例/%	面积/hm^2	比例/%	面积/hm^2	比例/%	面积/hm^2	比例/%
玉米	33.04	7.4	89.07	20.5	250.69	62.3	356.34	90.3
马铃薯	46.37	10.5	60.65	14.0	58.26	14.5	13.11	3.3
小麦	47.78	10.7	28.28	6.5	10.63	2.6	0.00	0.0
红芸豆	0.00	0.0	107.68	24.8	30.82	7.7	8.76	2.2
胡麻	63.22	14.2	46.44	10.7	20.01	5.0	5.27	1.3
豌大豆	37.54	8.4	15.14	3.5	9.53	2.4	3.02	0.8
糜黍	32.12	7.2	10.07	2.3	0.00	0.0	0.00	0.0
莜麦	24.69	5.6	8.11	1.9	5.29	1.3	2.14	0.6
谷子	42.82	9.6	11.56	2.7	5.70	1.4	0.00	0.0
小豆	22.98	5.2	12.22	2.8	0.00	0.0	0.00	0.0
其他作物	94.61	21.2	44.41	10.3	11.29	2.8	6.17	1.5
耕地面积	445.17	100.0	433.63	100.0	402.22	100.0	394.81	100.0

表 4-1 和图 4-4 更直观地说明了该村 40 年来不同农作物种植面积的变化情况。1974—1983 年，石咀头村农作物种类丰富，这一时期农作物种植品种、种植位置、种植面积主要依靠上级下达任务，由村集体统一安排种植，种植依据主要是土地等级、上一年茬口和人口需求。1984 年石咀头村实施土地承包，全村的土地承包到农户。1984—1998 年，农业政策对本村的直接影响弱化，农民主要根据市场需求选择农作物种植品种。例如，1988—1991 年，当地市场红芸豆收购价高达 4 元/kg，该村村民积极引进红芸豆，进行大面积种植。20 世纪 90 年代初，随着玉米市场需求量的不断增加，杂交玉米收购价格不断升高，农民开始种植杂交玉米。随后，玉米种植面积开始不断增加，目前已超过全村耕地面积的 90%。

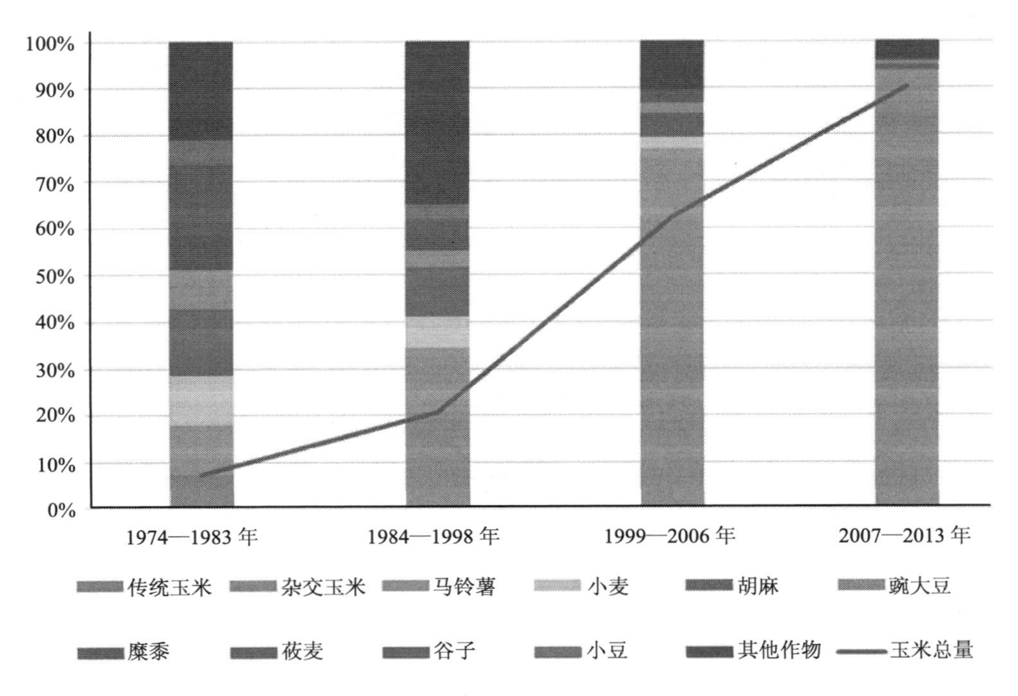

图 4-4 各时期农作物种植面积比例图

40 年间石咀头村玉米种植面积的不断增加，导致其他主要农作物如胡麻、莜麦、谷子种植面积不断减少，大部分传统农作物基本消失，农作物种植逐渐由多样化转变为单一化。在稳定承包、减税减费等政策影响下，村民纷纷选择能够保证收益且便于机械种植的玉米作为主要农作物。因此，玉米作为政策鼓励下的农作物，成为该村的主导作物。虽然同一品种单一化种植的危害在石咀头村时有发生，但是在粮食保护定价以及相关收益保障政策的支持下，农民依旧选择玉米作为“旱涝保收”的经济来源。长此下去，由单一化种植而引发的农业不稳定现象如自然灾害和病虫害造成的粮食大面积减产、农民收入完全依赖市场调节等必然会越来越明显。

4.1.2.2 石咀头村 40 年农耕景观要素变迁

农耕景观要素作为农耕景观的重要组成，其变化与农耕景观改变有着密切的关系。因此，本研究从农耕景观要素入手，对不同时期农耕景观要素特征进行深入研究。通过与长期在当地从事农耕活动的农民访谈，确定了 5 种主要农耕景观要素：农田水利、耕作方式、农业机械、农作物及种子、外部投入，并总结不同时期农耕景观要素的特征（见表 4-2）。

表 4-2　不同时期的农耕景观要素特征

农耕景观要素	时期			
	1974—1983 年	1984—1998 年	1999—2006 年	2007—2013 年
农田水利	以灌溉农业为主，雨养农业为辅；以水浇地为主，旱地为辅	灌溉农业、雨养农业并举；水浇地、旱地相当	灌溉渠逐渐荒废，灌溉农业逐渐消失；水浇地逐渐退化成为旱地	灌溉农业消失，完全依靠雨养农业；无水浇地，全部成为旱地
耕作方式	轮作、间作等多种农作方式并存	轮作、间作等农作方式少量运用	轮作、间作等农作方式基本消失	轮作、间作等农作方式完全消失
农业机械	基本依靠传统畜力和手工农具，小范围耕地上开始启用小马力拖拉机	农机马力增加，逐渐取代畜力进行耕作；部分传统农具闲置	农业机械化逐渐普及；仅有少量传统农具被使用	基本实现农业现代化；仅有极少传统农具被少量使用
农作物及种子	主要农作物有十几种；多样化种植；全部为自留种	主要农作物种植面积减少，高收益作物种植面积增加；高收益作物购买杂交种，传统农作物使用自留种	玉米种植面积不断增加，原有主要农作物大部分不再种植；玉米购买杂交种，传统农作物使用自留种	玉米成为主导农作物，玉米购买杂交种；仅有少量传统农作物仍被种植，使用自留种
外部投入	肥料全部为农家肥；引入地膜，但在当时不被农民所接受	农家肥为主，化肥开始被少量使用；农药和地膜开始使用	农家肥用量逐渐减少，复合肥被广泛使用；地膜覆盖面积逐渐增加；农民自行喷洒农药	农家肥很少使用，复合肥被大量使用；地膜全面覆盖；上级统一喷洒农药

可以看出，40 年间石咀头村农耕要素发生了很大的改变：农机取代了传统畜力和传统农具，化肥取代了农家肥，杂交种取代了自留种。石咀头村农耕景观要素在 40 年间逐渐由传统农耕模式转向现代化农业模式。

中国传统农耕体系经历了几千年的发展，是人类在长期的生产活动中与所处环境所达成的一种和谐与平衡，是一套尊重自然的可持续农耕体系。在这个体系中，人类充分合理地利用土地，土地在人类精耕细作的农作方式下为人类源源不断地提供食物，人类再将粪便、秸秆等废弃物还田，建立了农耕生态系统内部物质与能量的良性循环；并利用生物多样性，保证了农耕系统的稳定以及土地的可持续利用。如今，中国传统农耕作为尊重农业多功能性的典型范式，也正在被越来越多的国家学习和效仿。

1949 年后我国的农业政策一直致力于粮食增产和农民增收，全面提倡和推广农业规模化、集约化、市场化等现代化农业模式，逐渐发展成为以现代化农业生产手段、生产技术和经营方式为特征，具有较高的农业劳动生产率、土地生产率和农产品商品率的农业模式。石咀头村 40 年来逐渐形成的玉米大面积单一化种植模式就是农业现代化的结果。理论上，现代化农业扩大了传统农业的循环圈，但事实上，在经济效益的驱使下，所谓的“现代化农业”则打破了传统农业的循环链，依靠投入大量的外部物质和能源以实现农业产出，这种模式对生态环境与自然资源的索取已经超越了其自身恢复的能力，是一种消耗式的农业系统。以化肥和农药的施用为例，经村民确认，石咀头村 2004 年复合肥施用量为 600 kg/hm^2，在相同产出的情况下，2013 年复合肥施用量已经增加到 1 125 kg/hm^2。20 世纪 90 年代以前，石咀头村因病虫害而造成的粮食减产基本可忽略不计；20 世纪 90 年代以后，平均每 5 年就会爆发一场由玉米螟或蝗虫虫害而造成的粮食大幅减产，近十年情况更为严重。由此可见，数十年内石咀头村耕地地力正在迅速下降，同时，农业风险也在不断增加。这种现代化农业方式表面上看似能够在短期内让农户取得较高的经济收益，但是过量的农业外部投入不仅造成了地力的下降，而且农药、地膜所引发的农业面源污染更是严重威胁了农业的可持续发展。

4.1.2.3　石咀头村 40 年种植方式变迁

对石咀头村 40 年种植方式变迁的研究，本节选择玉米为代表开展研究。石咀头村不同时期玉米种植格局图见图 4-5。

可以看出，1974—1983 年，石咀头村只有三个区在集中种植玉米；1984—1998 年，玉米种植区增多，种植格局分散；1999—2006 年，玉米种植区扩张；2006—2013 年，全村几乎所有的耕地都在种植玉米。

石咀头村主要农作物有玉米、马铃薯、小麦、胡麻、大豆、糜黍、莜麦、谷子、小豆等。基于调查所获得的基础数据，统计这个村庄不同时期主要农作物的种植面积，汇总于表 4-3。表中的其他农作物表示的是一些只种植过较短时期的农作物，如葵花、红芸豆等。

表 4-3　石咀头村 1974—2013 年不同时期玉米与其他农作物种植面积及占用耕地比例统计表

农作物	1974—1983 年		1984—1998 年		1999—2006 年		2007—2013 年	
	面积/hm^2	比例/%	面积/hm^2	比例/%	面积/hm^2	比例/%	面积/hm^2	比例/%
传统玉米	33.04	7.42	0	0	0	0	0	0
杂交玉米	0	0	89.07	20.54	250.69	62.33	356.34	90.26
马铃薯	46.37	10.42	60.65	13.99	58.26	14.48	13.11	3.32
小麦	47.78	10.73	28.28	6.52	10.63	2.64	0	0.00
胡麻	63.22	14.2	46.44	10.71	20.01	4.97	5.27	1.33
大豆	37.54	8.43	15.14	3.49	9.53	2.37	3.02	0.76
糜黍	32.12	7.22	10.07	2.32	0	0.00	0	0.00
莜麦	24.69	5.55	8.11	1.87	5.29	1.32	2.14	0.54
谷子	42.82	9.62	11.56	2.67	5.7	1.42	0	0.00
小豆	22.98	5.16	12.22	2.82	0	0.00	0	0.00
其他农作物	94.61	21.25	152.09	35.07	42.11	10.47	14.93	3.78
耕地	445.17	100	433.63	100	402.22	100	394.81	100

图 4-5　石咀头村 1974—2013 年 4 个时期玉米种植格局图

可以看出，1974—1983 年，石咀头村的主要农作物种类丰富；1984—1998 年，因为市场上红芸豆收购价高达 4 元/kg，大部分农户选择种植红芸豆，只有一部分农户种植了新出现的杂交玉米；1999—2006 年，红芸豆价格下跌，杂交玉米面积显著增长，占全村耕地面积的 62.33%；2007—2013 年，非农用地严重挤占了耕地，耕地面积减少为 394.81 hm^2，杂交玉米的种植面积却增至 356.34 hm^2，占耕地面积的 90.26%，同时小麦、谷子、小豆、糜黍等传统农作物消失。

4.1.2.4 石咀头村40年变迁评价

石咀头村农耕景观变迁的40年，可以说代表了中国乡村从传统农耕体系向以工业化为标志的现代农业迅速转变的40年。在这一追求“规模”“效率”“高产”的农业现代化和农业工业化过程中，多样化种植的传统农耕景观格局为单一化种植的农业景观所替代，同时，传统农耕要素也逐渐转变为现代化农业要素（如玉米自留种已消失，全部被杂交种所代替）。在这一过程中，延续了千百年的传统农耕体系几近消失，土地等农业资源和农村生态环境逐步恶化，甚至难以逆转，农田生物多样性降低，农业多功能性迅速消退，未来的食品安全面临威胁，严重威胁着区域可持续发展。

4.1.3 农业政策与农耕变迁

按温铁军的研究，中国60多年来农业政策是在城乡二元对立的基本体制矛盾约束下执行的，为实现城市产业资本的“软着陆”，多是向农村直接转嫁危机代价的结果，原有的二元体制得以维持。60多年间，前面近30年的农业政策基本可以归结为“农业现代化”政策，其实质即集体化+机构化，目的是以乡为单位建立高级社，实行土地规模经营，以承载城市资本品下乡、完成“工农两大部类交换”、提取农业剩余用于内向型原始积累。这或许仍是一家之言，但众多相关研究都从不同的视角反映出近似的结论，这里就不再过多评论。以下出于本研究需要，我们从众多文献中，重点对改革开放以来与农耕有关的农业政策进行了归纳，因为这一时期农业现代化的步伐进一步加快，也是对农耕景观和社区农业影响最剧烈的时期。

4.1.3.1 农业环境政策与农耕

我国农村的现代化进程有两个明显特点：一是工业有限增长，并且依托工业的现代化使得农业快速发展；二是居民在空间的分布上迅速集中，这使得农村的产业结构从自然和谐型转变为危害型。农村原来具有强大的环境自净能力的自然循环体系被破坏，原本可以自然消纳的生活污染因超出环境的自净能力而造成危害。当前农村环境污染主要是因为上述技术型污染（农药、化肥及地膜等）和养殖业产生的粪便、水产养殖污染及农村生活污染。这种污染对农村人口的生活及健康已然构成了严重的威胁。

1）农业生态政策导向及农业生态现状

1979年9月，中共十一届四中全会修改并正式通过了《中共中央关于加快农业发展若干问题的决定》，中国的广大农村陆续实行了以家庭联产承包责任制为主、统分结合的双层经营体制。随着农村家庭经营体制的改革，土地包产到户，农民的生产积极性飞涨，农业技术推广难度加大，从而加速了化肥和农药的不合理施用。这一时期中国的农业政策是以提高粮食产量为主的，一系列粮食增产政策和农民增收政策在这个时期出台，如对化肥生产企业的补贴、农用塑料薄膜的补贴等，在增加粮食供给和农民收入的同时却忽视了其对环境所带来的负面影响。20 世纪 80 年代农业以牺牲生态环境作为代价，“六五”计划（1981—1985 年）首次提出了“加强环境保护，制止环境污染的进一步发展”。由于经济发展，人民生活水平的提高，农产品出现了结构性的剩余。粮食等农产品价格持续低迷、农民增产不增收、农民收入增长速度放缓。由于城市化和乡镇企业的发展，耕地减少、土地沙化、水资源紧张、生态环境恶化等制约农业和农村可持续发展的问题越来越突出。中国农业支持政策目标也开始转向增加农民收入、粮食安全、提高农业综合生产能力和竞争力、保护生态环境转化上来。20 世纪 80 年代以来，我国环境政策开始相继出台，生态环境特别是农业生态问题日益受到重视。《环境保护法》标志着环境管理的法律体系在这个时期已经形成。后续公布的《中国 21 世纪议程——中国 21 世纪人口、环境与发展白皮书》在第 11 章“农业与农村可持续发展”中提出要推进农业可持续发展的综合管理、农业自然资源可持续利用与生态环境保护、发展可持续性农业科学技术等策略。退耕还林补贴制度 2002 年全面启动，对退耕还林的农民予以经济补助，环境保护与农民增收结合起来。2002 年《农业法》明确提出了把维护和改善生态环境作为农业政策的目标之一，改变了间接补贴为主的农业国内支持政策，提高了农业国内支持的效率。2007 年，党的十七大提出“生态文明”。同年的中央 1 号文件从一个全新的视角来解读农业环境保护，大篇幅谈农业的多功能性，明确提出鼓励有条件的地方可加快发展有机农业。2013 年国家深入实施测土配方施肥、加强重大病虫害监测预警与联防防控能力建设，支持开展农作物病虫害专业化统防统治，启动低毒低残留农药和高效缓释肥料使用补助试点。

我国环境管理体系是建立在城市和重要“点源污染”防治上的，对农村污染及特点重视不够，加之农村环境治理体系的发展滞后于农村现代化进程，导致其在解决农村环境问题上适用性不强。当前环境立法不健全，农村环境管理机构匮乏，环境保护职责权限分割并与污染的性质不匹配，基本没有形成环境监测及统计工作体系。我国现有的规范性法律文件，诸如《环境保护法》《水污染防治法》未建立农业和农村自然资源核算制度，例如，目前对污染物排放实行的总量控制制度只对点源污染有效，对农村环境的面源污染效果不大。更为细致的环境政策未出台，农村治污制度未建立，这对于农业生产及农业生态保护带来了显著的消极影响。

2）农业环境政策背景下的农业生态问题成因

（1）过分依赖农业技术造成对环境的消极影响。

农药、化肥及地膜技术的发展极大地提高了土地粮食的出产率，但过分依靠农业技术的发展也会导致一定的负面作用。农药、化肥及地膜的残留物不仅使得农作物中的有害成分明显提高，也使得土壤的品质严重降低，本研究将在“农业科技政策与农业生产、农业生态保护”部分着重讨论。

（2）片面追求经济发展致使工业污染蔓延到了农村。

地方政府片面追求经济发展速度，忽视了对环境的影响。地方政府对工业项目的废气、废水排放监管不力，使废水、废气成为公害，依据相关调研，“政府片面追求 GDP 增长”和“农民的环保意识薄弱”是农村环境问题日益突出的主要原因。同时，“各利益集团的干扰”和“经济发展的冲动与经济利益”也成为环境保护政策执行所遇到的潜在阻力。综上所述，相关机制的不健全及地方政府的执行不到位也是农业生态污染的主要原因之一。

（3）生态资源的开发性掠夺造成对生态环境的破坏。

自然资源的过度开发而忽视生态补偿，造成生态的严重失衡。另外，各地对矿产开发的科学计划与管理不够，把开矿当作发展经济的捷径。乱砍滥伐导致了我国林地面积大幅度的减少，植被被大量破坏进而损失严重，土地因缺乏植被的保护而引起了部分土地沙化，并且伴随着严重的水土流失，严重破坏了我国的生态环境，影响了我国农业的可持续发展。

3）农业环境政策在农村中的落实情况和效果评价

我国的农业环境政策在过去的一段时期内对于改善生态环境起到了举足轻重的作用，但是随着时间的推移，原有的政策已经无法满足当前农业环境的需要。我国虽然拥有关于农业环境保护的立法，但是已经和当前的农业环境脱轨，不能起到完全约束的作用；在政策的执行、管理体制上也存在相应的问题，同时缺乏保护农业环境相关的激励政策。可以说当前我国农业环境的状态，已经延缓了农业可持续发展的步伐，农业生态环境又一次受到了严重的威胁。

4.1.3.2　农业科技政策与农耕

国家对“三农”问题的重要战略部署中肯定了农业机械化是我国农业可持续发展的必要条件及重要推进力量。《国家中长期科学和技术发展规划纲要（2006—2020 年）》提出，要重点研究开发生态型林产经济可持续经营技术、经济型农林动力机械等，把科技进步作为解决“三农”问题的一项根本措施，发展农业经济，从而为发展国民经济奠定坚实基础。首先，农业机械对农产品产出的贡献越来越重要，在水、化肥、种子、农药等物质要素综合作用下，农业机械对粮食产量的贡献随着农作物生产机械化水平的提高也相应提高。其次，农业机械使农业生产技术创新得以实现，这主要体现在化肥、农药及地膜技术的改进上。同时，培育并使用优良品种技术可以使农产品产量大幅度提高。最后，农业技术是持续、合理利用农业资源的重要手段。针对水资源的利用和保护问题，我国目前推广的节水技术主要有低压管道输水灌溉技术、U 形渠道防渗技术、喷灌和微灌技术等众多技术。喷灌面积已达 80 多万 hm^2，滴灌（微灌的一种）面积约 3.3 万 hm^2。节水机械化技术（喷灌、微灌）与传统地面沟渠灌溉相比，已显示出节水、扩大耕地、增加产量的优越性。也就是说，工厂化农业可以人工控制动植物生长的小环境，还可以向立体空间发展以节约有限的耕地，这是近年来世界农业的发展趋势。工业“入侵”农业政策的影响具体表现在以下几个方面：

1）农业生产与化肥施用

农业生产，特别是粮食生产，关系到当前全国13多亿人口的生活和工业原料的来源。与我国的现代化建设息息相关，农业必须大幅度增产粮棉以满足人口增长的需要。要解决人类的粮棉问题，仅仅寄希望于耕地的扩大是不现实的，因为扩大耕地的可能性已很有限。同时，由于各种害物的侵扰，给农作物造成的损失，大体相当于世界每年收获量的1/3。因此增加粮食和棉花产量的主要途径无疑是提高单位面积产量，而农药的施用乃其中一项重要技术措施，所以农药的合理使用，已经成为增加粮食生产，改善人类食物供应的一种重要手段。近60年来，中国政府为了促进农业生产、提高粮食产量，对被称作粮食的“粮食”的化肥，除进行较大规模的投资建设化肥生产装置之外，在政策上给予化肥产业以多种形式的支持和扶持，概括起来有以下七方面的优惠政策和措施。

2000年以来，国家相继出台了《关于做好化肥生产供应工作稳定化肥价格的紧急通知》（发改电字〔2004〕1号）、《关于对化肥等农业生产资料价格过快上涨实行干预的紧急通知》（发改电字〔2004〕24号）、《关于若干农业生产资料免征增值税政策》（财税〔2001〕113号）、《关于调整铁路部分货运价格的通知》（计价格〔2000〕797号）等政策措施，在电力、税收和运输等方面对化肥生产企业给予优惠，同时，国家逐步建立和完善的化肥淡季商业储备制度，从多方面抑制化肥市场价格的上涨。具体政策内容概括如下：

（1）对化肥生产企业的原料和能源价格的优惠。

一是对化肥生产用电实行优惠电价，一直以来中国政府给予小化肥生产企业以优惠电价的扶持政策，2003年12月国家对电价进行调整时，也明确不调整化肥生产用电价格，继续保留原来的优惠电价政策。据有关部门测算，该项优惠政策每年可降低化肥生产成本60多亿元。二是对以天然气为原料的大型尿素生产企业实行优惠天然气价格，据测算该项政策可降低以天然气为原料生产尿素企业的生产成本约10亿元。三是以煤为原料的生产企业给予限制化肥用煤价格上限的政策。尽管煤炭价格是最早走向市场化的化肥生产原料之一，但中国政府为保障化肥生产和稳定化肥价格，对化肥用煤的价格和运输采取了保量、限价的一系列措施。

（2）对化肥运输价格优惠。

化肥运输一直享受优惠运价政策。即便是在2003年12月16日，国家发展改革委、铁道部调整铁路货运价格，但对化肥的铁路运价仍保留了原来的优惠政策，并继续免征铁路建设基金。化肥铁路运价仅相当于同类化工品的30%左右。据测算化肥优惠运价可使化肥运输成本平均降低近80元/t，政府每年补贴50亿元。

（3）对化肥产品增值税实施的税收优惠。

自1994年起复合肥（NPK）就一直享受免征增值税政策；磷酸一铵（MAP）产品自1998年1月1日起享受免征增值税政策；磷酸二铵（DAP）产品自2008年1月1日起享

受免征增值税政策；尿素产品自 2005 年 7 月 1 日起免征增值税；尿素在 2001 年、2002 年两年内实行增值税先征后退的政策，2001 年对征收的税款全额退还，2002 年退还 50%，自 2003 年起停止退还政策，2004 年恢复先征后退 50%增值税的政策，一直执行到 2005 年 6 月 30 日。从 2005 年 7 月 1 日起对尿素生产企业的增值税由先征后返 50%改为全额免征。

（4）对化肥出口实施的退税优惠。

自 1997 年起中国停止尿素进口，2004 年 3 月以前中国政府对出口尿素给予 50%～100%的退税政策；自 2004 年 3 月 16 日起，中国政府停止了化肥出口退税政策并对出口尿素和磷酸二铵开始征税。

（5）对进口化肥及原材料实施的低关税和减免增值税。

2002 年以前，中国政府对像中阿化肥等依靠进口磷酸生产复合肥的企业进口的原料磷酸采取免征增值税和低关税的政策，以支持国内化肥企业的生产；自 2008 年 5 月 20 日起，中国政府对进口硫黄采取免征增值税政策；同时大部分进口的化肥及生产原料都给予了低关税政策，进口关税税率都在 4%以下。

（6）对冬储化肥贷款实施的财政贴息政策。

自 2004 年起，中国政府对化肥冬储采取贷款财政贴息政策，冬储化肥总量在 500 万～800 万 t，每年财政总贴息在 3 亿～5 亿元。

（7）对化肥产品的价格直补政策。

2004 年，中国政府给国产和进口磷酸二铵每吨 100 元的补贴，总补贴数量 670 万 t，补贴总金额 6.7 亿元。

《“十二五”农业与农村科技发展规划》要求研究肥料增效剂和包膜材料绿色合成原理、肥料养分的定性控释机理、有机肥制作中的微生物过程、肥料养分在土壤中的释放和转化过程；研究有机肥高效快速堆制的翻抛工艺及配套设备，研究开发高效、环保新型农药；开展智能化农业装备与高效节能设施技术开发，重点突破动植物生理与环境信息实时监测、远程智能测控以及自主导航与水、肥、种、药变量施用控制等核心技术。

2）农业生产与农药使用

作为防控病虫害的有效手段，农药的喷洒对于提高粮食产量起着非常重要的作用。农药年使用量约 130 万 t，约 1/3 能被作物吸收利用，然而大部分进入水体、土壤及农产品中，使全国 9.3 万 km^2 耕地遭受了不同程度的污染，并直接威胁到人群健康。2002 年对 16 个省会城市蔬菜批发市场的监测表明，农药总检出率为 20%～60%，总超标率为 20%～45%，远远超出发达国家的相应检出率。这两类污染在很多地区还直接破坏农业伴随型生态系统，对鱼类、两栖类、水禽、兽类的生存造成巨大的威胁。化肥和农药已经使我国东部地区的水环境污染从常规的点源污染物转向面源与点源结合的复合污染。部分地区农药低效率或不合理的使用不仅污染生态环境，而且通过多种途径危害人体健康。中国每年因农药中毒的人数占世界同类事故中毒人数的 50%。大规模的农药施用的同时极易影响生态平衡，损害物种多样性特征。

针对这一问题，近年来国家相关政策对上述环保问题日渐重视。2009 年 2 月 1 日，农业部办公厅发出关于印发《第八届全国农药登记评审委员会第四次全体会议纪要》的通知，要求自 2009 年 7 月 1 日起，除卫生用、部分旱田种子包衣剂和专供出口产品外，停止受理和批准用于其他方面含氟虫腈成分农药制剂的登记和生产批准证书，只允许氟虫腈原药生产企业生产专供出口含氟虫腈成分的农药制剂；在我国境内停止销售和使用用于其他方面的含氟虫腈成分的农药制剂；撤销已批准的用于其他方面含氟虫腈成分农药制剂的登记和生产批准证书；要求生产企业应加强生产、销售和使用管理，建立产品的可追溯制度。紧接着农业部、工业和信息化部、环境保护部又联合发布第 1157 号公告，将禁用日期定为 2009 年 10 月 1 日，这意味着氟虫腈在 2009 年最后一次用在水稻上之后，将被彻底禁用。原环境保护部等十部委 2009 年 4 月 16 日联合发布 2009 年第 23 号《关于禁止生产、流通、使用和进出口滴滴涕、氯丹、灭蚁灵及六氯苯的公告》。这几个品种是《关于持久性有机污染物的斯德哥尔摩公约》规定限期淘汰的持久性有机污染物。公告规定从 2009 年 5 月 17 日起，禁止这几个品种在国内生产、流通、使用和进出口。各级部门还要加强对这几个品种的管理，也是为了更好地履行公约的义务。此外，农业部 2009 年 4 月 23 日公告第 1194 号《农药最大残留限量涕灭威甘薯》等 209 项标准业经专家审定通过，自 2009 年 5 月 20 日起实施为农业行业标准。公告明确了 209 项农产品中农药最大残留限量以及与农业有关的行业标准。这使农业生产的全过程都有技术标准为依据，建立一套既符合中国国情又能与国际接轨的农业标准体系。

国务院 2013 年印发的《生物产业发展规划》明确提出了加快推动高品质植物免疫诱抗剂、生物杀虫剂等生物农药产品产业化。加快突破保水抗旱、磷钾活化、生物固氮、残留除草剂降解及土壤调理等生物肥料的规模化和标准化生产技术瓶颈，提升产业化水平。此外，农业部正在组织起草的《农作物病虫害防治条例》，将鼓励采用生物防治、物理防治等环境友好型技术和产品防控病虫害；国家对病虫害专业化统防统治服务组织优先给予资金补助、信贷支持、税收减免等政策扶持；中央财政对粮食主产区、病虫害重灾区及病虫害迁飞流行源头区的病虫害防控给予药剂补助和生态治理补偿。

3）农业生产与“大棚”“地膜”技术的推广

大棚及地膜覆盖栽培技术是近年来发展较快的农业技术创新成果之一，大面积推广得益于地膜覆盖机械化技术。机械覆膜与人工作业相比，具有作业效率高十几倍、节约塑料薄膜 5%以上、每公顷平均作业成本节省 60～150 元、作业质量高的优点。而且，有些覆膜作业，如小麦穴播、长垄地等，靠人力很难完成，必须使用机械。《“十二五”农业与农村科技发展规划》要求开展及推广新型包膜缓控释肥的工程化创制关键技术研究，开展增效剂协同缓释技术研究与稳定性肥料新产品开发；研制专用农膜/地膜、功能性棚膜，开发多样化的新型农用覆盖材料。根据政策的导引，近 20 年来，我国的地膜用量和覆盖面积已居世界首位。2003 年地膜用量超过 60 万 t，在发达地区尤甚。据山西省环保局的调查，被调查区地膜平均残留量为 3.78 t/km^2，所引起的减产损失值达到产值的 1/5 左右。残膜碎片进入水体，不仅影响景观，还可能带来排灌设施运行困难；残膜随作物秸秆和饲草被牛、羊等牲畜误食后，会导致肠胃功能失调，严重时厌食，进食困难，甚至死亡；若对残膜进行焚烧，则产生有害气体污染大气环境，尤其是毒性很强的二噁英类物质。

4）农业生产与农业机械化推广

（1）农业科技政策背景下的机械化发展及适用情况。

改革开放以来农业机械化在经济支持与政策扶持的基础上取得了长足的发展。国家从 1980 年起对农业机械化进行了一系列的调整和改革。首先，是对农机化发展目标的调整，在当时我国农村经济发展水平不高的情况下，制定了有步骤、有选择地发展农业机械化的根本指导方针，各地要根据实际情况开展适宜技术和农机具的推广。农牧渔业部草拟的《“七五”全国农业机械化发展规划》中提出，到“七五”末，机耕水平达到 47.9%，机播水平由 9.4%提高到 13%，机收水平由 3.54%提高到 4.64%，农机总动力由 2.08 亿 kW 增加到 2.57 亿 kW，年均递增 4.3%。但在最后国家公布的正式发展规划中，这些量化指标并没有体现，这说明政府部门对于农机化发展目标的制定更谨慎，也属于制度供给能力上的一大提升。其次，对于农机装备的投资由单一国家作为投资主体改为多种所有制形式共同投入。十一届三中全会要求恢复农村集贸市场，标志着农村市场化改革的启动，对经济生产的调控也由原来的单一国家行政调控转向行政与市场相结合的轨道上来，市场在对经济发展的调控中发挥的作用也越来越重要。

1982 年在中共中央政治局会议上讨论通过了《当前农村经济改革的若干问题》，其中明确指出：“农民个人或联户购置农副产品加工机具、小型拖拉机和小型机动船，从事生产和运输，对发展农村商品生产，活跃农村经济是有利的，应当允许；大中型拖拉机和汽车，在现阶段原则上也不必禁止私人购置”。这标志着农民的自主购买、经营使用农业机械的权利终于得以实现，在生产经营的组织方式上，国家、集体、农民个人和联合经营、合作经营等多种形式经营农业机械的局面开始出现。农民逐步成为农机化投资、经营的主体，标志着以民办农业机械化为主要特征的时期到来。1985 年，农牧渔业部《关于加强农机化管理工作的意见》指出“积极支持各种专业户和合作经济组织自主经营各种农业机械。有关部门在机具配件供应、油料分配、贷款、技术指导等方面应予以支持”，并规定“任何单位和个人都不准以任何名义侵占、平调和挪用农机经营单位和农机经营者的资金和固定资产，不得强行联股分红”。后续政策针对农机化技术推广服务越来越受到重视，1986 年农牧渔业部发布了《关于县级农机化研究所改为农机化技术推广服务站的通知》，明确规定了县农机化技术推广服务站的主要任务是承担农机化技术推广项目，开展技术引进、示范和推广工作。1993 年《农业技术推广法》中的具体内容对农业机械技术的推广和应用来说具有重要的意义。2004 年，中央首次把实施农机购置补贴这一政策写入“一号文件”。从 2004 年农机补贴制度开始执行到 2010 年，中央投入的农机购置补贴资金从 7 000 万元增加到 155 亿元，中央财政已累计安排农机购置补贴资金 354.7 亿元，带动地方和农民投入约 1 187 亿元，效果显著。实际补贴购置各类农机具总量达到 1 108 万台套，受益农户达到 925 多万户。到 2010 年，全国农机总动力达 9.2 亿 kW，比政策实施前的 2003 年增长了 52.3%。经过这个时期的发展，我国的农机装备结构得到不断优化。除每年的中央“一号文件”之外，2004 年 6 月颁布并开始实施的《农业机械化促进法》，标志着我国对农业机械化的支持从过去靠行政、政策、规划指导，发展到通过国家立法来促进农机化发展，这是我国农机化发展历程中具有划时代意义的转变。此后一直到现阶段，国家层面与农业机械化相关政策及法律法规使得农业机械化制度安排更具科学性和系统性，各项制度也是通过引导和促进的手段来实施。

（2）机械化推广政策下的农业生产和农业生态问题。

伴随着国家政策的出台，农业机械化的大力发展，使传统的由人畜力手工劳动的农业生产方式逐渐转变成机械化的生产方式。在实现机械化的过程中，土地生产率有了明显提高，主要表现在提高粮食单位面积产量。我国农业向来重视提高单产，而提高复种指数正是提高单产的重要途径之一。农业机械化的使用能确保在有限的农时内，完成收割作业，加快了收割速度，特别是保护性耕作项目的实施，使收获、旋耕、施肥、播种等多项作业能一次性完成，成功地将一年一熟的地区，改成了两年三熟和一年二熟，充分提高了土地的利用率。机械化政策的推动使得农民购买农业机械的数量逐渐增多，大量的农户对农业机械机具的需求，促进了农业机械化工业的发展，并逐步形成了统一的农业机械生产、设计和销售市场。这些市场的不断壮大，必然要吸收大量社会人员加入该行业，无形中创造了许多就业岗位。

然而毫无顾忌地推广大规模农业机械化的负面作用也是不可忽略的，缺乏合理的机械化开发首先容易造成土地的退化，包括土地的荒漠化、沙漠化和盐碱化等。中国是世界上土地荒漠化面积大、分布广的国家之一。到 1999 年，我国荒漠化土地有 267 万 km^2，占国土面积的 27%以上，并且这一数字在逐年增加。我国也是世界上沙漠化危害最为严重的国家之一，截至 2004 年，我国沙漠化土地面积为 173.97 万 km^2，占国土总面积的 18.12%，而沙漠化速度仍处于逐年增加的态势，表现为从 20 世纪六七十年代每年 1 500 多 km^2 到 90 年代每年 3 000 多 km^2。我国的土地盐碱化面积达 8 000 多万 m^2。现代农业对农药、化肥、除草剂、地膜等化学品的机械化操作程度趋大，机械深施化肥技术、机械回收地膜技术、机械秸秆粉碎还田技术、机械精密喷洒农药技术在农村已逐渐开始应用。20 世纪 70

年代之前，我国农田中氮、磷等化肥施用量还很低，到 80 年代之后数量开始大幅度增长。2007 年我国化肥施用量达到 5 107 多万 t，平均每公顷使用量接近 500 kg，远远超过发达国家每公顷 225 kg 的安全上限；农药施用量 162 万 t，土壤中的残留率达 50%；农用地膜使用量 193 万 t，残留量 45 万 t。这些因素都严重影响了耕地、水体质量。最后，与国外大规模机械化不同，现阶段我国农村所用部分机械水准比较落后，设备简陋，技术水平不高，许多地方仍在使用本应淘汰的高能耗、高物耗、高污染的陈旧设备，环境保护设施很大程度上不完善，环境保护意识也很薄弱，“三废”处理率和资源利用率都比较低。机械化生产也会产生不同程度的污染物，绝大多数的污染物都没有经过过滤、净化处理而被直接排放到农村，对农村的水源、土壤和大气造成了严重的危害，成为农村环境污染的主要源头。

4.1.3.3　农业土地政策与农耕

1）农村土地政策导向及农业生态现状

（1）农村土地所有权政策。

我国土地问题是一个历史的延续，从“三大改造”开始形成了农村土地集体所有权制度，人民公社体制下基本延续了这种制度，改革开放以来也没有对这种集体所有权制度进行比较明显的修改，而是在集体所有权的基础上强调了稳定家庭联产承包责任制的政策。党和国家要求稳定土地集体所有权的政策从改革开始就是非常明确的，1982 年的中央“一号文件”强调：“我国农业必须坚持社会主义集体化的道路，土地等基本生产资料公有制是长期不变的，集体经济要建立生产责任制也是长期不变的。”相继这种政策也写进了我国的《宪法》《土地管理法》等重要法律文件中，以法律的形式将我国农村土地集体所有权固定下来。《宪法》第 10 条规定：“农村和城市郊区的土地，除由法律规定属于国家所有的以外，属于集体所有；宅基地和自留地、自留山，也属于集体所有。”《土地管理法》第 8 条做出了和《宪法》完全一样的规定。《农村土地承包法》对我国农村土地所有权主体做出了较为细致的规定：“农民集体所有的土地依法属于村集体所有的，由村集体经济组织或者村民委员会发包。”《民法通则》则规定农村土地归乡镇、村两级所有。这一系列关于农村土地所有权归属的规定表明我国农村土地政策的基础依然延续了改革前的集体所有权制度，各方面的改革也是在此基础上展开的。

（2）农村土地承包经营权流转政策。

党中央一直倡导有条件的地方可以优先发展多种形式的适度规模经营方式，并提出要健全在依法、自愿、有偿的制度基础上推进农村土地承包经营权流转政策改革。1984 年的中央“一号文件”就提出了“鼓励土地逐步向种田能手集中”的政策，鼓励合法流转的政策自此也就出现了。《农村土地承包法》规定：“通过家庭承包取得的土地承包经营权可以依法采取转包、出租、互换、转让或者其他方式流转。”2005 年的中央“一号文件”指出，承包经营权流转和发展适度规模经营，必须在农户自愿、有偿的前提下依法进行，防止片面追求土地集中。2008 年的中央“一号文件”强调，按照依法自愿有偿原则，健全土地承包经营权流转市场。农村土地承包合同管理部门要加强土地流转中介服务，完善土地流转合同登记、备案等制度，在有条件的地方培育发展多种形式适度规模经营的市场环境。中共中央十七届三中全会通过的《中共中央关于推进农村改革发展若干重大问题的决定》指出，加强土地承包经营权流转管理和服务，建立健全土地承包经营权流转市场，按照依法自愿有偿原则，允许农民以转包、出租、互换、转让、股份合作等形式流转土地承包经营权，发展多种形式的适度规模经营，有条件的地方可以发展专业大户、家庭农场、农民专业合作社等规模经营主体。土地承包经营权流转，不得改变土地集体所有性质，不得改变土地用途，不得损害农民土地承包权益。虽然党中央一直鼓励通过合法的土地流转政策来实现土地的规模化经营，但是多年来土地流转方面的实践并没有太大的实质性进步。

（3）农村土地征用政策。

2004 年的中央“一号文件”规定“加快土地征用制度改革”，并提出了四点要求：第一，“各级政府要切实落实最严格的耕地保护制度，按照保障农民权益、控制征地规模的原则，严格遵守对非农占地的审批权限和审批程序。”第二，“要严格区分公益性用地和经营性用地，明确界定政府土地征用权和征用范围。”第三，“完善土地征用程序和补偿机制，提高补偿标准，改进分配办法，妥善安置失地农民，并为他们提供社会保障。”第四，“积极探索集体非农建设用地进入市场的途径和办法。”这是党中央在“一号文件”里首次提出进行土地征用制度改革的政策，并对土地征用制度改革提出了基本的方向和要求。接下来 2004 年的宪法修正案，对土地征用制度进行了修改，《宪法》第 11 条第 2 款“为了公共利益的需要，可以依照法律的规定对土地实行征用”修改为“国家为了公共利益的需要，可以依照法律的规定对土地实行征收或者征用并给予补偿”。

2）农村土地政策问题对农业生态的影响

（1）农业用地产权主体不明确对农业生态的影响。

中国现行土地政策规定农地所有权属于农村集体经济。但是，产权主体究竟是乡集体、村集体还是村民小组，相关法律中并没有明确的界定，其结果是出现了同一土地的“一权多主”的现象，严重背离了产权的排他性原则。在“一权多主”的情况下，保护成本由保护者单独承担，但利益却由多个主体分享，于是不可避免地产生“搭便车”现象，人人希望他人保护产权，产权就失去了保护。失去保护的产权实际上处于一种无主状态，产权主体不明确，一家一户的耕作方式使集体经济时代留下来的农田水利设施、农业防林体系成为外部性设施。集体难以形成有效的监管维护，农民只管使用不管维护的“搭便车”行为很快就使设施失修乃至报废，从而影响农业环境。

（2）土地承包经营权不够稳定对农业生态的影响。

尽管国家推行“土地使用权承包期三十年不变”以及“增人不增地，减人不减地”的政策，但现实中由于人口不断增加和变动，土地的重新划分和分配十分普遍，农户不能形成稳定的预期收益，农民对土地难以形成长期拥有的意识，从而使得农民很难形成对土地的长期投资行为，增加土地的肥力和生产力（如轮作、施用有机肥等），反而可能在有限的承包期内，过度利用土地资源，以牺牲土地资源的地力和生态环境为代价，攫取现期的经济利益（如过量施用化肥和农药、过度砍伐和放牧等）。结果便会导致土壤污染越发严重，土地荒漠化面积逐年增加，耕地质量下降，从而引发农业生态环境破坏的恶性循环。

（3）基于城镇化建设的土地征用政策对农村环境造成的影响。

土地征用的主要用途在于发展企业，修建交通网络以及进行城区建设，然而伴随农村土地城镇化而来的是农村土地开始出现越来越多的新问题。一是土地资源浪费严重。目前，我国只针对大城市提出了城市发展须事先规划的要求，农村城镇化建设规划基本处于缺乏科学指导与管理的无序状态，各种开发区、基础设施、企业厂房、居民区和配套功能区建设的随意性较强，致使土地资源在城镇化建设过程中出现严重浪费的现象。二是城镇建设带来的一般性问题，农村环境污染严重。各类企业的发展促进了农村经济的持续增长，但资源开发与保护乡村环境逐渐形成冲突关系，并且呈现愈演愈烈的趋势，随之而来的是一系列的环境污染问题。上文也已提到，工业废水排入河沟、池塘致使水体安全受到威胁，废气直接排入大气致使空气环境污染，噪声未做处理危害人群健康，固体垃圾就近安放致使居民生活环境、水体环境和土壤环境等受到污染。

1949 年后，国家始终把农村、农业、农民问题作为新中国建设和发展的中心任务，尤其把解决农村的土地问题作为工作的重中之重。60 多年来，我国农村的土地政策发生了几次重大变迁，使广大农民由翻身做主到摆脱贫困，最终走向共同富裕，给我国农村带来了翻天覆地的变化。改革开放以来，农业机械以及农药的发展进步很快，极大地提高了农业生产效率和农产品的产量，也为新的产品加工方式提供了可能。交通的发展更是为农产品的运输和销售带来了极大的便利。然而近年来，随着城市化进程发展，以及农民经营土地的收入占总收入比重的下降，越来越多的农村人离开农村，进入大城市务工。以所研究的寿阳麦地湮村为例，该村留守人员在近几年逐年减少，且多为老人和未成年人，农作物种类逐渐减少，农业发展呈现倒退趋势。

4.1.4 农耕景观对政策的响应：石咀头村案例分析

本节以石咀头村为例，分析不同时期各种农业政策与农耕景观变迁之间的响应关系，揭示了 60 年间中国在“现代化”农业政策的驱动下，传统乡村农耕景观是如何向工业化农业变迁的过程；并以农业生态学原则，评价这一变迁过程对农业可持续发展带来的正面与负面影响。为此，基于前述对各时期有关农耕的农业政策的整理，并与对应时期的农耕要素进行对比分析，通过小组讨论得到农耕景观要素对农业政策的响应关系，分析不同时期农业政策对农耕景观要素的驱动机制。

4.1.4.1 农耕要素变迁对农业政策的响应

现代化导向的农业政策对农耕景观要素的发展起到了强烈的推动作用。本研究通过与村民讨论和资料收集，对农耕景观要素与相应时期的农业政策进行深入研究，得到了农耕要素与农业政策之间的响应关系。由图 4-6 可以看出，在任一时期都有其特定的农业政策，并且对同期的农耕要素产生影响。在当期农业政策的影响下，农耕要素发生改变，发展为新的农耕要素，继而使得当期的农耕景观甚至农业文化发生改变。此时，农业政策根据市场环境又做出调整，形成新的农业政策。新的农业政策再次作用于新的农耕要素，推动其再次发生改变。这样，在政策的驱动下，农业和农耕景观随着农耕要素的发展而发展。例如，1974—1983 年，传统农具仍是石咀头村主要的农作工具，此时的农业政策倾向于向农民宣传和推广农业机械，鼓励农民使用农机；1997—2003 年，现代化农机已经普及，政策开始转向对农机质量的严格要求及功能提升，保障农民生产安全；2004—2013 年，石咀头村基本实现农业现代化，这一阶段的农业政策主要是通过农机补贴政策减少农民种地支出，缓解农民种地压力。

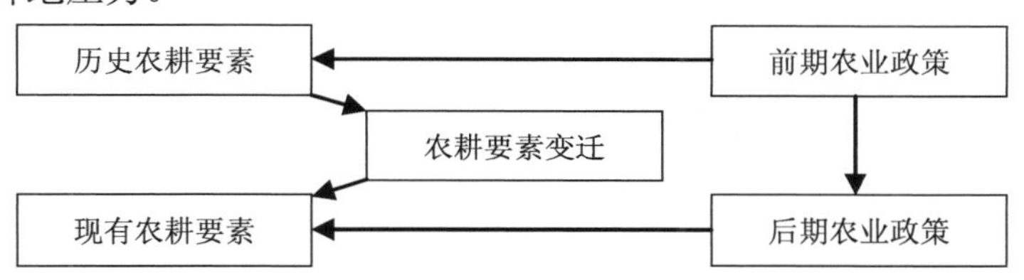

图 4-6 农耕要素与农业政策的响应关系示意图

根据两者的响应关系，制作石咀头村不同时期农耕景观要素特征与农业政策特征的响应关系（见表 4-4）。1974—1983 年，农村施行集体经济的基本国情和计划经济政策背景使得农业政策强调农业生产的计划性安排，农业生产强调统一规划。由于缺乏有效的激励机制，现代化农业发展相对缓慢。计划经济开始转向市场经济后，农业政策不断细化以适应市场，具体政策涵盖了农业的各个方面：鼓励农田水利的发展从而促进农业发展；引进及推广农业机械化从而提高了粮食的生产效率，减轻了农民的劳动强度；鼓励使用化肥、地膜提高粮食产量；推广杂交种及良种取代自留种，提高了粮食产量，增加了农民收入等。土地承包责任制的实施，表面来看，农民种什么、怎么种都由自己决定，而事实上，农民的农作行为与政策导向是一致的。例如，农作物的种植品种已经不再是最适合当地自然条件的传统品种，而是最符合市场需求的经济品种；农民在经济效益的驱使下逐渐摒弃了传统农业工具，加大了对农业机械和各种化学品的依赖。农业政策措施一直在鼓励农民融入市场经济之中，其自主性和自由度均大大降低。可见，农业政策对农业的发展起到了强烈的导向作用。

表 4-4 不同时期农耕景观要素特征与农业政策特征的响应关系

时期	农耕景观要素特征	农耕景观要素变化	农业政策特征
1974—1983 年	以灌溉农业为主，雨养农业为辅；轮作、间作等多种耕作方式并存；基本依靠传统畜力和手工农具，小马力拖拉机刚开始启用；全部为农家肥；自留种，多样化种植	轮作、间作等传统农作方式减退；农作物品种减少，多样性种植减退；现代化农机被使用，传统农具使用量减少；杂交种被使用；化肥、农药、地膜开始少量使用	重视农田水利建设；推行使用农业机械；引进并推广地膜技术；村集体经营为主体
1984—1996 年	灌溉农业、雨养农业并举；高收益经济作物开始大面积种植；轮作、间作少量运用；农业机械开始成为主导农具；高收益作物开始购买杂交种，传统农作物为自留种；化肥、农药和地膜开始少量使用	单一化种植逐渐取代多样化种植；现代化农机普及；种子基本购买杂交种；化肥、农药、地膜使用量增加	市场经济为主体；农户经营为主体；大力推广农业机械；杂交种政策出台；农药、化肥推广政策出台
1997—2003 年	灌溉渠逐渐荒废，灌溉农业逐渐消失；玉米种植面积不断增加；农业机械化逐渐普及；玉米全部为杂交种；复合肥为主要肥料；地膜已全面覆盖	完全呈现单一化种植；化肥、农药、地膜使用过量	加强农机推广，促进农机具的更新换代；农机技术推广服务；出台良种推广政策；农药、化肥、地膜推广政策不断更新
2004—2013 年	完全成为雨养农业；基本实现农业机械化；玉米全部为杂交种；复合肥、地膜均被过量使用		出台农机购置补贴政策；出台农药、化肥、地膜补贴政策

在农业政策不断强调增加农业产出和提高农民收入的大背景下，40 年来农业政策更多关注农产品的产出功能，忽视了农业调节气候、净化环境、维持区域生态平衡等生态服务功能，同时农村生态环境及农业文化保护等方面的政策制定相对滞后。虽然相应的政策也在出台，但是大多仍停留在较为原则、概括的文本层面，往往缺乏可操作性。虽然农业政策目标明确、口号响亮，但是具体实施效果差强人意。由此形成的农耕景观的变迁过程反映了当地气候环境、农业发展、社会经济等方面在农业政策作用下的变化历程，最终形成石咀头村大面积单一化的农耕景观。这不仅使原有的农耕景观多样性遭到破坏，导致农业资源消耗、环境污染和生态破坏等问题，更降低了其文化、美学、教育等价值，扼制了农

业的多功能性。

4.1.4.2　小结

农业政策作为农业发展的重要指导，对我国传统农业向现代农业的过渡起到了强烈的推动作用。1949 年以来，我国现代化进程不断加快，农业方面不断向西方现代化农业学习，大部分地区的农耕景观、农作系统等都在政治、经济的推动下发生了巨大的变化。这一过程对中国传统农业产生了强烈的冲击，同时也暴露了许多危害，导致我国现阶段的农业面临多重挑战，如农业面源污染、农业生物多样性降低、地力减退等。这些问题的显现都与现代化导向的农业政策有着密切的联系。

这些深刻的变化是 40 年来农业政策追求农业短期产量和收益，实现农业工业化的结果。在实现农业工业化的过程中，农业政策忽视了中国传统的农耕体系，而这一体系是几千年中华文明得以延续的根源所在，其影响必然是长期而深远的，这一观点也被众多农业生态学者所认同。

建议农业政策制定者在未来应认真研究如何在全球变化背景下，将追求短期农业效益与可持续农业发展相结合，将中国传统农耕体系中的精华贡献到全球生态农业发展理念和实践中。

4.1.5　农耕景观变迁的可持续性分析

1949 年以来，晋北黄土丘陵区的农耕景观发生了巨大的变化，这一时期基本是一个传统农耕方式逐步流失、现代农业方式影响渐增的时代。这里从乡村可持续发展的视角，以石咀头村为例，观察和分析了这一乡村社区农耕景观的变化及其影响因素。

4.1.5.1　农耕景观指标体系的理论框架

农耕景观主要从可持续发展方面进行评价。可持续发展的综合评价体系是从一个国家或地区的社会、经济、文化、政治等方面进行评价。农耕可持续发展的指标体系主要从农业自然环境资源、农业经济发展和农村社会进步等多方面进行综合评价。农耕可持续发展指标体系如果科学合理，可以为公众和决策者提供准确而有力的信息，从而促进区域农业的可持续发展进程。

1）指标体系在农耕可持续发展中所起的作用

农耕可持续发展指标体系的建立是尽量把农村的环境和经济生活各领域的复杂关系简单化，把定量信息转化为定量指标，用定量化的指标信息，给公众和政府提供科学、准确的判断依据，从而更好地了解农业的发展状态。同时农业自然环境、农村社会、农业经济等各个方面也被这一体系所反映，我们能采取相应的措施服务于这一体系。总而言之，对国家或地区的农业自然环境和农业经济、社会等多方面的评价也被包括在农业可持续发展指标体系之中，并且提供了反映和评价等多种功能。

2）构建不同时空变迁的区域持续性发展指标

社会经济发展水平和指标状态值决定了农业发展目标的变化。石咀头村农业可持续发展的目标应定位为：提高经济、科技发展水平；农民收入的增加，人民生活水平的提高；保护自然环境。

建立不同时空变迁的农业可持续发展指标体系时，还应根据不同区域的经济发展水平对农业发展的影响不同从而确定不同的指标，同时确定不同的权重，以确保指标体系能够准确合理地反映不同时间、不同地区上的农业发展现状。

4.1.5.2 评价原则

作为指标体系，必须遵循公正性、时效性和整体性等普遍原则。除遵循这些普遍原则外，农业可持续发展的指标体系还应满足关联性、层次性、发展性和可操作性原则。

（1）关联性原则：区域内部各要素之间相互促进、长期协调是保证区域可持续发展的重要条件。其实质是区域社会、经济、资源、环境大系统协调、长期有序地保持健康状态并不断增长。因此，应将农业内各子系统间的相关关系很好地表征出来，可以为决策者提供农业可持续发展的相关指标。

（2）层次性原则：农业可持续发展系统是十分复杂的，多个子系统共同组成了此系统，根据不同的层次，建立不同的农业指标体系。石咀头村农业可持续发展指标体系区分为总目标层、准则层和各级指标层三层。

（3）发展性原则：农业区域发展是一个动态发展的过程，可持续发展的内涵也随着时间的不同而有所不同，因此农业可持续发展内涵的评价指标体系，应该能够客观地描述一个区域农业的发展现状，指标体系也能够反映较长时期内区域农业发展的特点，在动态过程中体现区域农业发展是否可持续以及不可持续的程度。

（4）可操作性原则：农业持续性评价结构包含的内容比较多，指标的设置需要含义明确，具有可操作性。对于一些重要的、难以定量化的软指标应通过模糊量化使其具有可操作性。例如，国家的农业政策与法规是影响农业持续性发展的重要因素，在指标体系中通过打分的方法使其定量化。

4.1.5.3 指标体系的建立

评价工作的主要内容是评价指标体系的建立，国内外学者相继提出了许多指标体系与模型，如 1996 年 DSR 指标体系被提出来，1995 年多目标、多层次的指标体系被提出来等。本研究充分结合石咀头村的区域特点和经济发展水平，建立石咀头村农业持续性发展指标体系，对某些指标的重要性进行合理的变动。石咀头村农业的可持续发展指标体系由三个层次构成，分别为农业可持续发展的总目标层、准则层和各级指标层。

4.1.5.4 指标选取与数据来源

从可持续发展的高度出发，坚持多方面原则选取了农业可持续发展能力综合评价指标，并建立了以研究区农耕可持续性综合能力评价为总目标层，生态环境、经济、社会子系统可持续性为准则层，包含了 14 个指标在内的各级指标层（具体指标见表 4-5）。

表 4-5 农耕可持续发展评价指标的选取

总目标层	准则层	各级指标层	各指标的说明
耕地可持续利用水平	生态环境指标 B1	灌溉指数（C1）	反映农村经济、科技发展水平
		农田水利设施（C2）	
		化肥投入指数（C3）	
		耕地面积所占比重（C4）	
		机械力投入指数（C5）	
	经济指标 B2	全村人的平均收入（C6）	反映农民的收入以及生活质量
		人均耕地（C7）	
		粮食单产（C8）	
		粮食价格（C9）	
	社会指标 B3	初中以上文化程度（C10）	反映农村劳动力素质，农业生产投入以及农作物熟制情况
		农业科技人员的投入（C11）	
		农业劳动者的投入（C12）	
		国家农业方面政策的落实（C13）	
		复种指数（C14）	

本研究建立的农业可持续发展指标的框架包含三个层次：第一层是总目标层 A，即石咀头村综合农耕持续发展评价值；第二层是准则层 B1、B2、B3 分别代表农耕系统内的生态环境、经济、社会三个子系统的可持续性；第三层是各级指标层 C1～C14，包含 14 个具体的评价指标（见表 4-6）。为评价研究区农业可持续发展现状，本研究选取了 2010 年我国农业的整体发展状况的指标数值作为比较对象，数据主要来源于《2011 中国农村统计年鉴》《中国人口统计年鉴》《中国农业发展报告》，研究区的指标数据来源于对石咀头村村民访谈的汇总与整理。

4.1.5.5 评价结果

国内关于评价可持续发展的方法有主成分分析模型、回归分析模型、聚类分析模型等的运用，对于农耕可持续发展的评价，本研究主要采用层次分析法确定各级指标在整个指标中的重要性。在层次排序确定每一个矩阵中各因素的相对重要性之前，先对以上指标数据进行标准化处理，以消除不同量纲和不同指标性质的影响。标准化处理后的数值见表 4-7，并从农耕可持续发展方面进行评价，评价结果见表 4-8，同时绘制出了农耕可持续发展综合评价趋势（见图 4-7）。

表 4-6 可持续发展农耕指标原始数据

总目标	准则层	各级指标层	1949—1957 年	1958—1965 年	1966—1978 年	1979—1992 年	1993—2013 年
农耕可持续发展总指标 A	生态环境子系统 B1	农田水利化设施 C1	0	1	0	2	3
		化肥投入指数 C2/%	0	10.08	15.12	50.41	77.52
		机械力投入指数 C3/%	0	0.11	0.17	0.34	13.89
		灌溉指数 C4/%	12.78	46.61	46.37	46.50	67.58
		耕地面所占比重 C5/%	88.58	88.35	87.89	82.66	77.52
	经济子系统 B2	人均耕地 C6/%	34.45	33.38	32.29	31.23	28.48
		粮食价格 C7/元	0.075	0.23	0.25	0.18	0.95
		粮食单产 C8/kg	105	125	345	505	715
		人均收入 C9/元	30	45	63	340	2 000
	社会子系统 B3	农业劳动力投入 C10/%	91	95.5	92.5	80.25	33
		复种指数 C11/%	88.58	88.36	87.89	82.66	77.52
		国家农业政策落实 C12	4.5	4.4	4.0	4.2	4.3
		农业科技人员的投入 C13	0	0	0	0	3
		初中以上文化程度 C14/%	3.21	5.94	5.25	32.87	61

表 4-7 农耕可持续发展评价指标值

指标	1949—1957 年	1958—1965 年	1966—1978 年	1979—1992 年	1993—2013 年
C1	0.134 4	0.173 5	0.260 2	0.044 8	0.000 0
C2	0.034 8	0.030 3	0.054 6	0.175 8	0.000 0
C3	0.067 8	0.067 3	0.034 4	0.253 8	0.000 0
C4	0.000 0	0.043 0	0.084 2	0.042 8	0.069 6
C5	0.264 5	0.134 5	0.065 3	0.063 9	0.000 0
C6	0.038 8	0.401 9	0.024 8	0.225 6	0.000 0
C7	0.000 0	0.023 8	0.026 9	0.004 2	0.067 8
C8	0.000 0	0.001 5	0.055 0	0.051 9	0.069 6
C9	0.000 0	0.000 5	0.004 4	0.006 1	0.038 8
C10	0.244 3	0.263 3	0.116 0	0.399 3	0.000 0
C11	0.121 9	0.546 8	0.523 1	0.259 3	0.000 0
C12	0.557 9	0.197 5	0.061 0	0.000 0	0.028 5
C13	0.000 0	0.000 0	0.000 0	0.000 0	0.263 3
C14	0.000 0	0.005 7	0.009 2	0.134 0	0.121 9

表 4-8 农耕可持续发展综合评价结果

阶段	1949—1957 年	1958—1965 年	1966—1978 年	1979—1992 年	1993—2013 年
生态环境可持续	0.501 5	0.498 6	0.448 7	0.581 1	0.069 6
经济可持续	0.038 8	0.427 7	0.111 1	0.287 8	0.176 2
社会可持续	0.924 1	1.013 3	0.709 3	0.792 6	0.413 7

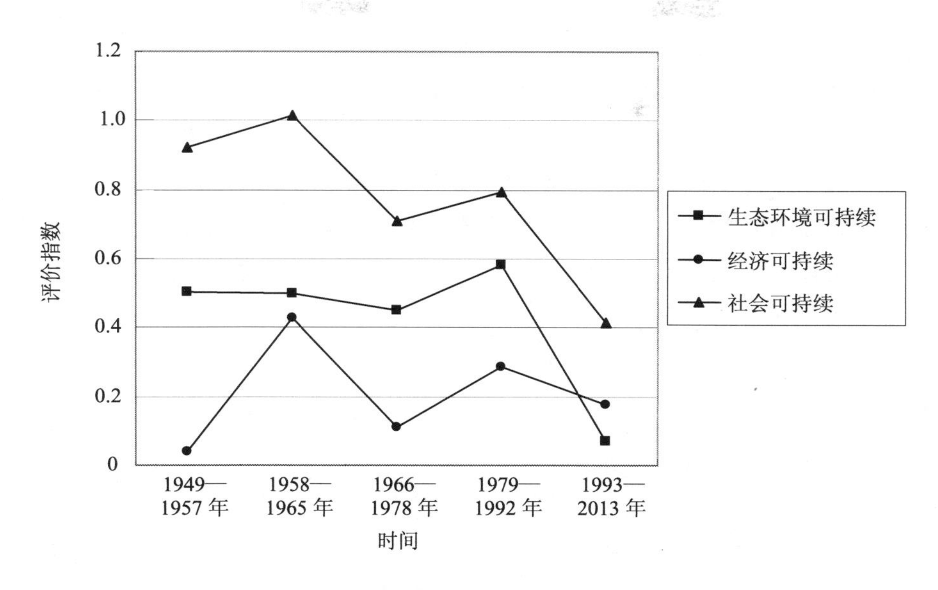

图 4-7　农耕可持续性综合评价的发展趋势

结合最初的原始数据，进行结果方面的分析。

1）经济发展的可持续性分析

从上面数据以及最初获得的数据分析得知：不同阶段的数值有升有降。第一阶段的评价值最低，充分说明当时生产力水平低下，人们的生活质量比较差。第三阶段的数值有所下降，说明“文化大革命”时期对生产力造成了很大的破坏。最后一个阶段评价指数又有所下降，居于中间，说明生产力水平提高了。但由于化肥、农药被大量地施用在农业生产过程中，造成了土壤的严重污染以及农作物的污染，人们的生活质量受到了严重的危害。总之，人们的生活质量与水平在 60 年间发生了很大的变化。

2）生态环境的可持续性分析

从上面的数据分析，1949 年以来的数值有升有降，说明在第一阶段农业的发展主要依靠自然降水、农家肥，使用简单的农业工具，虽然生产力水平低下，农作物产量也不高，但对环境的危害较小。第二阶段至第三阶段数值有所下降，说明生产力有所提高，但“文化大革命”时期对环境造成了严重的破坏。第四阶段数值有所提高，说明改革开放以来，生产力水平有所提高，但同时对环境的破坏较小。第五阶段指数明显下降以及结合原始数据分析得出，在农业生产过程中，不得不大量施用化肥和农药、投入大量的机械设施，这些外援能量的输入严重污染了环境，引起农作物的污染，同时污染土壤，使土壤自身的肥力下降，再加上雨水的冲刷，使氮、磷元素大量流失，造成水污染，甚至可能导致水体富营养化现象的出现。

3）社会可持续方面分析

社会可持续发展的指数在第二阶段有所上升，其余阶段呈下降趋势。从原始数据来看，从事农业的劳动者的投入，初中文化程度以上的人在第二阶段有所提高，因此第二阶段的评价值有所提高。第三阶段又出现下降，说明“文化大革命”时期，严重制约了人们对文化知识的学习以及农业的发展，严重影响了国民经济的发展。第四阶段和第五阶段的评价值持续下降，说明随着农业经济发展水平的提高，社会环境的破坏也越来越严重，说明社会系统内部的各因素发展不平衡。

4.1.5.6 小结

评价结果表明：石咀头村 60 多年的农耕景观变迁史，基本上是一个中国传统农耕景观加速消失，也是西方现代化农业景观逐渐主导乡村农耕景观的发展史，离乡村的可持续发展渐行渐远。因为 60 多年来农业单位面积的产量越来越高，农业集约化程度和生产力水平等逐渐得到了改善，而这些变化的原因全部来自化肥、农药、农机等外源能量投入的逐渐增加以及杂交技术等现代农业生物技术的逐渐增多的应用。近年来外源能量的投入和使用还有失控的现象，农作物也主要采用越来越发达的农业生物技术；同时，本村的农民目前已基本不使用传统的有机肥料，传统农耕景观的轮作等农作方式虽然还有所保留，但其内容已发生了本质的变化。

总之，60 多年来，石咀头村传统农耕景观已基本上被现代化农业景观所取代，是西方现代农业对当地深入渗透的结果。如何保留传统农耕中的精华，摒弃现代农业中不可持续的因素，建立真正可持续发展的乡村景观，任重道远。

4.1.6 研究结论与政策建议

本研究从揭示农耕景观的现状入手，一是还原了几十年村庄农耕景观的格局（原貌）；二是分析了景观变化产生的背景、演变的原因、基本过程和内部机制。前者依赖于研究者收集包括乡土知识在内的大量历史信息，后者依赖于采用合理的方法进行多学科分析、评判和解释。研究者既揭示出在人类需求驱动下农耕景观是如何变化的，也掌握了农民是如何适应政策影响下的农耕景观变化的。

4.1.6.1 研究结论

（1）在过去 60 年间，晋北黄土丘陵区的传统农耕景观正在加剧退化，乡村社区中传承下来的传统农耕方式几乎被“现代农业”生产方式所取代，环境压力加大。

60 多年来的各个时期，晋北黄土丘陵区土地单位面积的农业产量越来越高，农业集约化程度和生产力水平等逐渐得到了改善，而这些变化几乎全部来自化肥、农药、农机等外源能量投入的逐渐增加以及杂交技术等现代农业生物技术的过度应用。传统的精耕细作连同可持续的发展农耕方式被逐渐抛弃，取而代之的是对农业资源与环境的过度“采掘”与

“开发”。同时，由于农业产业结构以种植业为主，种植业是当地的主导产业，是农户收入的主要来源；但是研究区脆弱的生态环境以及环境、资源承载力的有限容量，其比较效益偏低，远不及外出打工者的收入，使得农业劳动力呈现老龄化、弱质化特征，给农业可持续发展带来一定风险。

（2）现有的农耕景观是在强烈的单纯经济利益驱动下形成的，受外界压力的影响，农业生产方式表现出短视化倾向，优秀农耕文化遭受前所未有的挑战，与人口、资源、环境协调的可持续发展方向渐行渐远。

近年来外源能量的投入和使用有失控的现象，农作物也主要采用越来越发达的农业生物技术；同时，农民目前已基本不使用传统的有机肥料，传统农耕景观的轮作等农作方式虽然还有所保留，但其内容已发生了本质变化。

在经济利益驱动下，农户已很少自己育种，玉米、马铃薯均是通过购买良种进行种植，施用化肥也比较普遍，尽管其价格上涨成为农户不得不面对的问题。现代化、城乡一体化并不意味着对传统农耕景观的摒弃与否定，如何协调好现代与传统的关系，处理好城市与农村的关系，必将成为经济、社会可持续发展过程中值得深思的问题。同时，可持续作为一种理念和理想，并不简单地是一个目标，更多地也是一个过程，实现的难度也是极大的，需要各方面的综合协调，因此，寻找扭转这种现象的手段也必将需要长期的探索实践，这也是今后研究中需要深入的一个方面。

目前可以看到，研究的村庄中仍保留有一些优良的传统农作方式，如仍有个别人在施用有机肥、轮作倒茬、多种经营、循环利用等，这些都是传统农业的精华，维持了中华民族几千年的绵延发展。但随着现代化与城市化进程的加快，这些传统农耕的精华在外力的冲击下正逐渐消失。西方工业化的农作方式产生的土壤退化及环境污染，使世界许多农民回归到传统的农作方式以解救他们的土壤。如何吸收和继承传统农耕的精华，将现代农业技术同当地优秀的传统农耕方式有机结合起来，使研究区农耕景观特色得以保持、延续和发展，并且使农耕资源得以合理利用及农业可持续发展，是我们必须面对与思考的问题。

（3）几十年来与农耕有关的政策缺乏前瞻性、长远性、整体性，没有考虑农耕各部分间的相互影响和协调作用，“头痛医头，脚痛医脚”，过于单一地对某一方面进行扶持，较少考虑农业发展对区域环境、社会、经济和文化的长远而稳定发展的影响。

各时期农业政策对农耕景观产生过一些良好效应。农耕景观类型、农作物种类、农耕景观要素特征的变迁不只是一些简单现象，它更是不同时期政治、经济、文化等的缩影和体现，农业发展大方向的偏离与大环境下政策的制定实施有着不可分割的关系。60多年来，农业方面政策的制定总体上是基于城乡二元结构的，单就乡村来说缺乏前瞻性与长远性，农耕景观政策的制定更是缺乏科学的认知与长远规划，也没有站在代际和全球的角度来看问题。由于政策的整体性不足，农业发展各部分间的相互影响和协调考虑较少，强调单一的技术方面的扶持，导致了黄土丘陵区农业发展逐渐步入不可持续的方向，乡村环境和景观大大退化，是开始考虑发展环境、经济和社会复合生态农耕体系的时候了。

4.1.6.2 政策建议

1）农业政策要在农业发展长期战略下制定，探索农业可持续发展模式

晋北黄土丘陵区农业发展的根本出路在于创新农业发展战略，在城镇化大背景下，探索传统农耕与现代农业技术相结合的农业可持续发展模式。面对全球化的大趋势，农业发展只有从自己的传统出发，从科技创新、成果转化、体制改革、条件保障等多方面进行创新完善，才能构建符合地区特点、遵循自然发展规律、顺应科技发展形势的新型农业发展体系。

当前阶段，农业发展战略的重中之重是放在农业可持续发展模式探究上，而不是像以往一样只是单纯地对农机、农具、灌溉等方面进行发展扶持。政府应该加大农业科研投入力度，多学科共同合作，对黄土丘陵区系统、准确、深入地就人口、资源、环境和发展的整体关系及其内在规律进行把握，探索真正适合黄土丘陵区的农业可持续发展模式。

2）农业政策的制定要全面系统，使之与农民增收与农耕景观发展相结合

农业的发展直接影响到农民增收与农村经济的发展，因此，在制定农业政策时，必须全面系统综合地考虑。农户在种植过程中，大多是多样化的经营方式，选择作物时并不是以单产为标准，也不是以特定的补贴作物为标准。现有补贴只针对了特定作物，因此，建议在补贴时实行普惠制，即不论何种作物，只要是充分利用地块，种植了作物，便给予补贴，引导、鼓励因地制宜的农业活动。

农户分地时是按照土地的等级搭配的，不同等级的土地劳动强度、农资投入也是有差异的，而且被调查区域有许多优良的农作方式，如施用有机肥、豆谷轮作，这些农作方式减少了化肥的用量，对区域生态环境的保护具有非常重要的作用。因此，国家和地方政府除了要加大补贴力度、提高补贴标准、对种植作物实行普惠制补贴外，对于不同等级的种植作物还应考虑实行适当的差异性补贴，特别是加强对各类豆类植物的补贴。同时对作物轮作及施用农家肥进行补贴，鼓励农民多施用农家肥，实行轮作倒茬。

3）农业政策的制定与保护农村环境相结合，促进农业可持续发展

农业生产是一个复杂的大系统，保护好农业生产环境才有助于实现其可持续发展。传统工业经济依赖大量的物质、资本投入，耗竭能源、资源，发展方式亟待转变。农业可持续并不是要排斥这些必要投入，而是强调通过规模化、合理化投入，减小成本、减轻污染，实现农业的生态效益、经济效益、社会效益的有机统一。建议农业政策制定者在未来应认真研究如何在全球变化背景下，将追求短期农业效益与可持续农业发展相结合，将中国传统农耕体系中的精华贡献到全球生态农业发展理念和实践中。调查中，研究区农业生产中普遍有施用农家肥的习惯，但对这种利于农业持续发展的生产方式并无相应的补偿。因此

建议创新农业补贴制度，鼓励农户采用环境友好型科技成果，如绿肥补贴，即对于采取减少使用化肥、增施有机肥、保护土壤等环保型农业生产进行相应的补偿。鼓励引导农民合理施肥，保护农业环境，发展低消耗、低污染、高效益的环保型农业。

在坚持农村家庭承包制的基础上，遵循平等协商、依法、自愿、有偿的原则，促进耕地依法、有序的流转，发展多种经营。对于撂荒的农户，积极引导其依法流转土地承包经营权，转包给劳动力充足的农户；对于地处偏僻、耕作条件差而撂荒的耕地，政府应督促与帮助村庄改善耕作条件，恢复农业生产。

4.2　经济社会状况分析

迄今为止，人类社会发展经历了三种社会形态：狩猎采集时代、农耕时代、工业时代，我国正处在由农业社会向工业社会过渡的阶段。近些年，随着城市化的推进及其他乡村景观要素的干扰，传统农业生活中所延续下来的独特的农耕景观正遭受着前所未有的冲击与挑战。“西方工业化农业”表现为极强的高集约投入，在取得巨大成就的同时，其付出的资源和环境代价也是巨大的，如何实现经济与环境、资源相协调的可持续发展，已经成为当前重大而迫切的问题。农户是乡村农耕景观的创造主体和维护者，他们对于传统的认知也会影响农耕景观的传承和发展。

因此，本节以黄土沟壑区的河曲县沙坪村为例，从中选取 11 个典型农户，站在农民的视角，分析了近年来在经济社会压力下当地乡村农耕景观背后农业产业结构所悄然发生的变化及其影响，通过研究为社区社会生态系统的可持续发展提供参考。

4.2.1　研究区概况及研究方法

沙坪村位于山西省河曲县中部，地貌上属黄土丘陵沟壑区。村落居住集中，全村面积 392.86 hm^2，其中耕地面积 215.79 hm^2。沙坪村 2011 年总人口为 369 人，总户数为 120 多户。农业活动以种植玉米、蓖麻、糜子等作物为主，耕作制度为一年一熟。

本研究调查所涉内容均为 2011 年，主要运用参与式农村评估方法（PRA）进行研究，实地调查中主要用半结构访谈（Semi-structured Interview）工具进行，较好地与农户一起讨论农户家庭基本情况、农户土地投入产出情况等。同时，运用参与式地理信息系统（PGIS）辅助调查，通过影像直观了解农户地块所在位置，加强农户与调查者在空间位置上的信息沟通。

4.2.2 结果与分析

4.2.2.1 农户概况

本次调查，选取了沙坪村 11 个典型农户，各户基本情况见表 4-9。11 个农户的家庭总人口为 48 人，其中，劳动力总数为 26 人，除 5 人外出打工外，还有 9 人属于半劳力，农忙时下地，平时以家庭日常生活为主，因此，实际劳动力为 16.5 人。

表 4-9 农户基本情况统计表 单位：人

农户编号	家庭人口	男女人数	家庭劳动力		非劳力人口	
			务农	打工	人数	详细情况
1	5	3/2	3	1	1	1 个孙子在学校实习
2	6	2/1	2	1	3	1 个儿媳照看孙子；2 个孙子上小学
3	2	1/1	2			
4	2	1/1	2			
5	6	1/1	2		4	1 个儿子、1 个闺女参加工作；1 个儿媳照看 1 岁孙子
6	6	2/1	2	1	3	1 个儿媳照看孙子；2 个孙子上小学
7	2	1/1	2			
8	4	1/1	2		2	1 个女儿读大学；1 个儿子毕业在家
9	4	3/1	1	1	2	1 个儿媳照看孙子；1 个孙子上小学
10	4	4/3	1	1	2	1 个儿子读高中；1 个女儿读大学
11	7	1/1	2		5	2 个儿子在外读书；1 个女儿教书；大儿媳照看小孙女
合计	48	10/7	21	5	22	

农业劳动力的平均年龄为 59 岁，而外出打工的平均年龄为 41 岁，即村中从事农业生产的主要是中老年人，农业劳动力呈现老龄化趋势。大部分年轻人已不再留守于土地，基本脱离农业生产，结合调查可知，这一现象的主要原因在于外出务工的收益要远大于在家务农的收益，因此，家庭的青壮年劳动力基本都外出打工，农村精英大量流失。

4.2.2.2 沙坪村农耕景观产业格局分析

农户的行为及其种植意愿对一个地区的农耕景观具有直接的影响，宏观的经济政策响应也反映在微观的农户个体行为上。按照国民经济统计方法，将农业分为种植业、林业、牧业、渔业来研究农耕景观农业产业结构的一系列问题。

调查结果显示，11 个农户共有土地总面积 11.49 hm^2，其中，耕地为 8.77 hm^2，占 76.33%；其余的 23.67%为退耕还林地，主要种植桃、杏、海红等果树，但经济效益很低，多是收获后自己食用。农户家庭经济收入主要来自种植业。

11 个农户中仅有 1 户以牧业（养羊）为主，饲养方式为野外放养。因此，其农耕景观产业结构是以种植业为主的农业产业结构，种植业以粮食作物为主。这种特征也与大多数黄土沟壑区的生产方式相类似，即以种植业为主兼有少量的牧业。

4.2.2.3　沙坪村农耕景观土地等级与种植作物特征分析

自 20 世纪 80 年代家庭联产承包责任制实施以后，为合理分配土地给农户，沙坪村对土地进行了分等定级。土地分等以经济因素为主，综合了单产、土壤肥力、土壤质地、交通等因素后，结果为：全村土地分为 6 个级别——特级地、1 级地、2 级地、3 级地、4 级地、5 级地，各级地土壤水分和肥力条件依次减弱。

根据典型农户土地分布情况调查，结合沙坪村土地分等定级情况，得出 11 个农户土地分等定级总体情况。2 级地居多，占 45.71%，其次为 4 级地和 3 级地，分别占 23.14%、18.39%，1 级地最少，占 12.76%。各等地种植作物情况如图 4-8 所示：除 4 级地多是退耕还林地，栽植桃、杏等果树外，其他均以种植粮食作物为主，粮食作物则以玉米、谷子为主，同时辅以糜子、马铃薯等作物。结合调查，这种现象除与沙坪村的自然条件直接相关外，也源于农户长期的小农经济保守倾向。同时，在农业经营活动中，农户除保留有传统农业的习惯外，如轮作倒茬、粮豆混种、有机肥的施用，其对外界经济的依赖（良种、化肥）也在逐渐增强。

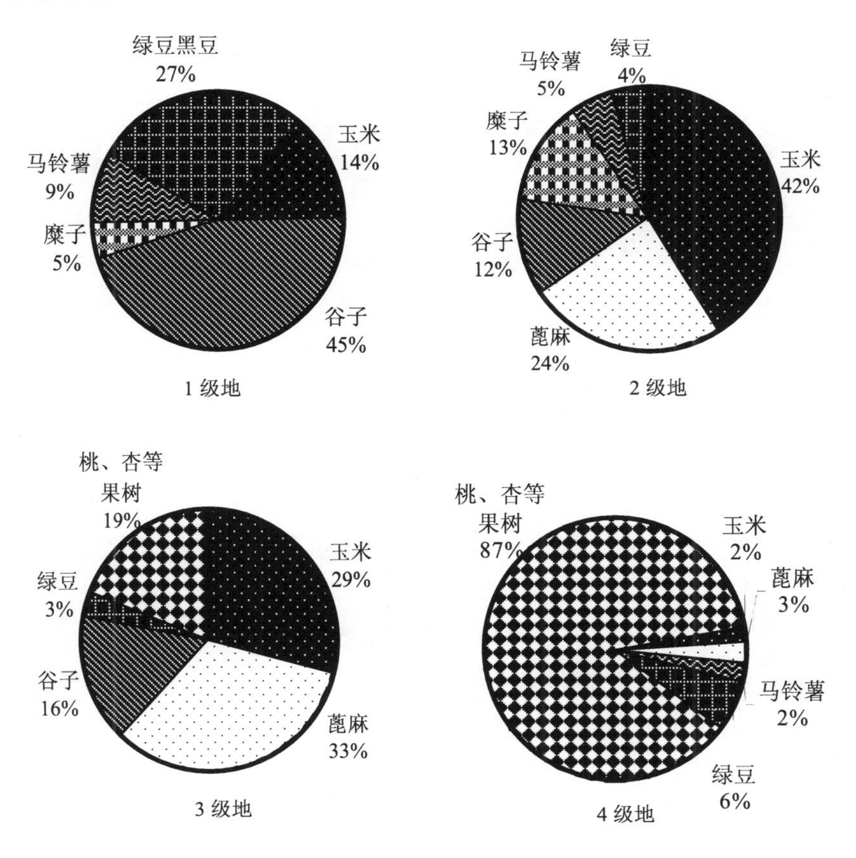

图 4-8　各等农耕景观中种植作物情况

4.2.2.4 农耕景观投入产出情况分析

整理调查数据，得出农耕景观中各作物的投入产出情况，见表 4-10。

表 4-10 农耕景观中各作物全年直接投入产出统计表

单位：元

		糜子	莜麻	玉米	谷子	绿豆、黑豆	马铃薯	桃、杏等果树	合计
产出	总产出	6 660	21 570	34 694	12 456	8 040	11 200	280	94 900
	每公顷产出	9 000	10 504.80	11 488.05	7 626.15	3 767.40	24 000	102.90	8 256.90
投入	总投入	977.70	4 786	6 260.5	3 597	1 093	969	320	18 003.20
	每公顷投入	1 321.20	2 330.85	2 073	2 202.30	1 270.95	2 076.45	117.60	1 566.45
	投入明细（每公顷）								
	种子	90.75	765.60	321	574.35		514.35		2 266.05
	磷肥	564.90	564.45	352	349.05	596.55	651.45		3 078.40
	氮肥	635.85	922.35	704	798.45	596.55	651.45		4 308.65
	农药			84	12.30		139.35	73.50	309.15
	交通		48.75	106	85.65	46.50	85.65		372.55
	机械	262	94.95				356.70	262	975.65
收益	总收益	5 682.30	16 784	28 433.5	8 859	6 947	10 231	−40	76 896.80
	每公顷收益	7 678.80	8 174.10	9 415	5 423.85	8 077.95	21 923.55	−14.70	6 690.45

1）投入

投入可以分为显性投入和隐性投入，由表 4-10 可以看出，在显性投入中，各作物的平均化肥投入最大（平均值为 74%），种子次之。化肥投入中，氮肥使用量远大于磷肥使用量，平均占到总施肥量的 68.50%。

农户在土地上的隐性投入是很大的，而这又经常被忽略。在传统的乡村社区，邻里间存在着普遍的以相互扶助、合作、协同为特征的农耕生产上的结合关系即农耕结合。调查中，农户有自己的牲畜、机械的，可进行犁地、运送，这些费用均忽略为 0，其他无牲畜、机械的农户，除个别使用其他农户的牲畜、机械，大多也是通过帮工进行耕作，不支出实际费用。并且，农户自身的劳动力投入也是隐性投入中比例很大的一部分。以 2 号农户为例，其共有 1.17 hm^2 地，0.27 hm^2 退耕还林地种植桃、杏，其余 0.9 hm^2 地种植玉米、莜麻、谷子，农业劳动力为 1.5 人，全年的劳动天数为 65 天，即一年 1/6 的隐性劳动时间都用于农业生产。

2）产出

马铃薯、玉米、莜麻、糜子的平均产量和平均收益都较高，这也与其土地等级的情况相符。计算可得，农业劳动力年均收入为 4 660.41 元，远远低于非农业劳动力的人均年收入 20 120 元，这也是年轻人离开土地、外出打工的最主要原因。

收入差异作为激励人们的最直接的经济动因，在引起各产业间劳动力、产值等比例变动的同时，引起的负面效应不容忽视。目前沙坪村留守于土地、进行农业生产经营的劳动力多为中老年人，平均年龄为 59 岁，5 年后，他们的平均年龄将变为 64 岁，而其中最大的年龄将为 76 岁，在劳动体能、技能、管理等方面必定会相对减弱，负面结果很可能是土地荒废（无人耕种）或是粗放式经营（继续从事农业生产），前景不容乐观。

4.2.3　小结

本书运用参与式农村评估方法及参与式地理信息系统，通过对沙坪村 11 个典型农户的调查访谈，分析了在经济社会快速发展下沙坪村农耕景观所呈现的特点及变化，通过研究基本可以得出以下结论。

（1）沙坪村的农业劳动力供给老化，给农业生产带来潜在威胁。农耕景观的创造主体——农业劳动力呈现出老龄化趋势，而城乡收入差距使得青壮年劳动力不再留守于土地从事农业生产，将来他们未必愿意返乡接替父辈进行土地生产经营，因此，农业劳动力的老龄化给农耕景观的可持续发展带来风险。

（2）沙坪村传统的农业生产方式仍得到一些保留，但与传统的方式已有所不同。农户在农业生产活动中，依照节气安排各种农事活动，通过耕、锄等，实现抗旱保墒，作物种植中，轮作倒茬、粮豆混种，较好地保留了顺应自然、天人合一的特点。但与传统的精耕细作方式已有很大区别，更多地表现为仅是运用祖辈多年的经验。

（3）沙坪村农耕景观受外界的影响增强。市场利益驱动下，农户已很少育种，玉米、马铃薯均是通过购买良种进行种植，施用化肥也比较普遍，尽管其价格上涨成为农户不得不面对的问题。

4.3　可持续性状况分析

晋北是中国北方传统的雨养农耕地区，在几千年的耕作活动中形成了人与自然和谐相处的独特的农耕景观。农耕景观是糅合了自然、经济、社会、文化的自然社会综合体，近年来受西方式现代农业的影响，农耕景观资源中化肥、农药和地膜等外源能量的投入，违反了作为自然再生产和经济再生产相结合的农耕的本性，使得农耕景观遭受污染；同时由于农业的产投比效益低、城乡收入差距大导致部分农耕景观的创造主体（青壮年劳动力）离开农村土地，使农耕景观的传承和农业的可持续发展出现了问题。

农户是农耕景观的创造主体，其农作行为直接影响农耕景观的可持续性，从农户视角研究农耕景观状况具有非常重要的意义。因此，本研究对宁武县 5 个典型村庄中 104 个农户的农耕状况进行了调查，并分析了目前农耕景观现状形成的原因。

4.3.1　研究区概况及研究方法

本节的研究在宁武县开展，宁武县是一个典型的晋北土石山区，境内地势高峻，山地、丘陵占全县总面积的90%以上，农业产量低且不稳定，主要种植玉米、土豆、胡麻、莜麦、豌豆等杂粮作物，农作物为一年一熟制。本次调查按所在乡镇不同、距离城镇远近、海拔高度及对农业重视程度不同等为标准，选取了5个村庄及其农户作为调查对象(见表4-11)。

表 4-11　调查村庄基本情况

村庄名称	所在乡镇	距县城距离/km	距乡镇距离/km	海拔高度/m	种植业重视程度	总人口	人均耕地面积/hm^2	农田水利设施	大牲畜数量	小牲畜数量
梅家庄	圪廖乡	45	2.5	1 500	高	601	0.47	无	120	1 000
西沟	迭台寺乡	30	1.5	1 550	较高	320	0.64	无	70	1 300
上余庄	余庄乡	14	0	1 760	一般	660	0.14	无	24	1 500
东麻峪寨	阳方口镇	7	5	1 300	较差	267	0.20	水坝	2	无
王化沟	涔山乡	80	7	2 250	差	140	0.37	无	3	400

通过对各村庄关键知情人的访谈，了解了农耕景观资源分等定级状况。根据土地的地形特征、土壤特征、作物单产、耕作距离远近等因素将农耕景观资源分为四等。利用PGIS开展村庄调查获得各村庄农耕景观资源分等定级图，进而统计出各村庄农耕景观资源分等面积（见图4-9～图4-18）。

本书主要运用半结构访谈方法进行研究，先通过村庄关键知情人访谈（村干部、老支书）来了解5个村庄的基本情况、农耕景观资源分等定级状况及农耕景观现状，又在5个村庄访谈了104个农户，了解农户基本信息，包括家庭收入支出状况、作物分布、种植方式、产量、农业开支、劳动转移状况等。此外，运用参与式地理信息系统（PGIS）辅助调查，以村庄1∶10 000正射影像图为底图，以当地小地名为沟通纽带，与关键知情人访谈相配合，将空间信息标绘到图上，使各村庄的农耕景观资源分等定级状况、农耕景观现状得到直观表达，促进了研究者对村庄农耕景观状况的了解。

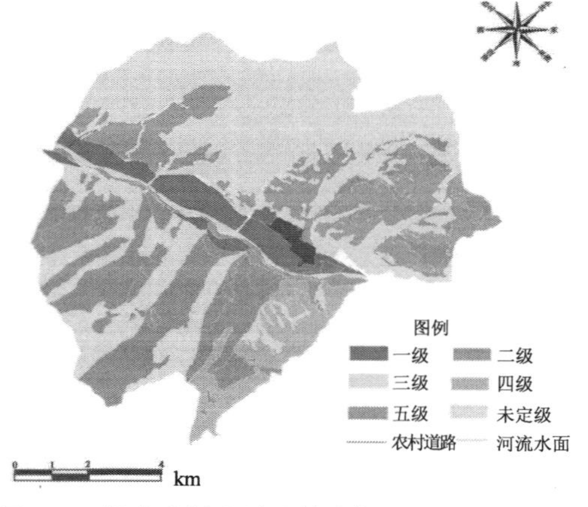

图 4-9　梅家庄村土地分等定级图

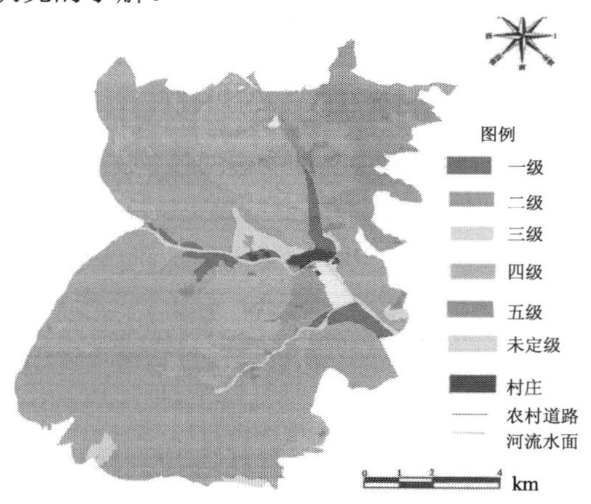

图 4-10　西沟村土地分等定级图

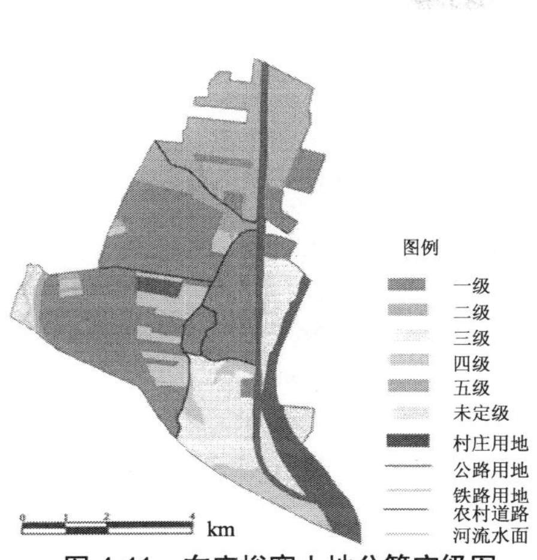

图 4-11 东麻峪寨土地分等定级图

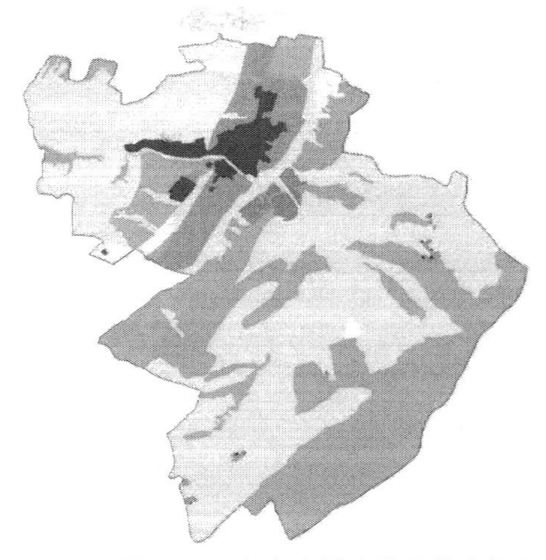

图 4-12 上余庄村土地分等定级图

图 4-13 梅家庄村作物分布图

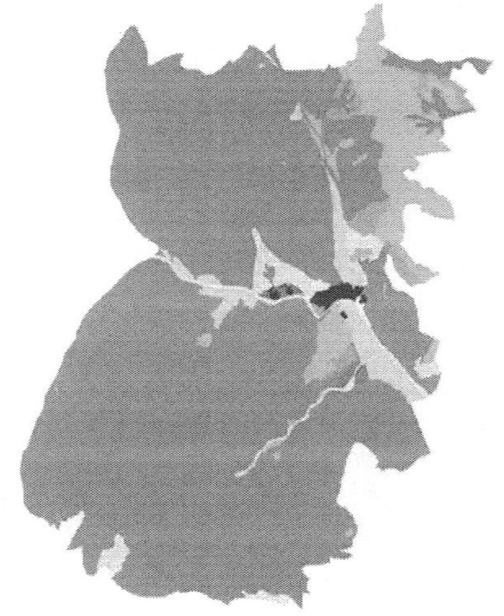

图 4-14 西沟村作物分布图

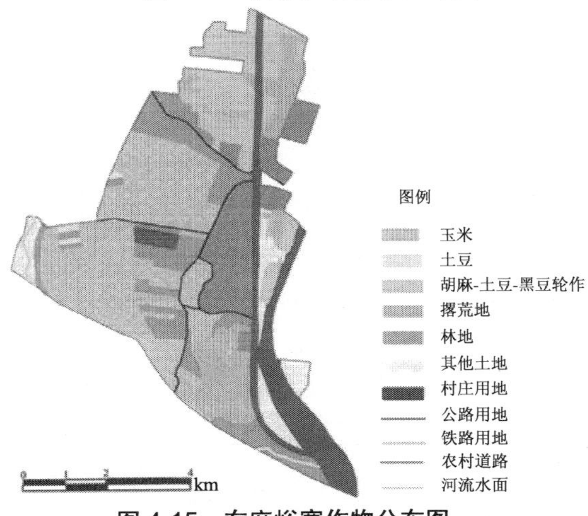

图 4-15 东麻峪寨作物分布图

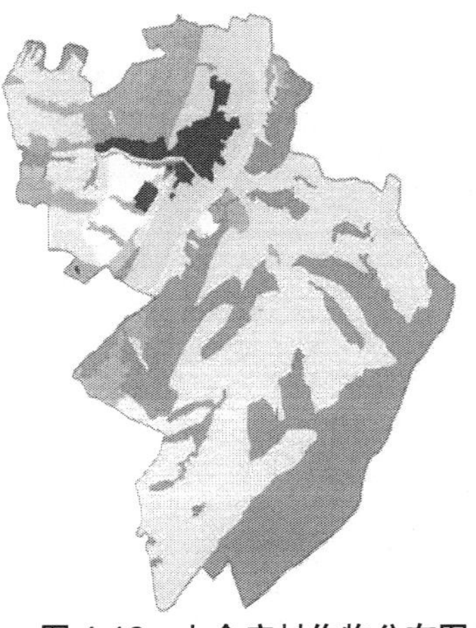

图 4-16 上余庄村作物分布图

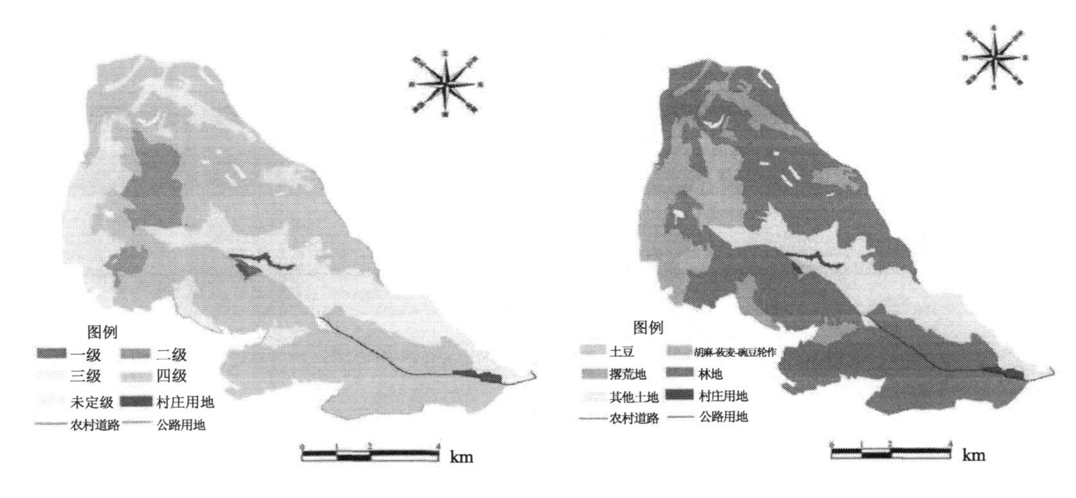

图 4-17 王化沟村土地分等定级图

图 4-18 王化沟村作物分布图

4.3.2 乡村社区社会生态系统格局

4.3.2.1 土地利用现状及特点

1）土地利用现状

以村庄 1∶10 000 正射影像图为底图，以当地小地名为沟通纽带，与关键知情人访谈相配合，使各村的土地利用现状在空间分布上得到体现，利用 GIS 的文件转换功能得到各村庄的土地利用现状面积汇总见表 4-12。

表 4-12 调查村庄土地利用现状表　　单位：hm^2，%

土地类型		梅家庄村	比例	西沟村	比例	上余庄村	比例	东麻峪寨	比例	王化沟村	比例
耕地	小计	284.7	24.36	204.26	17.84	90.92	18.29	53.54	52.01	52.22	18.35
	旱地	284.7	100	204.26	100	90.92	100	32.49	60.68	52.22	100
	水浇地	0	0	0	0	0	0	21.05	39.32	0	0
园地		0	0	0	0	0	0	9.66	9.38	0	0
林地	小计	366.88	31.40	624.15	54.52	161.21	32.44	13.87	13.47	175.59	61.70
	灌木林地	125.28	34.15	241.83	38.75	61.97	38.44	13.25	95.55	141.53	80.60
	有林地	113.49	30.93	121.57	19.48	5.65	3.50	0.62	4.65	0	0
	其他林地	128.11	34.92	260.75	41.78	93.59	58.06	0	0	34.06	19.40
其他农用地		69.93	5.98	31.26	2.73	22.64	4.56	5.22	5.07	9.69	3.41
城镇村及工矿用地		9.21	0.79	4.21	0.37	16.6	3.34	11.87	11.53	2.02	0.71

土地类型	梅家庄村	比例	西沟村	比例	上余庄村	比例	东麻峪寨	比例	王化沟村	比例
交通运输用地	0	0	0	0	0	0	11.97	11.63	0	0
水域及其他水利设施用地	0	0	0	0	0.08	0.02	0	0	0	0
其他土地	437.85	37.47	281	24.54	205.52	41.36	6.48	6.29	45.05	15.83
合计	1 168.57	100	1 144.88	100	496.97	100	112.61	100	284.57	100

注：①分类系统为全国第二次土地调查分类系统；②表中所统计的数据是集体土地数据，不包括国有林地；③一级地类所占比例为各类土地面积与对应区域土地总面积之比；④二级地类所占比例为各类土地面积与对应区域一级地类土地面积之比。

2）土地利用特点

（1）耕地、林地、其他土地为研究区土地利用的主要类型。

各调查村庄耕地占土地总面积的比例分别为 24.36%、17.84%、18.29%、52.01%、18.35%；林地面积占土地总面积的比例为 31.40%、54.52%、32.44%、13.47%、61.70%；其他土地占土地总面积的比例为 37.47%、24.54%、41.36%、6.29%、15.83%。由此可知，耕地、林地、其他土地为研究区主要的土地类型。

（2）耕地以坡耕地和旱地为主。

调查的五个村的坡耕地占耕地总面积的 79.64%、75.95%、72.59%、0、99.98%，平均比重为 65.63%（见表 4-13），可见调查村庄的耕地多为分布在山坡上地面平整度差，且易跑水跑肥跑土的作物产量低的坡耕地，坡耕地土壤贫瘠，在雨水的冲刷下水土流失严重。同时除东麻峪寨 60.68%耕地为水浇地外，其余各村均为旱地，致使农业靠天吃饭，粗放经营，广种薄收，生产率极低，年际变化起伏大。

表 4-13　调查村庄坡耕地面积统计表　　单位：hm^2，%

村庄名称	耕地总面积	0°～6°				>6°坡耕地				
		合计	比例	≤2°	2°～6°	合计	比例	6°～15°	15°～25°	>25°
梅家庄村	284.7	57.96	20.36	0	57.96	226.74	79.64	112.11	112.24	2.39
西沟村	204.26	49.13	24.05	0	49.13	155.13	75.95	147.37	7.76	0
上余庄村	90.92	24.91	27.40	0.84	24.07	66	72.59	44.02	21.89	0.09
东麻峪寨	53.54	53.54	100	9.52	44.02	0	0	0	0	0
王化沟村	52.22	0	0	0	0	52.21	99.98	35.33	13.77	3.11
五村平均	137.13	37.11	34.36	2.07	35.04	100.02	65.63	67.77	31.13	1.12

（3）林地以灌木林地和其他林地为主，有林地面积比重小。

调查村庄中林地的比例分别为 31.40%、54.52%、32.44%、13.47%、61.70%，林地面

积比重除东麻峪寨外，其余各村林地占土地总面积的比重都较大，高于全国平均水平，林地中有林地的比重分别为 30.93%、19.48%、3.50%、4.65%、0，可见林地中有林地面积比重小，以灌木林地和其他林地为主。

4.3.2.2 种植业

1）优质耕地资源不足，耕地质量普遍偏低

通过对村庄关键知情人的访谈，了解了各村庄的耕地分等定级状况。根据土地的地形特征、土壤特征、耕作距离远近、作物单产等因素对耕地划定级别，将耕地分为四个等级（见表 4-14）。利用 PGIS 的空间信息组织功能，得到各村庄的耕地分等定级图，使用 GIS 的文件转换功能，将图形文件转换为.SHP 文件，可得出各村庄耕地分等定级面积统计表（见表 4-15）。

表 4-14 调查村庄耕地分等定级状况

<table>
<tr><th rowspan="2">耕地分级</th><th colspan="2">地形特征</th><th colspan="4">土壤特征</th><th rowspan="2">耕作距离</th><th rowspan="2">作物种植</th><th rowspan="2">作物单产</th></tr>
<tr><th>坡度</th><th>坡位</th><th>土层厚度</th><th>土壤肥力</th><th>土壤侵蚀程度</th><th>土壤保墒状况</th></tr>
<tr><td>一级</td><td><6°</td><td>沟底</td><td>厚</td><td>较好</td><td>轻度</td><td>好</td><td>近</td><td>土豆、玉米、红芸豆</td><td>200 kg 以上</td></tr>
<tr><td>二级</td><td>6°～15°</td><td>中下</td><td>较厚</td><td>中</td><td>轻度</td><td>较差</td><td>较近</td><td>胡麻、莜麦、豌豆等杂粮</td><td>75～100 kg</td></tr>
<tr><td>三级</td><td>15°～25°</td><td>上中</td><td>较薄</td><td>中</td><td>中度</td><td>差</td><td>远</td><td>胡麻、莜麦、豌豆等杂粮</td><td>50～75 kg</td></tr>
<tr><td>四级</td><td>15°～25°</td><td>上中</td><td>薄</td><td>差</td><td>中度</td><td>差</td><td>远</td><td>柠条、落叶松</td><td>已退耕</td></tr>
</table>

表 4-15 调查村庄耕地分等定级面积统计表 单位：hm^2，%

<table>
<tr><th rowspan="3">村庄名称</th><th rowspan="3">总面积</th><th colspan="8">现有耕地</th><th colspan="2" rowspan="2">四等地（已退耕）</th></tr>
<tr><th rowspan="2">面积</th><th rowspan="2">人均面积</th><th colspan="2">一等地</th><th colspan="2">二等地</th><th colspan="2">三等地</th></tr>
<tr><th>人均面积</th><th>所占比例</th><th>人均面积</th><th>所占比例</th><th>人均面积</th><th>所占比例</th><th>面积</th><th>人均面积</th></tr>
<tr><td>梅家庄村</td><td>307.25</td><td>284.7</td><td>0.47</td><td>0.11</td><td>23.40</td><td>0.25</td><td>53.19</td><td>0.11</td><td>23.40</td><td>22.55</td><td>0.03</td></tr>
<tr><td>西沟村</td><td>204.26</td><td>204.26</td><td>0.64</td><td>0.08</td><td>12.50</td><td>0.21</td><td>32.81</td><td>0.35</td><td>54.69</td><td>0</td><td>0</td></tr>
<tr><td>上余庄村</td><td>142.14</td><td>90.92</td><td>0.14</td><td>0.04</td><td>28.57</td><td>0.01</td><td>7.14</td><td>0.09</td><td>64.29</td><td>51.22</td><td>0.09</td></tr>
<tr><td>东麻峪寨</td><td>132.36</td><td>53.54</td><td>0.2</td><td>0.11</td><td>55.00</td><td>0.06</td><td>30.00</td><td>0.03</td><td>15.00</td><td>78.82</td><td>0.25</td></tr>
<tr><td>王化沟村</td><td>52.22</td><td>52.22</td><td>0.37</td><td>0.07</td><td>18.92</td><td>0.11</td><td>29.73</td><td>0.19</td><td>51.35</td><td>0</td><td>0</td></tr>
<tr><td>五村平均</td><td>167.618</td><td>137.1</td><td>0.364</td><td>0.082</td><td>22.53</td><td>0.128</td><td>35.16</td><td>0.154</td><td>42.31</td><td>30.518</td><td>0.074</td></tr>
</table>

由表 4-15 可知，各村的人均耕地面积较大，但土层厚、土壤肥力及保墒状况好、作物单产高的一等地面积比重小，只占 22.53%；各村二等地、三等地的面积比重大，占 77.47%，均为≥6°的坡耕地，坡耕地土层薄，土壤保水保肥能力较差，作物的产量也较低。由此可见，被调查的 5 个村的优质耕地资源不足，耕地质量普遍较低。

2）青壮年劳动力非农转移，农业劳动力短缺与老龄化

本研究选择 5 个村的 104 个农户进行访谈，农户基本信息见表 4-16。由表 4-16 可知，由于外出务工收益大于在家务农，使得农村青壮年劳动力基本转向从事非农业活动，从事农业活动的主要劳动力老龄化，平均年龄均大于 55 岁，受教育水平为小学，由于其体力及接受农业生产技术的水平有限，不利于劳动生产率及耕地利用效益的提高，造成了耕地撂荒现象和粗放经营，同时造成农业生产后继乏人。

表 4-16　样本农户基本信息

村庄名称	样本农户	总人口	劳动力人数					农业劳动力		农户人均收入	
			合计	农业劳动力	比例/%	兼业及外出劳动力	比例/%	平均年龄	受教育水平	农业收入	非农收入
梅家庄村	31	159	72	26	36.11	46	63.89	58	小学	1 100	3 600
西沟村	12	64	29	10	34.48	19	65.52	57	小学	800	3 900
上余庄村	42	212	95	38	40.00	57	60.00	55	小学	500	3 500
东麻峪寨	13	67	30	12	40.00	18	60.00	61	小学	600	3 400
王化沟村	6	24	14	3	21.43	11	78.57	62	小学	500	3 450

3）外源能量投入增加使耕地长期遭受污染，耕地的生态功能退化

（1）农药的使用使耕地遭受污染，农业生态失衡。

使用除草剂被认为可以节省人力，降低劳动强度，中耕除草的传统农事活动普遍被施用除草剂所代替。在被调查的 104 个农户中，有 71.2%的农户基本都施用除草剂。调查中发现，62.5%农户对“施用除草剂会使地力下降，土壤受到污染”缺乏认识。在调查中还发现，有 91.3%的农户喷洒高毒、高残留的农药（高效氯氰菊酯）来防治土豆病虫害。农药在田间施用后，真正对作物起保护作用的仅占施用量的 10%～30%，其余则进入大气和水体，或残留在土壤中，破坏生态平衡。

（2）坡耕地单一施用化肥，质量下降。

据村民反映，与化肥相比农家肥又脏又臭，加之田间道路设施较差，施用不便，农户把有限的有机肥全部施用在离居民点较近的一等地中，而面积广大的坡耕地只施用化肥。有关研究已证明，大量施用单一化学肥料，破坏了土壤团粒结构，造成土壤板结，加重了

坡耕地水土流失，使耕地质量下降。据调查，农户普遍缺乏科学施用化肥的技术，很多人认为施化肥越多，产量就会越高，在被调查的 5 个村中，耕地平均化肥施用量为 375 kg/hm^2，远高于国际公认的化肥施用安全上限 225 kg/hm^2，化肥残留引起严重的面源污染的后果，需另进行深入调查。

（3）地膜的使用使耕地受到污染。

近年来，当地越来越接受在作物生产中使用地膜，作为一项促进作物生长的农业技术。在调查的 104 个农户中，东麻峪寨的 12 个农户，在其 80%以上的耕地中使用了地膜覆盖技术，农膜回收不彻底，土壤中有大量残留，对环境的污染开始显现。

4）耕地的利用程度正在下降

调查中发现，各村农户的耕地利用程度都很低（见表 4-17），农户除种植土豆、红芸豆、胡麻等杂粮作物外，还有大面积的撂荒地（不包括轮休地），其中王化沟村的撂荒地占耕地总面积的 74.08%。据村民反映，撂荒地主要是近十年形成的，并且面积进一步扩大的趋势明显。就这一点，有研究者曾做过相应调查，2010 年上余庄村耕地撂荒率约为 15%，而目前的调查结果显示撂荒率为 28.08%。值得注意的是，那些长期被撂荒的耕地中，有一定比例仍被列在当地国土部门的耕地统计中，耕地撂荒危及粮食安全和农业的持续发展。

表 4-17　农户耕地利用程度表

单位：hm^2

村庄名称	人均面积	样本农户数	样本农户人口	耕地总面积	在种地	比例/%	撂荒地	撂荒率/%
梅家庄村	0.47	42	212	100.49	80.77	80.37	19.73	19.63
西沟村	0.64	13	67	42.75	35.57	83.21	7.18	16.79
上余庄村	0.14	31	159	21.94	15.78	71.92	6.16	28.08
东麻峪寨	0.2	12	64	12.84	10.31	80.31	2.53	19.69
王化沟村	0.37	6	24	8.94	2.32	25.92	6.63	74.08

根据农户调查结果，得出各村庄农户种植各种作物的产投比收益（见表 4-18），再根据农户具体的作物种植面积得出所调查农户年人均农业纯收入为 1 000 元左右（见表 4-19）（包括国家惠农政策对粮食种植的补贴和农户用工费用），而外出务工 1 年除去花费以外，还可净挣 10 000 元以上。相比较种植业效益低下，直接影响了农民的种粮积极性，导致劳动力外流和耕地资源的闲置撂荒。

表 4-18　农户单位面积作物产投比效益　　单位：元

作物	收入			支出							每亩收益
	亩产/kg	价格	总收入	耕种	种子	化肥	农家肥运送	农药	雇佣拉回	总支出	
土豆	1 280	1	1 280	200	100	150	100	30	50	630	650
玉米	400	2	800	200	65	150		10	50	475	325
红芸豆	150	6	900	200	70	140	100			510	390
胡麻	90	5	450	200		72		8		280	170
莜麦	75	2.4	180	200		40		8		248	−68
大豆	100	2	400	200	100	80				380	20
豌豆	90	4	360	200	60	80				340	20

表 4-19　农户人均农业收入　　单位：元

村庄名称	人均一等地			人均二等地			人均三等地			人均农业收入
	面积/ hm^2	每公顷收益	小计	面积/ hm^2	每公顷收益	小计	面积/ hm^2	每公顷收益	小计	
梅家庄村	0.11	7 800	842.4	0.25	1 065	263.4	0.12	1 065	126.4	1 232.2
西沟村	0.08	5 025	381.9	0.21	1 065	219.4	0.36	1 065	379.9	981.1
上余庄村	0.04	7 800	306.8	0.01	1 065	12.8	0.09	1 065	92.3	411.9
东麻峪寨	0.11	4 875	536.3	0.06	1 065	58.9	0.04	1 065	38.3	633.5
王化沟村	0.07	5 025	361.8	0.11	1 065	120.7	0.19	1 065	199.5	682

注：这些村庄仍然保持轮作的耕作方式（土豆—红芸豆轮作、土豆—大豆轮作、莜麦—豌豆—胡麻轮作等），根据人均各等地的面积及作物种植情况，可以算出农户的人均农业收入。

5）仍保留有一些优良的传统农作方式

F. H. 金（F.H.King）认为："中国传统农业在没有外来现代投入的条件下，能够持续数千年而地力不衰竭，其秘诀在于实施了'无废弃物的农业'。"在被调查的 5 个村中，仍保留有一些优良的传统农作方式，如重视有机肥、轮作倒茬、多种经营、循环利用等。

在调查中发现，这 5 个村的农户普遍保留有积累并施用农家肥的习惯，为了多积肥，调查的 104 个农户中（除东麻峪寨外），普遍将种植业与家庭畜牧业结合起来，用秸秆喂养牲畜，牲畜粪便堆肥后用来肥田，达到了废弃物资源化利用。

在调查中发现各村农户仍保留有轮作倒茬的耕作方式，一等地一般为土豆—大豆（或红芸豆）轮作，二、三等地为莜麦—豌豆—胡麻—黑豆等轮作，作物轮作引起土壤轮耕，施行作物轮作与土壤轮耕的有机结合，在动态中把握种植与耕作，实现了用地养地的结合和循环，使地力永葆新常壮。

4.3.2.3　林业

林业用地在调查村庄中为主要的土地利用类型之一。林业包括灌木林地、有林地和其他林地，有林地主要以天然次生林落叶松、云杉、油松为主，伴生树种有白桦、串杨等；灌木林主要以醋柳、六道子、山柳为主。2004 年在国家林业政策引导下，上余庄村、西沟村、梅家庄村对部分坡耕地实行退耕还林，主要种植柠条、侧柏、落叶松、杏树等，使林地的面积有所增加，对研究区的水土保持和生态环境的改善起到了重要的作用，同时研究区的林业仍然存在着如下问题：

1）林业产值偏低，结构不合理

根据村庄调查结果得到了各村庄农用地结构（见表 4-20），由表 4-20 可知，各村的林地面积占农用地总面积的比例分别为 50.85%、72.60%、58.67%、16.86%、73.93%，平均比例为 54.58%，可见林地面积占农业用地的面积较大。但是根据各村村干部访谈，各村的林业产值几乎为零，对于农民来说，没有任何收入，农业收入主要来源于种植业与牧业，这种面积比重大但产值小的结构不利于农业综合发展，农业内部结构不协调。

表 4-20　调查村庄农用地结构表　　单位：hm^2，%

土地类型	合计	耕地		园地		林地		其他农用地	
		面积	比例	面积	比例	面积	比例	面积	比例
梅家庄村	721.51	284.7	39.46	0	0.00	366.88	50.85	69.93	9.69
西沟村	859.67	204.26	23.76	0	0.00	624.15	72.60	31.26	3.64
上余庄村	274.77	90.92	33.09	0	0.00	161.21	58.67	22.64	8.24
东麻峪寨	82.29	53.54	65.06	9.66	11.74	13.87	16.86	5.22	6.34
王化沟村	237.5	52.22	21.99	0	0.00	175.59	73.93	9.69	4.08
五村平均	435.15	137.13	36.67	1.93	2.35	268.34	54.58	27.75	6.40

2）退耕还林后续发展问题突出

按照国家退耕还林政策要求，2004 年研究区对部分坡耕地实行退耕还林（见表 4-21），依据国家《退耕还林条例》规定，研究区对实行退耕还林的农户进行补助，生态林的补助年限是 8 年，经济林的补助年限是 5 年，农户实行退耕还林后每亩每年补助 160 元。然而在退耕还林还草工程运行过程中，根据实际情况，国家又进行了一定时间的延长补助。通过农户调查（见表 4-22），93.75%的农户认为退耕还林政策的实施在很大程度上改善了当地的生态环境，缓解了水土流失，增加了许多野生动物；补助金的发放获得高于种粮收入的现金和补贴，保障了农户的粮食问题；同时减轻了劳动强度，增加了青壮年劳动力外出就业的机会，对退耕还林政策表示满意。同时调查中发现，退耕还林后当地没有出现一个通过林业增加农民收入的产业体系，并未给农民带来实际收益。如果退耕补助停止发放，在 80 户退耕农户中，50%的农户对未来发展完全缺乏计划，有 50%的农户表示可通过自己的努力，采取发展畜牧业或外出务工等方式来解决生存和发展问题，22.5%的农户有较强的自主发展观念，设想通过规模养殖或发展土豆、小杂粮加工产业或者经济林来达到增加收入的目的，然而受资金约束使其无法付诸实施。因此，退耕还林（草）政策补助到期之后农民的吃饭、烧柴、增收等后续长远问题令人忧虑，解决退耕农户的生计及未来发展，实现退耕成果的巩固问题需要政府加以注重与考虑。

表 4-21　调查村庄退耕还林地统计表　　单位：hm^2

村庄名称	梅家庄村	西沟村	上余庄村	东麻峪寨	王化沟村
林地总面积	366.88	624.15	161.21	13.87	175.59
退耕地	51.22	78.82	22.55	0	0
退耕地占林地比重/%	13.96	12.63	13.99	0.00	0.00
耕地总面积	335.92	283.08	113.47	53.54	52.22
退耕地占耕地比重/%	15.25	27.84	19.87	0.00	0.00

表 4-22　退耕地满意程度及补贴期满后退耕农户对未来的设想调查表

	总计		频数	所占比例/%
			80	100
对退耕还林政策的满意程度	不满意	小计	5	6.25
		不太满意	4	5
		非常不满意	1	1.25
	满意	小计	75	93.75
		基本满意	20	25
		比较满意	23	28.75
		非常满意	32	40
补贴期满后退耕农户对未来的设想	政府会继续发放补贴		11	13.75
	等政府新政策出台		10	12.5
	考虑不了那么远，到时候再说		19	23.75
	利用退耕地的牧草，多喂养牛羊		18	22.5
	外出打工		22	27.5

3）技术和资金投入不足

2010 年在国家“明晰产权、承包到户”为主要任务的改革政策的号召下，所调查的 5 个村庄中上余庄村、西沟村、梅家庄村进行了集体林权制度改革，将本村的林地确权承包到户，成立了农民林业专业合作社。例如，上余庄村将 2 205.2 亩林业用地平均下放到全村 112 户 596 人，并成立了村委员会主任为理事会会长的林业合作社股份制经营机构。但是在调查中发现，由于政府对农民林业专业合作社认识不足，缺乏技术指导和资金支持，使得林业专业合作社有名无实；同时，基层专门从事林业科技服务的科技人员对林业知识掌握得太少，不能起到良好的传帮接带作用。

4）管护不到位

在调查中发现 5 个村庄中除梅家庄、上余庄有名义上的林业管护人员外，其他各村庄都没有任何管护人员。农户冬季主要靠燃烧煤取暖，但日常做饭仍然靠燃烧柴，存在着破坏生态林和乱砍滥伐的现象；农户的养殖业为舍饲与放养相结合，吃一些未成材的灌木林的树叶，使林地的郁闭度降低，未完全起到防护的作用。

4.3.2.4　牧业

1）畜牧养殖业极具潜力，但农户资金有限

研究区处于我国北方农牧交错带上，在历史上属于半农半牧而以农为主的地区，发展草食牧业具有深厚的社会基础。调查中发现除东麻峪寨外，畜牧业收入在农户农业收入中也占有一定的比重，农户主要养殖牛、驴、骡子和羊、猪，牛、驴、骡子用于耕地，养羊在为农户积累农家肥的同时，也为农户增加了农业收入，平均每户有 5～10 只羊，一般年可产 5～6 只小羊羔，每只小羊羔可卖 300～500 元，农户平均畜牧业收入为 2 000 元左右，可见畜牧业的发展在研究区极具有潜力（见表 4-23）。由表 4-23 可知调查村中除几个养殖大户以外，大部分农户的养殖规模都较小，通过访谈发现大部分农户有规模养羊的愿望，但由于资金有限，无法实现规模养殖。

表 4-23　调查村庄养殖业状况　　单位：只

村庄名称	总户数	大牲畜				小牲畜					
		总计	牛	驴	骡	总计	羊	猪	鸡	其中有养殖大户	
梅家庄村	200	120	70	50		1 200	1 200			2 户	
西沟村	80	70	10	60		1 360	1 300		60	3 户	
上余庄村	160	24	20	4		1 428	1 400	28		3 户	
东麻峪寨	50	2		2		0					
王化沟村	10	3			3	400	400			3 户	

2）畜牧业科技水平低，养殖者素质差

在调查中发现，农户对畜牧业科技十分渴望，但由于长期以来基层畜牧兽医队伍不健全，专业理论水平不高，农户难以掌握许多实用技术、重大动物疫情的防控技术、养殖过程中常见病症无法及时治疗，使得小羊羔的成活率不高，羊群周转慢、出栏率低，投资风险大，畜牧业难以实现健康规模发展。

3）林牧矛盾突出

调查中得知农户羊群在圈养的同时，主要以放养为主，由于监管不到位，造成了植被和生态防护林的破坏。

4.3.3　农业可持续性评价

4.3.3.1　DSR 模型及指标的选取

1）DSR 模型

农业系统涉及资源利用、社会经济发展、区域环境保护等问题，是介于自然、社会经济和生态之间的复合系统，系统中各因素之间相互作用的过程相当复杂，如何把资源科学、环境科学、社会科学等相关学科有效地综合在一起，需要一个能够把复杂问题分解、简化，又能够把分解的各个部分有效综合的指导法。借助于 DSR（驱动力-状态-响应）概念模型有助于简化这一过程，为分析农业可持续发展提供了较好的研究思路。

2）指标的选取

本书采用 DSR 概念模型建立了以研究区农业可持续发展综合能力评价为目标层，资源、生态、经济、社会、政策子系统可持续发展为准则层，包含了 20 个指标的农业可持续发展指标体系框架（具体指标见表 4-24）。

表 4-24　基于 DSR 概念模型的研究区农业可持续发展评价指标的选取

农业可持续发展	指标	备注
驱动力	人均水资源量	气候、土地自然资源的属性
	中低产田比重	
	人口增长率	反映人口增长、经济发展等对农业的压力
	农业投入产出率	
	农产品商品率	
	城乡居民收入差异指数	
状态	人均耕地面积	反映农村资源及生态环境状况
	森林覆盖率	
	每公顷化肥用量	
	每公顷农药用量	
	每公顷地膜用量	
	撂荒地比率	
	农村居民人均纯收入	反映农村经济发展及人民生活水平
	有效灌溉面积比重	反映农村的生产效率及管理水平
	农业生产耕种收综合机械化水平	
	农业劳动力占农村劳动力的比重	
响应	劳动力在初中及以上文化程度比重	反映农村劳动力素质
	科研投资占 GDP	反映社会在科技上和资金投入上对农业的支持程度
	财政支农资金占财政支出比重	
	国家政策落实状况	反映国家政策的响应

4.3.3.2 农业可持续性评价

1）指标体系的建立及数据的来源

本书建立的农业可持续发展评价指标体系的框架包含三个层次：第一层是目标层 A，即晋北农业可持续发展综合评价值；第二层是准则层 B1、B2、B3、B4、B5，分别代表农业系统内的资源、生态、经济、社会、政策五个子系统的可持续性；第三层是指标层 C1～C20，包含 20 个具体的评价指标。

为评价研究区农业可持续发展现状，本部分选取了 2010 年我国农业的整体发展状况的指标数值作为比较对象，数据主要来源于《2011 年中国统计年鉴》《2011 中国农村统计年鉴》《中国人口统计年鉴》《中国农业发展报告》，研究区各村庄的指标数据来源于访谈结果的汇总与处理，人均水资源量、科研投资占 GDP 比重、财政支农资金占财政支出比重来源于《2010 年宁武县统计数据》，具体见表 4-25。

表 4-25 晋北农业可持续发展评价指标原始数据

目标层	准则层	指标层	梅家庄	西沟	上余庄	东麻峪寨	王化沟	全国
农业可持续发展综合能力评价 A	资源可持续 B1	人均水资源量 C1/（m^3/人）	487.1	487.1	487.1	487.1	487.1	2 310.4
		中低产田比重 C2/%	79.64	75.95	72.59	60.68	99.98	67.35
		人均耕地面积 C3/（亩/人）	7.05	9.6	2.1	3	5.55	1.4
		撂荒地比率 C4/%	19.63	16.79	28.08	19.69	74.08	1.64
	生态可持续 B2	森林覆盖率 C5/%	31.4	54.52	32.44	13.47	61.7	20.36
		每公顷化肥用量 C6/（kg/hm^2）	275	250	275	550	0	440.5
		每公顷农药用量 C7/（kg/hm^2）	9	8	8	7.5	0	14.4
		每公顷地膜用量 C8/（kg/hm^2）	0	0	0	80	0	139.3
	经济可持续 B3	农产品商品率 C9/%	35	20	31.5	55	5	77.94
		农业投入产出率 C10/%	32.85	33.46	32.54	30.5	25.46	33.77
		农村居民人均纯收入 C11/元	2 661	2 625	2 743	2 769	2 253	5 919
	社会可持续 B4	人口增长率 C12/‰	8.79	9.26	8.54	9.64	10.31	4.79
		有效灌溉面积比重 C13/%	0	0	0	39.32	0	49.85
		农业生产耕种收综合机械化面积比重 C14/%	22.15	11.56	20.5	52.38	0	52.88
		城乡居民收入差异指数 C15	4.36	4.42	4.23	4.19	5.15	3.23
		农业劳动力占农村劳动力的比重 C16/%	40	40	36.11	34.48	21.43	67.4
		劳动力初中及以上文化程度比重 C17/%	19.23	20	18.42	16.67	5	69.8
	政策可持续 B5	科研投资占 GDP 比重 C18/%	0.18	0.18	0.18	0.18	0.18	0.81
		财政支农资金占财政支出比重 C19/%	13.52	13.52	13.52	13.52	13.52	17.5
		国家政策落实状况 C20(1～5 分)	4.5	4.3	4.3	4.1	4	4.7

2）指标的标准化处理

把本质上不可比较的目标化成单一的最优化目标，使其具有可比性。这是多目标系统评价的基本方法。当一组评价对象的各评价指标都有确定的取值时，通常采用相对系数评分法使其无量纲化。为使变化后的矩阵中各元素值在0～1，且其单调性不变，本书在借鉴了相对系数评分法的思想基础之上，利用下面的公式进行计算：

（1）对指标数据越大越好的指标，采用以下公式确定：

$$Y'_{ij} = \frac{Y_{ij} - Y_{ij}^{\min}}{Y_{ij}^{\max} - Y_{ij}^{\min}} \tag{4-1}$$

（2）对指标越小越好的指标，采用以下公式确定：

$$Y'_{ij} = \frac{Y_{ij} - Y_{ij}^{\max}}{Y_{ij}^{\min} - Y_{ij}^{\max}} \tag{4-2}$$

其中，指标C1、C3、C5、C10、C11、C12、C13、C15、C16、C17、C18、C21、C22、C23、C24、C25为正向指标，按式（4-1）计算，指标C2、C4、C6、C7、C8、C9、C14、C19、C20为负向指标，按式（4-2）计算，用SPSS软件对原始数据进行标准化处理后见表4-26。

表4-26　晋北农业可持续发展评价指标标准化值

指标层	梅家庄村	西沟村	上余庄村	东麻峪寨	王化沟村	全国
C1	0.000	0.000	0.000	0.000	0.000	1.000
C2	0.518	0.611	0.697	1.000	0.000	0.830
C3	0.689	1.000	0.085	0.195	0.506	0.000
C4	0.751 7	0.790 9	0.635 0	0.750 8	0.000	1.000
C5	0.372	0.851	0.393	0.000	1.000	0.143
C6	0.500	0.545	0.500	0.000	1.000	0.199
C7	0.375	0.444	0.444	0.479	1.000	0.000
C8	1.000	1.000	1.000	0.426	1.000	0.000
C9	0.411	0.206	0.363	0.685	0.000	1.000
C10	0.889	0.963	0.852	0.606	0.000	1.000
C11	0.111	0.101	0.134	0.141	0.000	1.000
C12	0.275	0.190	0.321	0.121	0.000	1.000
C13	0.000	0.000	0.000	0.789	0.000	1.000
C14	0.419	0.219	0.388	0.991	0.000	1.000
C15	0.411	0.380	0.479	0.500	0.000	1.000
C16	0.404	0.404	0.319	0.284	0.000	1.000
C17	0.220	0.231	0.207	0.180	0.000	1.000
C18	0.000	0.000	0.000	0.000	0.000	1.000
C19	0.000	0.000	0.000	0.000	0.000	1.000
C20	0.714	0.429	0.429	0.143	0.000	1.000

3）指标权重的确定

本书采用综合集成赋权法即主观赋权法与客观赋权法相结合的方法决定指标权重。

（1）主观赋权法。

本书采用层次分析法确定指标权重，基于对当地领导、技术人员及群众、宁武县农业局、研究农业相关专家咨询，在所建立的有序的递阶层次结构的基础上，运用两两比较原则对同一层各评价指标的相对重要性依据 1～9 标度进行判断（见表 4-27），使用 yaahp5.2 软件，利用层次分析法建立判断矩阵求出各指标权重值并进行一致性检验，最终确定指标权重。判断矩阵一致性比例＜0.1，表示组合权重一致性检验全部通过（见表 4-28～表 4-33）。

表 4-27　层次分析法评判标度及其含义表（标度类型：1～9）

标度 a_{ij}	判定规则
1	i 因素与 j 因素相同重要
3	i 因素比 j 因素略重要
5	i 因素比 j 因素较重要
7	i 因素比 j 因素非常重要
9	i 因素比 j 因素绝对重要
2，4，6，8	为上述两两判断之间的中间状态的标度值
倒数	因素 i 与 j 比较得判断 a_{ij}，反之得判断 $a_{ij}=1/a_{ij}$

表 4-28　农业可持续发展总目标层判断矩阵组合权重

农业可持续发展	B1	B2	B3	B4	B5	权重
B1	1	1	1	1	2	0.222 2
B2	1	1	1	1	2	0.222 2
B3	1	1	1	1	2	0.222 2
B4	1	1	1	1	2	0.222 2
B5	1/2	1/2	1/2	1/2	1	0.111 1

注：判断矩阵一致性检验 CR=0.000 0＜0.1。

表 4-29　资源子系统判断矩阵组合权重

资源与环境子系统 B1	C1	C2	C3	C4	权重
C1	1	1	2	3	0.350 7
C2	1	1	2	3	0.350 7
C3	1/2	1/2	1	2	0.189 2
C4	1/3	1/3	1/2	1	0.109 3

注：判断矩阵一致性检验 CR=0.003 8＜0.1。

表 4-30　生态环境子系统判断矩阵组合权重

资源与环境子系统 B1	C5	C6	C7	C8	权重
C5	1	3	3	3	0.500 0
C6	1/3	1	1	1	0.166 7
C7	1/3	1	1	1	0.166 7
C8	1/3	1	1	1	0.166 7

注：判断矩阵一致性检验 CR=0.000 0＜0.1。

表 4-31　经济子系统判断矩阵组合权重

经济子系统 B2	C9	C10	C11	权重
C9	1	1/3	1/3	0.142 9
C10	3	1	1	0.428 6
C11	3	1	1	0.428 6

注：判断矩阵一致性检验 CR=0.000 0＜0.1。

表 4-32　社会子系统判断矩阵组合权重

社会子系统	C12	C13	C14	C15	C16	C17	权重
C12	1	1/5	1/4	1/6	1/3	1/3	0.042 1
C13	5	1	2	1/2	3	3	0.250 0
C14	4	1/2	1	1/3	2	2	0.157 7
C15	6	2	3	1	3	3	0.350 0
C16	3	1/3	1/2	1/3	1	1	0.100 0
C17	3	1/3	1/2	1/3	1	1	0.100 0

注：判断矩阵一致性检验 CR=0.020 2＜0.1。

表 4-33　政策子系统判断矩阵组合权重

政策子系统 B4	C18	C19	C20	权重
C18	1	1/3	1/2	0.122 8
C19	3	1	2	0.404 2
C20	2	1/2	1	0.222 9

注：判断矩阵一致性检验 CR=0.000 0＜0.1。

（2）客观赋权法。

利用客观赋权法中改进后的熵值法确定指标权重（见表 4-34）。熵值法反映了各个指标数值的差异程度。假如某个指标的各个数值差异大，就会影响农业可持续发展，熵值法利用评价指标的固有信息来判别指标的效用价值，从而在一定程度上避免了主观因素的偏差。

表 4-34 层次分析法确定的农业可持续发展评价各项指标权重

指标	权重	指标	权重	指标	权重	指标	权重
C1	0.077 9	C6	0.037 0	C11	0.095 2	C16	0.022 2
C2	0.077 9	C7	0.037 0	C12	0.009 4	C17	0.022 2
C3	0.042 1	C8	0.037 0	C13	0.055 6	C18	0.018 2
C4	0.024 3	C9	0.031 7	C14	0.035 0	C19	0.059 9
C5	0.111 1	C10	0.095 2	C15	0.077 8	C20	0.033 0

①为消除标准化过程中可能带来的影响，进行坐标平移，其公式为 $X''_{ij}=1+X'_{ij}$。

②计算第 j 项指标下第 i 个指标值的比重，$p_{ij}=x''_{ij}/\sum_{i=1}^{m}x''_{ij}$，式中，$m$ 为样本数。

③计算第 j 项指标的熵值，$\mathrm{e}_j=-k\sum_{i=1}^{m}p_{ij}\ln p_{ij}$，令 $k=1/\ln m$，则 $0\leqslant \mathrm{e}_{ij}\leqslant 1$。

④计算第 j 项指标差异性系数，$g_{ji}=1-\mathrm{e}_j$。

⑤计算第 j 项指标的权重，$a_j=g_j/\sum g_j$。

表 4-35 熵权法确定的晋北农业可持续发展评价各项指标权重值

指标	权重	指标	权重	指标	权重	指标	权重	指标	权重
C1	0.053 1	C5	0.027 6	C9	0.061 7	C13	0.036 7	C17	0.026 9
C2	0.024 7	C6	0.024	C10	0.056 2	C14	0.037 8	C18	0.027 4
C3	0.037 5	C7	0.033 7	C11	0.081 4	C15	0.035 7	C19	0.044 4
C4	0.025 4	C8	0.023 9	C12	0.033 7	C16	0.024 5	C20	0.044 4

（3）综合集成赋权法。

主客观赋权法各有利弊，该研究将两者结合起来，所确定的权重体系同时体现了主客观两方面的信息。计算公式如下：

$$w_i=k_1p_j+k_2q_j \quad (j=1,\ 2,\ \cdots,\ 25)$$

式中，k_1，k_2（k_1，$k_2>0$，$k_1+k_2=1$）为合成系数，一般只需按照决策者的主观偏好确定就可以了。

利用上述公式，设 $k_1=0.7$，$k_2=0.3$，因此晋北农业可持续发展各项指标的综合集成权重见表 4-36。

表 4-36　综合集成赋权法确定的农业可持续发展评价指标权重

指标	p_j	q_j	$w_i=0.7p_j+0.3q_j$
C1	0.077 9	0.050 6	0.069 7
C2	0.077 9	0.049 6	0.069 4
C3	0.042 1	0.050 1	0.044 5
C4	0.024 3	0.049 6	0.031 9
C5	0.111 1	0.050 0	0.092 8
C6	0.037 0	0.049 7	0.040 8
C7	0.037 0	0.049 6	0.040 8
C8	0.037 0	0.049 9	0.040 9
C9	0.031 7	0.049 8	0.037 2
C10	0.095 2	0.049 7	0.081 6
C11	0.095 2	0.050 1	0.081 7
C12	0.009 4	0.049 9	0.021 5
C13	0.055 6	0.050 9	0.054 2
C14	0.035 0	0.050 1	0.039 6
C15	0.077 8	0.049 6	0.069 3
C16	0.022 2	0.049 7	0.030 5
C17	0.022 2	0.049 9	0.030 5
C18	0.018 2	0.050 6	0.027 9
C19	0.059 9	0.050 6	0.057 1
C20	0.033 0	0.049 9	0.038 1

4）求出评价值

根据综合评价值排序，得到综合评价结果（见表 4-37、表 4-38）。利用线性加权函数法，根据下面公式计算综合评价值：

$$S_i=\sum_{j=1}^{n}W_j\cdot Y'_{ij}$$

式中，S_i 为第 i 个村庄的综合评价值；n 为指标个数；W_j 为第 j 个评价指标的权重（由前面综合集成法所得到的）。

表 4-37 晋北农业可持续发展评价指标值

指标	梅家庄村	西沟村	上余庄村	东麻峪寨	王化沟村	全国
C1	0.000 0	0.000 0	0.000 0	0.000 0	0.000 0	0.069 7
C2	0.035 9	0.042 5	0.048 4	0.069 4	0.000 0	0.057 7
C3	0.030 6	0.044 5	0.003 8	0.008 7	0.022 5	0.000 0
C4	0.024 0	0.025 2	0.020 3	0.023 9	0.000 0	0.031 9
C5	0.034 5	0.079 0	0.036 5	0.000 0	0.092 8	0.013 3
C6	0.020 4	0.022 3	0.020 4	0.000 0	0.040 8	0.008 1
C7	0.015 3	0.018 1	0.018 1	0.019 6	0.040 8	0.000 0
C8	0.040 9	0.040 9	0.040 9	0.017 4	0.040 9	0.000 0
C9	0.015 3	0.007 6	0.013 5	0.025 5	0.000 0	0.037 2
C10	0.072 6	0.078 5	0.069 5	0.049 5	0.000 0	0.081 6
C11	0.009 1	0.008 3	0.010 9	0.011 5	0.000 0	0.081 7
C12	0.005 9	0.004 1	0.006 9	0.002 6	0.000 0	0.021 5
C13	0.000 0	0.000 0	0.000 0	0.042 7	0.000 0	0.054 2
C14	0.016 6	0.008 6	0.015 3	0.039 2	0.000 0	0.039 6
C15	0.028 5	0.026 4	0.033 2	0.034 7	0.000 0	0.069 3
C16	0.012 3	0.012 3	0.009 7	0.008 7	0.000 0	0.030 5
C17	0.006 7	0.007 1	0.006 3	0.005 5	0.000 0	0.030 5
C18	0.000 0	0.000 0	0.000 0	0.000 0	0.000 0	0.027 9
C19	0.000 0	0.000 0	0.000 0	0.000 0	0.000 0	0.057 1
C20	0.027 2	0.016 3	0.016 3	0.005 4	0.000 0	0.038 1

表 4-38 晋北农业可持续发展综合评价结果

	梅家庄村	西沟村	上余庄村	东麻峪寨	王化沟村	全国
资源可持续	0.090 5	0.112 1	0.072 4	0.102 1	0.022 5	0.159 3
生态环境可持续	0.111 1	0.160 3	0.116	0.037	0.215 3	0.021 4
经济可持续	0.096 9	0.094 5	0.093 9	0.086 5	0	0.200 5
社会可持续	0.07	0.058 5	0.071 5	0.133 3	0	0.245 6
政策可持续	0.027 2	0.016 3	0.016 3	0.005 4	0	0.123 1
综合	0.395 8	0.441 7	0.370 2	0.364 3	0.237 8	0.749 8

5）农业可持续发展评价

（1）资源可持续。

由图 4-19 可知晋北农业资源可持续发展能力低于全国水平。各村庄人均耕地面积较大，但该区以山地、丘陵为主，坡耕地面积广大，优质耕地资源少，气候干旱，人均水资源仅为 487.1 m^3，远远低于全国平均水平（2 310.4 m^3），在耕地资源禀赋差、水资源缺乏驱动力的影响下出现了大量的撂荒地，危及地区的粮食安全和农业可持续发展。

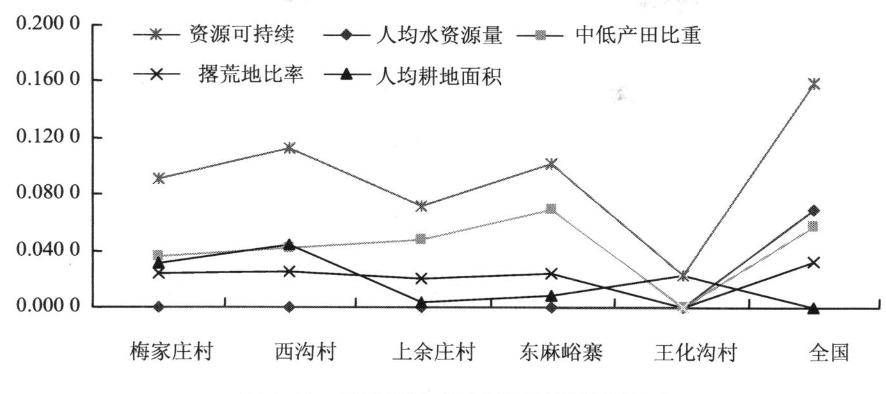

图 4-19　研究区农业资源可持续发展能力

（2）生态可持续性。

各调查村庄农业的生态可持续发展能力较强（见图 4-20）。各调查村庄森林覆盖率较大，生态服务功能良好，且农用地中化肥、农药、地膜用量少于全国水平，这是因为晋北仍保留有一些传统的优良农作方式，有机肥的施用普遍，农业污染对土壤与环境的破坏相对较小，尤其是王化沟村，地处管涔山前沿，海拔高，地方偏远，森林覆盖率达到了 61.7%，农耕仍保持传统的农作方式，几乎没有受到现代西方农业的冲击，因此王化沟的生态可持续发展能力达到了较高的水平。

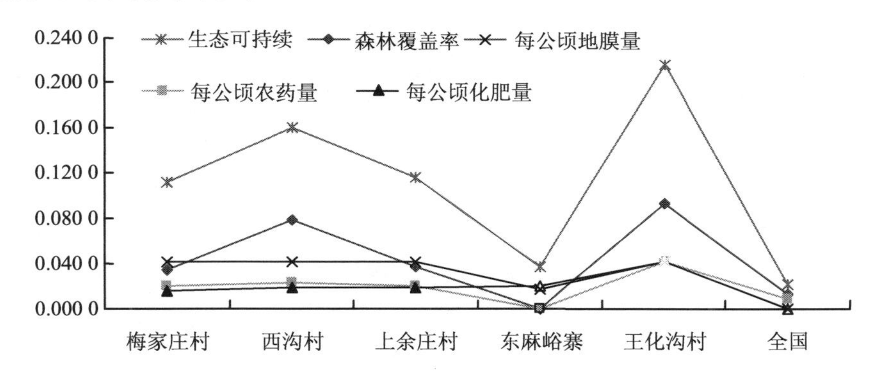

图 4-20　研究区农业的生态可持续能力

（3）经济可持续性。

研究区农业的经济可持续能力较低（见图 4-21）。各村庄的粮食作物主要用于自己食用，商品率低；耕种仍以传统的畜力为主，耗时费力，播种时用种多，且种子以农户自留和农户间调换为主，品种老化，同时受耕地资源禀赋与气候条件的影响，农作物单产低且年际变化大，不好的年景减半或颗粒无收，再加上农药、化肥等农资的高价格使得农业的投入产出率很低，农民人均纯收入低，不利于农业的经济可持续发展。

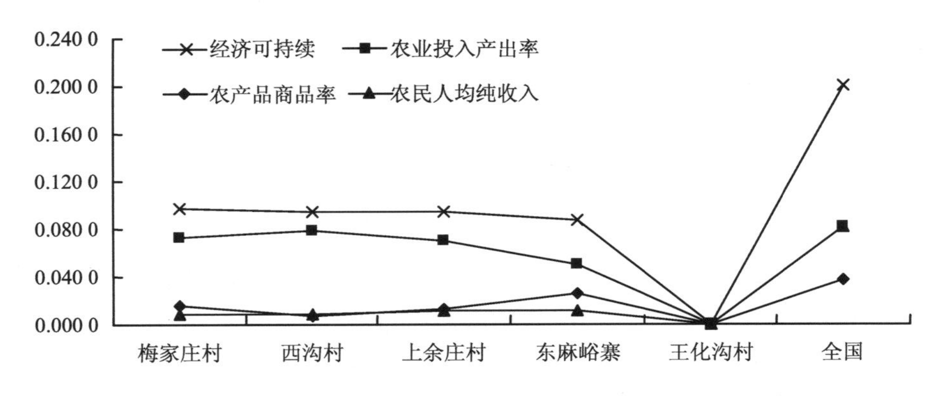

图 4-21 研究区农业的经济可持续能力

（4）社会可持续性。

由图 4-22 可知，各调查村庄的社会可持续能力低于全国水平。各村庄的人口增长率较高，人口的增长对耕地资源造成的压力较大；有效灌溉面积比重及农业生产耕种收综合机械化面积比重小，说明研究区农业的基础设施差，除东麻峪寨有 39.32%的水浇地外，其余各村庄均为旱地，无任何水利灌溉设施，农作物产量无保证，靠天吃饭；城乡居民收入差异指数大、农业劳动力占农村劳动力的比重小，调查中发现农户年人均农业纯收入高的为 1 000 元左右（包括国家惠农政策对粮食种植的补贴和农户用能费用），低的为 500 元左右，而外出务工 1 年除去花费以外，还可净挣 10 000 元以上，城乡收入差距大，直接影响了农民的种粮积极性。因此，广大的青壮年劳动力纷纷外出打工或经商，导致农村劳动力短缺及老龄化，劳动力的素质普遍低，对于新品种、新技术的接受能力差，不利于农业的持续发展。

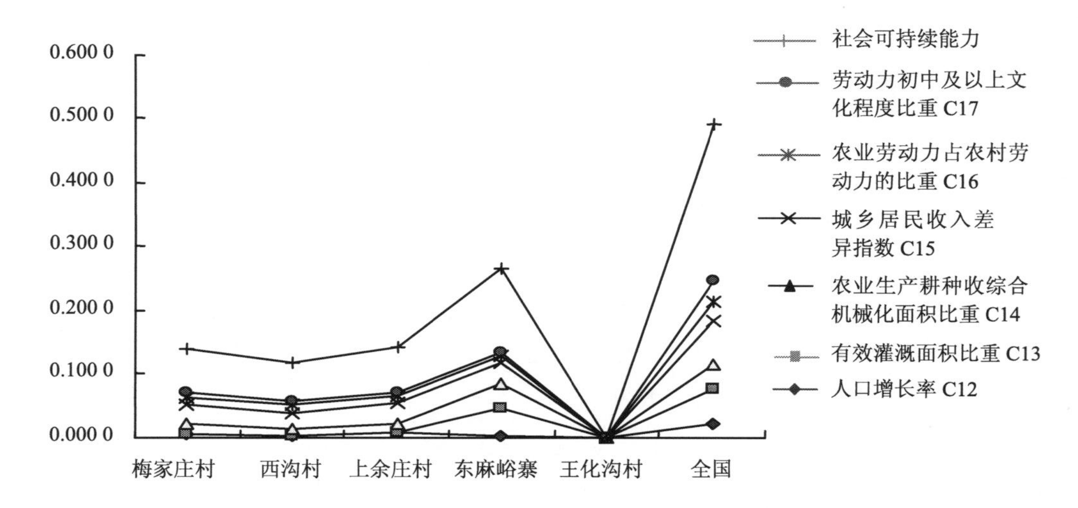

图 4-22 研究区农业的社会可持续能力

（5）政策可持续性。

研究区政策可持续水平较低（见图 4-23）。财政对于科研的投资占 GDP 的 0.18%，而国家财政对于科研投资占 0.81%，是其投入的 4 倍多；财政支农资金占研究区财政支出的 13.52%，全国的财政支农资金占财政支出的 17.5%，可见研究区政策对农业支持力度不大，需要加大对农业的支持力度，以保证农业的可持续发展。

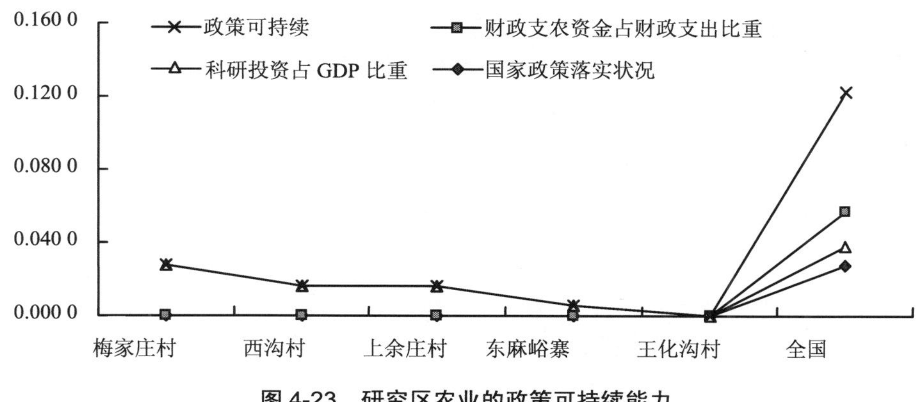

图 4-23　研究区农业的政策可持续能力

（6）农业可持续发展综合评价。

由图 4-24 可知，其综合评价值为：全国＞西沟村＞梅家庄村＞上余庄村＞东麻峪寨＞王化沟村，评价结果与当地的农业发展状况相符，各调查村庄的农业可持续发展能力低于全国水平。由于调查村庄森林覆盖率大、农用地中化肥和农药用量少，使得调查村庄的农业生态环境可持续发展能力较强，但资源可持续、经济可持续、社会可持续、政策可持续都低，致使研究区的农业可持续发展水平低。由图 4-24 还可看出，王化沟村的农业可持续发展水平极低，对农业的持续发展产生了威胁，要想提高研究区的可持续发展能力，就必

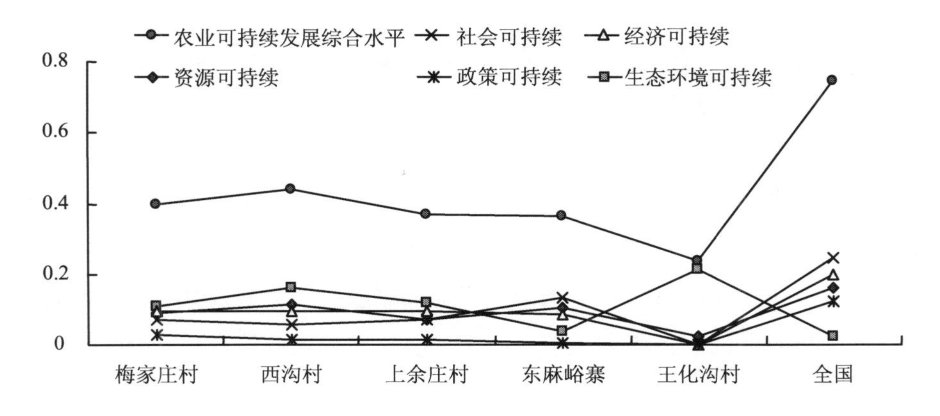

图 4-24　各调查村庄的综合评价值

须从政策上加强国家对农业的支持力度，包括资金、技术的支持，加强研究区农业基础设施建设，提高有效灌溉面积和农业的机械化水平，增加农村居民收入，减少城乡居民收入差距和提高农村劳动力的文化素质等方面着手。应为其寻找其他可行的提高农民生活水平的新的农业发展道路。

4.3.4 小结

本节将半结构访谈与参与式地理信息系统方法相结合研究晋北的农业格局，调查了位于晋北宁武县 5 个村及农户的农林牧现状，采用 DSR 模型从驱动力、状态、响应方面选取了影响该区农业持续发展的 20 个指标，利用村干部与农户访谈数据，从资源、生态环境、经济、社会、政策 5 个方面对该区的农业可持续发展状况进行定量评价。通过研究基本可以得出以下结论：

（1）研究区耕地资源利用状况不容乐观；林业面积比重大但产值偏低；畜牧业缺乏资金支持和技术指导，难以实现规模养殖但极具潜力。

（2）晋北农业可持续发展状况不容乐观。各调查村庄的农业可持续发展综合指数都明显低于全国平均水平，除生态环境可持续能力高于全国平均水平以外，其资源、经济、社会、政策可持续发展能力都很低。

（3）各调查村庄的生态环境可持续发展能力较强，除了与调查村庄的森林覆盖面积大有关，同时也与研究区的农作方式有关，研究区仍保留有一些优良的传统农作方式，如施用有机肥、轮作倒茬、多种经营、循环利用等，这些都是传统农业的精华，维持了中华民族几千年的绵延发展。西方工业化的农作方式产生的土壤退化及环境污染，使世界许多农民回归到传统的农作方式上以解救他们的土壤。可见要使研究区农业可持续发展，必须吸收和继承传统农业的精华，将现代农业技术同当地优良的传统农作方式有机结合起来，发展生态循环农业。

（4）晋北的资源、经济、社会、政策可持续发展能力都很低。优质耕地资源少、气候干旱是限制该区农业持续发展的客观因素；经济因素表现为农业的投入产出及农民的人均纯收入低；社会可持续能力差表现为研究区农业基础设施差、城乡收入差距大及引起的农业劳动力外流，劳动力文化素质普遍较低，不利于现代农业实用技术和新品种的推广应用；政策可持续能力差体现在国家和地方政府对农业的支持力度不够。鉴于研究区的农业发展现状，只单依靠农户自身的能力已无力承担，需要国家和地方政府从资金、政策、技术、人员等方面加大对农业的支持力度，营造一个理解与支持农业的良好社会环境，同时引导农民进行可持续的农业生产，提高农业生产效益、增加农民收入，才能从根本上解决农业可持续发展的难题。

第 5 章

利益相关者参与

5.1　利益相关者分析方法

现实中，生态环境格局是自然、经济、社会和政治（利益相关者）等多变量结合后产生的结果，除了自然因素，政治—经济过程决定了生态环境发展的格局。

社会生态系统在寻求“应该是什么”的问题，对生态系统应当如何利用充满规范性的价值判断，主要的依据是公共利益。生态系统管理需要有立法授权和占用大量社会资源，一般由政府发起，其结果会对一些个体或群体造成影响（影响可能是积极的，也可能是消极的），因此，生态系统的适应性管理可视为各种不同利益相关者对某区域内未来形态作利益上的严肃竞争和协商，使结果对自己或所属群体最有利的过程，这说明利益相关者参与理论（Stakeholders' Participation）应当应用于适应性规划和管理的编制过程，这一观点得到国内外的认同。依据该理论的看法，受生态系统管理过程影响的众多群体各自有不同的能力和利益，他们在规划问题识别、目标制定和策略选择等过程中有不同的愿望和诉求，表达他们各自利益的个人、群体、组织或机构就是不同的利益相关者（Stakeholders）。

在国内外，适应性管理中的利益相关者分析（Stakeholder Analysis）的作用主要体现在：

- 辨识出不同利益相关者，分析辨识出适应性管理的利益相关者及其扮演的角色；
- 帮助筛选出主要的利益相关者，避免漏掉重要的参与者；
- 了解他们的利益所在和作用，制定他们的参与策略；
- 针对不同的参与者，确定不同的参与形式，使参与者能够根据他们的特点，发挥他们的优势，使他们的角色和作用与他们的参与程度相当，提高管理中的有效参与；
- 与利益相关者一起辨识管理中的主要问题及其原因。

适应性管理必须有广大公众的参与，这已成为国际共识。但是在中国，由于参与的理念并不是我们的传统，目前的政策和制度环境也几无公众参与发展的空间，所以对自然资源管理中的利益相关者参与的研究，是十分必要的。所谓利益相关者参与通常是指这样一套程序，即借助这套程序利益相关者得以对影响他们的决策、活动与资源施加影响并分享控制权。有些利益相关者会影响规划和管理过程，而有些会受此过程的影响，因此他们可被分为制定者、受益者和受害者，他们共同参与规划管理决策的过程就是利益相关者参与。

因为自然资源管理是复杂的、不确定的、多层次的，而且影响众多行为人和群体的，对适应性管理中的利益相关者参与质量进行评价，仅仅停留在“谁参与进来了”以及“他们是怎样参与的”是不够的。对于管理的完成更具有意义的是参与者贡献的大小，即参与的质量。

利益相关者参与实际上是一个各利益群体政治博弈的过程，主张在决策中能表达其诉求与价值，纵使其观点无法被采纳，但至少可以借此表明己方的立场或态度；利益相关者参与也使管理者公平地认定与考虑所有利益相关者的立场或态度，最小化可能的消极影响（包括利益相关者的冲突），编制和实施公平合理的规划和管理。如何在众多不同的利益群体中制定和达成有关资源环境的政治共识，成为当前环境管理理论界的重要研究内容。

本章将通过一个典型的案例——乡村社区耕地保护与利用的利益相关者分析，说明社会生态系统适应性管理中利益相关者分析的运用，辨识适应性管理过程中的利益相关者及其作用与关系，从利益相关者参与的视角认识适应性管理过程中的政治和社会属性与特征。通过利益相关者参与质量评价模型的建立，更深入分析利益相关者参与在适应性管理中的社会政治意义。

根据适用范围的不同，利益相关者分析可分为三个阶段（见图 5-1）。

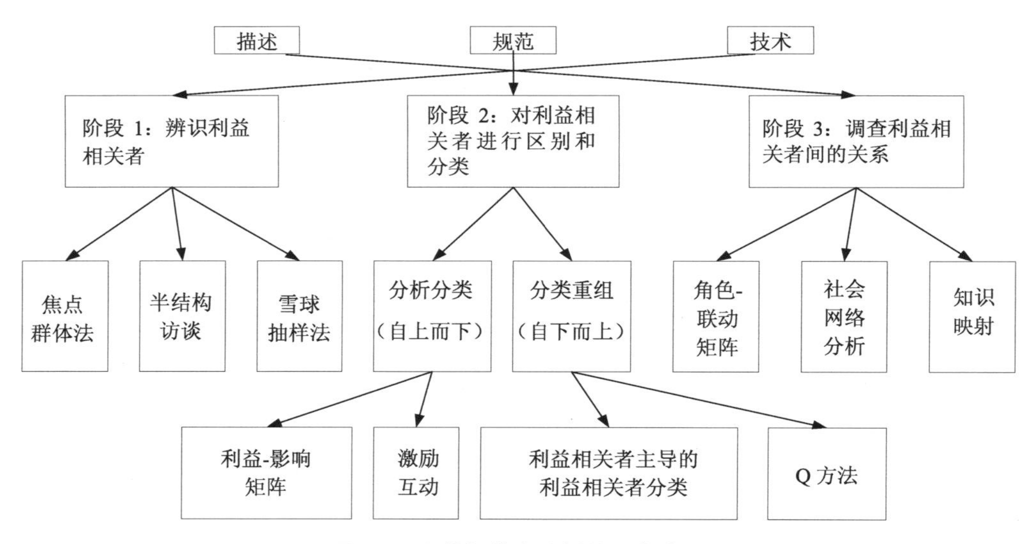

图 5-1　利益相关者分析的三个阶段

阶段 1：辨识利益相关者。

通过调查来辨识谁拥有什么利益是很有必要的，这有利于建立社会界限。在辨识利益相关者之前需了解他们的利益所在和关系，以便于分类。具体方法包括：

（1）焦点群体法。

焦点群体法是通过小规模“头脑风暴”法，对利益相关者的利益所在、影响和其他属性进行辨识。此方法需要一些便利条件，如住宿、挂图和场地条件等，可以快速掌握利益相关者的利益所在及其影响，因此最为合算。

但是此方法达成的共识一般为主要利益相关者，而易忽视其他利益相关者，即次要利益相关者。所以此方法适用于需要通过讨论才能对复杂问题生成相关数据的情况。而且此方法与其他方法相比，结构化程度低，因此为了得到更准确的结果，在使用过程中需要进行适当简化。

（2）半结构访谈。

半结构访谈是对利益相关者进行交叉访谈，以便检查/补充焦点群体的数据。此方法需要大量的采访时间，以及采访时的交通、录音设备等。此方法有利于加深对利益相关者关系的理解，然后对收集到的焦点群体的数据分类。但是此方法比较费时，因此十分昂贵，且很难在不同类型的利益相关者间达成共识。

（3）雪球抽样法。

雪球抽样法是从最初采访的利益相关者中选出个别的利益相关者，然后确定新利益相关者的类别和他们之间的联系。就像前两种方法一样，雪球抽样法需通过采访来辨识每个利益相关者类型中的连续受访者。此方法不涉及数据保护的问题，所以易于进行采访，而且可以适当减少小规模的采访，但是在操作过程中，第一个样本的社会网络可能导致样本整体的偏移。

阶段 2：对利益相关者进行分析。

利益相关者的分类包括分析分类（自上而下）和分类重组（自下而上）两种。自上而下的分类包括利益-影响矩阵和激励互动法，自下而上的分类包括利益相关者主导的利益相关者分类和 Q 方法。

（1）利益-影响矩阵。

利益-影响矩阵法是将利益相关者置于一个由他们的利益和影响组成的矩阵中。此方法的操作需有焦点群体法的配合，从采访中的利益相关者或者研究者/实践者中逐一筛选。此方法能优先纳入某些利益相关者，并且使权利动态明晰化。但是优先排列可能会边缘化某些群体，而且假设的利益相关者类型是基于利益-影响的。

（2）激励互动。

激励互动法是通过雪球抽样来确定次要的利益相关者，并以发展的策略来解决他们关注的问题。此方法需要系统的培训方法以及时间。通过激励互动，可以辨识利益相关者和可能被忽视的问题，能最小化未来项目的风险，但是此方法耗时较长、花费较多。

（3）利益相关者主导的利益相关者分类。

利益相关者主导的利益相关者分类，是利益相关者自己创建的利益相关者分类。此方法需要大量的采访时间，以及采访间的交通往来、录音设备等。利益相关者分类是基于利益相关者的看法，但不同的看法可能将不同的利益相关者置于相同的类别，使分类无意义。

（4）Q 方法。

Q 方法是根据利益相关者对主流意识的赞同程度进行的利益相关者的排序，分析中允许对社会话语的辨识。此方法需要对发言进行排序的材料、采访时间和采访间的交通。通过 Q 方法，可以辨识围绕一个问题的不同社会话语，而个人可通过他们所“符合”的社会话语来进行分类。但是只能辨识那些受采访的利益相关者所提出的问题，不能辨识所有可能存在的问题。

阶段 3：调查利益相关者间的关系。

利益相关者（无论个体或群体）间展现出的关系，需用一套系统的方法进行调查。有三种方法用于分析利益相关者间的关系，分别是角色-联动矩阵、社会网络分析和知识映射。

（1）角色-联动矩阵。

角色-联动矩阵是将利益相关者放在一个二维矩阵中，用代码来描述他们之间的关系。此方法的操作需焦点群体法的配合，从采访中的利益相关者或者研究者/实践者中逐一筛选。但是如果角色-联动矩阵描述的联系过多，那么使用起来会变得混乱和困难。

（2）社会网络分析。

社会网络分析是用于辨识利益相关者的关系网络，从而通过使用结构化访谈/问卷调查来衡量利益相关者间的关系。此方法需要采访者、调查问卷、实施方法和结果分析的培训、时间和软件等条件。社会网络分析以其深刻的洞察力，使分析者了解利益相关者的网络的边界、网络的结构，以此来辨识主要利益相关者和次要利益相关者。所以此方法操作起来比较费时，对受访者来说问卷比较烦琐，需要专业的方法。

（3）知识映射。

知识映射法与社会网络分析一起使用，通过半结构访谈，以辨识利益相关者间的作用和知识。此方法需要大量的采访时间，以及采访间的交通、录音设备等。通过知识映射可辨识那些能很好合作的利益相关者，同时平衡他们之间的权利。但是在操作过程中，因为需要不同知识和不同利益相关者，故知识的需求可能无法得到全部满足。

这里有一例，可以直观地说明利益相关者分析的结果。前几年在山西省开展的中德技术合作 PAAF 项目，在项目准备阶段一开始，就对项目各相关参与个人、群体和机构进行过分析，也是现状调查时首先要确定下来的事情，分析结果见表 5-1。利益相关者分析是在各层面分别举行利益相关者研讨会，了解他们在项目相关方面的兴趣、利益和愿望；然后，项目工作人员对省级、项目县、项目乡相关部门以及项目村的村民委员会以及村民深入访谈后，经“头脑风暴”后汇总得出的。同样也是项目了解所有利益相关者及其愿望的基础。

表 5-1　PAAF 项目的利益相关者分析（2000 年）

	机构/群体	在项目中的作用	期望/需求
省级	省领导小组		
	外经贸厅	总体上组织、管理和协调	建立可持续的土地利用模式
	省计委		
	财政厅	提供配套经费	对省厅管理技术人员进行培训
	省科委		
	林业厅	负责项目实施	改善规划方法和调和设备
	省项目办	负责项目实施	
县/市级	县项目领导小组	负责执行项目	项目措施应满足农民需要和符合当地情况
	林业局	技术支持与服务	通过技术措施增加农民收入
	水利局		贫困地区如何执行项目
	土地管理局	负责土地利用规划和批准	给贫困县提供执行项目的资金
	财政局	负责资金支持和协调	通过培训提高职员的技术管理水平
	县/市计委	负责总体规划	提供设备
	妇联	确保组织动员妇女参与此项目	
	农业局/农牧局	协调、领导、监督	
乡级	乡政府	组织实施、协调	出国参观学习
	林业局		培育建立一项新型产业
	农牧站		制定的规划能符合当地地形、地貌
	土地所	参与实施、提供技术服务	符合当地民政部门的技术及相关培训
	水管站		培训管理者、技术人员
	农机站		提供先进仪器、设备
	妇联	发动妇女参与项目活动	引进新技术、新品种
			帮助制定经济社会规划
			要求项目解决技术、资金问题
村	村民委员会	组织村民实施项目	制定村资源利用规划
			改善村生态环境
			增加村集体的经济实力
			引进新品种新技术、帮助建立农田灌溉系统
			脱贫致富
	试点县村民	参与实施和受益者	提供苗木及栽培技术
		农民参与土地利用规划过程	引进新品种新技术
			技术培训和咨询
			提供市场信息
			落实职责和权利

5.2 利益相关者分析案例：乡村社区耕地保护与利用

为了解不同类别的利益相关群体对耕地利用的态度和看法，掌握基层耕地利用情况的第一手资料，本案例以山西省宁武县上余庄村为例，通过影像解译、实地调查、半结构访谈等，针对耕地利用问题，在不同利益相关者——农户、管理人员、农技人员——当中分别进行访谈。从当地村民、管理人员、技术人员的多视角，了解各利益相关者对当地耕地利用的看法，掌握当前耕地利用情况和存在的问题以及影响耕地利用的社会因素。

5.2.1 研究区概况

宁武县上余庄村是余庄乡政府驻地所在村，地处宁武县中北部，距县城 15 km，宁白公路穿村而过，交通十分便利。该区属丘陵山区，温带大陆性气候，夏季炎热干燥，冬季寒冷漫长，平均海拔 1 760 m，年平均气温 5.8℃，年平均降雨量 460 mm，无霜期 100 d。全村共有 185 户，721 人，劳动力 250 人，其中从事种植业的劳动力 92 人，占 37%，从事运输业的 38 人，占 15%，从事第三产业的劳动力 32 人，占 13%，外业务工劳力 76 人，占 30%。

全村无矿产资源，无村办企业，集体经济薄弱，是典型的“空壳村”。周边煤炭企业较多，从事运输业的农户较多，因此，全村的产业由种植业、养殖业、运输业构成。种植业以马铃薯、莜麦、胡麻等小杂粮种植为主。2005 年粮食产量 86.7 t，种植业收入 36.8 万元。全村经济总收入中，种植业、养殖业、运输业和打工收入，所占比重分别是 21.25%、5.78%、46.2%、11.5%。

5.2.2 结果与分析

就耕地管理而言，谁是利益相关者，他们的看法是什么？凡是能对耕地管理施加影响的利益主体都是直接或间接的相关方，他们可能包括耕地的受益人、政府和相关部门、有关组织、农产品购销或加工企业等，而最重要的利益相关者仍是耕地的直接使用者和受益者——农民。

1）上余庄村耕地利用现状

据影像解译和实地调查得到上余庄村土地利用现状图（见图 5-2）、土地利用现状表（见表 5-2）和耕地坡度分级表（见表 5-3）。

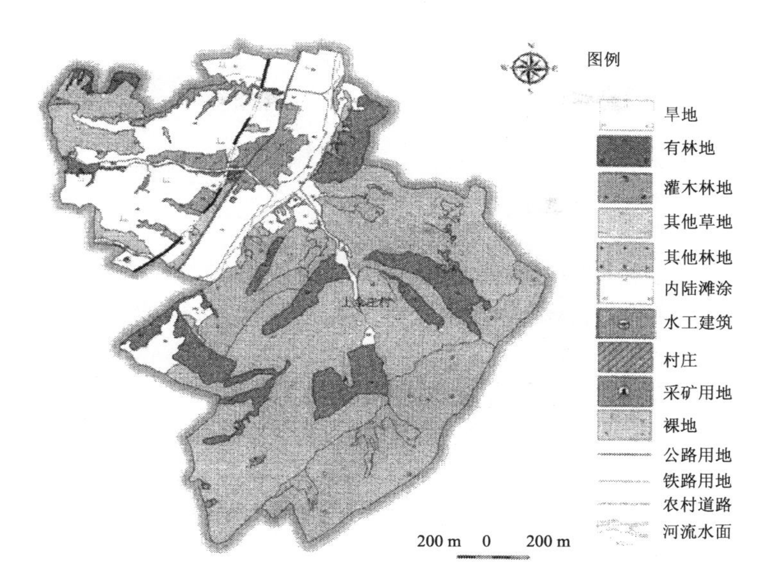

图 5-2　上余庄村土地利用现状图

表 5-2　上余庄村土地利用现状

利用类型	面积/hm²	比例/%
耕地	90.91	18.30
林地	161.59	32.53
牧草地	187.46	37.74
城镇村及工矿用地	16.59	3.34
交通运输用地	8.57	1.73
水域用地	15.14	3.05
其他用地	16.41	3.30
合计	496.67	100.00

表 5-3　上余庄村耕地坡度分级现状

分级	坡度		面积/hm²	合计/hm²
平地	≤2°		0.84	0.84
梯田及坡地	2°～6°	梯田	21.62	24.07
		坡地	2.45	
	6°～15°	梯田	0	44.02
		坡地	44.02	
	15°～25°	梯田	0	21.89
		坡地	21.89	
	＞25°	梯田	0	0.09
		坡地	0.09	
耕地总计			90.91	90.91

由表 5-2 可知，该村总面积 496.67 hm^2，其中耕地 90.91 hm^2，占土地总面积的 18.30%，主要种植马铃薯、胡麻、莜麦和豌豆等；林地 161.59 hm^2，占土地总面积的 32.53%；牧草地 187.46 hm^2，占土地总面积的 37.74%；村庄及交通占地 25.16 hm^2，占土地总面积的 5.07%；水域用地 15.14 hm^2，占土地总面积的 3.05%；未利用土地 16.41 hm^2，占土地总面积的 3.30%。由表 5-3 可知，在耕地类型中，平地 0.84 hm^2，占耕地总面积的 0.92%；梯田和坡耕地共有 90.07 hm^2，占耕地总面积的 99.08%；撂荒地主要分布在坡耕地上，面积约有 15 hm^2，占耕地总面积的 15%。从图 5-2 中可以看出，该村耕地主要集中分布在村子西北部，恢河沿岸，面积较少，村庄和交通用地也主要集中在这一带；林草地主要分布在村子东南部，面积较大，且以草地为主。

据调查，村中的青壮年劳力常年从事非农产业，而长期务农的大都是一些老人和妇女。他们接受新技术、新品种的水平有限，普及农业科技应用率低，严重影响了现代农业实用新技术的推广。农业机械化程度低，农事活动主要靠畜力和村民的体力劳动完成，劳动强度大，生产效率低。上余庄村耕地平均收益情况见表 5-4。

表 5-4 上余庄村耕地平均收益表

	马铃薯	胡麻	莜麦	豌豆
亩收/kg	1 000	75	35	150
单价/（元/kg）	0.8	4.8	3.0	
各种花费/元	550	150	50	50
每亩净收入/元	250	210	200	200

从表 5-4 可以看出，当地主要种植作物有马铃薯、胡麻、莜麦、豌豆，亩产量较低，除去各项花费，每亩地年平均收益在 200～250 元。

2）调查对象基本资料

此次调查访谈对象 36 人，其中农民 25 人，为主要的访谈对象，占访谈总数的 69.44%；乡村管理人员及技术人员共 11 人，占访谈总数的 30.56%。访谈对象约占全村总户数 185 户的 20%，从样本年龄构成来看，41～60 岁的人数较多，有 25 人，占访谈总数的 69.44%，这些访谈的农户大多是长期生活在此，较少外出打工，对本村的耕地利用情况比较了解，其观点能够代表大部分农户对当前耕地利用情况的认知。访谈对象类别及年龄分布情况见表 5-5。

3）各利益相关者对耕地利用的认知分析

（1）对耕地利用状况的满意度。

访谈主题围绕四个方面开展。针对村民对目前耕地利用的满意度来看（见表 5-6），只有 13.89%的受调查者对本村耕地利用情况较满意，而 55.55%的人选择“较不满意”，27.78%

的人对本村耕地利用不满意。从多利益群体的角度来看，各利益群体对耕地利用满意程度的看法差异较大，管理人员对耕地利用的满意度相对稍高些，农民和技术人员对耕地利用状况的满意度较低。

表 5-5 访谈对象基本情况表

类别	数量	比例/%	年龄/岁	数量	比例/%
农民	25	69.44	20～30	1	2.78
管理人员	6	16.67	31～40	7	19.44
技术人员	5	13.89	41～50	12	33.33
			51～60	13	36.11
总数	36	100.00	61 以上	3	8.33

表 5-6 各利益相关者对耕地利用的认知分析

问题	答案	人数/%	人员组成
1. 你对本村耕地利用是否满意	a. 非常满意	0（0）	
	b. 较满意	5（13.89）	农民：3；管理人员：2
	c. 较不满意	20（55.55）	农民：12；技术人员：4；管理人员：4
	d. 不满意	10（27.78）	农民：9；技术人员：1
	e. 非常不满意	1（2.78）	农民：1
2. 耕地撂荒的最主要原因是什么	a. 投入多收入少，挣不了多少钱	26（72.22）	农民：18；技术人员：2；管理人员：6
	b. 没人手，家里青年劳力都出去打工	3（8.33）	农民：3
	c. 村里缺水，没有灌溉设施，靠天吃饭	2（5.55）	农民：2
	d. 耕地质量差，土地沙化严重，难以耕种	4（11.11）	农民：1；技术人员：3
	e. 其他	1（2.77）	农民：1
3. 耕地减少的最主要原因是什么	a. 退耕还林，退耕每亩补助 160 元	21（58.33）	农民：12；技术人员：3；管理人员：6
	b. 土质差，耕地退化成草地	9（25）	农民：7；技术人员：2
	c. 基础建设占用耕地	5（13.89）	农民：5
	d. 其他	1（2.78）	农民：1
4. 你认为本村的耕地利用还需在哪些方面进行改进（可多选）	a. 加大投入资金	27（75）	农民：20；技术人员：3；管理人员：4
	b. 改善土地质量	22（61.11）	农民：15；技术人员：5；管理人员：2
	c. 提高种植业的机械科技水平	30（83.33）	农民：20；技术人员：5；管理人员：5
	d. 其他	8（22.22）	农民：2；技术人员：3；管理人员：3

调查也表明，本村所处的区位条件相对较好，运输业较发达（占总收入的46.2%），农户从耕地获得的收入在总收入中所占比重并不高（21.25%）。对当地农民而言，耕地合理利用与否或者值不值得投入去改善耕地的利用状况，取决于耕地的经济收入在总经济收入中的地位。“种地不划算”导致农户对耕地利用的积极性不高，加之政府和社会对农业的投入力度并不大，从“种地”中获得收益的希望渺茫，致使他们对耕地利用的关注度下降。

在访谈中，技术人员和管理人员对耕地利用的满意度也表达了自己的看法。耕地利用合理性与耕地的面积、比例、布局、种植作物种类与结构、耕作方式与经营管理、投入产出、土地生产力等有关，但受自身可支配资金、技术等条件的限制，显得束手无策，同时他们也表现出改变现状的强烈愿望。

（2）耕地撂荒的情况及原因。

从资料收集以及农户访谈中了解到，虽然该村多年来耕地的面积没有大幅度减少，但实际耕地利用率却在逐年下降，即存在大量的撂荒地，撂荒十年以上的耕地大约有14 hm^2。当地村民、技术人员和管理人员都对当地耕地撂荒状况表示担忧。调查结果显示（见表5-6），耕地撂荒的主要原因是投入多，收入少，种地不挣钱（72.22%），其次为耕地质量差，土地沙化，难以耕种（11.11%），缺少人手（8.33%），没有灌溉设施（5.55%），其他（2.77%）。从表 5-6 可以看出，农民、技术人员和管理人员对耕地利用的看法和态度基本一致。

从调查中还了解到，宁武县属于丘陵山区，夏季炎热干燥，冬季寒冷漫长，所以只能种一些高寒作物，产量较低，农户耕种的主要目的大多停留在满足自用上，他们对耕地的土壤改良、水利基础设施建设资金投入的意愿较低，劳动力的投入更是很低，这使耕地处于粗放经营的状态，耕地利用率偏低。有一定社会资源的农户大都从农业经营转向其他经营（如运输业），而仍然从事农业经营的农户则大多生计困难，也无力扩大自己的耕地经营规模。当地农民、管理者和技术人员虽都能认识到耕地对国家和社会的重要性，但客观上由于经济投入与产出的不对称，只能任由耕地继续撂荒及其耕地经营规模的扩展，或者采取了一些措施但收效甚微。另外，调查也发现，技术人员有希望各级政府采取有力措施阻止这一倾向的要求。

（3）耕地减少的原因。

调查中也了解到，与 10 年前相比，当地的耕地面积从总量上来说相对保持了动态平衡，但当地村民、技术人员和管理人员却认为实际耕作面积是在逐年减少。减少的原因主要是什么呢？从表5-6的调查结果表明，58.33%的人认为实施退耕还林政策是近年来耕地减少的主要原因；其次是耕地退化，占25%；建设用地占用耕地也是主要因素，占13.89%。表5-6还表明，不同群体对耕地减少原因的认识基本一致。农户对建设用地占用耕地的态度更直接、更强烈。

从调查以及土地利用现状图可以看出，退耕还林工程大多分布在离村庄居民点较远的山坡耕地上，目前耕地范围主要是沿恢河两岸的河滩地。访谈中也了解到，大部分村民欢迎退耕还林项目，因为退耕还林可以享受到国家比较优惠的补贴政策（退耕每亩补助 160 元），农民不但享受到实惠，还可以腾出劳力来外出打工或者投资其他行业。可见，农户支持国家调整农业产业结构和生态建设的政策，如果举措得当，对农户会产生积极影响。

耕地减少的另一个重要原因是耕地退化成草地，退化的耕地主要分布在村子东部的坡地和部分梯田。由于耕种条件差，离村较远，耕地投入也不足，又不符合退耕还林政策的退耕要求，因此这部分耕地有机质含量持续下降，土地沙化，退化成草地。

耕地减少的第三个原因是建设用地的侵占，主要是村民新建房屋住宅和公路建设等其他基础建设，占用了部分耕地。农民对建设用地侵占耕地的不满主要是由于存在着分配不公的问题。

（4）耕地利用的改进途径。

耕地利用的改进途径有很多，体现在扩大耕地面积和比例、合理进行耕地布局、改变种植作物种类与结构、改善耕作方式与经营管理、提高投入产出、发挥土地生产潜力等方面。访谈过程中表明，访谈对象普遍对本村的耕地利用状况不满意，认为有改进的空间。那么如何改进耕地利用状况，提高耕地生产力呢？

从表 5-6 可以看出，大家对耕地利用的改进途径主要集中在以下一些方面：83.33%的人认为应该提高农业机械化水平和科技水平，改变靠畜力耕种和“靠天吃饭”的经营状况，75%的人认为应该加大对农业的投资，61.11%的人认为应该从改善土地质量着手，还有 22.22%的认为应从其他方面入手，如耕地应该重新分配，和实际经营耕地的人口相匹配；严禁住宅地侵占耕地等。

访谈中也了解到，不同群体对耕地利用改进措施的看法不同。大部分农户认为首先应该加大提高机械化水平和农业投入，其次是改善土地质量；管理人员认为应该加大农业投入和提高机械化水平、发挥土地生产潜力；技术人员则更侧重科技角度，认为应该改善当地土地质量和提高科技水平，实现科技种田。

5.2.3 小结

基于上述耕地利用与保护调查，从不同利益相关者的角度可以看出，农民最关注的是自己的收入，考虑更多的是直接的经济利益，如果种地效益高，那么他们种地的积极性自然会高，例如，当退耕还林的经济结果比种地合算时，则实行退耕还林；对于管理人员来说，他们也能从农民所面临的问题出发，也有一定的宏观考虑，希望改善整个村的种植水平；对于技术人员来说，关注更多的是耕地质量、耕种技术等技术考虑。

（1）利益相关者的积极参与对更好地考虑问题起到至关重要的作用，因为这样可以弄清各方的看法，为各方提供了解学习的机会，并且提供了产生共同思想所必需的互动基础。研究表明，无论是农户、管理人员还是技术人员，大部分人对本地的耕地利用情况不满意：农户对此的态度更倾向于无可奈何，转而寻找其他的收入途径；技术人员表现为无能为力，而管理人员对此的关注度也在下降。

（2）耕地经济效益低下，投入—产出持续失衡，已经进入恶性循环的怪圈，这是导致本村耕地撂荒和土地沙化的直接原因。而近年来外部社会—经济状况变化后，当地耕地经营和保护的成本增加，只单单依靠农户自身的能力已无力承担，这是间接因素之一。因此必须引入政府和全社会的外部力量加大投入，才能从根本上扭转这一被动局面。

（3）农户、管理人员和技术人员都认为本村耕地利用现状需要改进。各方提出的改进途径主要包括：提高机械化程度、提高科技水平、增加资金补偿等。从受调查各方的认知来看，在上述具体途径背后，他们更期望政府政策和制度上的改变，从耕地保护的政策、科技、资金和人员等方面全面系统地增加投入力度。

国家保护耕地的战略意义，不单是为解决农民的经济收入问题，还包含着国家粮食安全、实现社会—经济可持续发展的客观要求。耕地保护的这种外部性，使得耕地保护不仅仅是农民的责任，更应该是各级政府和全社会的共同责任。农民是耕地保护的主体，但保护耕地绝不是农民一方的事情，耕地保护理应得到国家从人员、资金、技术、政策等的全面支持，才能提高农民经营土地的积极性，从根本上实现对耕地的保护。

适应性管理强调利益相关者在社会生态系统的规划和管理中积极介入和参与的必要性，它鼓励并理解利益各方的观点和想法，注重加强当地的管理能力，帮助创造管理中的透明度，强化各层面的沟通，以实现优化土地利用、改善生态环境、提高当地生活水平的目的。利益相关者参与过程提供了大家共同认识自然和社会经济问题的机会，为唤醒公民的责任感和归属感提供了一种途径。

5.3 利益相关者参与质量评价

5.3.1 参与质量评价模型

由于各国历史和制度等的不同，国内外目前还没有对参与质量形成普遍都能接受的评价方法。从文献来看，国外对参与质量的评价方法主要可分为以下四类：

1）阶梯式参与质量评价模型

最早评价参与质量的是 Arnstein，她提出的八档“公民参与阶梯”理论（见图 5-3）把公民参与定义为“公民无条件拥有的权利”。该阶梯的前两档：操纵和控制，被划定为“非参与”；接下来的三档：告知、咨询和安抚，被划为“象征性参与”；最高的三档：合作、授权和公民控制，被认为是“公民权利”真正应达到的程度。Arnstein 认为只有最高的三个梯档上的参与才能被视为“真正参与”。

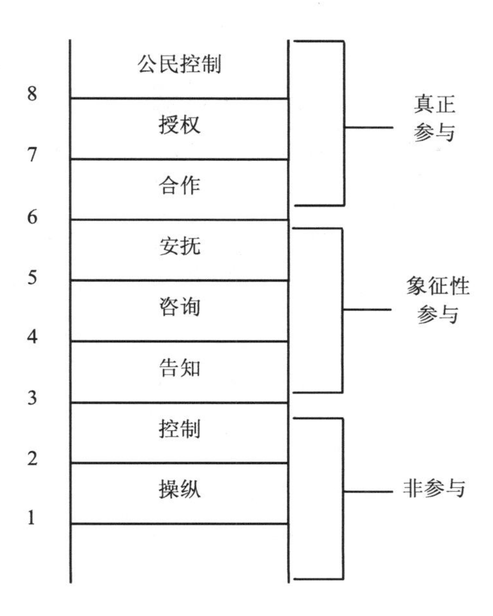

图 5-3 Arnstein 的八档“公民参与阶梯”

Pretty 也采用了与 Arnstein 相似的垂直、分级的参与质量评价思路，提出七级参与类型：操纵式参与、被动参与、咨询式参与、物质激励式参与、功能性参与、交互式参与和自我动员。

2）连续谱带式参与质量评价模型

Dorcey、Doney 和 Rueggeberg 改进了阶梯式参与评价框架，他们认为一系列的参与方法就如同一个水平的“带谱”（见表 5-7），连续带谱中的每个水平可能都是合理的，这要视决策结果而定；当用到较高参与程度的形式时，每个较低的形式可能也需要同时实施，以便使所有利益相关者都参与进来并被告知。

表 5-7 Dorcey、Doney 和 Rueggeberg 的“公众参与带谱”

告知	教育	搜集信息观点	协商反应	确定问题	测试想法寻求建议	寻求共识	持续参与
互动程度渐增							
承担的义务、投入和时间渐增							

3）综合式参与质量评价模型

Cullen 提出了参与质量应分为四类（见表 5-8）。与上述几种参与分类方法相比，Cullen 的类型更突出合作精神，更适合于合作伙伴发展模式中的参与。他的四种参与类型被看作是一种“灵活、分权化和参与式”的方法，重点抓住了参与综合性和全面性的特点。在 Cullen 的四种参与方式中存在一定的自然交叉和相互联系，有些项目中可能这四种参与形式都存在，有些也可能某些参与形式并不突出。Cullen 的分类在实践中更实用，也说明了参与概念复杂性和不确定性的特点。

表 5-8 Cullen 提出的参与类型

类型	每种类型的特点
学习型参与	认识到如果没有首先获得行动的技术（知识和技能）、取得行动的能力（自信和集体精神），弱势群体就不可能完全参与
最终用户/消费者参与	这种参与形式出现于那些直接受益人存在的地方，他们有机会参与到决定目标、目的、政策和工作方法中去
倡导与调停消费者的参与	多种团体和组织在社区参与中发挥倡导和调解作用
结构性参与	这种方法倡导构建新的社区组织体系，来协调外部机构和社区的关系

4）指标式参与质量评价模型

Innes 和 Booher 基于复杂科学和沟通理性建立了对规划实践的评价体系。Innes 理解的沟通式规划模型是需要建立共识。利益相关者代表着不同的利益，在一起面对面地长时间的对话，为参与者共同的关注点制定规划和政策。规划过程需要讨论推进者和各种方法保证所有人都能发出诉求。寻求共识是一个复杂的过程，而不是单纯使用和依靠原则。因此对过程的评价指标将有助于规划师理解需要在过程中实现的关键点。Innes 和 Booher 建立的在规划过程中参与质量评价方法可分为 8 个方面：①规划过程中是否包括了各个相关的重要的利益相关群体的代表；②规划过程是否有明确而现实的目标和任务，并且参与者都认可认同；③规划过程是否是自主组织的，允许参与者决定基本的原则，自发形成工作团队和组织讨论题目；④规划过程是否保持了参与者较高的参与度，让他们愿意参与讨论，保持对讨论问题的兴趣；⑤规划过程中参与各方是否通过深入的讨论和其间非正式的互动学习相互的经验和知识；⑥规划过程中的参与各方是否对现状进行反思，促进了创造性的思考；⑦规划过程中是否整合了各种形式的高质量信息，确保形成的共识有意义；⑧在充分讨论各种关注点和利益点之后，规划过程是否寻求参与者之间的共识，是否对各种不同的关注点和利益点都有考虑和回应。

Innes 和 Booher 提出的规划过程的参与质量评价指标体系不仅提供了评价的基础，同时为规划师组织各方编制规划提供了导则。

总之，经过多年的实践和研究，西方已经形成了完整的参与质量评价模型，但这些模型都没有对参与质量的评价进行量化。而目前国内对参与质量的评价方法则较为混乱，没有一个标准的评价体系和评价方法，故建立一个完整而准确的参与质量评价体系是十分必要的。

5.3.2 参与质量评价体系建立

Lauber 和 Knuth 曾总结了公民决策过程的成功与否，不是看哪个过程带来了成功的结果，而是看是否达到了以下这 9 个目标：①公众应当有足够的机会去参与；②机构应当有能力接受公众提供的信息；③公众应当能影响最后的决策；④机构工作人员应当拥有足够的知识，并能得出合理的推断；⑤公众参与到过程中应当拥有足够的知识；⑥过程应当在适当的时间内完成；⑦过程应当有一定的经费投入；⑧过程应当能得到稳定的决策；⑨过程应当改善利益相关者间的关系。

基于以上 Lauber 和 Knuth 确定的公众参与的目标，本案例以 Innes 的参与质量评价模型为蓝本，结合国外参与质量评价模型的最新进展，根据公众参与应达到的 9 个目标，尝试建立适合评价社区社会生态系统适应性规划与管理的参与质量评价体系。

该评价体系将指标分为两级。一级指标包括利益相关度、决策方式、自主性、参与度、互动学习、反思、信息透明度和共识达成度 8 个方面：

Ⅰ. 利益相关度：哪些利益相关者参与到了项目中，以及这些群体与项目的相关性大小；

Ⅱ. 决策方式：项目的目标和任务是哪些人、以何种方式制定的；

Ⅲ. 自主性：项目的工作团队和讨论题目，是否是本着参与者决定的原则，自主组织形成的；

Ⅳ. 参与度：参与者能否或以何种方式参与到项目中，及其参与到项目中发挥何种作用；

Ⅴ. 互动学习：人们在项目中如何进行互动、深入交流和学习彼此的经验和知识；

Ⅵ. 反思：对现状人们是否进行了反思，反思如何促进创造性的思考；

Ⅶ. 信息透明度：人们通过何种渠道获得信息，获得的信息起到了何种作用；

Ⅷ. 共识达成度：决策是由谁、如何制定的，是否考虑了各种关注点和利益点而达成的共识。

在确定了一级指标的基础上，根据具体规划过程，每个一级指标又分为 0～3 级，构成了评价体系的二级指标。8 个一级指标和 32 个二级指标形成规划过程的利益相关者参与质量评价指标体系见表 5-9。

表 5-9　利益相关者参与质量评价指标体系

一级指标	二级指标	
Ⅰ.利益相关度	0	只有部分利益相关者参与
	1	重要的利益相关者的代表不同程度地参与到规划过程中
	2	公众代表在规划中有发言的权利，但他们在规划中的作用和地位是不同的
	3	利益相关者在规划过程中的地位和作用是平等的
Ⅱ.决策方式	0	只有代表单一利益相关者的规划目标和任务
	1	规划目标是被某个利益相关者预先确定的，其他利益相关者参与到规划中只是一种手段
	2	各利益相关者有不同的机会参与到决定规划目标、目的、政策和工作方法中去
	3	有明确和现实的规划目标和任务
Ⅲ.自主性	0	工作团队和讨论题目不是自主形成的，决定权不属于所有参与者
	1	讨论的题目由事先形成的工作团队决定
	2	自主形成工作团队和组织讨论题目
	3	本着参与者决定的原则，自主形成工作团队和组织讨论题目
Ⅳ.参与度	0	公众只是被告知已决定和已生效的规划结果
	1	公众代表出席规划相关讨论，但只是规划管理层发出的单向公告，并不听取公众的意见
	2	公众的参与只被视为实现规划目标的一种手段
	3	规划保持了公众较高的参与度，让他们愿意参与讨论，保持对讨论问题的兴趣
Ⅴ.互动学习	0	利益相关者之间缺少交流也没有互动学习
	1	少数群体或个人进行互动交流，相互学习的经验和知识是有限的
	2	合作者间进行对话，深入交换意见
	3	通过深入的讨论和其间非正式的互动，学习相互的经验和知识
Ⅵ.反思	0	各利益相关者对现状没有反思
	1	各利益相关者对现状进行的反思不够，没有促成进一步的思考
	2	各利益相关者对现状进行反思，但没有为创造性留下余地
	3	各利益相关者对现状进行反思，促进了创造性的思考
Ⅶ.信息透明度	0	政府部门确定问题并控制信息收集过程
	1	提供的信息只属于政府部门，其他利益相关者被告知要发生的事情，没有信息的反馈
	2	各利益相关者与政府建立联系，获得他们需要的资源和技术服务
	3	各利益相关者整合了各种形式的高质量信息，确保形成的共识有意义
Ⅷ.共识达成度	0	领导者制定决策，利益相关者间并没有达成有效的共识
	1	专业人士做决策，没有采用非专业人士的意见，也没有任何决策分享
	2	虽然有些问题要咨询公众，但仍由专业人士确定和分析问题、做出决策
	3	在充分讨论各种关注点和利益点之后，寻求参与者之间的共识，对各种不同的关注点和利益点都有考虑和回应后做出决策

5.3.3　评价结果示例

根据以上建立的规划过程中利益相关者参与质量评价体系，本研究以现行的县级土地利用规划一般程序为评价对象，结合县级土地利用规划程序的五个阶段，进行利益相关者参与质量评价。

1）规划工作准备阶段

（1）大部分重要利益相关者都有参与到规划中来，但是由于参与制度不充分，民间组织和公众没有很好地参与进来。

（2）规划的目标已由上级预先确定，其他利益相关者参与到规划中来只是一种补充。

（3）规划的工作团队由招标方式形成，决定权属于县政府，在规划团队和国土局间形成过关于规划的讨论。

（4）公众只是被告知已决定和已生效的规划结果。

（5）由于沟通渠道的限制，只有少数几个利益相关者间有少量的互动交流。

（6）虽然部分利益相关者（县政府、县国土部门和规划团队）对现状有一定的反思，但由于自上而下的科层式管理体制，没能形成进一步的思考。

（7）公众等利益相关者被动接受政府提供的规划信息，没有信息的反馈。

（8）规划目标等由政府领导者决策，各利益相关者间并没有达成有效的共识。

综上所述，本阶段的利益相关者参与质量评级结果见表 5-10 和图 5-4。

表 5-10　工作准备阶段参与质量评价结果表

一级指标	二级指标	
	评分	评分标准
Ⅰ	2	公众代表在规划中有发言的权利，但他们在规划中的作用和地位是不同的
Ⅱ	1	规划目标是被某个利益相关者预先确定的，其他利益相关者参与到规划中只是一种手段
Ⅲ	0	工作团队和讨论题目不是自主形成的，决定权不属于所有参与者
Ⅳ	0	公众只是被告知已决定和已生效的规划结果
Ⅴ	1	利益相关者之间缺少交流也没有互动学习
Ⅵ	1	各利益相关者对现状进行的反思不够，没有促成进一步的思考
Ⅶ	1	提供的信息只属于政府部门，其他利益相关者被告知要发生的事情，没有信息的反馈
Ⅷ	0	领导者制定决策，利益相关者间并没有达成有效的共识

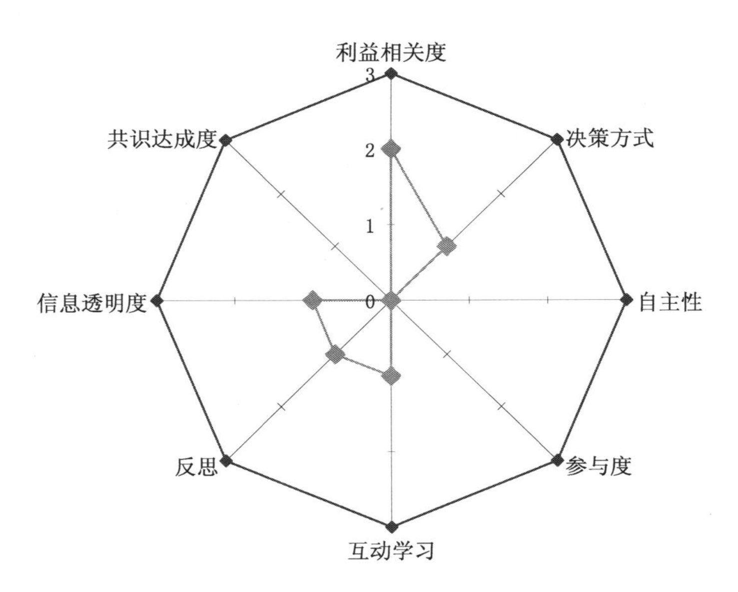

图 5-4　工作准备阶段参与质量评价结果蜘蛛图

评价结果表明，工作准备阶段的利益相关者参与质量偏低。

2）基础研究、规划大纲编制、规划编制阶段

由于基础研究、规划大纲编制和规划编制这三个阶段的主要工作内容和所涉及的利益相关者都具有相似性，故进行统一评价。在这三个阶段中：①大部分用地企业、民间组织和公众没有参与到规划中来；②规划的目标已由上级预先确定，县政府领导做部分补充；③没有形成对规划的讨论；④公众只是被告知已决定和已生效的规划结果；⑤由于规划目标已确定，以及沟通渠道的限制，各利益相关者间缺少互动交流；⑥虽然部分利益相关者（规划团队）对现状有一定的反思，但没能形成进一步的思考；⑦公众等利益相关者被动接受政府提供的规划信息，没有信息的反馈；⑧规划目标等由政府领导者决策，各利益相关者间并没有达成有效的共识。

综上所述，这三个阶段的利益相关者参与质量评价结果见表 5-11 和图 5-5。

表 5-11　基础研究、规划大纲编制和规划编制阶段参与质量评价结果表

一级指标	二级指标	
	评分	评分标准
Ⅰ	1	重要的利益相关者的代表不同程度地参与到规划过程中
Ⅱ	1	规划目标是被某利益相关者预先确定的，其他利益相关者参与到规划中只是一种手段
Ⅲ	0	工作团队和讨论题目不是自主形成的，决定权不属于所有参与者
Ⅳ	0	公众只是被告知已决定和已生效的规划结果

一级指标	二级指标	
	评分	评分标准
Ⅴ	1	少数群体或个人进行互动交流，相互学习的经验和知识是有限的
Ⅵ	1	各利益相关者对现状进行的反思不够，没有促成进一步的思考
Ⅶ	1	提供的信息只属于政府部门，其他利益相关者被告知要发生的事情，没有信息的反馈
Ⅷ	0	领导者制定决策，利益相关者间并没有达成有效的共识

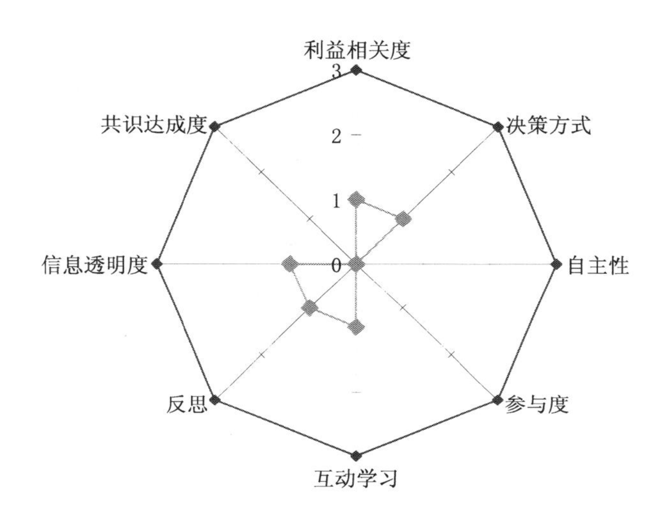

图 5-5 基础研究、规划大纲编制和规划编制阶段参与质量评价结果蜘蛛图

评价结果表明，这三个阶段中利益相关者参与质量极低。

3）成果报批阶段

在这个阶段中：①只有少部分利益相关者（政府、规划团队和评审专家）的参与；②目标已预先确定；③没有形成关于规划的讨论；④公众只是被告知已决定和已生效的规划结果；⑤参与进来的少数几个利益相关者间有互动交流；⑥虽然部分利益相关者（县政府、县国土部门和规划团队）对现状有一定的反思，但由于自上而下的科层式管理体制，没能形成进一步的思考；⑦公众等利益相关者被动接受政府提供的规划信息，没有信息的反馈；⑧规划目标等由政府领导者决策，各利益相关者间没有达成有效的共识。

综上所述，本阶段的利益相关者参与质量评级结果见表 5-12 和图 5-6。

表 5-12　成果报批阶段参与质量评价结果表

一级指标	二级指标	
	评分	评价标准
Ⅰ	1	重要的利益相关者的代表不同程度地参与到规划过程中
Ⅱ	0	只有代表单一利益相关者的规划目标和任务
Ⅲ	0	工作团队和讨论题目不是自主形成的，决定权不属于所有参与者
Ⅳ	0	公众只是被告知已决定和已生效的规划结果
Ⅴ	1	少数群体或个人进行互动交流，相互学习的经验和知识是有限的
Ⅵ	1	各利益相关者对现状进行的反思不够，没有促成进一步的思考
Ⅶ	1	提供的信息只属于政府部门，其他利益相关者被告知要发生的事情，没有信息的反馈
Ⅷ	0	领导者制定决策，利益相关者间并没有达成有效的共识

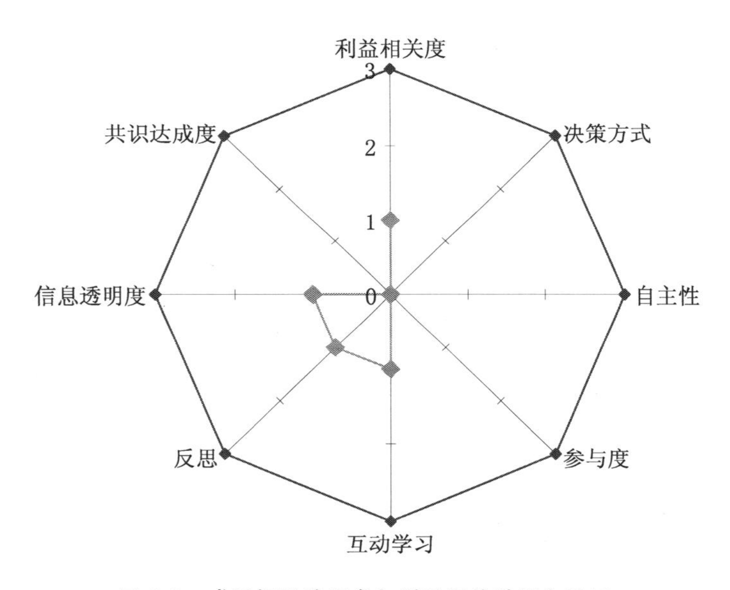

图 5-6　成果报批阶段参与质量评价结果蜘蛛图

评价结果表明，这个阶段中利益相关者参与质量极低。

综合以上各阶段评价结果可以看出，县级土地利用规划过程中利益相关者参与质量极低。

5.3.4　小结

针对利益相关者参与质量评价难的问题，本案例综合了国外参与质量评价模型，根据公众参与的目标，建立了规划过程中的利益相关者参与质量评价体系；然后利用该评价体系，以一般县级土地利用规划过程为评价对象进行利益相关者参与质量评价。评价结果表明：①案例采用的参与质量评价体系可较准确地评价规划过程中利益相关者的参与质量；②县级土地利用规划过程中利益相关者参与质量极低。

中国的规划总体上是自上而下的，在县级土地利用规划过程中，政府自上而下的科层式管理机制的优点在于资源集中、行动高效，能以较少的资金和时间投入，换取较快的规划制定。但如此一来，县级土地利用规划过程中必然存在利益相关者参与不足的问题。

自上而下的控制与利益相关者参与之间的矛盾，是中国规划体制一直存在并企图解决的关键问题。期望本案例为今后政府在制定规划中利益相关者参与制度、参与质量评价体系等方面提供有价值的依据。

第 6 章

适应性管理中的问题—目标分析

社区适应性管理的目标必须明确，所有的管理行动都要围绕实现管理目标组织并实施，这些都是为解决社区存在的问题而展开的，因此，对村级社区问题和发展目标的分析就显得尤为重要。以往开展适应性管理的经验表明：对村庄问题的认识不足，尤其是对问题间相互关系的认识不足是导致村庄社会生态系统管理过于片面和适应性差的主要原因。以往“自上而下”的村庄规划和管理中，外来管理者常居高临下，在粗略的村庄调查基础上，依据自己的理论和方法提出社区发展规划和管理策略与行动，村庄存在的实际问题和众多不确定性没有揭示出来，进而造成村庄管理与村庄实际脱节的情况。我国有 300 多万个村庄，即使是相邻的两个村庄，也有各自的特点，各自的问题和不确定性因素也不一样。

为此，本章介绍适应性管理视域下村庄问题与发展目标分析的方法，作为适应性管理一个很重要的环节，说明运用问题—目标分析方法提升村庄管理的可持续性和适应性。

6.1 研究方法

问题分析（Problem Analysis）和目标分析（Objective Analysis）是适应性管理在状况情景分析阶段两个重要的分析工具，本章将这两种工具引入村庄社会生态系统管理问题诊断和目标制定过程中，以期逻辑化、系统化地分析问题和制定目标。

6.1.1 问题分析法

问题分析（Problem Analysis）是对关系复杂的问题进行整理归纳的方法，其不仅能直观地表现出制约村庄发展的所有问题，而且以直观的形式将表象问题与深层次原因建立起逻辑关系。问题树分析（Problem Tree Analysis，PTA）方法是进行问题分析的一种重要工具，“核心问题”作为问题树的“树干”，即能够反映一类问题的代表性问题；“原因”是问题树的“树根”，即引起核心问题的不同层次的原因；“结果”是问题树的“树冠”，即由核心问题继续发展产生的一系列后果。原因、核心问题、结果之间通过箭头相连，由原因指向核心问题，再由核心问题指向结果，用来表述问题与问题之间、问题与核心问题之间、核心问题与结果之间以及问题与结果之间等的不同逻辑关系。利用问题树进行问题分析的优点在于它不仅可以将村庄社区存在的问题全面地向各方利益相关者展示，而且使各方利益相关者对存在的问题有一个直接而全面的认识。

村庄现状调查与初步分析是进行村庄问题分析的基础，在村庄现状调查较全面时，就可以进行问题分析（见图 6-1），问题分析的第一步，要在凌乱的村庄问题中确定能够集中反映村庄现状的几类核心问题。这一步骤基本能够在前期的村庄 SWOT 分析结果中得到，SWOT 劣势分析中对不同类型问题的总结，也就是村庄的核心问题，劣势分析中的详细问题，即核心问题的相关问题。在此，我们需要对这些相关问题的表述进行修改，主要注意以下三点：①简洁性：问题的表述不宜过长，应尽量使用通俗易懂的语句表述问题，且一次只表述一个问题。②准确性：问题的表述宜采用否定句，对问题中涉及数量与程度的表述要准确，如“部分”“全部”“严重”等。在表述时不要加入个人态度或情感，要客观地反映问题。③针对性和可操作性：对表述的问题要落到实处，避免泛泛而谈。以“缺乏资金”为例，“缺乏资金”看似可作为多个核心问题的根源问题，但事实上，“缺乏资金”并没有准确描述当前不利的状况，在随后进行的目标制定时，用“增加资金投入”作为解决“缺乏资金”的手段同样是盲目的、不具有针对性的，这样的问题通常会被视为无解决方案的问题，在进行问题表述时要尽量避免。

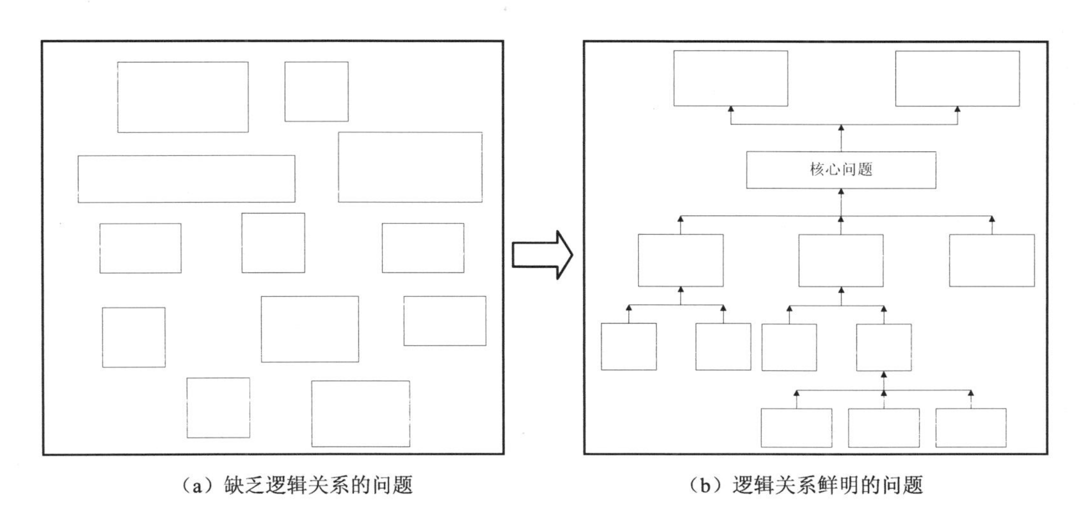

（a）缺乏逻辑关系的问题　　（b）逻辑关系鲜明的问题

图 6-1　用问题树表现不同问题之间的关系

在核心问题与相关问题确定后，这些问题之间主要存在三种逻辑关系：因果关系、层次关系、时间关系，这三种关系是建立问题树的主要依据。其中：

因果关系：问题间的因果关系，即问题与问题之间能用“如果—那么”或“因为—所以”的关系来解释，这种也是大多数问题之间存在的关系。例如，因为“村内保洁人员不足”，所以“垃圾无法被及时清运”。

时间关系：问题的时间关系即问题之间可以用“首先—接下来—然后—最终”等表示时间关系的连接词来阐明问题间的关系。对于一些在因果关系上存有争议的问题，可以按照时间关系对其进行排列。

层次关系：不同问题在问题树中所处的位置，即问题间层次关系。当问题树中的问题按照因果关系或时间关系进行排列后，就需要对问题的层次进行划分。在问题树中，通常将引起核心问题的直接原因放在靠近核心问题的位置，而造成直接原因的问题随之放在靠近问题树根部的位置，根源的问题放在问题树的最底部。分析问题树往往由根部问题向核心问题“读”，即根部的问题导致核心问题的产生。

确定问题之间的关系后，用箭头将问题连接起来，箭头的方向为：由“原因”指向“结果”，或者“首先（开始）”指向“然后”。加入箭头后，问题树基本成型，核心问题与问题之间关系基本清晰。为确保问题树的准确性，对问题树中建立起的因果关系以及问题的分组，要向利益相关者公示，在所有利益相关者对问题树没有争议后，问题树才算建立完成（见图 6-2）。

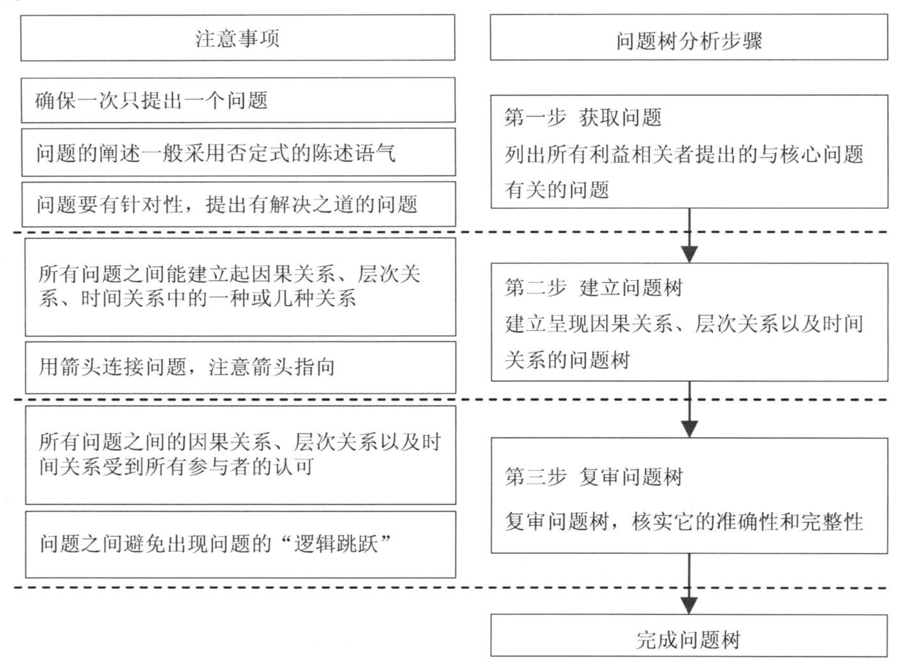

图 6-2 分析村庄管理中存在问题的基本步骤

6.1.2 目标分析法

发展目标是基于存在问题而提出的，问题分析结果是目标分析的基础，把问题分析中对问题消极的表述转化成积极的、可行的表述，再依靠“目的—手段”关系建立起目标之间逻辑关系的过程即为目标分析（Objective Analysis）。与问题树分析相似，目标树分析（Objective Tree Analysis，OTA）也将目标划分了层次，目标树的最高层“树冠”是目标体系中的总目标，“树干”是具体目标，即村庄管理活动实施后能够达到的目标，“树根”是在具体目标下的一系列行动的目标，也是实现具体目标的具体手段和措施。

自上而下的管理多在上级要求下开展，管理目标也多依据上级要求制定，管理者围绕既定的管理目标进行村庄调查，或简单地基于村庄资料直接提出管理方案。由于既定的目标存在片面或脱离村庄实际的可能性，那么管理者据此目标编制的村庄管理方案同样是不符合村庄实际发展需求的。

目标树法将目标划分为总目标、具体目标、行动目标和具体行动四个层次的目标体系。由于目标都是针对村庄实际问题而制定的，因此，问题分析足够深入，目标分析就可能足够详细，将来村庄管理内容的制定也就更加详细且合理，适应性更强（见图 6-3）。

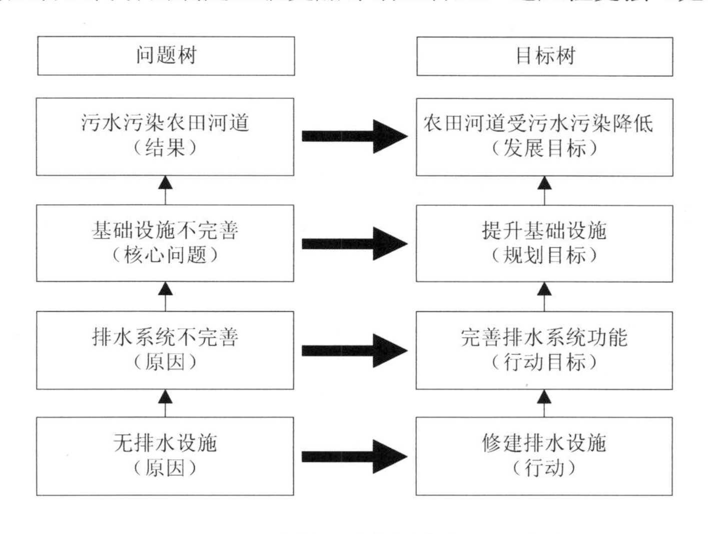

图 6-3　问题树与目标树之间的对应关系

目标树分析的第一步是将问题树中消极的问题表述转化成积极的、可行的目标表述，即提出可实施的解决问题的方案。目标的制定直接决定了管理行动的方向，因此，在进行目标转化时，目标的表述一定是客观的，并且尽量做到针对每个问题提出的目标都具有可操作性，而不是空口号。对于目标一致的不同问题，则将其合并为一类目标。

目标树的构建主要依据是“手段—目的”的关系，即目标与目标之间通过实现一个目标而达到另一个目标的关系，如通过“增加保洁人员”的手段，才能实现“村内垃圾得到及时清理”的目的。

与问题树相似，目标树也是一个具有层次关系的体系，但与问题树不同的是，目标树的最高层“树冠”是目标体系中的总目标，“树干”是具体目标，即村庄管理决策实施后能够达到的目标。在具体目标下有一系列的行动目标，它们既是总目标和具体目标的深化，同时又是实现具体目标的具体手段。之所以要对目标进行分层，建立目标体系，其原因有二：一是问题树中的目标是基于问题提出的，相应地，其目标的制定也是逐渐变大的；二是在于总体目标的阐述过于含糊和笼统，使人们感到茫然，不知为实现总体管理目标应该做些什么；相反若将总体管理目标细化成为行动目标时，人们就更容易对其产生兴趣，思路也会变得清晰，并积极参与到目标决策的讨论中来。当某些目标难以用“手段—目的”来区分时，可以通过时间关系来分层，时间关系一般用来表示短期、中期和长期目标，在实现过程上与行动目标、具体目标和总目标相对应。

目标树的构建基本完成后，同样需要根据各方利益相关者的意见进行修改，增加一些新的目标，或删掉个别不合适以及没必要的目标，避免出现目标的关系脱节或错位，以确保目标树的合理性、完整性与适应性。

6.2 问题—目标分析实例

通过问题树分析，确定了尹方村在村庄发展中主要存在的 5 类核心问题，包括：基础设施、住区布局、土地利用率、村民就业和村庄管理机制。针对这 5 类问题，提出了相应的村庄发展目标（这里省略）。本章只以村庄基础设施方面的管理决策为例来说明如何在村庄管理决策过程中构建问题树和目标树，说明问题—目标分析的方法。

6.2.1 村庄问题的获取

在村庄现状调查与分析结果的基础上，调查人员找出与“基础设施不完善”相关的问题，并进行粗略分类。与“基础设施不完善”的相关问题示例见表 6-1。

表 6-1 与“基础设施不完善”这一核心问题相关的部分问题

供水： • 自来水水质差； • 供水管道质量差，全村供水时常中断； • 部分村民仍使用自家井水或公共井水	排水： • 排水系统不完善，老住区无排水设施； • 部分排水设施仅为表面工程
供暖： • 仅有少数农户实现集体供暖，大部分村民冬季取暖仍靠烧煤烧柴； • 取暖造成大量燃料垃圾，对村庄污染严重	供电： • 夏季农户做饭基本使用电炊具，在用电高峰时段电压往往不足； • 电费收取标准不明确
公共卫生： • 保洁车辆、保洁人员不足； • 垃圾量大，堆积严重，不能及时清理； • 大部分农户厕所仍为临街传统旱厕，厕所设施落后； • 村内无公共厕所	道路系统： • 老村庄道路系统落后； • 交通管理设施不齐全； • 道路标识系统缺乏； • 学校周边道路大型车辆多，对学生人身安全构成威胁

6.2.2　建立问题树

根据构建问题树的步骤，构建尹方村“村庄基础设施不完善”问题树（见图 6-4）。在分析问题树时，由树的根部问题向核心问题“读”，即按照箭头指向，从原因向结果“读”。以图 6-4 为例，由于电力供应不足、排水系统不完善、村民用水不方便、公共卫生状况差、供暖系统不完善、街巷系统不完善 6 类原因，造成了村庄基础设施不完善，而每一类问题下又有各自的原因。问题的层次也十分清晰，如造成“供暖系统不完善”的最直接和最根本原因都是“村内无供暖系统”，但造成“公共卫生状况差”的最直接原因是“垃圾收集点脏乱差”，而最根本原因是“保洁人员不足”，因此，“村内无供暖系统”和“保洁人员不足”作为造成村庄基础设施不完善的最根本原因被放在问题树的最底层。

6.2.3　建立目标树

基于问题树分析结果，根据构建目标树的方法，构建“完善村庄基础设施”目标树（见图 6-5）。

需要特别指出的是，从问题树分析结果和目标树分析结果来看，目标树与问题树似乎完全对应，但是这并不能说目标树只是在问题树的基础上将问题表述改为目标表述，目标树的建立同样需要对所有目标利用“手段—目的”的关系进行目标分析，只是经过重新组合后的目标树在结构上与问题树形成了对应关系。此外，从问题树中得出的不同目标有可能在目标树中重新组合，或被组合到其他的目标树中，因此，目标树与问题树并非完全对应的关系。例如，由图 6-5 可以看出，“改造村庄厕所”应为“改善村庄环境卫生状况”的解决方案之一，但是在管理人员看来，“改造村庄厕所”更应被视为与“改善村庄环境卫生状况”同等重要的目标。因此，将“改造村庄厕所”同样作为行动目标对待。再如，“做饭高峰期耗电量大”和“村内电压经常不稳”是导致“电力供应不足”的主要原因，但是在确定目标时，根据当地实际情况，本村有过境天然气管道，并为该村预留接口，预计在未来 2～3 年内全村即可接入天然气。因此，选择“接入过境天然气管道”作为“做饭高峰期耗电量大”的解决手段更为合适，其对应管理目标则为“配备各户天然气灶具”，而“保证电力供应”也随之被“配备各户天然气灶具”所取代。

6.2.4　构建目标体系

村庄发展是多目标的，目标树的构建使人们依据村庄发展目标做出合理的村庄管理目标决策方案，但是在村庄实际发展过程中，一些目标对于村庄发展来说，本身就是难以实现或具有挑战性的任务。因此，在实际决策过程中，需要在不同利益相关者的诉求、上级政策要求和实际社会经济条件之间寻求平衡，进行策略分析。

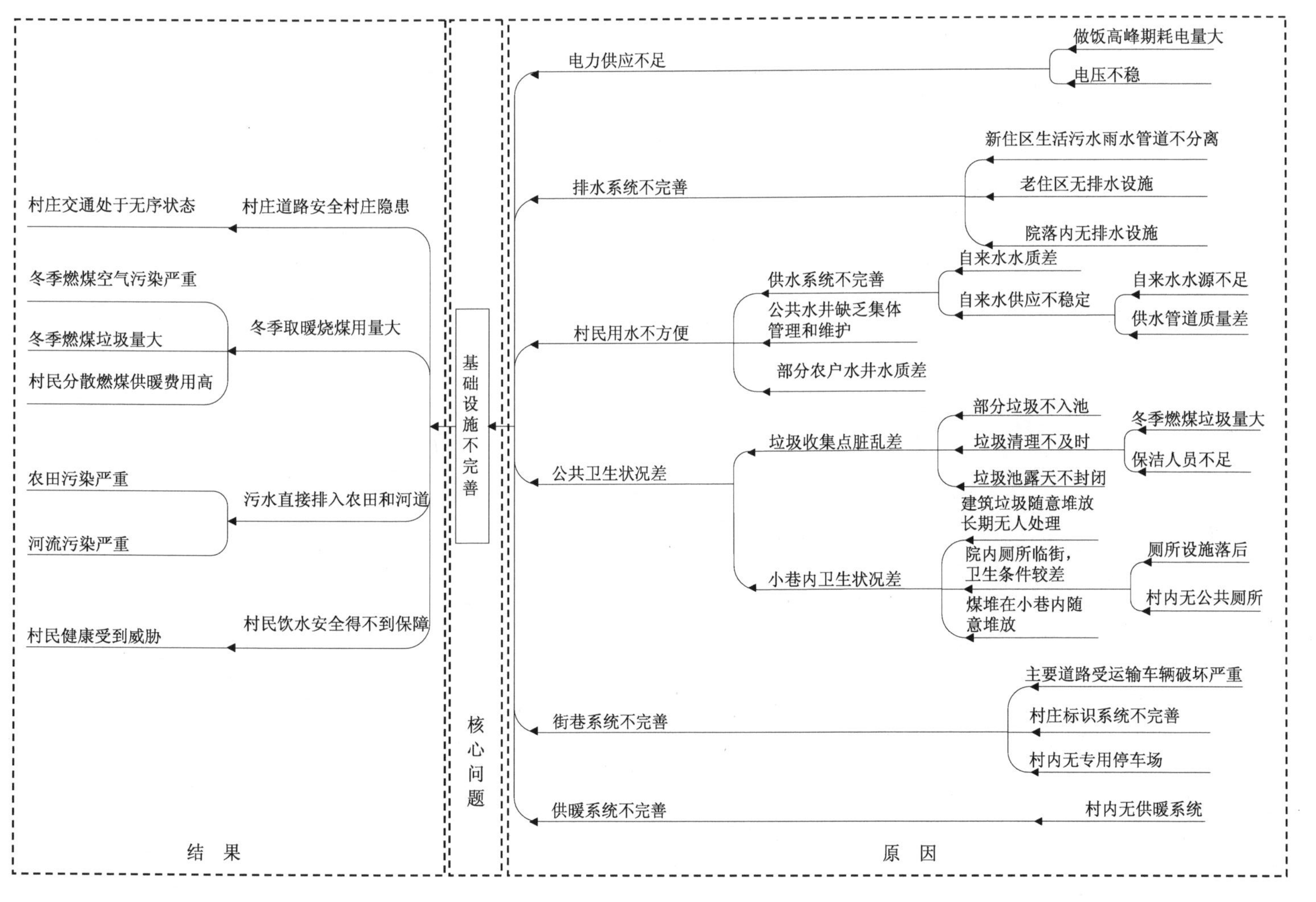

图 6-4　问题树："基础设施不完善"

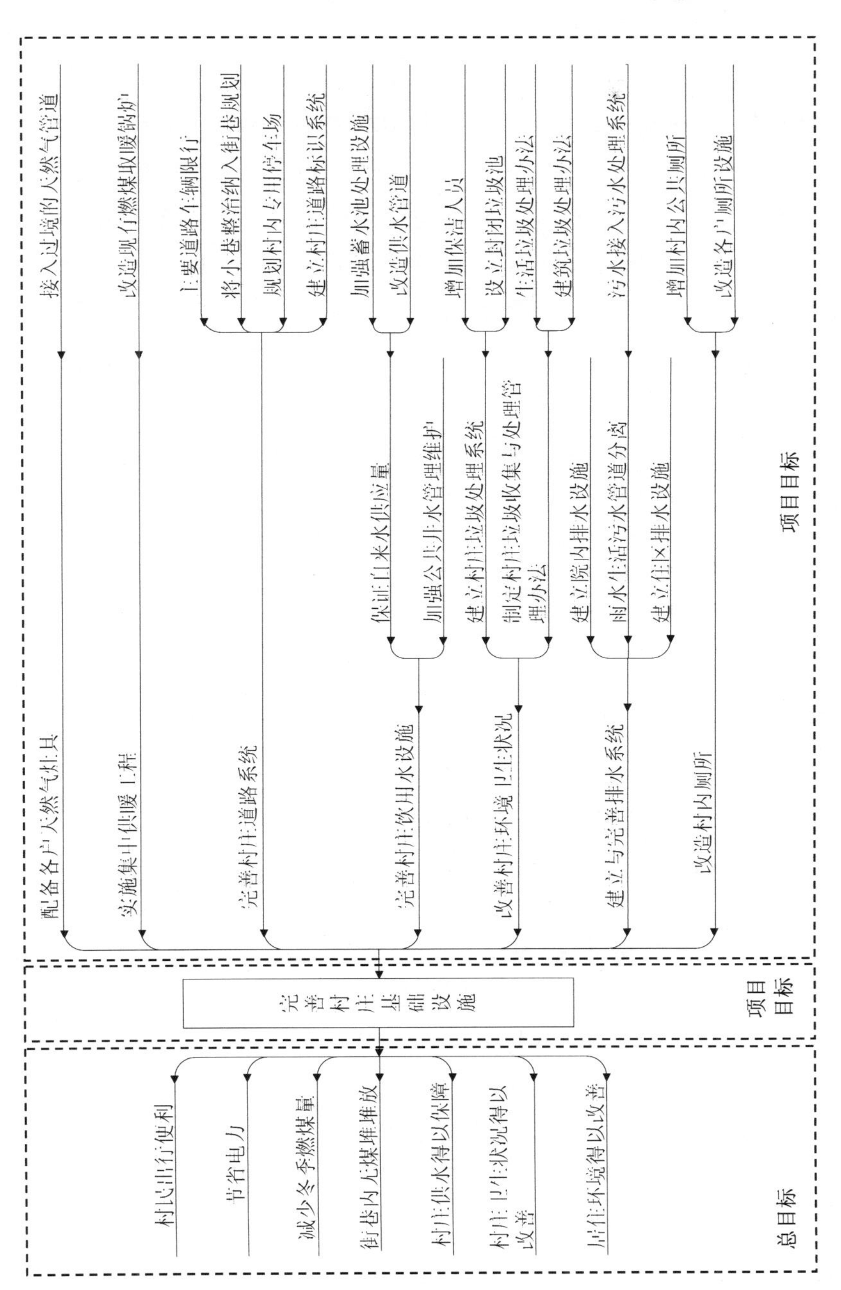

图 6-5　目标树："完善村庄基础设施建设"

策略分析（Strategy Analysis）是在目标分析完成后用来检验目标可行性的方法，考虑到决策过程中会出现很多如政策、制度、技术、社会和经济等不确定性，这些不确定性问题将会影响整个管理环境，但是村庄管理本身却并不能直接控制这些不确定性问题。因此进行的策略分析，就要考虑如何对村庄目标的制定与部分利益相关者的利益或需求、政策或技术要求、实际约束（如资源、环境等）之间的冲突进行协调。策略分析中，有些目标的制定就需要做出让步，有些目标则需要增加一些外部条件来为目标的实现背书。

结合尹方村实际以及上位管理要求，对尹方村目标进行策略分析，筛选出今后管理行动能够实现的目标和需要外部支持的条件，剔除管理无法实现的目标。最后将所有经过策略分析的目标进行组合，形成村庄适应性管理目标体系（见图 6-6）。在目标体系中，目标之间构成了一个体系，它们之间所表现的并非简单的线性关系，而是一个交互作用的过程。我们不是在实现一个目标之后才接着开始另一个目标，而是要保证所有的组成目标之间彼此协调，即不仅要保证实现目标的所有行动都能得到实施，更需要行动之间的相互配合来实现管理目标。

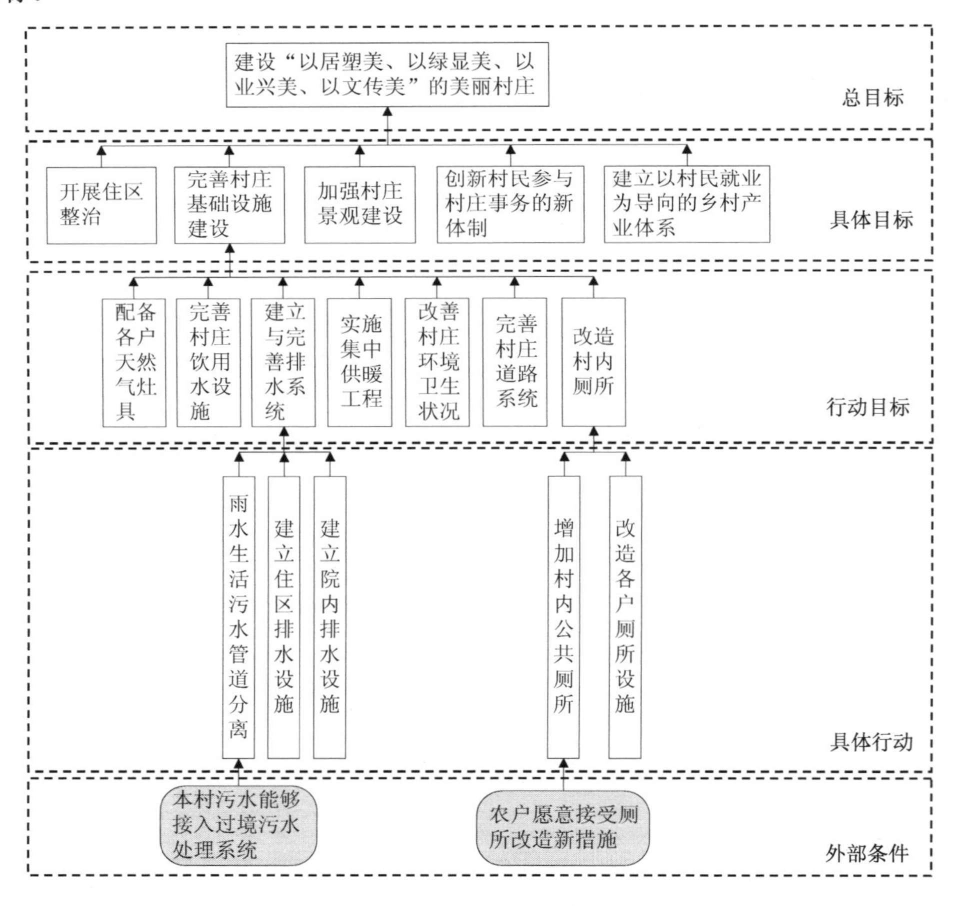

图 6-6　尹方村村庄适应性管理中的目标体系框架示例

本章小结：

对村庄适应性管理中问题—目标分析的研究表明，问题树分析通过识别村庄发展中存在问题的因果等关系，将各方利益相关者所面临的问题纳入一个问题分析体系内，加强了村庄管理的问题导向性和利益相关者参与，尤其突出了不同村民群体的问题和意愿。村庄管理中的问题千头万绪，通过问题树分析，能够有理有据地确定制约村庄发展规划和管理中的核心问题。

据此进行目标树分析，制定符合不同利益相关人群对村庄管理需求的目标，从而做到有的放矢地决策村庄管理方案。基于问题—目标分析的村庄管理决策强调管理的目标导向性，却又区别于传统脱离村庄实际单纯追求目标导向的村庄管理决策，充分考虑了村庄的空间异质性和村庄的可持续发展。

以村民参与为导向的村庄适应性管理，在分析各方利益相关者面临的问题和诉求的基础上，十分重视综合各方意愿的问题导向和目标导向的管理决策过程，通过村庄问题和发展目标的分析，为下一步建立问题、目标与具体行动计划决策和实施之间建立内在逻辑关系奠定了基础。

问题—目标分析方法作为一套定性的结构化系统分析方法，在村庄管理决策的调研与分析阶段强调村民的参与，据此制定的村庄发展目标，是能够符合不同利益人群对管理需求的最适目标，确保了村庄发展和管理的可持续性。

第 7 章

社区适应性管理框架、过程与效果

社会生态系统适应性管理强调管理决策与实施过程的结合，尤其强调管理行动的实施过程，具有强烈的实施导向性。具体来说，村庄管理目标制定完成后，需要将管理目标决策落实为村庄管理行动，并将村庄行动加以实施、监测与后期评估才是有意义的。在上一章的适应性管理目标体系中，行动目标与具体行动看似相同，但实际意义并不同：行动目标是具体行动的结果；具体行动是实现行动目标的过程策略、途径或措施。

7.1 逻辑框架分析方法

为了在村庄适应性管理目标与管理行动之间构建起逻辑明确且具有恢复力的联系，本章首先介绍一种建立适应性管理框架的方法——逻辑框架分析方法，此方法综合了利益相关者分析、问题分析、目标分析和策略分析的结果，构建起管理目标与行动间的结构化框架体系，是实施具体管理行动的依据，并可以及时调整，具有强大恢复力（韧性），易于社区的操作。

7.1.1 逻辑框架分析的特点

逻辑框架分析（Logical Framework Analysis，LFA）方法是 20 世纪 60 年代开始发展起来的，目前已经在世界各地广泛传播开来。这一方法被许多国际发展组织、政府部门或公司等机构用于规划其项目，也将此方法用于与合作方开展项目管理的评价、决策、计划与实施、再规划与评估等适应性管理过程的各阶段。逻辑框架分析没有统一的模式，各机构在运用时都根据各自的具体需要有所调整或发展。总的来说，逻辑框架分析方法可以理解为：一种在项目规划时用于逻辑分析和结构化思考的工具；如果在一个项目中能够自始至终地灵活运用，则可以是一组很好的社区项目适应性管理框架，是各利益相关者相互沟通的一个良好平台；在规划与管理过程（利益相关者分析、问题分析、目标分析、策略分析等）中，是一个包含不同要素的规划工具；一种提高利益相关者参与性、表述明确以及责任明确的管理工具。

社区发展项目一般都是以目标为导向的项目，此类项目规划意味着其规划过程是从分析问题为起始点，然后分析利益相关者，进而引出项目发展目标，最终才能选择确定相关管理行动。因此，如果将逻辑框架分析方法应用于一个项目周期的各个阶段，那么它大致可以分为两个阶段：分析阶段和行动计划阶段。分析阶段主要进行利益相关者分析、问题—目标分析（见上两章相关内容）；当逻辑框架方法的分析阶段完成后，就进入制订行动计划阶段，用于指导管理行动的实施。通过分析后提出的行动计划可以在每次项目实施过程中及时应用并得到调整。通常情况下，在项目实施的所有阶段，对项目做出一些调整都是必要的。因此逻辑框架方法可以灵活使用，韧性和适应性很强。

逻辑框架方法也是用来加强能力建设的一个工具，为使个人、群体或组织能够更好地识别和处理发展中的挑战，通过促进各利益相关者间的沟通，可以确定应对未来变化时可能面临的阻碍。

国内外逻辑框架分析的应用实践表明，无论什么项目（如适应性管理项目）要取得成功，都需要具备以下几个项目管理成功的要素：主要利益相关者具有拥有感和责任感；利益相关者清楚各自的工作职责、分工与作用；现实具体的态度、目标和行动；管理目标与管理行动二者之间明确的联系；如果面临风险等变化时具有恢复力（韧性），可以灵活调整行动进程；利益相关者能够影响到管理决策。

7.1.2 逻辑框架矩阵方法

逻辑框架方法的分析阶段完成后，就进入逻辑框架方法的行动计划制订阶段。行动计划制订阶段中的第一步是建立逻辑框架矩阵（Logical Framework Matrix），之前分析阶段完成的利益相关者、问题—目标和策略等分析结果都是构建逻辑框架矩阵的基础。

逻辑框架矩阵是一个 4×4 的矩阵结构（见表 7-1）。垂直方向上，从第一列到第四列分别为目标层次（目标与行动）、验证指标、验证方式和前提假设（外部条件）。目标层次中，从目标层到行动层次列在水平方向上分为总目标、具体目标、行动目标和具体行动。前提假设即实现目标的外部支持条件。在逻辑框架矩阵中，目标层次和前提假设呈螺旋上升的指向关系（见图 7-1），即同一水平层次上的目标在该层次前提假设的支持下，才能进入更高一级的层次。验证指标是用来衡量目标是否成功实现的标准，而验证方式是对验证指标进行核实所要采取的措施或行动。逻辑框架矩阵的准备是一个螺旋循环反复的过程，而不仅仅是一系列简单的线性步骤，而是一个典型的适应性管理过程。当下一次拟定新矩阵内容时，需要重新考虑以前收集的信息，必要的时候还需要重新修改。

表 7-1　逻辑框架矩阵的基本结构

目标层次	验证指标	验证方式	前提假设
总目标	验证指标	验证方式	
具体目标	验证指标	验证方式	前提假设（外部条件）
行动目标	验证指标	验证方式	前提假设（外部条件）
具体行动	计划投入	成本	前提假设（外部条件）
			前提假设

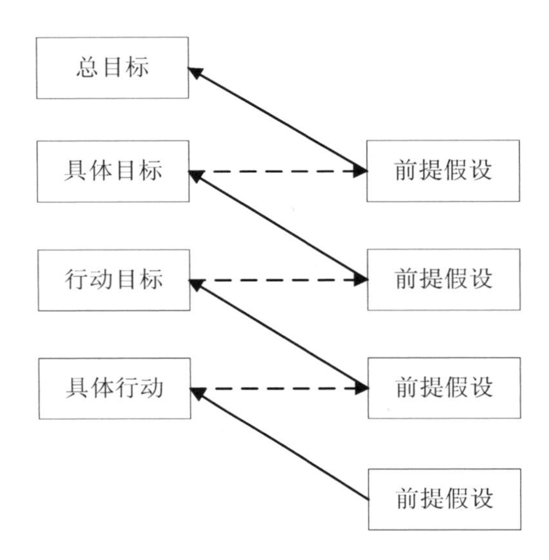

图 7-1　目标层次与前提假设之间的关系

7.1.3　逻辑框架矩阵示例

逻辑框架矩阵提供了一个项目规划的框架，但其结构并不是一成不变的，而是根据实际情况进行调整的，矩阵的长度也取决于项目的规模、复杂程度以及框架中的目标级别个数。乡村社区适应性管理中，我们更为关注的是目标层次（目标与行动）以及村庄管理中的不确定因素（外部条件或前提假设）。为此，这里我们给出一个尹方村的适应性管理逻辑框架矩阵（见表 7-2），这里暂时将矩阵中的“验证指标”和“验证方式”两列省略，并在“行动目标”和“具体行动”中，只以“具体目标 1. 完善村庄基础设施建设，提高村民生活质量”为例，说明村庄适应性管理项目中运用逻辑框架矩阵的案例。

表 7-2　一个简化的村庄适应性管理项目逻辑框架矩阵

目标层次		前提假设
总体目标	建设“以居塑美、以绿显美、以业兴美、以文传美”的美丽乡村	
具体目标	1. 完善村庄基础设施建设，提高村民生活质量； 2. 整治村庄住区现状，改善人居环境； 3. 加强村庄景观建设，形成体现地方特色的美丽乡村； 4. 建立村民就业为导向的乡村产业体系，保证村民就业与致富； 5. 创新村民参与村庄事务的体制，打造和谐村庄社区	
行动目标及具体行动	具体目标 1 的行动目标及措施： 1.1 完善村庄道路系统	
	• 制定村庄道路整治规划，包括停车场等 • 建立村庄道路标识系统	
	• 制定村庄街巷道路管理规则	
	1.2 接入过境的天然气管道	
	• 配备各户天然气灶具	
	• 实施集中供暖工程，改造各户现有燃煤取暖锅炉	
	1.3 完善村庄饮用水设施	
	• 改造蓄水池处理设施和供水管道，以改善自来水供应状况	
	• 制定公共井水管理与维护办法	
	1.4 改善村庄环境卫生状况	
	• 建立完善的村庄垃圾处理系统 • 制定生活垃圾与建筑垃圾收集与处理办法 • 设立封闭垃圾池 • 增加保洁人员	
	1.5 建立与完善排水系统	
	• 建立院内与住区排水设施 • 雨水生活污水管道分离	污水能接入污水处理系统
	1.6 改造村内厕所	
	• 增加村内公共厕所 • 改造各户厕所设施	所有农户愿意接受厕所改造的新措施
	具体目标 2～5 的行动目标及具体行动（略）	

尹方村村庄适应性管理框架的构建，向我们清晰地展示了如何通过精心计划，如何一步步完成村庄管理计划制订的过程；这一框架将随着村庄管理行动的实施，根据利益相关者的意愿和实际的执行情况定期进行调整和修改（循环反复），有很强的适应性和韧性。村庄发展目标与管理行动之间通过逻辑框架矩阵实现了有机联系，并实现了在未来规划实施中的有序行动计划安排（见表 7-3）。

表 7-3 尹方村管理行动计划安排示意表

项目名称	规划内容	规划内容说明	实施机构/组织	时序									
				近期		中期			远期				
				2014年	2015年	2016年	2017年	2018年	2019年	2020年	2021年	2022年	2023年
用地控制规划	—	—	—										
产业规划	—	—	—										
分区整治	—	—	—										
基础设施规划	—	—	—										
黄土丘陵景观规划	—	—	—										
绿地规划	—	—	—										
河道景观规划	—	—	—										
创新体制规划	—	—	—										

7.1.4 小结

村庄适应性管理计划是计划实施的主要依据，计划实施的顺利与否反映了村庄管理计划是否合理，并根据实施情况能够进行灵活的调整，也反映了村庄管理计划的适应性。逻辑框架分析方法中的现状分析、问题分析、目标分析都为村庄管理内容的可实施性和全面性提供了保证。以往的村庄管理，从层次和目的上分类众多，而在村庄尺度上，过多的管理文本并不利于村庄的发展，不同管理之间衔接不够甚至会造成管理失误。我国村庄管理体系一直存在着“外来和尚好念经”的弊端，这种管理模式与各方利益相关者参与的管理模式之间有天壤之别。基于逻辑框架分析的村庄适应性管理，将村庄的各类管理与规划融为一体，一套管理方案涵盖了村庄发展的全部，并对行动计划的实施、建设过程监测及其效果评估提出指引性安排，适当时可以循环反复，是一套合理的村庄适应性管理框架和方法。

总之，基于逻辑框架分析的村庄管理阐明了村庄历史、现状、问题、发展目标以及管理行动内容之间的内在联系，使村庄管理成为一套完整而适应的规划体系。逻辑框架方法中的历史与现状分析、利益相关者分析、问题分析、目标分析、策略分析、逻辑框架矩阵分析等方法是一套逻辑性强、环环相扣的适应性规划与管理框架与过程。历史与现状分析、利益相关者分析的结果为问题分析、目标分析和策略分析提供了基础；问题分析、目标分析与策略分析的结果又为逻辑框架矩阵分析提供了依据；逻辑框架矩阵分析的结果又为村庄管理行动内容的决策提供了保证。

7.2　适应性管理过程——参与式规划的方法

社区的适应性管理过程是一个高度结构化的过程，一个被德国技术合作公司（GIZ）称为参与式土地利用规划（PLUP）的社区参与式规划实践就是一种结构化的社区适应性管理过程。十年前，中德技术合作 PAAF 项目曾在山西省多个县的村庄开展过 PLUP 示范实践，取得了许多影响国内外的典型案例。本节重点介绍作者参与过的这一案例实践，用于说明村级社会生态系统适应性管理的经验。这一项目经验的重点放在建立一种能够适宜我国的、反映所有利益相关者意愿的 PLUP 过程（见图 7-2），此过程鼓励村民参与到当地自然资源管理活动的决策过程中，以生态需求为出发点，注意当地条件和农民的意愿，改善当地的经济状况，进而达到自然资源可持续发展的目的。

需要说明的是，这里的土地利用规划的概念和内涵与我们常规的有所不同，它更倾向于一个空间规划的表达，这里不再赘述。

7.2.1　参与式规划的主要观点

参与式规划是伴随着参与理论的发展一起发展起来的，与其说参与式规划是一种规划理论，不如说它是一种更宽泛的方法论，一种以参与式民主等参与理论、后现代主义思潮的精华、沟通行动理论、合作式规划理论等为哲学基础，是参与式行动研究等方法论在规划领域中的体现。通过以上规划理论中参与性的演化脉络，综合众多规划理论家们的研究，参与式规划的一些主要观点如下。

7.2.1.1　针对不同目的采取不同方法

Arnstein（1969）指出，公众参与的所有层次只可能在一定的环境下、针对特定利益相关者时才是适合的；在组织任何形式的公众参与过程前，必须花时间去分析和计划采用的方法。这些都反映出规划必须强调系统的、多样的规划目标。Cullen（1996）也指出参与具有的综合、全面的特点，各参与程度间存在一定的自然交叉和相互联系，强调参与中要建立合作伙伴关系，突出了参与复杂性和不确定性的特点。所有这些参与的特点都决定了参与式规划必须要针对不同的规划目的采取不同的规划方法。

7.2.1.2　专家意见和“公众利益”的结合

理性规划片面地认为专家可以凭其经验指出什么是对每个人都是最有益的，这种技术统治论唯我独尊的技术专家的论调忽视了当地公民知识和技术的重要意义，即发展工作者倡导的乡土知识。科学要最大限度地重视公民的需要和关注，由群众自己发展和接受的科学形式要比仅限于通过正式科学方法得到的知识更有效。如果没有科学、技术和乡土知识的相互作用，科学家（和专家）将不可能赢得足够的群众对其研究结果的支持，公众也不可能经历对制定复杂决策做出贡献所必需的“社会学习”过程。

专业技术不可能靠自身形成解决方案，无论我们如何完善自己的知识，也无论我们怎样提高我们在信息处理、策划和预测预报方面的能力，如果没有在参与过程框架下真正发展社区自身的决策能力，向规划中投巨资是徒劳无益的。这就是说，除非规划者（和政府）取得公民对其提案的支持，否则这个规划提案将永远不会变成现实。

7.2.1.3 通过参与式规划进行学习

规划中的社会学习理论强调参与者通过参与规划过程进行学习。社会学习理论来源于“边干边学”（learning by doing）的哲学思想，毛泽东的《实践论》也将强调实践与社会学习相结合，让人民拥有掌握知识和行动的能力。

Lewis Mumford 强调必须把区域规划作为一个教育过程，作为公共教育的手段，没有这样的教育，规划成就就不能完全实现。整个规划过程中的每个阶段如果没有智慧的参与和理解，区域规划必然是无活力的。

7.2.1.4 参与的技术、人、地点和时期

参与式规划师必须致力于提高所有群体参与到公平的、对问题开展对话的能力建设，目的是找到最佳的解决问题和冲突的办法。这些技术和工具关键在于我们如何使用它们，如果使用不当，它们也可能限制利益相关者在决策中发挥影响。

参与式规划必须努力使社区中各类人群和组织（甚至每个人）都能得到参与规划决策的机会。通过规划进行的社会学习理念强调所有公民参与的重要性，至少相当比例的公民要在一定程度上参与（或至少要知道）规划决策。为了保证参与过程的成功，无论是“富人”“穷人”，还是一小部分利益相关者组织的代表，所有公民必须有一定程度的参与。

规划中的参与常需要潜在的参与者在不熟悉的地方参与不熟悉的议事，这种安排并不合理。在实际工作中，只有那些感觉自身利益遭受侵害、遭受挫折、很可能已被逼至绝路的人，或者感觉相当满足、有自信的人才会参与进来。为了使公众积极参与到战略的和日常的规划决策中，会议地点必须要在当地、对当地人都是熟悉的场所。

公众参与应当从规划项目的启动阶段直到后来的实施阶段等全过程中持续进行，公众应当全面地参与到从高层项目计划和策略制定到当地的项目交接和实施等所有规划决策层面。

总结以上对参与式规划的讨论，本书总结这类规划至少应有七个主要特征（见表 7-4），这些特征组成了促进公民的社会学习（包括规划师学习）的核心特征，也是通过参与式规划实现可持续发展的核心内容。

表 7-4 参与式规划的主要特征

主要特征	特征的简要描述
广泛性	提供更广大公众的参与和教育，而不仅仅提供给特定利益群体的代表
共识性	决策要寻求可持续的、能包容所有意见的解决方案
对话（论述）	真实的、开放的、包容的和平等的过程，能够鼓励所有人都参与，无论其阶级、性别、种族、宗教、年龄、教育程度还是其他
赋权/独立自主	无论是政府推动的还是社区主导的，参与者控制完全的决策权，鼓励参与者学习，以更好地理解复杂问题
当地性	在邻里层面上，决策能直接来自更多的参与者
多层面性	公民关注从战略、长期政策远景到具体项目实施的所有层面
全程性/持续性	持续、全程的影响决策

7.2.2 参与式土地利用规划方法

7.2.2.1 联合国粮食及农业组织对（PLUP）的理解

联合国粮食及农业组织（FAO）作为联合国的机构，土地利用评价和规划是其工作的重要方面。1999 年 FAO 又对 PLUP 下了新定义："它是一个系统化的重复过程，它的实施是为土地资源创造可持续发展的、满足人们需要的有利环境。它评价与土地资源最佳的、可持续的利用相关的自然、社会经济、制度和法律潜力与制约因素，并赋权人们决定如何分配这些资源。"就地方层面而言，以上 FAO 对 PLUP 的定义无疑都强调利益相关者在土地利用规划和管理中积极介入和参与的必要性，PLUP 被视为一种（参与式）决策支持机制，而非人们常常认为的只是一个技术评估程序。

7.2.2.2 GTZ 对 PLUP 的定义

德国技术合作公司（GTZ）给出 PLUP 的定义为："在技术合作中的土地利用规划是基于所有参与各方对话基础上的重复过程。其目的在于对农村地区土地利用的可持续形式的决策进行确定，并制定实施和监测的适宜措施"（GTZ，1999，2002）。因此，PLUP 是一种参与式方法，处理村民在生活范围内使用的所有土地类型，引导当地社区实现可持续的自然资源管理。

PLUP 在不同项目中的侧重点可能有所不同，但我们总结和分析 FAO/UNEP（联合国环境规划署）和 GTZ 对（参与式）土地利用规划定义以及大量报道的案例可以看到，PLUP 方法与上述提到的参与式规划的特征一致，因此我们可以称 PLUP 是一种土地评价、空间规划、经济潜力及更强调土地使用者的参与式规划。

PLUP 将土地利用规划作为一个体系化的、反复循环的实施过程，创造可接受的、土地资源可持续发展的环境，同时满足人民的需要。在尊重土地资源的最佳可持续利用的前提下，它评估自然、社会经济、制度及法律的潜力与限制，把决策权赋予人民，让他们分享这些资源。这样的土地利用规划可以具有社会公平性、自然资源的可持续性、社会的可接受性和适用性、经济的有效性以及可推广性。

PLUP 明显有别于传统意义上的规划方法（见表 7-5）。

表 7-5　传统 LUP 与 PLUP 方法的不同点

问题/方面	传统 LUP 方法	PLUP 方法
工作层面	高层：省、区域/流域	地方层面：村级、乡镇、小流域
主要行动者	行业、省级和区域管理部门的技术人员	当地群众、地方管理部门、有技术背景的过程协调员（传统意义上的技术人员）
工作方式	自上而下的	基层的自下而上与高层的自上而下相结合，尤其强调自下而上
焦点	根据土地适宜性制定出最佳的土地利用方式，并通过采用激励机制或有关指令，强化实施	通过在当地需求、外来者的利益以及国家政策相互间寻找折中方案并达成协议，来确定当地的可持续的、平等的土地利用机会。透明度至关重要
主要标准	技术参数如土厚、土壤肥力、坡度等	公众意见优先、政府政策与科学指导方针等相结合
土地权属	通常不会被考虑	作为主要问题考虑，必须明晰所有权或使用权，并在 PLUP 过程中把土地权属永久性地固定下来
实施	按成套、刚性的方案实施，一般都有一定的时间限制	实施是一个过程，根据村民的步调和时间，分步骤实施
主要目标	按客观标准制定土地资源的最佳利用方式	加强当地利益相关者以可持续方式管理其资源的能力

由表 7-5 可见，除了在规划区域内直接使用土地资源的当地居民，PLUP 过程中其他利益相关者还包括政府中管理土地资源的部门、当地政府以及任何现有的与土地利用有关的其他部门、NGO 和相关项目等。

一般而言，PLUP 目的是：为实现可持续的、社会和环境适宜的、社会所期望的、经济上可行的土地利用类型创造前提条件。它是为了推动个人、社区或公共土地利用和保护决策的制定达成共识的社会过程（GTZ，1999）。

PLUP 的概念框架是根据当地法律、制度、自然资源以及当地人口的社会经济条件设定的，PLUP 强调自下而上的规划观，把当地使用者置于利益的中心，提倡采用简单、低成本的规划技术，来鼓励和推动村民的积极参与和共识建设。外来者的参与被严格限制在对规划过程的协调和调解上，至少一开始这些外来者可能也得扮演社区利益的坚定拥护者和保卫者的角色，如在社区利益与有权势的外来者存在冲突的情况下，但这并不意味着参与 PLUP 活动的政府工作人员有什么特殊的角色优势，在任何情况下都不允许 PLUP 过程的协调者把解决办法强加给村民或发挥盛气凌人的指挥作用。

GTZ（1999，2002）按其对 PLUP 的定义，提出 PLUP 的 11 个原则，作为其发展项目中实际操作 PLUP 的建议：①规划方法和内容应考虑当地条件；②要考虑文化观念，并建立在环境方面的当地知识之上；③要考虑解决问题和冲突的传统策略；④是基于自助和自我负责、自下而上的过程；⑤是一种为利益相关者之间的成功协商与合作创造先决条件的对话；⑥是提高参与者规划能力和采取行动能力的过程；⑦要求透明度，所有参与者无偿使用信息是土地利用规划的先决条件；⑧要重视利益相关者的划分和社会性别方法；⑨其基础是多学科合作；⑩是一个重复过程，应根据新的发现和情况变化进行灵活的调整；⑪以实施为导向。

7.2.2.3　PLUP 的阶段和步骤

作为一种重要的社会生态系统适应性管理方法，参与式土地利用规划方法在一些领域和地区逐渐取代严格的自上而下的传统技术理性规划方法。它所基于的前提是：只有使当地人口安排好了土地使用权及权属，以社区为主体开展社会生态系统适应性管理，可持续的资源管理就能实现。这种规划与管理中的利益相关者参与是一种解决社会生态系统管理问题的全新观点。

在 PAAF 项目中采用的参与式土地利用规划可以分为 5 个阶段、共 8 个步骤（见图 7-2）。

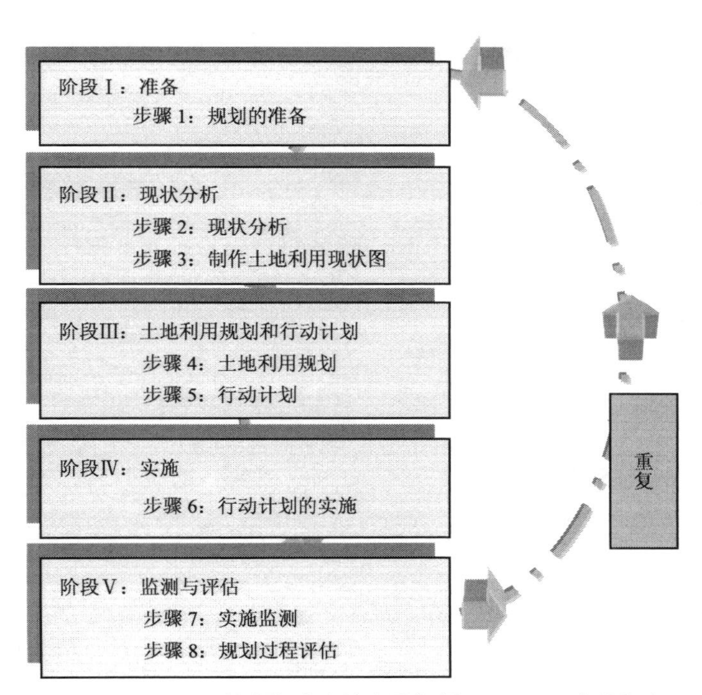

图 7-2　PAAF 项目的参与式土地利用规划（PLUP）阶段与步骤

这些阶段和步骤分述如下：

阶段Ⅰ：准备

步骤1：规划的准备

规划前的准备对一个适宜的、可持续的规划来说是重要的先决条件。规划队伍需要收集规划区内必要的基本信息，而且，需要评估现有的规划方法，以便将适用的东西结合到新的规划方法中。

阶段Ⅱ：现状分析

步骤2：现状分析

只有规划人员掌握了规划区的现状，土地利用规划才能对问题的解决起到应有的作用。通过系统的问题分析，找出规划区域内的所有问题之间的关系，形成未来解决问题的基础。然后，所有的参与人共同确定规划目标和实现这一目标的途径。

另外，该步骤还可以促使当地参与人分析自己的生存现状，意识到他们存在的问题，并找到可能的解决办法。

步骤3：制作土地利用现状图

该步骤集中分析土地利用和自然资源的管理。在规划区内，村民们分析与现有土地利用相关的环境问题，然后，据此制作地图，形成未来土地利用规划的基础。

阶段Ⅲ：土地利用规划和行动计划

步骤4：土地利用规划

土地利用规划将明确一个村或区域未来的土地利用。首先与村民讨论每个土地利用单元的土地利用选择，然后与规划专家和相关行业机构进行讨论。经政府批准后，作为该区域未来活动的基础。

步骤5：行动计划

行动的实施要遵循土地利用规划。一方面，并非所有的未来土地利用选择都由本规划项目来实施；另一方面，一些行动将由其他项目或村民根据规划加以实施。因此有必要为每个村都制订由规划指导和支持的行动计划，这一计划应包括时间表、责任人和资金预算等内容。

阶段Ⅳ：实施

步骤6：行动计划的实施

行动计划的依据是土地利用规划，行动计划的实施是以生态系统的可持续管理和促进当地社会系统的发展为目的。确定了项目支持的行动计划后，按部就班地完成计划并进行完成效果评价，以随时调整实施的进程。

阶段Ⅴ：监测与评估

步骤7：实施监测

需要通过建立参与式监测体系进行有效的监测，来控制和调整行动的实施过程。首先与村民一起讨论制定行动管理办法，签订各类实施合同（包括有关合作机构），确定并提供技术支持和培训，促进有关机构对活动的支持，还应确定财政责任和活动计划，组织和管理资金等。

步骤8：规划过程评估

为了使规划方法更符合实际情况，并得到进一步的改进，有必要对规划过程进行评价，并从中吸取教训。它需要回答这样一些问题：我们如何、和谁来实现我们的目标？为什么有些做到了？为什么有些没有做到？我们是怎样做的？应如何改进？不断实践后，经调整和修改后的规划方法将更实用，不仅使一个村庄的土地利用规划更完善，也可作为指导性文件，运用于其他更多的规划区域。在新的规划和实施中仍需继续得到评估，以便持续地发展这一方法。

PAAF项目所实践过的PLUP过程是一种需要根据村庄的实际情况、项目的活动时间安排和其他重要条件进行调整的框架，这意味着，实际工作中有时一些规划步骤会重复、改变或与其他步骤穿插进行。在执行所有步骤时该方法在时间上也很灵活，如果规划区域较小，可能就少花时间；如果规划区域涉及区域较大，就需要更多的时间，以保证所有利益相关者能充分参与到规划过程中。而且，如果规划的时间安排较紧，规划过程也为满足时间要求做了适当调整。

以上PLUP阶段和步骤有以下几个特点：

（1）规划过程公开透明，充分体现各利益相关者的参与，尤其突出村民的参与性。上述参与式村庄规划过程中，每个步骤都是系统理性规划与村民充分参与结合的结果。该方法承认村民是村庄规划中的主要利益相关者，对所在村庄的历史和现状有着准确的认知，同时使村民明确了自身在村庄规划中的作用和地位，扭转了以往规划中村民主体地位被忽视、被动接受村庄规划结果的局面。这样的村庄规划增进了规划人员、各部门与村民的沟通，提高了村民参与村庄规划的积极性，使得村民的意愿与诉求纳入村庄规划中，真正做到赋权于村民。

（2）这是一套注重管理全过程融合的规划体系。参与式村庄规划方法将调查分析、目标制定、行动安排、规划设计、实施计划、过程监测以及后期评估等全管理过程融为一体，形成了一套基于未来导向的，集策划、咨询、协调、设计、行动、监测和评估全过程为一体的规划体系。该体系中所有环节相互交融、彼此配合，不仅能够实现对预期结果的行动安排，而且强调所有利益相关群体对规划实施阶段的管理，让各方利益相关群体一起对规划的全过程负责，并具有充分的适应性和逻辑性。

（3）这是融合了各规划层次的一体化规划方法论。参与式村庄规划方法将村庄规划中的规划大纲、总体规划、详细规划以及初步设计等规划编制各步骤和阶段有效地耦合到一个一体化的结构化规划中，在村级尺度上实现了多级、多层次规划文本的一体化，避免了多级规划对同一要素的重复规划与规划冲突，降低了小尺度范围上规划的复杂程度，同时又能根据实际规划要求进行规划内容的调整，保证规划行动内容之间的相互协调，提高了村庄规划内容的灵活性和适应性。

总之，参与式村庄规划打破了传统的村庄规划思路，使得村庄规划能够反映不同利益相关者的规划意愿与诉求，立足于村庄实际问题，合理地制定村庄发展目标，确定可实施性高的村庄规划内容，是一套具有可持续性的村庄适应性规划与管理方法。

7.3　适应性管理效果分析——对 PLUP 的分析

PAAF 项目开展了 7 年，对其 PLUP 活动效果进行评估，目的是评估 PLUP 体系对不同领域和不同层面的影响，关键问题如下：

（1）从 PLUP 活动开始后发生了哪些变化？在农户、村级、县级以及省级层面上，哪些变化被利益相关者所认可？

（2）利益相关者提到了哪些过程：环境改善、能力建设、赋权、创新、参与等？

（3）利益相关者从这些变化中得到了什么？

（4）归因于 PLUP 活动的变化有哪些？变化是其他原因引起的吗？

（5）有超出项目既定目标的变化吗？

（6）PLUP 实施造林与国内项目的效果有何不同？

评估结果表明：

（1）在 PLUP 各阶段对参与质量的准确把握决定了其绩效显著。参与式规划各阶段对参与质量有不同的要求，不能一味寻求最高的参与程度。参与的程度只可能在一定的环境下针对特定利益相关者时才是适合的；在实施 PLUP 这样较高参与程度的规划决策时，有时质量较低的参与水平也存在一定的合理性，并得到同时实施，以便使所有利益相关者都能参与到规划过程中，并获得知情权。参与具有综合、全面、复杂和不确定性的特点，各参与程度间还存在一定的自然交叉和相互联系。所有这些都决定了参与式规划必须要针对不同的规划目的采取不同的规划方法，建立利益相关者间的合作关系。因此，在组织参与式规划过程前，必须要分析与规划所要采用的参与式方法：先确定和分析利益相关者，然后设置合适的目标，最后才能确定各规划阶段最适宜的参与程度。

（2）将 PLUP 方法引入我国的村级适应性规划体系之中是适当的。研究明确了在地方层面上的参与式规划应当从决策者和规划师的规划转变成普通公众（包括农民）的规划，成为真正的参与式规划；新规划制度的作用应从科学理性的作用转变到公共事务中组织民众、社会学习、协调不同利益相关者的作用；新规划范式应当用赋权、透明和治理的新理念取代僵化、理性、中心化的传统规划；新型规划师应当由客观、中立的理性规划师变为参与式规划的沟通者、协调员和主持人。只有通过村级 PLUP，才能使制定公共土地利用和管理决策的规划过程真正成为社区或个人表达自己、倾听他人并达成共识的社会学习过程，才能为实现可持续的、社会和环境适宜的、社会所期望的、经济上可行的土地利用类型创造条件，才能构建起适合我国的村级可持续适应性规划与管理制度。

（3）PLUP 为建立村级可持续土地资源利用方式奠定了基础。村级 PLUP 充分考虑村庄农、林各业和社会、经济等方面的实际情况，尊重村民的观点和乡土知识，注重社会性别的影响，有利于对受益群体的能力建设；规划决策建立在各方充分沟通与协商、达成共识的基础上，能提高规划实施的质量。村级 PLUP 的特点决定了它是以建立综合、系统的村级适应性规划制度体系为目标的空间土地利用规划方法，其参与性和自下而上的特点，从根本上改变了我国传统空间规划体系中村级规划缺位、项目实施不良的现状，实现了综合、参与、可持续的村级适应性规划与管理方式。

（4）参与式地理信息系统（PGIS）技术在 PLUP 过程中的运用为各利益相关者提供了信息沟通与决策参与的规划支持系统（PSS）。PGIS 方法在十多年来的发展以及在 PAAF 项目 PLUP 过程之中的运用表明：该方法是对常规 GIS 技术的参与式应用，具有针对具体情况灵活运用的特点。PGIS 克服了常规 PLUP 方法对空间信息管理上的不足，丰富了常规 PRA 绘图“工具箱”，结合了村民意见与专家观点，成为社区内部及其与外界的沟通媒介与桥梁，促进 PLUP 的规划决策和活动实施过程。

（5）参与式监测与评估（PM&E）技术为 PLUP 体系提供了有效的制度保障。PM&E 技术在 PLUP 中的运用表明，这项参与式技术很好地从制度上对 PLUP 各阶段的主要活动过程进行质量控制和全程跟踪，也能用于评价 PLUP 活动与项目目标间的归因关系，对 PLUP 的实施效果进行有效评估，因此是一项所有利益相关者共同监测 PLUP 过程以及效果评价的适宜技术。PM&E 技术把过去由外部控制项目进程和质量的公共责任赋予社区，从而加强农村社区自我发展的主动性；由于 PM&E 过程有助于理解利益相关各方的意见，从而鼓励相关机构重新审视自己的目标，调整自己对社会和发展的理解，并向服务型的参与式组织结构转变。所有这些 PM&E 技术的特征决定了其在 PLUP 制度体系中不可或缺的作用。

（6）村级 PLUP 方法可以将在村级层面上实施的国内项目结合在一起，建立新型统筹规划机制。研究表明，PLUP 项目可以发挥其理念和方法论优势，在进行全面、综合的参与式土地利用规划后，将国内的相关项目引入社区的规划活动中，从而把村级 PLUP 规划和管理制度与国内工程在村级层面上结合起来，解决过去国内环境建设工程中由于社区组织、社会动员等方面的不足而造成的实施效果不理想的困境，联手提高规划活动的成效，在村级水平上开创出新的社会生态系统适应性规划与管理的制度新模式。

必须指出，PLUP 方法体系与我国传统规划体系存在相当大的差异，在村级将二者相结合存在可能性。按世界各地的经验，基层（如县级以下）可以采用自下而上的 PLUP 体系，而在政策层面（如国家和省级）上采用自上而下的、用参与理念改造过的规划体系，并将二者在县级或更低的层面上结合起来，这样可以发挥各自的优势。一方面可以改善规划政策实施的效果；另一方面也可以把基层的意见反映在高层所制定的政策当中，使目前的集中规划体系逐步改造成自上而下与自下而上相结合的混合型适应性规划与管理体系。由于这方面的研究所涉及的领域更多，从而需要开展跨学科的大规模合作研究。

第三部分

晋北森林生态系统变迁

第 8 章

晋北森林生态系统变迁

8.1 社会生态系统的遗留效应

人类活动对自然环境的影响以及自然环境对人类活动的响应形成了人类与自然耦合系统。而人类—自然耦合系统协调发展是环境、人类发展的关键所在，环境问题起源于人类活动对自然环境的过分干扰乃至破坏，经济发展需要以一定的资源浪费和环境破坏作为代价来实现，这种长期的相互作用模式也就形成了社会生态系统。

社会生态系统中人类与自然之间的相互作用，构成了人地关系复杂网络和反馈环。一方面，人类社会在其发展过程中对自然资源的过度消耗和对生态系统的过度破坏，使自然系统的各个方面和不同过程都受到严重威胁。另一方面，自然界也会通过环境退化和自然灾害等形式对人类系统产生反作用。这种人类与自然之间的相互作用构成了社会生态系统。由于人造产品的增加，人类减少了对自然的直接依赖性，而人与自然之间的间接作用反而增强，从而使社会生态系统的复杂性增加。同时，社会生态系统中的阈值效应及其恢复能力也增加了耦合的复杂性，耦合系统中各种因子的脆弱性也体现了其复杂性。自工业革命之后，人类活动对自然系统的影响增加，生态退化、物种灭绝以及人口过度增长都威胁着人类对自然的依赖性。自然灾害在一定程度上加剧了人类系统的脆弱性，人类不得不投入大量的金钱来恢复和改善不断退化的生态环境。在社会生态系统中，存在着时间滞后和遗留效应，也就是人类与自然之间相互作用总是滞后于其所造成的生态环境响应和经济响应，其原因是自然系统和人文系统之间的联系较为复杂，同时，由于社会生态系统尺度的不同，以及内部因子的不一致性，会导致社会生态系统产生不同时间尺度、空间尺度、强度的遗留效应，而这种效应会对现在或未来产生不同程度的影响。

8.1.1 社会生态系统的兴起

8.1.1.1 国外研究进展

自 1984 年以来，国外就已经开始研究人文系统和自然系统，虽然当时的研究方法不够系统全面，而且将人文和自然两个系统分开研究，但是后来随着研究深度的增加，以及研究方法的成熟，逐步将人文过程与自然过程结合起来研究，也就是社会生态系统的研究。社会生态系统的研究跨越了生态学、经济学、人类学、环境学、地理学等多个学科，随着研究的深入，国际上出现了一系列研究人文与自然耦合的项目。2007 年美国国家科学基金正式建立人类—自然耦合系统动力学研究，人类与自然之间跨越不同组织水平相互作用，经济发展为人类生活质量改善和生活水平提高做出了贡献；与此同时，人类对于资源的过度开采和对生态服务功能的高估，也使人类社会的发展存在风险。

Folke 等认为当生态环境的自适应管理能力下降时，即生态环境的恢复力下降、危机上升时，我们也可以通过政府和立法支撑社会生态系统，并以危机为契机将社会生态系统转变到一个更理想的状态。因此，我们也可以利用社会经济发展所带来的风险，从而针对性地采取恢复和改善生态环境的措施。Berkes 等认为生态环境和社会人文过程是两个不断相互作用的过程，在此过程中社会组织可以通过自我组织和适应来增加对自然资源利用系统变化重组的应变能力。

在社会生态系统中，人类社会在不断地发展，经过自我调整和不断适应自然环境的发展，当资源出现枯竭或者短缺时，通过资源重组或者替代来解决发展中遇到的危机。自然灾害对于社会生态系统的发展造成了十分恶劣的影响，人类有必要提高生态系统的恢复力，尽量在短时间内实现生态环境的自我修复，从时间尺度上来减少或抵消灾害带来的影响，从而维持社会生态系统的协调发展，为社会经济系统的发展提供保障。

Agrawal 等认为在社会生态系统中，人类十分依赖自然资源，人类的生计策略因自然资源的变化而不得不发生变化，在自然环境发展的过程中，人类的生计模式也在不断变化。当人们选择了有利于自然环境的生计模式时，社会生态系统得以长时间协调发展，那么这种生计模式存在的时间较长；反之，当人们选择了对自然环境危害较为严重的生计模式时，社会生态系统的协调发展难以为继，迫使人类选择新的生计模式。产业聚集能够带来技术创新，同时污染物的大量排放也造成了环境恶化，环境恶化的后果就是资源更加匮乏，为保证资源与各种产业之间的可持续发展，新技术和新的资源利用方式将会出现。因此提出在特定的生态环境中，建立发展动态模型，嵌入最直接的认知与行为系统，社会与生态系统的相互作用促进该动态模型的运行。

Rebecka 等通过对奥地利高山地区有机农业与社会生态系统的恢复力之间关系的研究，探讨了有机农业能否在当地维持可持续发展，促进社会生态系统恢复力提高的问题。

他认为，有机农业不仅仅在管理上减少对自然环境的破坏。James 认为人与自然系统是非常复杂的，其尺度和规模难以控制，这种复杂也意味着难以建立简单而合理的规则，因此他提出用空间动力学来研究社会生态系统。

8.1.1.2 国内研究进展

20 世纪 80 年代，系统耦合理论在我国开始应用，主要用于研究系统之间的协调及反馈。任继周于 1989 年提出了生态系统耦合的概念，当时主要用于研究草业生态系统，通过对生态系统中内能关系的研究，得出系统耦合可以促使生态系统生产潜力的解放。在此之后，系统耦合理论在众多领域获得发展。经济学、物理学、生态学、地理学等多个学科都运用系统耦合理论解决现实问题。王立华和杨成云等将系统耦合理论用在齿轮振动响应和抗冲击性研究中，并建立了传动系统和结构系统的非线性耦合振动分析模型。肖明康将系统耦合应用在声场研究中，通过假设各子系统之间是弱耦合状态，并建立了模型，该成果也被应用于船舶行业。黄瑞芬从经济学角度出发，研究了海洋产业聚集与海洋资源之间的耦合及反馈机制，并计算了海洋产业系统与海洋资源系统之间的耦合度，划分了耦合协调类型，得到了耦合协调度的发展趋势。

国内外学者从不同视角研究了社会生态系统，国外学者更注重小范围、小尺度的研究，侧重于定量研究和模型构建，通过已获得数据验证模型的可行性，研究热点集中在自然环境对人类活动的响应上。国内学者将关注点放在人类活动的某一个方面与气候、资源等方面的研究，从而为人文与自然的协调发展提供参考，同时，也为生态环境和社会经济的可持续发展提供保障。

8.1.2 社会生态系统的遗留效应

8.1.2.1 遗留效应

遗留效应是过去人类与自然耦合系统的相互作用的积累以及进化对当今和未来情形的影响。它们在持续时间和密度方面，因干扰、物理和生物状况以及社会经济地位等因素不同而各异。例如，先前土地利用的遗留效应可以很好地解释当前的景观状态。

卧龙海拔较低地区（1 200～3 000 m）的现有森林类型是由 3～9 年前的森林采伐形成的。肯尼亚的长期（长达 100 年）连续种植减少了作物产量，大部分减产发生在从森林转为农业的前 15～20 年。在普吉特湾，景观格局受到几十年甚至一个世纪前建成的基础设施的影响。

由于人与自然之间的相互作用及其生态、社会经济后果的时间滞后，社会生态系统中人类与自然耦合的生态、社会经济影响可能不会立即被观察到或预测出来。在肯尼亚，土地改良投资与收入增长之间存在时间延迟。在 Vattenriket，20 世纪 40 年代，克里斯蒂安达斯塔市停止从 Helgeå 河获取饮用水，因为未经处理的工业和家庭污水已经累积了数十年。地下水质量的干扰可能需要很长时间才能出现在“下游”，因为相邻湖泊之间的地下水运动可能需要数百年的时间。在普吉特湾，1990 年华盛顿州通过的《增长管理法》的生态效应在不到 8 年的时候是不可观察的。

由单一原因引起的滞后时间可能因不同的指标而不同；相反，由不同的原因引起的滞后时间在同一指标的不同时间段内可能变得明显。前者可以在 Altamira 看到，作物的价格变化迅速影响一年生植物的种植，但对于多年生植物种植的影响经常被延迟。对于后者的情况，电力价格的变化迅速影响了大熊猫在卧龙的栖息地环境，因为电力价格变化使薪材的需求发生了急剧变化，但是，家庭中的出生间隔对大熊猫栖息地环境的影响却十分缓慢。做饭所需的能量是每日必需的，电力价格的波动可能迅速迫使当地居民多使用薪柴（从而破坏森林和大熊猫栖息地），然而，为孩子建立新家庭对能源需求的增加需要更长的时间。

8.1.2.2 生态史研究的必要性

生态环境是人类社会发展的自然条件之一。生产力水平越低下，生态条件对社会发展的制约作用越显著；而社会生产的高速发展，则往往打破原有生态条件的自然平衡。与人类社会的历史演进相同，自然环境的历史变化也表现出值得重视的动态特征。

回顾人类历史时期，不论中外，在长达二三百万年的旧石器时代，先民们的生存繁衍时时处处都依赖其周围之环境。然而因处于人类的初始发展阶段，主要从事渔猎采集活动，所以对周围环境影响甚微。但在进入距今约 1 万年前之新石器时代，由于先民开始从事原始农牧业生产与制陶、琢玉等手工业活动，因而也开始对周围环境有了较明显的影响。自那时以来，特别是在距今五千年左右，世界上许多地区先后迈入文明门槛建立国家，在人口不断增加与生产技术持续发展的驱策下，人类拓殖的区域范围不断扩大，开发经营的程度不断加深，导致生态环境的变迁也更加明显。

近年来，生态系统的历史、生态系统组成部分的历史以及生态危机的历史，正在不断地变得越来越重要。有关区域尺度森林生态系统的历史变迁问题，是学术界研究的热点。据研究，11 世纪中期至 13 世纪晚期中欧与东欧的人口增长导致了严重的森林退化；17 世纪初至 20 世纪初欧洲殖民者向北美的殖民化导致了大规模的森林退化；四千多年间，由于人口增长和人为不合理活动，我国的森林覆盖率由约 60%下降到 10%左右。可见，森林生态系统的变迁与人类活动密切相关，其退化不是一瞬间导致的，而是在漫长的历史时期逐渐形成的。通过对往日类似问题的研究可以增强对现状的认识，研究生态系统的历史来认识到人类对森林的砍伐与清理极大地改变了历史时期的植被。

8.2　历史时期晋北森林生态系统变迁

地处我国北方农牧交错带偏农区的晋北地区生态环境较为脆弱，其历史时期的森林状况及其成因备受争议。晋北处于黄土高原东北边缘，一些学者认为黄土高原为干旱草原，过去没有森林，另一些学者认为黄土高原过去必然存在森林。史念海先生结合史料考证和实地考察，论证了黄河中游在历史时期存在广泛的森林，后经历了历朝历代的破坏而退化。关于生态系统退化的原因不同学者仍有不同的看法，对于自然因素和人为因素的影响各有侧重。

本节综合历史生态学的观点和方法，搜集诸多历史文献资料研究历史时期晋北森林生态系统的变迁，评述变迁发生的原因及生态系统在受到干扰之后的运动方向，揭示历史时期晋北森林生态系统变迁的格局，为生态建设工作提供历史依据。

8.2.1　晋北森林生态系统现况

晋北位于内外长城之间，地处我国北方农牧交错带偏南地区，自北向南由温带半干旱气候向温带半湿润气候过渡，降水集中在夏季，春冬季节干旱。降水少，蒸发多，水热分布不均。

为了与历史时期晋北森林生态系统状况进行对比，有必要分析晋北森林生态系统的现况。晋北森林在新中国成立初被采伐殆尽，后经过几十年的人工发展，林地稍有恢复。据2014年森林资源统计显示，晋北林地面积75.18万hm^2，占其总面积的23.68%。总的来说，现代晋北的森林生态系统较为简单，天然林不够丰富，人工林较少且较单一，土壤较贫瘠，还有一定的盐渍化现象。其中，林地以人工森林生态系统为主，主要种植樟子松、油松、新疆杨、小叶杨等大面积纯林，树种结构较为单一；林地中少数为天然次生林，是五台山、管涔山等山区的少数残留林经过几十年的恢复而形成的。

8.2.2　各历史时期晋北森林生态系统状况

为研究历史时期晋北森林生态系统的变迁，本研究搜集与生态环境相关的诸多历史文献资料，基于历史生态学的观点，对各历史时期晋北森林生态系统的状况进行研究和判定，并从这些史料中挖掘形成该时期系统状况的发展诱因。在挖掘诱因的过程中，关注不同人为活动对森林的干扰导致的系统后果，综合前一时期的系统后果及后一时期的系统状况归纳受人为活动影响之后森林生态系统的运动方向。总之，在研究了6个历史时期森林生态系统的状况和诱因之后，对系统状况、发展诱因、系统后果、运动方向进行提炼总结，整理出历史时期晋北森林生态系统变迁的格局。

8.2.2.1 秦汉时期：原始森林生态系统

秦汉时期是从公元前222年到公元后265年，共486年。这一时期晋北平川盆地处的森林开始遭受明显破坏。其中秦朝仅享国15年，曹魏也仅有45年，均历时不长，对本区森林生态系统的变迁影响不大，主要是西汉和东汉时期对本区森林造成了较大的破坏。破坏森林的主要原因如下：

1）人口大增，森林任民采伐

西汉中叶，汉武帝将匈奴远逐后，从关中等地大量移民，以充实边郡。从此晋北安定下来，人口增殖，出现了历史时期第一次繁荣景象，使先秦时期人烟寥落的状况大为改观。据《中国人口史》资料，西汉后期元始二年（公元2年），全国人口达到5 800余万人，今山西省境内为286.1万余人，代郡在晋北境内的9个县共约14万人，雁门郡在山西境内的12个县共约25.2万人，推估当时晋北全境共约37万人。

东汉中叶前，本区人口与西汉末近似而略少。但东汉中叶后（约公元 109 年以后），本区战乱频繁，人民死亡离弃，人口明显减少。据《中国人口史》资料，东汉永和五年（公元140年）雁门郡在山西境内的13个县仅剩下13.9万人，代郡在山西境内的5个县仅剩下7万人，定襄郡在晋北境内2个县共5 500人，看来越往西北人烟越稀少。由于东汉雁门郡界南移到今原平、代县、繁峙一带，故估算晋北全境共约 17 万人，比西汉峰值人口少了一半还多。

东汉末至曹魏，本区汉人更向南逃亡，近似城邑皆空景象。如代郡平舒县仅余800人，雁门全郡也只剩12 700人。那时雁门郡治更南迁到代县城之西南，在晋北南端剩下的几个县，亦人烟寥落，估计共四五千人。

晋北从西汉中叶武帝时到东汉前期二百几十年的繁荣期，人口大增，人为活动区域比先秦扩大了许多。且汉朝推行“与民无禁”政策，即森林和野生动物，任民采捕，必然要损毁一些森林。如《史记》载：“汉兴，海内为一，开关梁，弛山泽之禁”。东汉、曹魏，仍继续采取“山林池陂，任民采取”的政策。

2）养马业发展

秦汉之际，本区牧马事业已具相当规模。本区人工牧马事业，早在战国已开始兴起。如《左传》载：“冀之北土，马之所生。”《战国策》载：“北有胡貉、代马之用。”大体说明由野马驯化为家马，而后又予以人工牧养繁殖之历程。秦朝，专门在今朔城筑城并在附近牧马，而且把该城名之为“马邑”，说明牧马事业已具相当规模。秦汉之际，还有在本区附近专门从事畜牧业而致大富者。如《汉书》载：“始皇之末，班壹避地于楼烦，致马牛羊数千群。值汉初定，与民无禁。值孝惠、高后时，以财雄边，出入戈猎”。以个人资产帮助皇朝充实边防，明西汉初，私人大规模牧马业已开始兴起。西汉与匈奴大规模作战，主要是用骑兵。为了提供所需的大批军马，今晋北、忻州，甚至到太原一带均为重要牧马基地。据《史记•货殖列传》，西汉前期，大致从河北省昌黎县碣石到山西省河津市龙门为农区与牧区分界线；该线以北“多马、牛、羊、旃裘”“代（河北蔚县）、石（吉县石门山）北也，地边胡，……不事农商”，均说明晋北那时还是以畜牧业为主之区。西汉到东汉中叶，农耕业在晋北虽稍有发展，但并不居主要地位。既然要大行养牧，当然要焚烧一些森林，而让其成为丰盛草原。另匈奴、鲜卑等族，亦以游牧为业。当其占据本区之时或所占据之地，亦要焚烧一些森林而造成草原，供其游牧。但那时平川盆地和一些缓坡的丰盛草地，已够养牧、放牧牲畜之需，还不至于到偏远不便之处破坏山丘区森林。

3）农耕业初兴，垦殖面积扩大

从西汉初，文帝推行屯田，晋北农耕业已不同程度开发，垦殖面积不断扩大。汉武帝又从关中一带向本区移民，晋北农耕业也因之而初步兴起。如《盐铁论》载：“伐木而种谷，焚莱而种粟。”即砍伐倒森林，焚烧掉茂草，开拓农田，种植谷物，且“田中不得有树，用妨五谷”（《汉书•食货志》），当然要毁掉一些森林和草原。

西汉和东汉皆大力推行边防军在驻地附近屯垦。如“景帝二年（公元前 155 年），发车骑材官屯雁门”。武帝时，“边境置典农都尉屯田植谷”。既然专设“典农都尉”，专职管理屯田事宜，说明屯田规模相当可观。且汉朝铁制农具已普遍推行到农耕上，农耕效率比先秦大为提高。汉朝又推行“代田法”，每个劳动力耕作面积增大，“田亩益辟”，当然要扩大毁林开荒面积。东汉初，南匈奴归顺后，亦加入雁门、代郡等地兵屯行列，屯田规模进而有所扩大。开垦屯田，当然要毁及军队驻地附近的一些森林和草原。但那时平川盆地已足够屯垦之需，且屯田系为了供给驻军食粮，当然不会去偏远不便的山丘上毁林开荒，农田开拓也仅毁平川区森林而已。两汉农耕业在本区虽然初步兴起，但牧业仍占相当比重，系半农半牧（牧业比重还要大些）经济。

4）棺椁厚葬成风，消耗木材

汉朝时期，十分盛行厚葬，特别是西汉时的墓葬大多用木材，而且官位越高，墓葬消耗木材就越多。所有的官员以及平民死后都会厚葬，砍伐很多森林木材，但当时晋北森林众多，在居住区附近就可以砍伐到很多不错的木材，人们并不会舍近求远到偏远山区砍伐木材。

5）战争频繁，屯垦屯牧

战国末，匈奴已开始强大，故赵国派大将李牧戍守雁门郡，终于大破匈奴十万骑，赵国北境才暂得安定。秦朝，大将蒙恬带兵 30 万人，北击匈奴，本区相对安定。西汉，匈奴更加强大，经常南下与汉军争战。两支强大劲旅时战时和，曾在晋北进行多次大战。

东汉，本区战争更多。如东汉初光武帝建武五年（公元 29 年），卢芳联合匈奴叛乱，前后大战十多年，到建武十八年，汉军才将卢芳驱逐出晋北。接着乌桓族兴起，于建武二十一年入侵本区，被汉军击败。随后南匈奴与汉朝修好，并帮助汉朝守边，晋北才基本安定下来。

东汉中叶，鲜卑族又兴起，战争更为频繁，东汉在晋北统治逐渐削弱，终至鲜卑族在晋北居于统治地位。如安帝永初三年（公元 109 年），乌桓联合鲜卑、南匈奴，进攻本区，虽被汉军击退，但鲜卑族主力未受重创。公元 140—160 年，原归顺汉朝的南匈奴亦参加叛乱，联合乌桓、鲜卑、美胡骚扰本区。终在灵帝喜平六年（公元 177 存），汉军被鲜卑打得大败。此后，雁门郡“人民离弃，城邑皆空”。

曹魏，仍与鲜卑和叛变的南匈奴有所争战，并未恢复在晋北的统治，仅据有本区东南一隅而已。

两汉时，晋北战争很多，有的战争规模很大，汉朝常在此大量驻军。除大量砍伐林木供烧燃外，还屯垦屯牧，当然要破坏不少森林。但那时主要是攻打平川盆地城邑的“点战”和双方进击的“线战”，战场并不广阔，因而仅破坏及城邑附近和沿大路两侧森林而已，并未毁及广大偏远山区森林。

8.2.2.2 西晋—北周时期：人为干扰过的森林生态系统

本期从 265 年起到 581 年，共 316 年。这一时期晋北曾先后被几个王朝或地方割据势力所占据或部分占据。尤其是北魏建都平城后近 100 年中，晋北成了我国北方政治、经济和文化中心，对本区森林生态系统变迁影响甚大。西晋到北周这 300 多年间，晋北的森林生态系统在一段时间获得恢复，一段时间又遭受破坏，但从整体来看，破坏的程度远高于恢复的程度，故而本时期晋北的森林面积比秦汉减少。破坏森林的主要原因如下：

1）人口骤增，人为活动地盘不断扩大

前秦灭代后，居于晋北的拓跋部，人口虽然短时散亡，但紧接着拓跋珪建立北魏后，大量兼并别部，使该部人口又迅速增多，人口总数超过百万。为了给迁都平城做准备，在迁都平城前进行了两次大移民，两次迁民共 2 万多人。公元 398 年，即定都平城之当年，进行了三次空前大移民。三次迁民人数不少于 60 万人。次年，又进行两次大移民，月 9 万余人。以上拓跋珪执政时期，从公元 391—402 年十余年间，移民总共一百五六十万人左右。

继拓跋珪之后，北魏诸帝还有多次比较具有规模的移民，如太常三年（公元 418 年），北魏攻打北燕，徙冀、幽、定人民，接着攻打燕都城和龙，“徙其民万余家而还”。延和三年（公元 434 年）将和龙北燕降民迁于平城。太延元年（公元 435 年），迁长安及平凉民于平城，又将和龙北燕降民 6 000 余口迁于平城。太延五年，灭北凉后，迁沮渠氏及其吏兵 3 万多户往平城，同时把掠获僧徒 3 000 人也迁到平城。正平元年（公元 451 年），攻打南朝宋时，将俘获 5 万人，多户宋民迁到平城。皇兴三年（公元 469 年），夺取南齐青州、齐州，把该两州人民迁到平城。太和五年（公元 481 年），攻打南齐而大获全胜，“俘三万余口送京师”等。大体揣测，以上十几次迁徙迁入晋北人口总数也不下 70 万人。

拓跋鲜卑部从猗卢进驻晋北起，到北魏由平城迁都洛阳前的170余年中，前后迁入晋北人口总计约200万人，致使晋北人口骤然猛增。以后一千多年中晋北人口都没有超过北魏峰值，直到清朝，才赶上这个峰值，这是很独特的现象。人口骤然猛增，必然要扩大人为活动地盘。一系列人为活动，当然要不断蚕食和破坏森林，使晋北森林明显减少。

2）大建城池、宫殿、陵寝、寺宇

北魏定都平城后，为完善都城的建设，在本区开始大建城池、宫殿、陵寝和寺宇，建筑物多高大而且成片成群，消耗了大量的木材，平原被砍伐殆尽，必然导致低山区的森林亦遭受砍伐。

3）农耕业与畜牧业兴盛

北魏虽是少数民族建立的政权，但注重学习汉族的生产方式，提倡农耕，为开拓农田的面积，不断焚毁森林垦为农田，使平川盆地森林显著减少。当时的晋北仍是十分重要的畜牧基地，规模不断扩大，为开拓牧地，低山区的森林遭受焚毁。

4）凿山开道

北魏建都平城后，特别重视开凿道路。除首都平城通往各县、各行宫道路已畅通外，对外交通大道主要有三条。

第一条由平城沿桑干河往东，至幽州大道。第二条是在汉朝通塞中路基础上，继续扩拓后的南北大道，即自阴山下，经盛乐，到达平城后，再由雁门关南下，经并州向南到洛阳或向东南到邺城。第三条由京都平城，穿越恒山，直达中山（河北定县），长500余里。

凿山开道动用人力之多，历时之长，规模之大，空前未有。道路及附近建筑物之兴建，使用之频繁，当然要毁及沿线两侧山上不少森林。例如，处于“诸州路冲”的灵丘，皇族们去南下巡行征战对沿线两侧人民骚扰甚重。故孝文帝，不得不采取“罢山泽之禁”之类的安抚措施。即除官府砍伐山林外，亦允许人民去山上自行垦拓采捕，又加速了破坏沿线山林进程。

此外，北魏各代帝王经常率大批随从人员巡幸射猎，以及代国、北魏初期和末期也有不少次战争等原因，也破坏了一些森林。

8.2.2.3　隋唐—辽金元时期：退化的森林生态系统

本期从581年杨坚建立隋朝起，到1369年明军占领大同止，共788年。这一时期晋北森林生态系统在隋唐时期因人烟稀少，萧条荒僻，森林植被得到一定恢复，分布范围有所扩大，质量也有所提高。然而，辽金元时期，本区的政治地位相当重要，森林遭到连续不断的破坏，总趋势是破坏程度越来越剧烈，使晋北森林显著减少，林分质量明显降低。破坏森林的主要原因如下：

1）人口成倍增加，活动范围成倍扩大

进入本期，晋北人口已走出隋唐五代长期稀少的低谷。辽代晋北人口已比唐朝翻了几番。金代又一翻再翻，突破百万大关，又一次呈现人丁兴盛高峰。金末，人口才猛降下来。

据《中国人口史》推算，晋北人口好几倍地增加。1004 年北宋和辽国两国议和，宋每年向辽纳银纳绢，各守旧界。此后不再有大事，即从 986 年到辽末近 140 年中，本区相当安定。特别是 1044 年将大同升为西京后，更加繁荣，人口稳步上升。如山西省辽占区（晋北全部及晋西北一小部分），980 年约 4.5 万户，1079 年上升到 6.9 万户，1102 年更上升到 7 万余户。

辽金时期，本区人口一翻再翻地增加，人为活动范围也随之成倍扩大，活动频度加速，致使森林分布范围明显退缩。虽然元朝人口大减，但又增加了其他人为破坏因素，森林仍继续减少。

2）连续地“驰山禁”

1100 年，朝廷下诏“驰朔州山林之禁”，致使该地山林遭到严重破坏。在连续地“驰山禁”诏许下，低山区森林被采伐殆尽，森林向高山区退缩。直到元末，深高山上还有大片森林。

8.2.2.4 明朝时期：残留的森林生态系统

本期从 1369 年正月明朝大将常遇春攻入大同起，到 1644 年明大同总兵姜瓖投降清军止，共 275 年。明朝廷将本区视为“肩背之地，镇守攸重”，虽然人口增加不多，但人为的备战活动却很频繁，致使明朝的森林生态系统受到很大破坏。破坏森林的主要原因如下：

1）大筑长城等边防工事，备战活动频繁

从明初起，就开始筑造长城及关堡营垒等一系列防御工程，以后又不断反复增筑修筑，成了以环围本区北、西、南三缘，以外长城和内长城为主体，并配有甚多关堡营垒口和更多烽火墩台等纵深甚远的系列化防御工程。可以说整个明朝 270 余年，几乎是连续不断地修筑、展筑和加固长城和其他防御工程，其规模之浩大，修筑期之漫长，以及设防体系之完备，都是以前各朝无与伦比的，晋北森林生态系统亦因此不断遭受破坏。

2）军民滥伐成风，焚荒成为定制

由于政策允许，明朝时期本区的商人及驻军对森林进行大肆砍伐。为抵御胡人，皇帝一再下令焚荒，出塞焚烧灌草成为定制。年复一年地按规定隘口、所经路线无遗漏地“且行且焚”。总之，明朝对本区森林生态系统的摧毁十分严重，深山高山森林被大量砍伐。

8.2.2.5 清—民国时期：摧毁殆尽的森林生态系统

本期从 1644 年至 1949 年，共 305 年。进入清朝，本区已几乎无林可言，个别偏远高山陡坡存留少许残林，散生树木也极少。由于晋北森林已几乎消亡，故森林生态系统变迁已不再明显，只是植被继续恶化。植被恶化的主要原因如下：

1）人口持续增加

自 1711 年颁布了“滋生人丁，永不加赋”诏令后，既鼓励人口生育，又从政策上消除了人口匿报现象，因而人口显著增多。

2）无休止的陡坡轮耕

由于明朝对森林植被已摧毁净尽，到清朝土地贫瘠化、沙化、盐碱化更为严重，生产能力降低。除长期广种薄收、拓坡粗耕外，人民的一些零用材也要搜索砍伐仅存的残林树木，致使森林荡然无存。虽然本期已多用煤炭，但交通不便处仍多沿用薪材为燃，不断去海拔更高的崎岖陡峻处樵采。

8.2.2.6　新中国成立后：人工森林生态系统

本期从 1949 年以来的 60 多年期间，晋北林业建设虽然走了一些弯路，但总趋势逐步前进，获得很大发展。从历史时期看，植树造林规模前所未有。植被恢复的主要原因如下：

1）进行“四旁”绿化和农田林网建设

新中国成立之后，人们在村旁、宅院旁、路旁、水域旁进行大量植树。20 世纪 70 年代开始，在平川盆地着手农田林网建设。到 1975 年，一些乡村已建成田成方、树成行的农田林网。

2）在荒山荒地种植大面积人工林

新中国成立后，每年都不间断地进行大面积造林，使晋北森林面积比新中国成立前约增加 10 倍。人工林的大量增加使森林面积显著扩大，天然林虽也有扩大，但所占比重较少。

8.2.2.7　历史时期森林生态系统变迁格局

通过对史料的全面分析研究，从系统状况、发展诱因、系统后果及系统运动四个方面对我国晋北六个典型历史时期森林生态系统的状况进行提炼总结，得到了历史时期晋北森林生态系统变迁的格局（见图 8-2）。

1）系统状况的变迁

历史时期晋北森林生态系统的状况发生了显著的变化，由秦汉时期的原始森林生态系统到新中国成立前摧毁殆尽的森林生态系统，其退化程度越来越高，直至新中国成立后，人们大量植树造林，人工林数量突增，形成了人工恢复形成的森林生态系统，自此晋北森林的退化得到遏制，并获得一定程度的恢复。

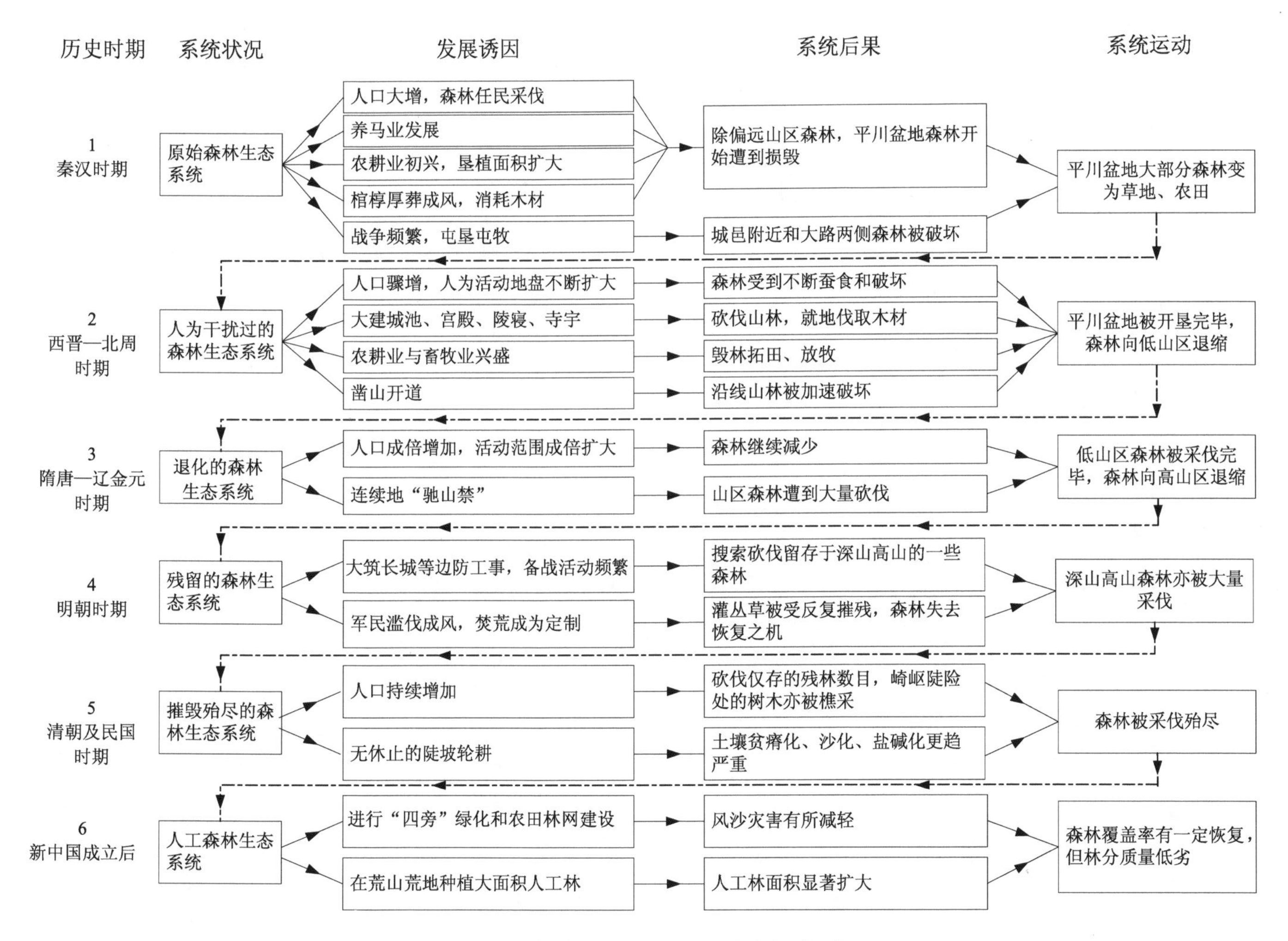

图 8-1　历史时期晋北森林生态系统变迁的格局

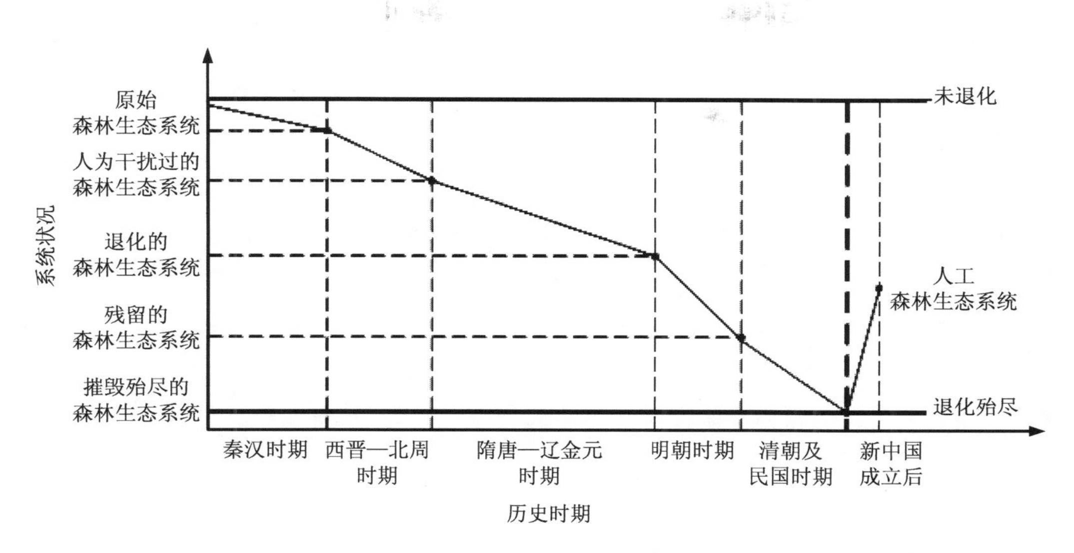

图 8-2　晋北森林生态系统在历史时期的变迁状况

2）发展诱因、系统后果及系统运动

历史时期晋北森林生态系统的变迁无一不与人类活动紧密相关，人类活动对森林的重要影响改变了历史时期晋北森林生态系统的状况。除新中国成立后人们植树造林使晋北被破坏的森林得到一定恢复以外，在历史上人类活动是导致晋北森林退化的根本原因。归纳来讲，农牧焚垦、军事破坏及木材外用是晋北森林生态系统被破坏的主要原因。

由于人类活动的不断破坏，晋北的森林渐趋减少，质量渐趋低劣。历史时期人们对森林生态系统破坏的一般规律是由易到难、由近至远，破坏的大体顺序是由平川盆地至低山区，由低山区至高山区，直至山区森林被摧毁殆尽。

8.2.3　小结

基于史料所做的上述研究表明，历史上晋北曾经是广袤的森林，森林生态系统完备。自秦汉以来的两千多年间，晋北的森林生态系统持续退化，退化主要是各种人为活动直接导致的。虽然有些历史时期晋北的森林生态系统稍有恢复，但总趋势是退化加剧，直至森林生态系统被摧毁殆尽。

新中国成立后晋北的森林生态系统得到较大发展，森林面积显著扩大。从整个历史时期看，短短的 60 多年，遏制了本区森林的退化，森林面积逐渐增多，基本上扭转了历史时期森林植被不断被摧毁导致的生态环境恶化趋势，使晋北初步摆脱了生态恶化的历史。虽然当前森林生态系统中天然林所占比重较少，仍主要以人工林为主，树种单一，质量不高，森林生态系统状况仍比较脆弱，但晋北已逐步向生态改善的方向发展。

晋北区域目前已基本完成生态系统初步恢复期，森林覆盖率约 21%，距晋北秦汉时期原始森林生态系统状况仍有较大差距。从历史研究来看，晋北生态建设的潜力空间十分巨大，森林覆盖率及林分质量可进一步提高，因此，未来晋北森林生态系统的完善是一个需要长期努力的过程。

许多研究认为，北方农牧交错带生态系统退化的原因是自然因素和人为因素共同作用的结果，而本书通过对各种关于生态环境方面的历史资料及相关文献的研究表明，在我国北方农牧交错带南侧的晋北地区森林生态系统退化的直接原因是各种人为活动，对生态系统不利的各种自然因素也是人为活动造成的后果。正是由于人为活动改变了区域的森林环境，而森林与水文、气候、土壤等因素息息相关，森林的减少导致区域的气候改变，干旱加剧，土壤贫瘠，进而导致森林的进一步减少，使生态系统越发偏离平衡。

第 9 章

晋北历史时期森林景观空间模拟

9.1 晋北土壤空间格局现状

土壤是生态环境的重要组成部分，由于土壤同时受到自然环境和人类活动的双重干扰，因此空间分布上很不均匀，有很大的变异性。土壤受地貌、气候、水文条件、成土母质、植被等的影响，其中，植被是土壤发生发展中最主要、最活跃的成土因素，由于植被的作用，才把大量太阳能引进成土过程的轨道，才有可能使分散在岩石圈、水圈和大气圈的营养元素向土壤聚集，从而创造出仅为土壤所有的肥力特性。

土壤的形成与植被发展有密切的相关性，基于瑞士 Damma 冰川 CZO 150 年土壤时间序列的多学科研究，植物群落的快速演变强烈影响了长期的风化速率和土壤形成。生物学变量表明，从少量植物的沙质土壤演变为几乎完全植被的生态系统需要不到 70 年，而达到清晰结构土壤的生态系统需要 100 年，即土壤的形成要落后于植被的演替。植被是土壤形成过程中最活跃的因子，土壤形成的本质为植物群落演替对原始母质的改造过程，土壤与母质的差别在于有机质，这也间接表明植被对土壤的影响。通过研究晋北土壤，可在此基础上推测历史时期晋北不同土壤类型上覆盖的植被类型。

9.1.1 晋北土壤空间格局现状

土壤受地形、成土母质、植被等因素的影响，类型复杂多样，空间分布不均。基于在第二次土壤普查的基础上编纂的《山西省土壤图集》，通过对晋北区域内土壤图进行扫描，在 ArcGIS10.1 的支持下，对数据进行编辑修改、建立拓扑关系，通过多次野外实地调查对数字化的结果进行修改核对，获得了晋北土壤类型空间分布的图形数据和属性数据（见图 9-1、表 9-1）。晋北地区的土壤共计 16 个土类，28 个土壤亚类，其中分布最为广泛的是栗褐土。

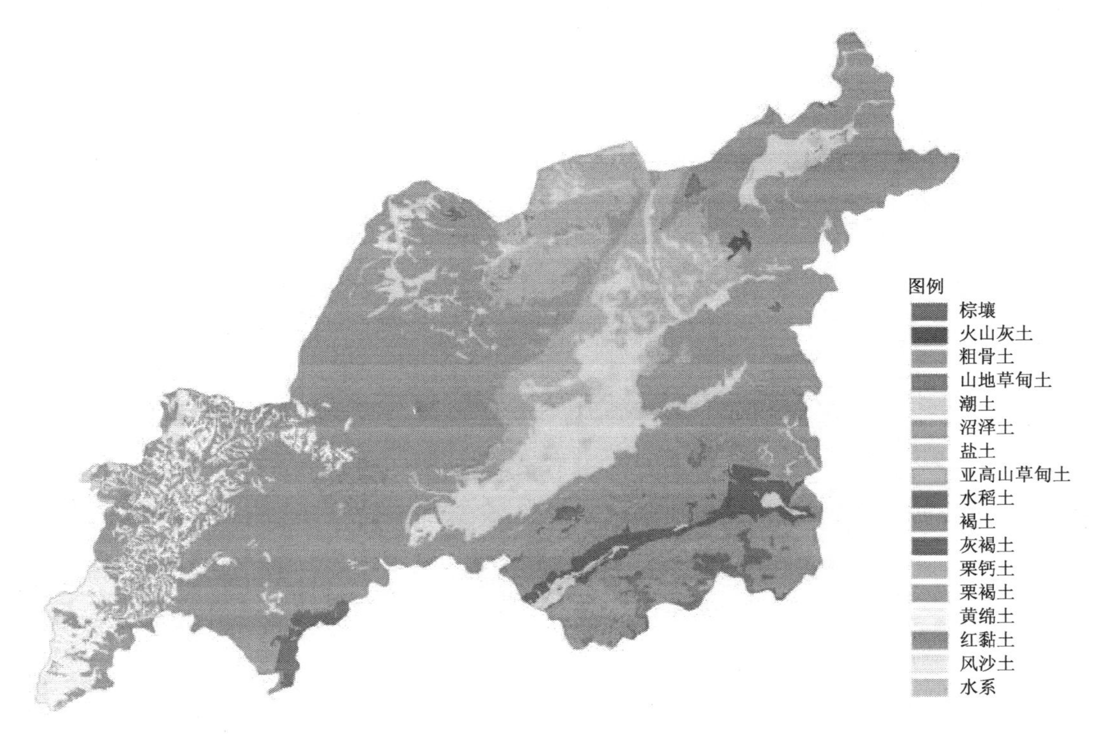

图 9-1 晋北土壤类型图

表 9-1 晋北土壤分布面积统计表

序号	土类	面积/km²	比例/%	累计百分比/%
1	栗褐土	14 971.49	47.15	47.15
2	褐土	3 603.33	11.35	58.5
3	潮土	3 529.96	11.13	69.63
4	栗钙土	3 411.62	10.74	80.37
5	粗骨土	2 255.76	7.1	87.47
6	黄绵土	1 840.09	5.8	93.27
7	灰褐土	626.13	1.97	95.24
8	棕壤	374.08	1.18	96.42
9	风沙土	359.6	1.13	97.55
10	山地草甸土	309.64	0.98	98.53
11	盐土	241.22	0.76	99.29
12	红黏土	62.03	0.2	99.49
13	火山灰土	34.45	0.11	99.6
14	亚高山草甸土	26.55	0.09	99.69
15	水稻土	25.99	0.08	99.77
16	沼泽土	10.76	0.03	99.8

9.1.1.1 栗褐土

晋北地区分布最广泛的土壤类型，主要存在于桑干河以东、恒山以北及晋西北地区，总面积 14 971.49 km^2，占晋北总土壤面积的 47.15%。自然植被多为旱生灌丛草原。种植作物主要有春麦、玉米、谷子、油料等，多为一年一熟。成土母质，山地多为各类岩石风化残积物、坡积物；丘陵多为黄土、红黄土；山间盆地为洪积物；河流阶地为次生黄土物质。主要土壤亚类有栗褐土、淡栗褐土、潮栗褐土。其中，栗褐土多分布在丘陵缓坡地带，以非耕作土壤为主，植被以草灌为主，土壤有机质在 1%～3%；淡栗褐土主要分布在梁峁丘陵及部分丘间坪地，土壤发育弱，受风和水的侵蚀严重，地形支离破碎，土壤养分贫瘠，土壤有机质在 0.5%～1%，为主要耕作土壤；潮栗褐土主要分布在河流两岸，地形平坦，土壤有机质 1%左右，是较好的耕作土壤。

9.1.1.2 褐土

褐土是本区主要的耕种土壤，广泛分布于恒山以南、吕梁山以东中低山、丘陵、垣地、平川等各种地形上，总面积 3 603.33 km^2，占晋北总土壤面积的 11.35%。自然植被为半干旱半湿润的森林草原和半干旱的灌丛植被。黄土丘陵和平川区多已垦为农田，中低山生长着较好的人工幼林、灌林或草灌植被混生。主要成土母质，除山地为各种岩石风化残积物外，多为黄土、黄土状洪冲积物。主要土壤亚类有淋溶褐土、褐土性土、石灰性褐土。其中：

淋溶褐土多分布在 1 600～2 100 m 的山地，植被多为针阔叶林，辅以草灌，土壤有机质在 1.1%～9.4%。

褐土性土多分布在 1 000～1 800 m 的低山、丘陵区，非耕作土壤植被以草灌为主，土壤有机质在 0.8%～6.3%，耕作土壤多分布在丘陵区，梁峁起伏，沟壑纵横，水土流失严重，土壤养分极低，有机质在 0.2%～1.34%。

石灰性褐土多分布在河流二级阶地及部分高阶地，土地平坦，水肥条件好，作物产量高，土壤有机质在 0.4%～1.5%。

9.1.1.3 潮土

潮土广泛分布于白登河、桑干河、滹沱河等河流的一级阶地和河漫滩，总面积 3 529.96 km^2，占晋北总土壤面积的 11.13%。自然植被以喜湿植被为主，主要成土母质为洪冲积物，主要土壤亚类有潮土、脱潮土、盐化潮土。其中，潮土多分布于桑干河、白登河、沧头河等河流的一级阶地及沟谷，发育于洪冲积母质，潜水埋深 1.5～2.5 m，耕性良好，适种性广，土壤有机质在 1%左右，是较好的耕作土壤。脱潮土分布于河流一级阶地较高处，土壤有机质在 0.5%～0.8%。盐化潮土与潮土呈复域分布，分布于大同、天镇盆地河流一级阶地低洼处或河漫滩，潜水埋深 0.5～2.5 m，排水不畅。由于盐分危害，作物产量低，生长有喜湿耐盐植被，有机质含量 0.75%左右，土壤表层含盐量为 0.2%～0.8%。

9.1.1.4 栗钙土

栗钙土主要分布于桑干河以北的大同盆地北缘的低山、丘陵和平川地带，总面积3 411.62 km^2，占晋北总土壤面积的 10.74%。自然植被以干草原草本植物为主，主要种植春麦、莜麦、黍子等作物，为一年一作。土壤腐殖化作用较弱，表层有机质平均含量为 0.95%。由于季节性淋溶，钙积过程十分活跃。成土母质有各类岩石风化的残积物、坡积物和黄土、红黄土，还有冲洪积物。主要土壤亚类有栗钙土、栗钙土性土、草甸栗钙土。其中，栗钙土多分布于河流两岸的二级阶地及丘陵平缓处，土壤发育较好，有明显的钙积层，土壤有机质在 0.85%～1.7%；栗钙土性土多分布于中低山区和山前丘陵，地面起伏，水蚀、风蚀较为严重，土壤发育差，土体干旱，养分贫瘠，土壤有机质在 0.4%～1.1%；草甸栗钙土分布于二级阶地低洼处或一级阶地高处，潜水埋深 3～5 m，土壤有机质在 0.92%左右，水肥条件好。

9.1.1.5 粗骨土

粗骨土的分布较为分散，多分布在中低山石质山地及土石山地，总面积 2 255.76 km^2，占晋北总土壤面积的 7.1%。自然植被多为旱生草灌，覆盖度差，侵蚀严重，养分含量低。成土母质为岩石风化残积物，土层不厚，一般在 10～30 cm。现多为荒地，含有砾石碎屑，农业利用困难。

9.1.1.6 黄绵土

黄绵土主要分布于晋西北河曲、保德、偏关的黄土丘陵沟壑区，与栗褐土交错分布，总面积 1 840.09 km^2，占晋北总土壤面积的 5.8%。自然植被以草灌为主，植被覆盖差。成土母质为黄土母质，地形沟壑纵横，坡度较大，侵蚀严重，母质特征明显。土壤常处于发育与侵蚀交替之中，有机质等养分得不到积累。土层深厚，但土壤物理性状不良，干旱、瘠薄，侵蚀严重。

9.1.1.7 灰褐土

灰褐土主要分布于滹沱河南、北二级阶地及部分高阶地，总面积 626.13 km^2，占晋北总土壤面积的 1.97%。土地平坦，水肥条件好，土壤有机质在 0.4%～1.5%。成土母质为次生黄土，土体碳酸钙与黏粒发生淋移淀积，土壤发育较好。

9.1.1.8 棕壤

棕壤是晋北主要的林业土壤，主要分布于五台山、管涔山的高中山地带，总面积374.08 km^2，占晋北总土壤面积的 1.18%。自然植被生长较好，主要有针叶林或针阔叶混交林，此外还有喜湿耐寒矮生的草灌植被。土壤表层腐殖化明显，腐殖质层较厚，有机质平均含量为 7.3%。主要成土母质为各类岩石的风化残积物、坡积物，以及覆盖的黄土质、红黄土质。主要土壤亚类有棕壤、棕壤性土。其中，棕壤分布于管涔山南部海拔 1 900～2 600 m 的山区，自然植被以茂密的针阔叶混交林为主，全剖面无石灰反应，腐殖质层深厚，土壤有机质在 4.3%～8.9%；棕壤性土与棕壤呈复域分布，林木破坏后，很快被草灌植物代替，土壤有机质在 3.2%～7.3%。

9.1.1.9　亚高山草甸土、山地草甸土

亚高山草甸土分布于海拔 2 700 m 以上的亚高山平台缓坡，地势高，气候冷湿，年均温−2～−5℃，年降水量 1 000 mm 以上，生长喜温耐寒的蒿草、薹草等高山矮生草甸植被，覆盖度达 95%～100%。腐殖质层深厚，有机质含量平均达 8.98%。

山地草甸土分布于海拔 2 100～2 500 m 的高中山山顶平台缓坡，气候冷湿，冰冻过程较亚高山草甸弱，植被以山地草甸植被为主，覆盖度达 90%～100%。母质为花岗岩类风化残积坡积物，有机质含量高。

9.1.1.10　风沙土、红黏土、火山灰土

风沙土主要分布在 1 000～1 400 m 的丘陵缓坡，总面积 359.6 km^2，占晋北总土壤面积的 1.13%。土体无结构，上下均为砂粒。地面生长稀疏植被，有白蒿、披尖草、百里香、沙蓬等，覆盖度达 40%～50%。地表形成薄的结皮，表土因枯草残落物稍有染色。土层较厚、质地砂土，土体干燥，石灰反应弱，表土层以下颜色变浅。养分含量和代换量均低。

红黏土主要分布在海拔 800～1 500 m 丘陵下部、沟壑两侧以及山地中下部，总面积 62.03 km^2，占晋北总土壤面积的 0.2%。自然植被稀疏，主要为草灌和栽培植被。母质为红土，土壤无明显发育，除表面有弱石灰反应外，其余层次基本无石灰反应。

火山灰土主要分布在海拔 1 000～1 400 m 的死火山口火山喷出岩地区，总面积 34.45 km^2，占晋北总土壤面积的 0.11%。自然植被以扣皮、白草等旱生草灌为主，覆盖度达 20%～40%。成土母质为玄武岩风化残积坡积物。中度侵蚀，土体厚度在 20～30 cm，土体松散。碳酸钙含量极微，除表土层因混杂黄土有弱石灰反应外，其余均无石灰反应。含有丰富的矿质养分，土壤有机质、全氮、全磷含量均较高。

9.1.1.11　盐土、水稻土、沼泽土

盐土主要分布在河流一级阶地及局部地带，总面积 241.22 km^2，占晋北总土壤面积的 0.76%。自然植被为耐盐喜湿的植被，成土母质为河流冲积淤积物。土体潮湿滞水，地表有盐结皮和白色盐霜，土壤养分含量低。

水稻土分布在滹沱河一级阶地，总面积 25.99 km^2，占晋北总土壤面积的 0.08%。母质为洪冲积物，土壤养分含量较高，有机质在 2.36%。通体石灰反应较强。

沼泽土分布在天镇县白登河一级阶地低洼处，总面积 10.76 km^2，占晋北总土壤面积的 0.03%。母质为河流冲积淤积物，地表生长喜湿性的沼泽、草甸植被。由于还原作用较强，有机质较易积累，表层为 1.93%。

9.1.2 晋北土壤母质概况

母质的组成对土壤剖面的特性有很大影响。如在有机沉积物——泥炭上发育的有机土壤截然不同于矿质沉积物上发育的矿质土壤。在一定的地理区域内，其他成土条件相似的情况下，土壤发生和土壤性状与母质有着紧密的发生学关系，土壤类型的不同主要是母质不同造成的。

晋北地区地质比较复杂，母质有岩浆岩、变质岩、沉积岩等岩石风化物，还有新生代的红土、黄土及近代沉积物等。多数情况下山地上土壤母质为岩石风化物，低山丘陵地带土壤母质为岩石风化物及坡积物，山麓平原地带土壤母质为洪积物和沉积物，大同盆地内部及桑干河沿岸土壤母质为洪积物及湖积物（见表 9-2）。本研究只列出晋北地区土壤亚类的主要成土母质，实际上形成绝大部分的土壤类型的成土母质有很多种。

表 9-2 晋北土壤母质状况

序号	土类	主要成土母质
1	亚高山草甸土	岩石风化物
2	山地草甸土	岩石风化物
3	棕壤	岩石风化物
4	褐土	岩石风化物、黄土
5	火山灰土	岩石风化物
6	栗褐土	岩石风化物、黄土、洪积物
7	红黏土	红土
8	灰褐土	黄土
9	栗钙土	岩石风化物、黄土、洪积物
10	潮土	洪积物
11	黄绵土	黄土
12	风沙土	风积物
13	粗骨土	岩石风化物
14	盐土	洪积物
15	水稻土	洪积物
16	沼泽土	洪积物

9.2 晋北土壤发生学分析及质量分析

9.2.1 晋北土壤发生学分析

晋北土壤的形成过程及演变极其复杂。在晋北的不同地区或是同一地区在不同时间，都有着土壤不同的形成过程和不同的发育阶段。晋北的各大类土壤的成土发育及演变一般经过原始土壤形成、有机质累积、淋溶脱钙、残积黏化、淋溶淀积、盐化、潜育化和耕作熟化等过程。

9.2.1.1 原始土壤形成过程

从岩石露出地表着生微生物和低等植物开始到高等植物定居之前形成的土壤过程，成为原始成土过程。原始成土过程是土壤形成作用的起始点，与岩石风化作用同时进行。风化作用主要是把岩石风化成疏松的物质，把原生矿物分解出来，而形成次生矿物。

9.2.1.2 有机质累积

土壤与母质的区别就在于它含有有机质。有机质在土体中的聚积是生物因素在土壤中发展的结果。但由于受植被类型、水热条件、生物活动的影响，不同的土壤类型有机质的累积有明显差异。如山地草甸植被下常发生草毡状泥炭性的强腐殖化，形成了亚高山和山地草甸土；在针叶林或针阔叶混交林植被下，常发生强腐殖化形成棕壤。

9.2.1.3 淋溶脱钙

在物理风化、化学风化及生物风化的作用下，土壤中的钠、钾等一价离子被淋失殆尽，受降水的影响，土体中的钙、镁等二价离子也开始向下淋移，因而造成不同土壤类型的碳酸钙含量有所差异。如在晋北雨量充沛的中山地带，土壤碳酸钙淋洗强烈，无石灰反应，其碳酸钙含量小于 0.25%，形成了亚高山草甸土、山地草甸土、棕壤、淋溶褐土。

9.2.1.4 黏化

黏化是地带性土壤的主要成土过程，是指土壤中的原生硅铝酸盐矿物，在一定的生物气候条件下，经物理、化学及成土作用，不断分解变质、转化成一系列次生硅铝酸盐矿物（即黏土矿物），其黏化类型有“残积黏化”和“淋溶淀积”。晋北土壤垂直带上的黏化属淋溶淀积黏化，如棕壤。水平地带性土壤是以“残积黏化”为主，淋溶淀积为次，如褐土。

9.2.1.5 盐化

在晋北各大河流的一级阶地、冲积平原及其局部低洼处，地下水位较高，在干旱和半干旱的气候条件下，蒸发量是降水量的 3.3～4.5 倍，盐分随水上升而使土壤表层产生不同程度的盐渍化。晋北有盐分积累的主要土壤类型有盐化潮土、盐渍型水稻土、盐化沼泽土、盐土。

9.2.1.6 潜育化

潜育化多出现于河流两岸的积水洼地。由于潜水露头或接近地表，在常年积水和季节性积水条件下，土体滞水，水分处于饱和，还原过程占优势，高价铁锰还原成亚铁锰，使心、底土层染为蓝灰色斑纹或形成青灰色的潜育层，如沼泽土。

9.2.1.7 耕作熟化

在人为的长期耕作影响下，使土壤肥力诸要素不断得到协调和改善，逐步形成适于作物生长的松软、肥沃、水肥相融、耕性良好的农业土壤，如潮土、褐土、水稻土。

在每一类土壤中都发生着一个以上的成土过程，其中有一个起主导作用的成土过程决定着土壤发展的大方向，其他辅助成土过程对土壤也起到程度不同的影响。各类土壤类型正是在不同的成土条件组合下，通过一个主导成土过程加上其他辅助成土过程作用下形成的。不同的土壤有不同的主导成土过程。成土过程的多样性形成了众多的土壤类型。

9.2.2 晋北土壤质量评价系统

土壤是一个复杂的系统，在评价其质量时要考虑的因素较多，并且这些因素按不同属性可分属不同的层次和类别，适宜分门别类地逐层次评价，因此采用多层次模糊综合评价法来评价晋北土壤资源的质量。

9.2.2.1 多层次模糊综合评判法

多层次模糊综合评价是在单层次综合评价的基础上进行综合评判。模糊综合评价是通过构造等级模糊子集把反映被评事物的模糊指标进行量化（即确定隶属度），然后利用模糊变换原理对各指标进行综合，一般需按以下程序进行：

（1）确定评价对象的因素论域。

$$U=\{u_1,\ u_2,\ \cdots,\ u_p\}$$

也就是 p 个评价指标。

（2）确定评语等级论域。

$$V=\{v_1,\ v_2,\ \cdots,\ v_m\}$$

即等级集合，每一个等级可对应一个模糊子集。一般情况下，评语等级数 m 取[3，7]中的整数，如果 m 过大，那么语言难以描述且不易判断等级归属。如果 m 过小又不符合模糊综合评价的质量要求。m 取奇数的情况较多，因为这样可以有一个中间等级，便于判断被评事物的等级归属。具体等级可以依据评价内容用适当的语言描述。

（3）进行单因素评价，建立模糊关系矩阵 R。

在构造了等级模糊子集后，就要逐个对被评事物从每个因素 u_i（i=1，2，…，p）上进行量化，也就是确定从单因素来看被评事物对各等级模糊子集的隶属度（$R|u_i$），进而得到模糊关系矩阵：

$$R=\begin{vmatrix}R|u_1\\R|u_2\\\cdots\\R|u_p\end{vmatrix}=\begin{bmatrix}r_{11} & r_{11} & \cdots & r_{1m}\\r_{21} & r_{22} & \cdots & r_{2m}\\\cdots & \cdots & \cdots & \cdots\\r_{p1} & r_{p2} & \cdots & r_{pm}\end{bmatrix}$$

矩阵 R 中第 i 行第 j 列元素 r_{ij} 表示某个被评事物从因素 u_i 来看对 v_j 等级模糊子集的隶属度。一个被评事物在某个因素 u_i 方面的表现是通过模糊向量（$R|u_i$）=（r_{i1}，r_{i2}，…，r_{im}）来刻画的，而在其他评价方法中多是由一个指标实际值来刻画的，因此，从这个角度讲模糊综合评价要求更多的信息。

（4）确定评价因素的模糊权向量 A=（a_1，a_2，…，a_p）。

一般情况下，p 个评价因素对被评价事物并非是同等重要的，各单方面因素的表现对总体表现的影响也是不同的，因此在合成之前要确定模糊权向量。在模糊综合评价中，权向量 A 中的元素 a_i 本质上是因素 u_i 对模糊子集{对被评事物重要的因素}的隶属度，因而一般用模糊方法来确定并且合成之前要归一化。

（5）利用合适的合成算子将 A 与各被评事物的 R 合成得到各被评事物的模糊综合评价结果向量 B。R 中不同的行反映了某个被评价事物从不同的单因素来看对各等级模糊子集的隶属程度，用模糊权向量 A 将不同的行进行综合就可得到该被评事物从总体上来看对各等级模糊子集的隶属程度，即模糊综合评价结果向量 B。模糊综合评价的模型为：

$$A\circ R=(a_1, a_2, \cdots, a_p)\begin{bmatrix}r_{11} & r_{11} & \cdots & r_{1m}\\r_{21} & r_{22} & \cdots & r_{2m}\\\cdots & \cdots & \cdots & \cdots\\r_{p1} & r_{p2} & \cdots & r_{pm}\end{bmatrix}=(b_1, b_2, \cdots, b_m)$$

其中，b_j 是由 A 与 R 的第 j 列运算得到的，它表示被评事物从整体上看对 v_j 等级模糊子集的隶属程度。

采用算子 $M(\cdot, \oplus)$ 进行计算，考虑了所有参评因子对土壤质量的影响，采用加权的方法既强调了最大评价因子的影响，又使所有的参评因子在评价中均能发挥应有的作用，充分利用了所有的信息，避免了在模糊矩阵的复合运算中取大数时丢小数、取小数时丢大数所造成的不利影响，能比较准确地反映土壤质量。

9.2.2.2　评价因素

土壤是直接的、主要的影响植被生长的生态条件。任何类型的土壤都是环境因素特定组合的产物，是各种成土因素的几种反映。土壤质量的评价因素应从影响土壤利用的全部因素中进行综合选择。通过大量的实地调查和土壤性质的测试分析发现，影响晋北植被生长的因素包括土壤的物理、化学及养分 3 个方面的因素，其中，物理因素主要有土层厚度、质地 2 个因素；化学因素主要有 pH、碳酸钙含量 2 个因素；养分因素主要有有机质、全氮、速效磷 3 个因素（见图 9-2）。因此，选取上述 7 个因素作为晋北土壤质量的评价因素。

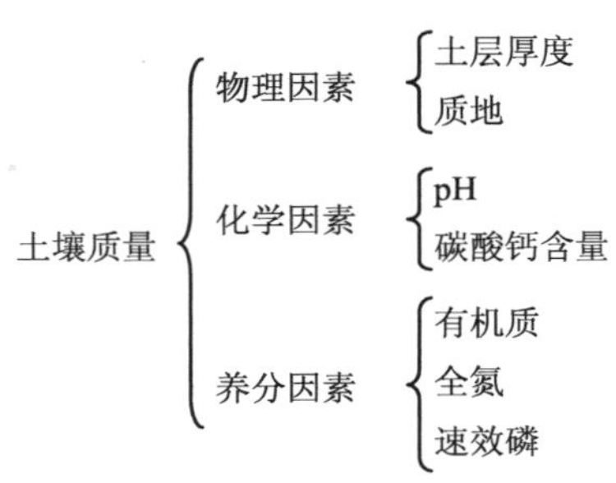

图 9-2 晋北土壤质量评价因素

9.2.2.3 评价因素的权重分配

土壤各种因素对其质量的影响程度是不相同的，因此，在综合评判中就需要进行权重分配，权重系数的确定可直接影响综合评判的结果。权重系数一般是通过统计或专家评分等办法来确定的。本部分各评价因素的权重是在上述指标分级的同时，由 5 位专家各自打分确定，综合处理后按因素层次分别规一化，得到各因素平均权重系数（见表 9-3）。

表 9-3 晋北土壤质量评价因素权重分配

一级因素	物理因素		化学因素		养分因素		
权重	0.28		0.26		0.46		
二级因素	土层厚度	质地	pH	碳酸钙	有机质	全氮	速效磷
权重	0.38	0.62	0.65	0.35	0.45	0.29	0.26

9.2.2.4 评价因素的强度分级

模糊综合评判中单因素评判矩阵的建立一般是通过指派隶属函数，再由隶属函数将观测数据转换为一种新数据集。在许多场合下，无法直接给出隶属函数，常需要在控制实验的基础上获得。确定隶属函数的方法有多种，本部分采取专家评分并结合模糊统计的方法建立土壤质量评价的隶属函教。

采取聘请众多专家的办法制定了晋北土壤质量评价的指标强度分级。其做法是：将指标值阈（评语）分为 5 级，即优、良、中、差、劣。在此基础上，请 5 位专家分别独立地以定量指标对上述 7 项评价因素进行强度分级。经综合整理即得评价标准专家系统。

9.2.3 晋北土壤质量评价

9.2.3.1 晋北土壤质量多层次模糊综合评价

根据晋北土壤资源的特点，采用多层次模糊综合评价的二级模型评价晋北土壤资源的质量。现以棕壤为例，介绍其具体的评判过程（见表 9-4）。

表 9-4　晋北棕壤各因素测定值

土壤亚类	土层厚度/cm	质地（≤0.02 mm%）	pH	碳酸钙/%	有机质/%	全氮/%	速效磷/%
棕壤	62.5	43.8	6.5	0	6.5	0.322	7.8

首先，将土壤质量的评价因素划分为 3 个子集，即物理因素={土层厚度、质地}，化学因素={pH、碳酸钙}，养分因素={有机质、全氮、速效磷}，并且给出评判集为{优、良、中、差、劣}。

其次，建立单因素评判矩阵 R_i。在指标分级专家系统中，不同专家对同一指标的分级界限存在着差异，模糊矩阵元素 r_{ij} 就是通过求某一指标的测定值落入不同专家的同一级别的频数和专家总数的比值，即 $r_{ij}=n/N$（n 为某级别出现频数，N 为专家总数）。如棕壤的土层厚度为 62.5 cm，而专家对于土层厚度的中级标准分别是：120～60 cm、100～70 cm、100～50 cm、80～60 cm、80～50 cm，则测定值落入 4 个专家的分级标准内，于是 $r_{13}=4/5=0.8$。同理求得其他各元素的值，则有：

$$
\begin{matrix} & \text{优} & \text{良} & \text{中} & \text{差} & \text{劣} \end{matrix}
$$

$$
\text{物理因素}\ R_1=\begin{pmatrix} 0 & 0 & 0.8 & 0.2 & 0 \\ 0.6 & 0.2 & 0 & 0.2 & 0 \end{pmatrix}\begin{matrix}\text{土层厚度}\\ \text{质地}\end{matrix}
$$

$$
\text{化学因素}\ R_2=\begin{pmatrix} 1 & 0 & 0 & 0 & 0 \\ 1 & 0 & 0 & 0 & 0 \end{pmatrix}\begin{matrix}\text{pH}\\ \text{碳酸钙}\end{matrix}
$$

$$
\text{养分因素}\ R_3=\begin{pmatrix} 1 & 0 & 0 & 0 & 0 \\ 0.4 & 0.4 & 0.2 & 0 & 0 \\ 0 & 0 & 0.2 & 0.8 & 0 \end{pmatrix}\begin{matrix}\text{有机质}\\ \text{全氮}\\ \text{速效磷}\end{matrix}
$$

再次，作晋北土壤质量的一级模糊综合评价。将已知权重向量 a_i 和单因素评判矩阵 R_i 代入 $b_i=a_i\circ R_i$ 中，并按 $M(\cdot,\ \oplus)$ 模型运算，得：

$$
\text{物理}\ b_1=a_1\circ R_1=(0.38,\ 0.62)\times\begin{pmatrix} 0 & 0 & 0.8 & 0.2 & 0 \\ 0.6 & 0.2 & 0 & 0.2 & 0 \end{pmatrix}
$$

$$
=(0.372,\ 0.124,\ 0.304,\ 0.2,\ 0)
$$

$$
=(b_{11},\ b_{12},\ b_{13},\ b_{14},\ b_{15})
$$

其中，$b_{11}=(0.38\cdot 0)\oplus(0.62\cdot 0.6)=0.372$，其他 b_{ij} 值同理可得。

$$
\text{化学}\ b_2=a_2\circ R_2=(0.65,\ 0.35)\times\begin{pmatrix} 1 & 0 & 0 & 0 & 0 \\ 1 & 0 & 0 & 0 & 0 \end{pmatrix}
$$

$$
=(1,\ 0,\ 0,\ 0,\ 0)
$$

$$养分\ b_3=a_3\circ R_3=(0.45,\ 0.29,\ 0.26)\times\begin{pmatrix}1&0&0&0&0\\0.4&0.4&0.2&0&0\\0&0&0.2&0.8&0\end{pmatrix}$$

$$=(0.566,\ 0.058,\ 0.11,\ 0208,\ 0)$$

多层次模糊综合评价结果的绝对大小没有实质的意义，有意义的是相对大小。因此，通常将 b_i（或 b）中的元素归一化，得：

b_1=（0.372，0.124，0.304，0.2，0）

b_2=（1，0，0，0，0）

b_3=（0.601，0.061，0.117，0.221，0）

最后，取 $R=(b_1,b_2,b_3)^{\mathrm{T}}$，作二级模糊综合评判。于是，

$$b=a\circ R=(0.28,\ 0.26,\ 0.46)\times\begin{pmatrix}0.372&0.124&0.304&0.2&0\\1&0&0&0&0\\0.601&0.061&0.117&0.221&0\end{pmatrix}$$

$$=(0.641,\ 0.063,\ 0.139,\ 0158,\ 0)$$

归一化后得最后评价结果 b=（0.640，0.063，0.139，0158，0），由最大隶属原则判断出棕壤属于优级。

9.2.3.2 土壤类型评价结果

土壤质量评价的前提是土壤分类。因此，只有做出合理的土壤分类，才能正确地进行土壤质量评价。参照《中国土壤系统分类》的分类原则和标准，将本区土壤分为 16 个土类，28 个亚类（见表 9-5）。以土壤亚类为评价单元，其评价结果见表 9-6、图 9-3。

表 9-5 晋北土壤分类系统

土 纲	亚 纲	土 类		亚 类	
高山土	湿寒高山土	亚高山草甸土	A_1	亚高山草甸土	A_{11}
淋溶土	湿暖温淋溶土	棕壤	B_1	棕壤	B_{11}
				棕壤性土	B_{12}
半淋溶土	半湿暖温淋溶土	褐土	C_1	淋溶褐土	C_{11}
				褐土性土	C_{12}
	半湿半淋溶土	灰褐土	C_2	石灰性灰褐土	C_{21}
钙层土	半干温钙层土	栗钙土	D_1	栗钙土	D_{11}
				草甸栗钙土	D_{12}
				栗钙土性土	D_{13}
		栗褐土	D_2	栗褐土	D_{21}
				淡栗褐土	D_{22}
				潮栗褐土	D_{23}

土　纲	亚　纲	土　类		亚　类	
初育土	土质初育土	黄绵土	E_1	黄绵土	E_{11}
		红黏土	E_2	红黏土	E_{21}
		风沙土	E_3	草原风沙土	E_{31}
	石质初育土	火山灰土	E_4	基性岩火山灰土	E_{41}
		粗骨土	E_5	中性粗骨土	E_{51}
				钙质粗骨土	E_{52}
半水成土	暗半水成土	山地草甸土	F_1	山地草甸土	F_{11}
				山地草原草甸土	F_{12}
	淡半水成土	潮土	F_2	潮土	F_{21}
				脱潮土	F_{22}
				盐化潮土	F_{23}
人为土	水稻土	水稻土	G_1	渗育型水稻土	G_{11}
				盐渍型水稻土	G_{12}
水成土	水成土	沼泽土	H_1	盐化沼泽土	H_{11}
盐碱土	盐土	盐土	I_1	草甸盐土	I_{11}
				碱化盐土	I_{12}

表 9-6　晋北土壤质量评价结果

等级	土壤亚类（代号）	面积/km^2	占总面积/%
优	A_{11}、B_{11}、C_{11}、F_{11}、F_{12}	2 028.98	6.4
良	B_{12}	114.1	0.36
中	F_{21}	1 058.16	3.34
差	C_{12}、C_{21}、D_{21}、D_{22}、E_{51}、F_{22}、F_{23}、G_{11}、I_{11}	21 964.24	69.33
劣	D_{11}、D_{12}、D_{13}、D_{23}、E_{11}、E_{21}、E_{31}、E_{41}、E_{52}、G_{12}、H_{11}、I_{12}	6 517.22	20.57

图 9-3　晋北土壤质量等级评价结果

表 9-6 说明，差等土的面积最大，占总面积的 69.33%，包括 9 个土壤亚类；劣等土面积次之，占总面积的 20.57%，包括的土壤类型最多，有 12 个土壤亚类；优等土的面积占 6.4%，位居第三，但包括的土壤类型较少（5 个土壤亚类）；中等土面积占 3.34%，位居第四，仅包括 1 个土壤亚类；良等土的面积最小，仅占总面积的 0.36%，包括的土壤类型也最少，仅有 1 个土壤亚类。从面积分布看，不同等级土壤的面积之比约为：差∶劣∶优∶中+良=19∶6∶2∶1。

如图 9-3 所示，晋北差等土类广泛分布于晋西及晋北黄土丘陵区域以及大同盆地以南区域；劣等土类集中分布于两个区域：晋西黄土丘陵区及大同盆地以北区域；中等土类零散分布于差等土中间；优等土类及良等土类主要分布于山区，且在管涔山及五台山分布最多，恒山则相对较少。这与历史时期高山区的森林植被破坏频度和数量均少于平川丘陵区的破坏频度和数量有密不可分的关系。

右玉县的土壤质量状况明显优于左云县的土壤质量状况，这主要得益于右玉县在新中国成立 60 多年来坚持植树造林、改善生态环境，全县森林覆盖率由不到 0.3%提高到 52%以上。右玉县志里曾有有关风沙的民谣“一年一场风，从春刮到冬。黑夜土堵门，白天点油灯。立夏不起尘，起尘活埋人”，可见新中国成立前右玉县生态环境的恶劣。过去因风沙堆积，沙与旧城西城墙的城头齐平，马车可顺沙坡直上城头，如今右玉县已基本不再积沙。据该县气象资料，平均每年沙暴日数由 20 世纪五六十年代的 3.3～3.5 天降至 80 年代的 1 天。

恒山的土壤质量状况明显差于五台山的土壤质量状况，主要由于历代统治阶层的破坏和不合理的开发利用，变成了新中国成立前的荒山秃岭。北魏以前恒山的森林覆盖率占 70%以上，元朝末年时期约占 20%，明末时急剧降到 5%左右，民国年间已少到 1%～2%。新中国成立后，始在平川盆地大量植树造林，在恒山的山区陆续建立了八九个林场，除封山育林外，还大力造林，山林才逐渐有些恢复和发展。

9.3 晋北土壤及植被演变模式

9.3.1 时滞效应

人类与自然的相互影响以及他们的生态、社会经济影响有不同的时间间隔，在一些情况下，人类与自然系统的连接缓慢显露，变化不可发觉，另外一些情况下，只是缺少研究和必要的监测来认识系统正在改变，还有一些情况下，人类可能还没有察觉到这种联系。例如，碳氟化合物（CFCs）作为制冷剂、灭火器和清洁剂的传播导致了臭氧层空洞，使许多生态系统受到的紫外线辐射增加。然而，由于多年缺少 CFCs 的负面影响的知识妨碍了限制它们生产和使用的决定；实际上，在它们被引入的时候，CFCs 被看作是对公共健康有益的，因为它们替代了危险的基于氨水的冷藏。格陵兰冰盖的崩溃可能一直在进行中，变化着的气候能被轻易认清其庐山真面目之前就是冰盖崩溃的起因。不同环境要素之间的影响以及环境的变化存在时滞性。

土壤的形成与植被发展有密切的相关性，植物群落的快速演变强烈影响了长期的风化速率和土壤形成。有学者研究表明，从少量植物的沙质土壤演变为几乎完全植被的生态系统需要不到 70 年，而达到清晰结构土壤的生态系统需要 100 年。即土壤的形成要落后于植被的演替。植被是土壤形成过程中最活跃的因子，土壤形成的本质为植物群落演替对原始母质的改造过程，土壤与母质的差别在于有机质，这也间接表明植被对土壤的影响。

9.3.2　土壤—植被响应关系

9.3.2.1　晋北土壤与植被覆盖状况

晋北地区植被覆盖现实情况是，原始森林基本不存在，森林面积较少，多为人为造林或次生林。晋北地区自然植被现主要为灌丛和半干旱草原，由于地处黄河流域，有着悠长的农业发展历史，农田开垦时间较长，故晋北地区的主要植被类型为耕作物（栽培植被），由于黄土高原地形支离破碎，植被分布较为零散。阔叶林主要分布在晋北地区的西北部，一部分分布在大同盆地内，这其中少部分为原生森林，大部分为人为造林或次生林。草甸土现存在恒山山脉及五台山山脉森林线以上的山体顶端的平台和缓坡。

表 9-7　晋北土壤与植被覆盖

序号	土类	现有植被类型	分布区域
1	亚高山草甸土	高山矮生草甸植被	高中山区平台缓坡
2	山地草甸土	山地草甸植被	高中山区平台缓坡
3	棕壤	棕壤：针阔叶混交林植被	高中山区
		棕壤性土：草灌植被	
4	褐土	淋溶褐土：阔叶林植被	土石山区
		褐土性土：草灌植被、栽培植被	黄土丘陵区
		石灰性褐土：栽培植被	河流二级阶地及部分高阶地
5	火山灰土	旱生草灌植被	火山口火山喷出岩地区
6	栗褐土	旱生草灌植被	桑干河以东、恒山以北及晋西北地区黄土丘陵区
		栽培植被	
7	红黏土	旱生草灌植被	黄土丘陵区及山地中下部
		栽培植被	
8	灰褐土	栽培植被	滹沱河南、北二级阶地及部分高阶地
9	栗钙土	旱生草灌植被	桑干河以北的大同盆地北缘的低山、丘陵和平川地带
		栽培植被	
10	潮土	喜湿耐盐草本植被、栽培植被	河流的一级阶地及沟谷
11	黄绵土	栽培植被	晋西北黄土丘陵区

序号	土类	现有植被类型	分布区域
12	风沙土	稀疏的草本植被	黄土丘陵区
13	粗骨土	多为荒地	中低山石质山地及土石山地
14	盐土	稀疏耐盐植被	河流一级阶地
		荒地	
15	水稻土	栽培植被	滹沱河一级阶地
16	沼泽土	喜湿的沼泽、草甸植被	一级阶地低洼处

9.3.2.2 土壤与覆盖植被

在植被类型分别为乔木、灌木、草本的土壤，其田间持水量、通气透水性依次降低。在多暴雨的天气条件下，覆盖植被为灌木的土壤由于雨水下渗速率较慢，极易产生地表径流，造成水分养分的双重流失，破坏了土体结构。而乔木下覆盖的土壤，由于通气透水性强，能够很好地将雨水下渗。随着植物演替，土壤水肥条件变好，土壤性质向着良性方向发展，当植被遭到破坏后会暴露土壤，使土壤受风和水的机械剥蚀，土壤理化性质大幅降低。

植被覆盖度降低，为土壤提供腐殖化原材料的植物凋落物及残体减少，有机质分解速度加快，土壤向脱腐殖质化方向发展，引起土壤水分含量降低，同时矿质化过程加强，SO_4^{2-}、Cl^-逐渐增多，盐渍化趋势增加，同时土壤保水保肥能力下降，土壤向退化方向发展。

棕壤是在上部为针叶林及针阔混交林，下部为草灌的植被条件下形成的，由于每天可掉落大量的植物残体，大量的有机质及腐殖质聚集于土体表层，针叶林枯枝落叶形成的腐殖质会呈现酸性甚至强酸性，土体进行了酸性淋溶而且十分迅速。$CaCO_3$淋溶殆尽，土壤呈现酸性，自然肥力较高，是理想型土壤类型。但当原始森林被人类滥伐破坏之后，在之前的木本植物下形成次生草灌，不能提供足够的植物凋落物，成土过程为弱棕壤化，且不稳定，土层发育较差，地表仅有较薄的腐殖质层，矿化度降低，土壤黏化作用并不明显。棕壤性土为退化了的棕壤，极有可能进一步退化。

对于草原植被，根部以上的部分可以通过掉落其枯黄枝叶分解累积，产生大量的有机质，密集的根须深扎在土壤剖面中，主要靠草本植物地下发达根系产生的物质以及分解植物遗体作为土壤中的腐殖质累积的原材料。如草原风沙土，成土母质是风积物，在表层生长了稀疏耐旱植物，如百里香、沙蓬等，土壤开始被固定住，其物理性质稍有改善，表层土壤开始腐殖质的渗入，剖面层次分异较明显。地表形成极薄的草皮，开始有微弱的土体的累积和养分积累。

植被与土壤之间相互影响，植物群落的快速演变强烈影响了土壤的质量，土壤质量的改变同样强烈影响着植被的生存条件。森林能保持水土、防风固沙、改良土壤和提高土壤肥力，二者的演替有着极为密切的关系。由于林木树冠和林下植物截留作用，抑制了肥沃表土的流失。另外，森林的光合作用制造了大量的有机物，其大量枯枝落叶和腐朽根系使土壤腐殖质增多。森林的蒸腾作用能缓解地下水升高，减少地表蒸发，有效遏制土壤深层苏打成分聚集于地表，能防止土壤的盐碱化。因此，森林众多，土壤将朝着良性循环发育。然而，森林植被被摧毁之后，将会使土壤失去植物保护层，肥沃表土层被冲刷和刮失，进而侵蚀到母质层，土壤的发育速度远远赶不上土壤的侵蚀速度，致使土壤质量越来越差。

9.3.3 晋北土壤与植被的演变模式

晋北土壤的形成，是自然条件与人为因素综合作用的产物，而生物因素是影响土壤最活跃的自然条件。各种人为活动导致了晋北地区森林生态系统的退化，森林与土壤息息相关，森林的减少导致区域生态环境恶化，土壤越发贫瘠，即在一定范围内，人为活动改变了自然土壤的某些成土条件和发育方向，使其向退化的方向发展。又由于地形的不同，使晋北不同区域的土壤其发育演变也存在差异，大体以山区、黄土丘陵区、冲积平原区分述晋北不同地形区的土壤和植被演变模式。

在山区，即晋北的五台山、恒山、管涔山等山区，高山顶部为草甸土，山坡分布着棕壤、褐土、粗骨土。山区土壤的演变模式是：山地草甸土→棕壤→棕壤性土→淋溶褐土→褐土性土→栗褐土→栗钙土→粗骨土；植被的演变模式是：山地草甸植被→针阔叶混交林植被→阔叶林植被→草灌植被→旱生草灌植被、栽培植被→荒地。

在黄土丘陵区，即晋北的西部及北部大片区域，在桑干河以东、恒山以北及晋西北地区黄土丘陵区，多为黄绵土与栗褐土交替分布。黄土丘陵区土壤的演变模式是：淋溶褐土→褐土性土→栗褐土→红黏土→栗钙土→黄绵土→风沙土；植被的演变模式是：阔叶林植被→草灌植被→旱生草灌植被、栽培植被→栽培植被→稀疏的草本植被。

在冲积平原区，即晋北的桑干河及滹沱河等河流及其支流流经区域，由河流泛滥的沉积物及湖相沉积物而组成。平原低洼易涝区沼泽土的发育方向，若地下水位下降，则向草甸土方向发展，若地下水位持续下降，则向潮土方向发展；冲积平原区盐土脱盐后，就向潮土方向发展；晋北冲积平原区的大部分旱耕土壤，均向潮土方向发展。冲积平原区土壤的演变模式是：沼泽土→潮土→盐土；植被的演变模式是：沼泽植被、草甸植被→栽培植被、草本植被→耐盐植被。

9.4 历史时期晋北森林景观空间模拟

9.4.1 晋北植被分布现状

9.4.1.1 植被分布现状

植被类型数据来自寒区旱区科学数据中心（http：//westdc.westgis.ac.cn）《1∶1 000 000

中国植被图集》。该数据全面反映出我国 11 个植被类型组、54 个植被型的 833 个群系和亚群系（包括自然植被和栽培植被）以及 2 000 多个群落优势种、主要农作物和经济植物的地理分布。在 ArcGIS 中提取晋北的植被类型数据，共分为 6 种类型：针叶林、阔叶林、灌丛、草原、草甸和栽培植被（见图 9-4）。

图 9-4 晋北植被类型图

由表 9-8 可知，在研究区域的 6 种植被类型中，栽培植被所占面积最大，达到 18 109.5 km^2，占整个区域面积的 57.08%；第二为草原，达 4 403.5 km^2，占整个区域面积的 13.88%；第三为灌丛，达 4 242.2 km^2，占整个区域面积的 13.38%；第四为阔叶林，达 2 894.4 km^2，占整个区域面积的 9.12%；其余两种植被类型所占的面积百分比均比较小，从大到小依次是草甸（1 569.7 km^2，占 4.95%）、针叶林（504.8 km^2，占 1.59%）。

表 9-8 晋北植被类型现状统计信息

序号	植被类型	面积/km²	比例/%
1	针叶林	504.8	1.59
2	阔叶林	2 894.4	9.12
3	灌丛	4 242.2	13.38
4	草原	4 403.5	13.88
5	草甸	1 569.7	4.95
6	栽培植被	18 109.5	57.08

综合表 9-8，栽培植被（57.08%）、草原（13.88%）、灌丛（13.38%）和阔叶林（9.12%）控制着整个晋北的植被景观，占区域总面积的 93.46%。

9.4.1.2　植被分布现状分析

1）针叶林

针叶林是指以针叶树为建群种所组成的各种森林群落的总称。它包括各种针叶纯林、针叶树种的混交林和以针叶树为主的针阔叶混交林。

分布在晋北的针叶林包括寒温带和温带山地针叶林、温带针叶林，主要分布在吕梁山、管涔山、五台山等山区，其在保持水土、改善环境以及维持生物圈的动态平衡方面均有着重要作用。

2）阔叶林

阔叶林是以阔叶树种构成的森林群落。在我国北方的温带地区，因冬季严寒，阔叶林主要是以落叶阔叶树种组成的森林群落，构成群落的乔木全都是冬季落叶的阳性阔叶树种，林下的灌木也是冬季落叶的种类，林内的草本植物到了冬季地上部分枯死或以种子越冬。落叶阔叶林的群落结构一般比较简单，由乔木层、灌木层和草本层组成。因林内较干燥，林下不见有地表苔藓层或很少见有藤本植物和附生植物。落叶阔叶林要求的土壤条件一般较针叶林严格，最好的生长环境是具有土壤深厚而比较肥沃，通透性良好，排水和保水良好的土壤，而此种土壤大都分布在北方的平原、丘陵和低、中山地区。但在落叶阔叶林分布的地区，长期以来，早已开垦为农田，天然森林植被至今很少保留，较大片的森林已很少见到。

分布在晋北的阔叶林为温带落叶阔叶林，主要分布在晋北大同盆地高级阶地及大同盆地以北的黄土丘陵区，山区少量分布，不论在资源利用上还是在水土保持上都具有重要的意义，对农业的发展起着天然防护林和水源林的作用。

3）灌丛

灌丛包括一切以灌丛占优势所组成的植被类型。群落的高度一般均在 5 m 以下。在温带地区分布着落叶阔叶灌丛，这种灌丛因冬季寒冷而落叶，组成的灌木种类既不耐寒，也不耐热。在温带森林区它们常是森林破坏后的次生类型，其种类组成与那里的落叶阔叶林存在着密切的联系。

此外，晋北还广泛分布着一类灌草丛。灌草丛是指以中生或旱中生多年生草本植物为主要建群种，但其中散生灌木的植物群落。它们的存在与森林植被的破坏有密切关系。大多数由于原有的森林或上述的次生灌丛反复砍伐和火烧，导致水土大量流失，土壤日益瘠薄，生境趋于干旱所造成。这种次生植被的主要特征是群落的种类组成以多年生禾本科植物为主，并且在一些群落中尚有稀疏分散孤立生长的乔木树种。这些群落如果任其自然发展，大都可以通过灌丛阶段而逐渐恢复成林。

分布在晋北的灌丛包括温带落叶灌丛、亚高山落叶阔叶灌丛及温性灌草丛，主要分布在恒山、管涔山等山区的部分区域，以及晋北和晋西北的黄土丘陵区，与草原交错分布，可见本区的灌丛多是在人为不同程度影响下形成的次生类型，它们的分布范围和面积超过了森林群落，在今后森林恢复的过程中有着相当重要的地位。

4）草原

草原是以多年生旱生草本植物为主组成的群落类型。根据层片结构的不同，在草原中划分出四个植被亚型：草甸草原、典型草原、荒漠草原和高寒草原。其中，典型草原建群种由典型旱生或广旱生植物组成，其中以丛生禾草为主。群落组成中，旱生丛生禾草层片占最大优势，可伴生不同数量的中旱生杂类草以及旱生根茎薹草，有时还混生旱生灌木或小半灌木，中生杂类草层片不起什么作用。

分布在晋北的草原为温带丛生禾草典型草原，这一亚型在气候上属半干旱区，优势土壤类型为栗钙土。物种丰富程度较低，盖度小，生产力低，草群中以旱生丛生禾草占绝对优势。

5）草甸

草甸是由多年生中生草本植物为主体的群落类型，是在适中的水分条件下形成和发育起来的。草甸植被的群落类型比较复杂，种类组成也比较丰富，建群植物达 70 种以上。根据优势种的生活型及层片结构的差异，我国的草甸植被可以分为四个植被亚型：典型草甸、高寒草甸、沼泽化草甸与盐生草甸。其中，典型草甸主要由典型中生植物所组成，其形成主要取决于大气降水和大气湿度，与地下水不一定有直接联系，见于山地森林带或在森林带上部形成亚高山草甸，以中生杂类草为主，间有禾草草甸类型，分布在山地草甸土或亚高山草甸土上；盐生草甸是由具有适盐、耐盐和抗盐特性的多年生盐中生植物所组成的草甸类型，它所出现的地段，土壤表现出不同程度的盐渍化，广泛分布于盐渍低地、宽谷、湖盆边缘与河滩。

分布在晋北的草甸为温带禾草、杂类草草甸和温带禾草、杂类草盐生草甸，前者主要分布在五台山、恒山及管涔山，与针叶林和灌丛交错或镶嵌分布；后者主要分布在大同盆地的桑干河沿岸。

6）栽培植被

凡属人工栽培而形成的各种植物群落都属于栽培植被。分布在晋北的栽培植被主要有一年一熟粮食作物及耐寒经济作物、两年三熟或一年两熟旱作及落叶果树园。其中，一年一熟粮食作物及耐寒经济作物亚型分布地区农业历史较短，耕作粗放，生产力水平不高；两年三熟或一年两熟旱作分布在晋西北黄土高原；落叶果树园镶嵌分布于粮食作物种植区域。

9.4.2　历史时期晋北森林景观的空间模拟

本书基于历史时期晋北森林生态系统变迁和晋北土壤空间格局现状及晋北土壤发生学分析和质量分析，结合植被演替与土壤演替的紧密关系，在分析晋北植被分布现状的基础上，对历史时期晋北森林景观进行空间模拟（见图 9-5）。

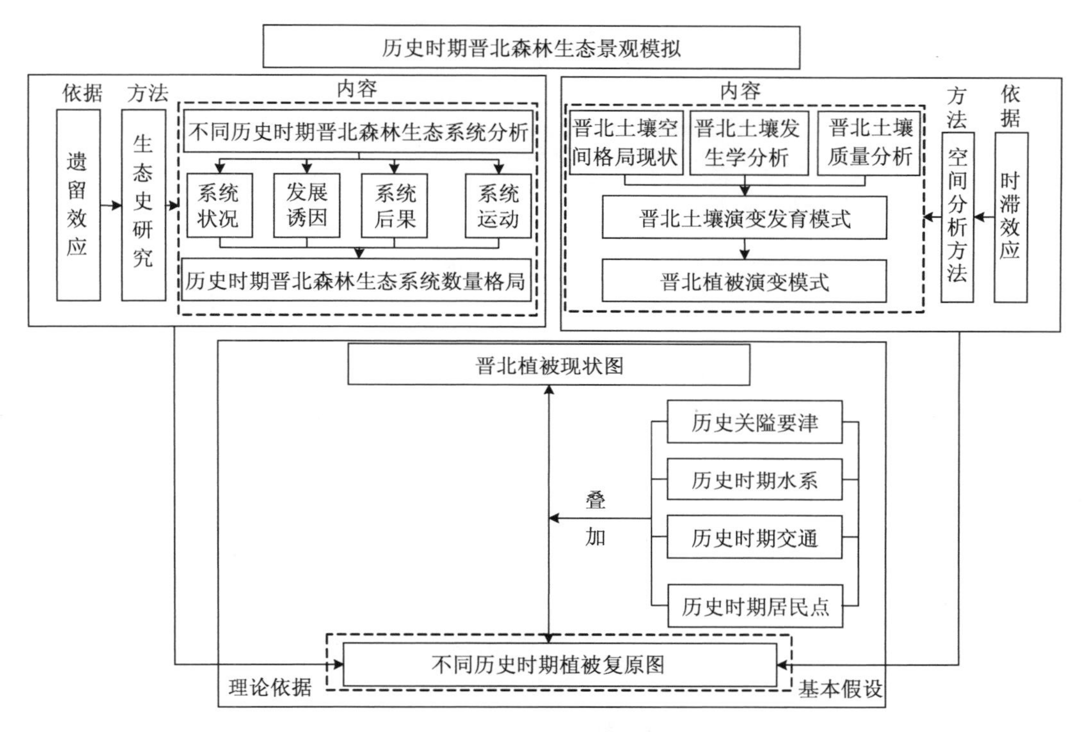

图 9-5　历史时期晋北森林景观模拟研究路径图

9.4.2.1　明朝末年晋北森林景观空间模拟

明朝是晋北森林受到极大破坏的时期，尤其是明中叶以后更甚。为了抵御外侵，无休止地大筑长城，沿长城大肆营建边防工程，并长期进行备战活动，再加上滥伐成风和陡坡开荒，均连续不断地大肆摧毁了晋北的森林灌草，深山高山森林被大量采伐，灌丛草被亦被反复焚毁。到明朝末年，晋北残余的森林仅占晋北总面积的 2%～3%。

9.4.2.2　金元时期晋北森林景观空间模拟

金元时期，晋北森林生态系统进一步退化。由于接连不断地大肆乱砍滥伐，破坏程度越来越剧烈，致使森林显著减少。除远山深山高山还有些像样成片林外，均已残败不堪，低山区森林更是被采伐殆尽。到元末，晋北森林已减少到晋北总面积的 15%～20%。

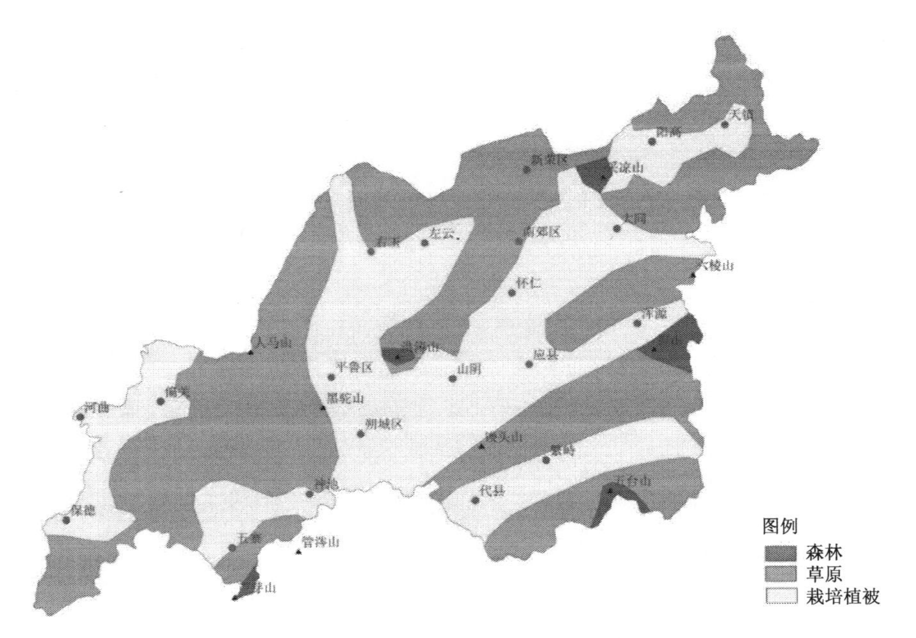

图 9-6　明朝时期晋北森林景观空间模拟

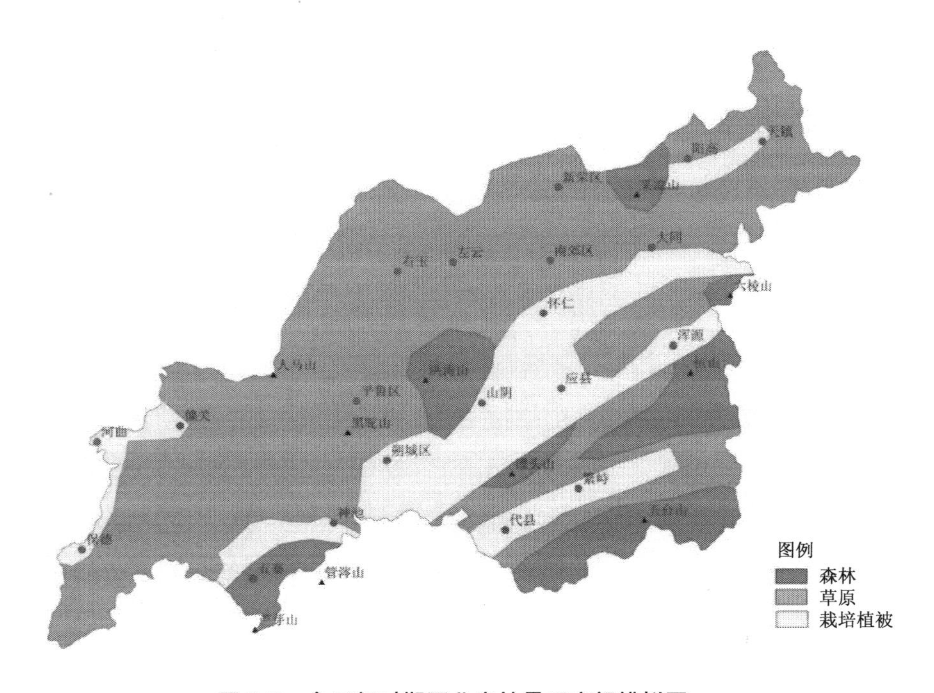

图 9-7　金元朝时期晋北森林景观空间模拟图

9.4.2.3　秦汉时期晋北森林景观空间模拟

秦汉时期晋北森林的破坏程度大于森林的恢复能力，揭开了晋北森林被破坏的序幕。

尤其自汉武帝向北扩大疆域后，晋北地区安定繁荣，人口大增，对森林的破坏比较明显，但也仅限于破坏平川区和城邑、要道附近，并未毁及广大偏远山区森林，森林占晋北总面积的 60%～70%。

图 9-8　秦汉时期晋北森林景观空间模拟

社会生态系统中人类与自然之间的相互作用，构成了人地关系复杂网络和反馈环。一方面，人类社会在其发展过程中对森林资源的过度消耗和对森林生态系统的过度破坏，使自然生态系统的各个方面和不同过程都受到严重威胁；另一方面，自然界也会通过环境退化和自然灾害等形式对人类系统产生反作用。这种人类与自然之间的相互作用构成了社会生态系统。

过去人类与自然耦合系统相互作用的积累以及演化对现今和未来状况产生影响，在生态学上称为系统的遗留效应。遗留效应在持续时间和密度方面，因干扰、物理和生物状况以及社会经济地位等因素不同而各异。例如，晋北不同历史时期对森林、土地等资源的不合理利用会产生遗留效应，可以很好地解释当前晋北被定义为“稀树草原带”的现实景观状态。

这部分通过两章的篇幅，采用综合历史生态学的观点和方法，研究了不同历史时期晋北森林生态系统的变迁历史，评述变迁发生的原因及生态系统在受到干扰之后的运动方向，揭示历史时期晋北森林生态系统变迁的时空格局。基于史料所做的研究表明，历史上晋北曾经是广袤的森林，森林生态系统完备。自秦汉以来的 2 000 多年间，森林生态系统持续退化，退化主要是各种人为活动直接导致的。虽然有些历史时期晋北的森林生态系统稍有恢复，但总趋势是退化加剧，直至森林生态系统被摧毁殆尽。

新中国成立后晋北的森林生态系统得到较大发展，森林面积显著扩大。短短的 60 多年，遏制了本区森林的退化，森林面积逐渐增多，基本上扭转了历史时期森林植被不断被摧毁致使生态环境恶化的趋势，使晋北初步摆脱了生态恶化的历史。虽然当前森林生态系统中天然林所占比重较少，仍主要以人工林为主，树种单一，质量不高，森林生态系统状况仍比较脆弱，但晋北森林生态系统会逐步向复兴的方向发展。

晋北区域目前已基本度过生态系统的初步恢复期，但距达到为人类提供良好森林生态系统服务功能的能力仍有较大差距。从生态史研究来看，晋北森林生态系统发展的空间潜力仍十分巨大，森林数量与质量仍可大大提高，我们努力恢复与完善未来晋北森林生态系统的过程仍是长期的、复杂的，存在众多不确定性，只能采用适应性管理框架进行管理。

许多研究认为，北方农牧交错带生态系统退化原因是自然因素和人为因素共同作用的结果。本书的研究表明，在我国北方农牧交错带南侧的晋北地区森林生态系统退化的直接原因是各种人为活动，晋北生态困局的历史根源就在于这里人类长期对森林的无节制获取，是人类出于军事目的、商业用材以及过度放牧和农耕等因素造成的，与气候变化的关系倒在其次，各种自然灾害都是人为活动的直接后果，人为破坏是因，自然灾害是果。正是由于人为活动改变了区域的森林环境，森林的减少导致区域的气候改变，干旱加剧，土壤贫瘠，进而又导致森林恢复困难，生态系统越发偏离平衡态。

基于上述观点，本书根据历史时期晋北森林生态系统变迁、晋北土壤空间格局现状及晋北土壤发生学分析和质量分析，结合植被演替与土壤演替的紧密关系，在分析晋北植被分布现状的基础上，对历史时期晋北森林景观进行空间模拟。

第四部分

晋北森林生态系统适应性管理策略

第 10 章

晋北森林生态系统现状评价

10.1 生态面状况评价

10.1.1 晋北森林生态系统状况

10.1.1.1 晋北自然条件概述

森林生态系统由森林树木为主体的生物群落与非生物环境两部分组成。但就森林树木而言，非生物环境是森林树木生长发育的环境因子。森林树木以外的生物也是森林树木的环境因子。在环境因子中，一切对森林树木的生长、发育、繁殖、分布有直接或间接影响的因子称为生态因子，所有生态因子综合成森林树木的生态环境，为森林的生长发育创造了不同的生态环境类型。根据生态因子的性质，通常将生态因子（立地条件、环境条件）归纳为 5 类，即地形（地貌）因子、气候因子、土壤因子、生物因子和人为因子等。这里重点研究前 4 类生态因子，即晋北的自然条件，重点阐述晋北自然条件的情况与特点，分析它们在地域上的分布规律，尤其是它们对森林生长发育和分布的影响。

1）地貌

晋北地形复杂，有黄土丘陵、盆地和土石山地三大主要地貌类型。地势总体东高西低，最高点位于东南部恒山山顶，海拔高度 3 059 m，最低点位于西部的黄河阶地，海拔为 690 m，最大相对高差 2 369 m。管涔山以西，南临吕梁山系，沟谷纵横，地形破碎，水土流失严重，为典型黄土丘陵地貌。沟壑纵横，支离破碎，以保德、河曲和偏关最为典型；管涔山以东，大同盆地以西多为缓坡丘陵地貌，主要是左云、右玉等地，长期受水力和风力两相侵蚀影响，坡面拉长且平缓，相对高差较小，黄土梁峁不突出；大同盆地以南，为恒山山系，有坡度极陡的石质山地，坡陡黄土堆积少；恒山以南，滹沱河穿代县和繁峙县而过，主要是河流阶地，气候温润，地势平缓。

晋北主要河流有朱家川河、偏关河、苍头河、滹沱河、桑干河和南洋河，涉及黄河和海河两大水系。区内有 10 余座水库，大中型水库主要有册田水库、镇子梁水库、孤峰山水库、滴水沿水库等。桑干河发源于宁武县管涔山东麓，流经大同盆地，至东北部阳高县出境河北归入海河支流永定河，全长 252.4 km，流域面积 1.71 万 km^2。滹沱河发源于繁峙县东北的泰戏山，流经忻定盆地，从五台县入盂县，然后出河北，归入海河支流子牙河，全长 319 km，流域面积 1.43 万 km^2。

2）气候

晋北自北向南由温带半干旱气候向温带半湿润气候过渡，春季干旱多风，夏季凉爽降雨集中，秋季温和而短暂，冬季寒冷干燥少降雪。年均气温 4.6～6.8℃，年日照时数 2 300～2 900 h，年降雨量 380～460 mm，年均蒸发量约为 2 000 mm，蒸发量大，大风频繁，水热分布不均。

3）土壤

土壤是在地形、气候、母质（岩石风化物、黄土等）、生物（主要是植物）等自然条件和人为活动影响下形成的，由于自然条件和人为因素的地域间变化，也引起了土壤在地域之间的变异。晋北恒山以北主要为栗钙土，土壤主要表现为颗粒粗，结构差，沙性大，有机质迅速分解且很少积聚，坡面中下部有明显的钙积层。淡栗褐土在五寨、右玉等地普遍出现。河曲、保德、偏关分布有大量黄绵土。右玉、大同、怀仁、偏关等地局部有风沙土覆盖。山阴、应县等地土地盐碱化严重。

在不同的纬度和基带土壤的条件下，由于海拔高度的变化，引起了自然植被、气候等成土因素的变化，因而生成了不同类型的垂直带土壤。这种在山地不同高度分布着不同土壤类型的现象，对了解山地森林生长、发育，以及采取造林、森林经营利用技术有着密切关系。此处介绍五台山的土壤垂直分布，以供参考。

（1）海拔 2 700 m 以上在五台山顶部平台及缓坡处，分布着亚高山草甸土，土体有锈纹锈斑，有深厚的腐殖质层，有机质一般含量为 8%～12%。

（2）海拔 2 400～2 700 m（阳坡）及 2 300～2 600 m（阴坡）地带分布着山地草甸土，腐殖质化较弱，土体偶有锈纹锈斑。

（3）海拔 1 800～2 300 m 的阴坡地带，为针叶和阔叶林，广泛分布着棕壤，地表有 3～10 cm 厚的枯枝落叶层，其下为 10～40 cm 厚的腐殖质层，土壤呈微酸至中性反应。

（4）海拔 1 900～2 400 m 阳坡，为残林灌丛和草本植物覆盖下的棕壤性土。

（5）海拔 1 500～1 900 m（阳坡）及 1 400～1 800 m（阴坡）地带为阔叶林及灌草丛覆盖下的淋溶褐土带，土体淋溶充分，呈中性反应。

（6）海拔 1 400 m 及 1 500 m 以下地带，广泛分布着褐土性土，自然植被稀少，侵蚀现象严重，土壤有机质积累少，全剖面有不同程度的石灰反应。

4）植被

晋北优势植物以本氏针茅、艾蒿、达乌里胡枝子为主，局部有沙棘、虎榛子、黄蔷薇生长。除恒山北坡、采凉山分布有小片白桦、山杨林及混生的油松、华北落叶松天然次生林外，人工林广泛分布。根据 2014 年森林资源调查，晋北沙化土地区林地面积 751.78×10^3 hm^2，草地面积 947.27×10^3 hm^2，分别占研究区土地总面积的 23.68%和 29.84%，其中有有林地、疏林地、灌木林地、未成林地、苗圃地。从林龄结构看，幼龄林占 31%、中龄林占 41%、近熟林占 16.5%、成熟林占 10.2%、过熟林占 1.3%。

在山地，由于地形起伏，海拔升高及土壤的垂直变化，使得植被也呈现出垂直地带性分布，此处介绍五台山的植被垂直带谱。

（1）亚高山草甸带，海拔 2 500 m（阳坡）及 2 800 m（阴坡）以上，草类有蒿草、薹草、珠芽蓼等。

（2）亚高山灌丛带，阳坡海拔 2 400～2 500 m，阴坡海拔 2 600～2 800 m，灌木有山柳、箭叶锦鸡儿、金露梅、银露梅、高山绣线菊等，草类有薹草、地榆、兰花棘豆、委陵菜等。

（3）针叶林带，阳坡海拔 2 300～2 400 m，阴坡海拔 2 200～2 600 m，分布有华北落叶松林和含有臭冷杉的青杆、白杆林，灌木有山柳、金露梅、银露梅、高山绣线菊等，草类有地榆、唐松草、珠芽蓼等。

（4）针阔叶混交林带，分布于阴坡海拔 1 800～2 200 m 地带，乔木有青杆、华北落叶松、白桦、山杨等，灌木有土庄绣线菊、沙棘、二色胡枝子、六道木等，草类有草地早熟禾、马前蒿、委陵菜等。

（5）山地灌丛带，阳坡海拔 1 300～2 300 m，阴坡海拔 1 400～1 800 m，灌木种类有土庄绣线菊、沙棘、黄刺玫、蚂蚱腿子、忍冬、丁香等，草类有白羊草、针茅、柴胡等。

（6）灌草丛及农田带，阳坡海拔 900～1 300 m，阴坡海拔 800～1 400 m，灌草有白羊草、蒿类、荆条、酸枣等，农作物以莜麦、马铃薯为主。

10.1.1.2　生态用地类型变化

1）生态用地变化

生态用地是指与生态空间发展有关的耕地、林地、草地等土地，晋北地区土地利用类型主要有 3 种，包括耕地、林地和草地，其中耕地分布最广泛，约占总面积的 43%，呈东北—西南带状分布。林地成片分布在该区的东南部，西部整体较少，约占 21%。草地在整个研究区与林地、耕地夹杂分布，分布较为分散，约占 32%。居民交通用地集中分布在大同和朔州市区，零散分布在各县的城、镇区。工矿用地集中分布在大同市南郊区西侧和朔州市平鲁区南侧。水域主要分布在大同市南郊区东侧。盐碱地和裸地分布较少，且比较分散。其他 5 种土地利用类型共约占 4%。

1986年以来，各土地利用类型的面积都发生了变化，林地的面积增加最多，草地和耕地的面积减少次之，而其他几种土地利用类型变化相对剧烈，其中居民交通用地和工矿用地、盐碱地和裸地的面积增加较多，水域面积明显减少，总体来说土地利用转移主要为耕地、林地和草地之间的相互转化，面积占总转移面积的90.82%。从空间上来看，耕地和林地的分布逐渐向研究区西部扩张；相反，西部草地的分布则大幅减少；居民交通用地和工矿用地则多向周围扩展，分布逐年变广；水域则在1986年的基础上逐年减少；盐碱地和裸地的分布变化则更加分散。近30年来，受到当地自然因素、人口、经济的发展变化以及人类活动的影响，耕地面积早期稳定后期减少，林地面积先减少后增加，草地面积则先增加后减少，居民交通用地、工矿用地和裸地面积持续增加，水域面积则持续减少，盐碱地面积波动增加。

2）土地沙化情况

该区域有轻度、中度、重度3个等级类型，其中：轻度沙化土地511 282.2 hm^2，占沙化土地总面积的88.1%；中度为45 757.1 hm^2，占7.9%；重度为23 129.8 hm^2，占4.0%。总沙化面积占区域面积的23.5%，其中有半固定沙地22 356.7 hm^2，占沙化土地面积的3.9%；固定沙地475 348.2 hm^2，占81.9%；露沙地3 408.8 hm^2，占0.6%。从土地类型看，林地沙化面积403 713.9 hm^2，占沙化土地总面积的69.6%；草地沙化面积97 399.8 hm^2，占16.8%；耕地沙化面积为79 055.4 hm^2，占13.6%。近年来由于工程治理力度加大、植被状况有所改善，全区沙化状况总体上处于好转趋势，但仍有许多有沙化趋势的土地，不容乐观。

10.1.1.3 1949年至今晋北森林变迁

1）20世纪50年代森林的发展

1949年之前，晋北的森林覆盖率在全省各地区中最低（仅有1%），不仅平川盆地区、黄土丘陵区基本已无天然林分布，而且山区残留的也多是林相残破、质量低劣的天然次生林，生态环境相当恶劣，旱、风、沙、水土流失等自然灾害十分频繁严重，人民长期受缺林少树的苦难，尤其是风沙灾害十分频繁严重。如外长城有些地段被风沙埋去了一半多。右玉老城，城墙原高三丈六尺，几乎被风沙埋平。由于沙进人退，很多土地沙化，形成大片沙荒，许多农田因为风沙掩埋而难以播种，因此，晋北生态环境的改善迫在眉睫。

1949年后，在党和政府的领导和倡导下，大力封山育林和植树造林。当时以油松直播造林和杨柳树插条造林为主。同时，省政府通过在晋北大同、应县设立林业办事处，之后又在晋北专属成立林业局，桑干河造林站（后改为桑干河造林局），以及国有林场管理局等，不断健全林业管理机构，清理林权，大力保护森林，制止偷砍乱伐，防止森林火灾，停止毁林开荒，使当地的森林从破坏殆尽的状态逐渐开始恢复。

2）20世纪六七十年代森林的发展

20世纪60年代开始，晋北的人工造林有一个大的转变，就是由新中国成立初期以油松直播和小叶杨插条造林为主向以植苗造林为主转变。造林树种除油松外，开始了华北落叶松等树的造林。造林的成活率和保存率也有提高。同时，从新中国成立初期开始的封山育林也取得一定成就，全区域天然林得到恢复。

20 世纪 60 年代是因害设防搞工程，先把风口堵起来，重点在主要风口营造防风林，如营造长城林带等大型工程。70 年代是山川河流一起治，主要是山水林田路统一规划，大搞农田林网，道路绿化。到 1975 年，一些乡村已建成田成方、树成行的农田林网。

3）20 世纪八九十年代森林的发展

这一时期我国全面实行改革开放政策，社会经济发展由计划经济转向社会主义市场经济，国内经济发展走上了快速发展的道路。同时，林业发展也出现了新的势头。开展实施的京津工程区涉及大同、朔州二市，右玉县、平鲁区、神池县、五寨县、河曲县、保德县和偏关县 7 县（区）总体上属“三北”防护林工程建设范围，其范围内还实施有退耕还林工程、天保工程等。

20 世纪 80 年代是进行综合治理，以工程造林扩大规模，实行按项目投资，按规划设计，按设计施工，按施工验收，基本上达到了造一片、成一片的要求。90 年代是进行科技营林，着手提高营林科技含量，着手改造大面积小叶杨“小老树”，发展规模经营。在平川丘陵重点营造以樟子松为主、防治沙化的大面积防护林基地；在山区重点营造以油松、落叶松（较高山区）为主的用材林基地；在立地条件稍好处重点营造以仁用杏为主的速生丰产林。除杨树丰产林因水肥条件限制其大面积发展外，森林生态系统均有长足进展。

4）1949 年以来变化评价

1949 年以来，晋北人民在党和政府的领导下，积极护林、造林、经营培育森林，取得了令人满意的成就，简单概括如下：

（1）林地面积明显增长。森林覆盖率由新中国成立前长期不到 1%提高到 11%，森林面积显著扩大，主要是人工林大量增加。另外，由于封山育林和一些陡坡退耕护岸林环槽，灌草植被亦比 1949 年前有些扩大，盖度和质量亦有所改善。

（2）生态环境有所改善。一是有效地控制了部分地区的水土流失。二是在晋北的植树造林，有效地防治了部分地区的风沙灾害。例如，右玉精神，1949 年之前的右玉县气候极端恶劣，人居环境十分差，76%的土地呈现沙漠化或者半沙漠化状态，森林覆盖率只有 0.3%，经过 1949 年以来连续的植树造林，使右玉县从不毛之地变成了塞上绿洲，森林覆盖率超过 50%，治理沙化面积超过 200 万亩，彻底改变了恶劣的自然环境，生态建设取得很大成就，还带动了全县经济发展。又如，怀仁县的金沙滩镇，是一个沙丘、沙荒遍地的风沙区。1949 年之后大力造林，森林由 1949 年的 4 935 万亩增加到 1980 年的 23 149 亩，布局合理的防护林有效地控制了当地风沙危害。原来被沙埋和风蚀而放弃的土地得到复垦，使可耕地由 1949 年的 69 853 亩扩大到 1980 年的 111 493 亩，增加了近 60%。从晋北整体看，人工防护林大大减少了风沙灾害，最直接的效益是沙尘暴的天气大幅度减少，如怀仁县从20世纪70年代以前到80年代，沙尘暴日数由年均11天下降到4天。三是平川区农田林网保护农业生产，使之免遭干热风等灾害而增产。

（3）增加农民的收入。为了支持农民脱贫致富，林业建设除发展用材林、“四旁”植树外，还大力发展经济林。很多地方特别是山丘区，农民发展经济林，大大增加了收入。森林生态系统的发展尤其是经济林的发展，极大地促进了农村经济的发展，对农民致富做出了显著的贡献。

（4）为今后林业可持续发展打下基础。森林资源增长为今后创造了很好的森林资源基础，此外，完善的林业管理体系、生产体系、科研教学与规划设计体系以及管理办法、生产技术、有关林业发展的方针、政策、法律法规的制定等也为今后林业的可持续发展创造了软件性质的基础。

总之，1949年至今，晋北森林生态系统得到初步恢复，对改善生态环境起到了很大的作用，做出了有益的贡献。

10.1.2 晋北森林生态系统问题分析

10.1.2.1 人工森林生态系统质量低劣

1）大面积“小老树”林衰退严重

20世纪50年代以前晋北成片乔木林地零星分布，小叶杨、旱柳散生于河滩低地，白榆零星分布在“四旁”。由于风沙灾害严重，冬春两季常常风起沙蔽日，从50年代开始，小叶杨作为防风固沙树种在晋北地区广泛种植，现有杨树成过熟林20多万 hm^2，形成的林网、林带和片林改变了恶劣的生态环境。但由于初植密度大，土地水分逐渐不能供应大乔木生长发育所需，林分衰颓，树体低矮，树干扭曲、纤细，生长发育衰竭，成为典型的低效林分，呈“小老树”态，其生态防护效益逐年衰退。经过60多年的生长，大面积小叶杨林出现老化、退化现象，有的濒临死亡，急需更新改造。

2）林地结构单一，纯林比重大

目前林种树种结构主要存在阔叶林多、针叶林少，纯林多、混交林少，人工林多、天然林少，单层林多、复层林少的“四多四少”现象，结构不合理、树体生长不良、物种多样性低，质量不高、功能不强，亟待调整提升。在现有的人工林分中，小叶杨纯林面积占比为59.41%，由于树种结构单一，容易发生森林病虫害、森林火灾、林地生产力衰退、森林生态功能下降等一系列问题。森林群落结构简单，森林生态系统的稳定性也就比较差，涵养水源、保持水土和防御自然灾害能力不强，局部地区水土流失还未得到根本治理。

3）人工林初植密度大，林地抚育管护不到位

由于对密度不同所引起的群体与个体之间的复杂关系认识不足，在20世纪50年代造

林规定密度是660株/亩，到60年代改为440株/亩，再加直播造林一穴多株，初植造林密度偏大，由于种植密度大而引起的耗水量大，在降水不能满足的情况下，过度消耗土壤中贮水，土壤干层问题严重。而且普遍存在“重采轻育、重造轻抚、重量轻质”现象，抚育措施往往不及时，致使林木生长减退，特别是胸径生长迅速减退，导致成材期推迟，出材率下降。另外，林地管护不到位，山林火灾、放牧、开荒种植等现象对人工林造成严重破坏。

4）未适地适树，外来种难以自我更新

北京杨、合作杨等树种由于具有耐干旱、耐严寒等优良的特点成为重要的造林树种，但其主要适宜在侵蚀沟、河滩、平川等区域栽植，而在栽植过程中许多被栽到山梁、坡顶等区域则表现出不适应。还有大量从东北引进的外来树种樟子松。据调查，在20～30年的林地很难找到自然更新的实生幼苗，出现了自然更新困难甚至是无法完成自然更新过程。也就是说，如果这一代林分衰败死亡后，林地将可能失去覆盖，需要二次造林。

5）长期忽视灌草的重要性

长期以来，植被建设一直存在重乔轻灌草问题，在晋北这样的森林草原地带，营造大面积乔木林值得商榷。有研究显示，有些天然灌草的生态防护效应不低于乔木纯林，目前晋北在灌草方面重视度不够，研究也相对较少，灌木只局限于沙棘和柠条，对草地的利用基本处于用草不管草、用草不养草的现状，对草地投资较少，不少草地由于放牧过度、盲目开荒乱植，乱刨挖药材、草根，使草地植被遭到破坏。

10.1.2.2　天然森林生态系统分布少，受干扰严重

1）现有面积严重不足

晋北地区山地较多，很多地区分布有大面积荒山荒地，为天然林发展提供了有利条件。虽然新中国成立以来，该地区实施天保工程、退耕还林工程等，使得天然林得到快速发展，但目前晋北地区的天然林面积仅占全区的5%左右，分布在管涔山、恒山和五台山北坡区域，主要为云杉等针叶树种，其分布面积严重不足，不能满足生态环境建设的需求。

2）受干扰程度较大，发展空间不足

晋北地区的天然林多为天然次生林，除恒山、五台山、管涔山等高海拔地区的华北落叶松天然次生林比较好，其余均受人类活动干扰较大，包括砍伐、垦荒、采樵和放牧等，林地质量较差，生态效益十分不理想。同时，人类活动范围越来越大，已严重影响天然林的发展空间，使得现有残存天然林无法自然发展且分布空间逐渐缩小。

10.1.2.3　农田生态系统生态效益低下

该地区自然条件先天不足，适宜生长的农作物较少且生长期短，主要有莜麦、马铃薯、豆类、谷子、糜黍等，不是山西省粮食主产区。再加上土地宜农宜牧的特点，撂荒式耕作

粗放经营，且冬天土地完全裸露，土地生产力水平低下，生产潜力急剧下降。该区简单扩大耕地面积，却广种薄收，限制林地发展空间。且大部分仍没有农田林网，或仅靠近一级、二级公路的耕地建有以单排乔木为主的农田林网，生态效益不佳。

10.1.2.4 草地生态系统退化严重，生态服务价值不高

由于畜牧业发展粗放，个别地方草场压力过大，过牧导致草地退化。2007 年 10 月以后，山西省在重点生态工程区实行封山禁牧，鼓励舍饲养殖，大同市、朔州市、忻州市从 2009 年 6 月起实行封山禁牧。由于圈养工程投入高，不如放养获利多，禁牧之后一些畜群向工程区外转移，加大了外围草场的压力。有的畜群为了躲避当地管理还采用偷牧夜牧方式放牧，造成草场滥用和过牧，使得草地严重超载，无序利用，集体的公共草地空间供养着大量私人的羊群，导致大面积草地生态服务价值不高，乔、灌等植物难以自然恢复，对生态系统的恢复产生影响和破坏，导致局部沙化和荒漠化程度加重。

10.1.2.5 水域生态系统受影响较大，水生态持续退化

由于工农业及生活用水持续增加，如 2013 年右玉县原煤的开采量是 1 234 万 t，比上年增加 5.7%；坡地开垦等造成耕地面积增加，种植面积 67.7 万亩，比上年增加 1.54%，以及城乡人民的生活需水增加，造成地下水过量开采，再加上节水意识淡薄，节水设备短缺，造成水资源浪费严重。

人类活动大量占用流域内的土地、湿地，流域面积不断缩小，这一时期水域面积减少了 11.79×10^3 hm^2，减少率达 42.02%。同时，人类对流域内森林植被的不断破坏，大量河道硬化，导致河流与古河道的剥离，环境恶化，生物多样性减少，再加上煤矿工业基地对当地水体环境的污染，使得河流退化严重。

10.1.2.6 盐碱地裸地等土地利用类型不断增加

据统计，自 20 世纪 80 年代至今，该区域的裸地和盐碱地分别增加了 4.06×10^3 hm^2 和 2.36×10^3 hm^2，增长率分别达 67.11%和 44.44%，其中裸地呈现持续增加，盐碱地则波动增加。裸地的增加来源主要是草地的退化。盐碱地的增加来源主要是在坡度高程较小、人口密度小的区域的耕地转化。虽在全区来看盐碱地、裸地等其他未利用土地的所占比例较少，且分布较分散，但其不断增加的趋势不利于该区域生态环境的发展。

10.2 社会面状况评价

10.2.1 社会面状况

10.2.1.1 经济社会状况

20 世纪 50 年代，晋北地区土地广阔，当时人口较少，约有 150 多万人，由于自然

条件较差，灾害频发，农业生产条件受限制，再加上生产技术落后，工业寥寥无几，经济发展十分缓慢，地区生产总值不足 3 亿元。改革开放之后，经过不断深化改革，工业方面以开发资源为主的工业经济突飞猛进，带动整个区域其他行业的发展，农业方面以畜牧业比重提高而迅速发展，综合经济实力显著增强，随着经济实力的增强，产业结构也发生相应改变。直至 21 世纪初，本区人口比 1949 年之前增加了几倍多，约 580 多万人，地区生产总值超过 2 000 亿元，但总体以农业为主，工业基础薄弱，相对山西省其他地区较为落后。

10.2.1.2　政府环境与资源政策

1）1949—1980 年群众性造林阶段

这一时期全国开始重视植树造林，1956 年毛主席发出“绿化祖国，实行大地园林化”的号召，党和政府制定了“保护森林，并有计划地发展林业”的规定，1950 年提出了“普遍护林，重点造林，合理采伐和合理利用”的建设总方针。1964 年又提出要“以营林为基础，采育结合，造管并举，综合利用，多种经营”。同期，在晋北地区相继做出“植树造林，改天换地”的响应，提出“林字当头，以林促农，以林促牧，以林促副，农林牧副，全面发展”的指导思想，政府动员群众，大力植树造林。之后，1981 年提出“开展全民义务植树运动”，1991 年号召“全党动员，全民动手，植树造林，绿化祖国”，植树造林成为我国公民的义务，群众造林运动达到了高潮。

2）1981—2000 年工程性造林阶段

以 1984 年《森林法》的出台为标志，我国林业建设进一步发展，继续加强植树造林，先后出台了一些政策，如《中共中央、国务院关于保护森林发展林业若干问题的决定》 等。同时，启动“三北”防护林体系建设工程、积极推行林业“三定”工作，又陆续启动了四个大型防护林体系建设工程，即太行山绿化工程、长江中上游防护林体系建设工程、沿海防护林体系建设工程和平原农田防护林体系建设工程，同时启动了全国防沙治沙工程。这一时期，国家对林业发展给予了高度重视，林业的地位得到全面提升，工程造林被放到了突出位置。

同期，晋北地区几乎全部列入国家林业建设重点工程项目之中，积极做出“三年打基础，五年大发展，十年见成效”的林业建设规划，以及“加快绿化步伐”决定，大搞集中连片重点造林工程，到 20 世纪 90 年代发展规模经营，着重提高经营林科技含量，营造防护林基地、用材林基地、经济林基地、速生丰产林等。

3）2000 年以来

响应联合国环境与发展大会，履行《21 世纪议程》等文件，1994 年 3 月 25 日，我国编制《中国 21 世纪议程》并经国务院第十六次常务会议审议通过，将可持续发展作为国家战略，指出走可持续发展之路，是中国在未来和 21 世纪发展的自身需要和必然选择。各地区、各部门已将可持续发展战略纳入了各级各类规划和计划之中，全民可持续发展意识有了明显提高，与可持续发展相关的法律法规相继出台并正在得到不断完善和落实。

在党的十八大之后，以习近平同志为核心的党中央站在战略和全局的高度，将生态文明建设提到与经济建设、政治建设、文化建设、社会建设并列的位置，形成了中国特色社会主义“五位一体”的总体布局。提出“坚持节约资源和保护环境的基本国策，坚持节约优先、保护优先、自然恢复为主”的生态文明建设方针，强调“着力推进绿色发展、循环发展、低碳发展”。把生态文明建设放在突出地位，融入经济建设、政治建设、文化建设、社会建设各方面和全过程，这标志着我国开始走向社会主义生态文明新时代。

这一时期国家林业建设政策出台频率和力度都明显加强。其主要政策措施有：启动跨世纪的六大林业重点工程、加快实现林业的五大转变、实施应对气候变化国家方案、加快林权制度改革等。山西省委、省政府相继下发了《关于实施生态兴省战略，加快推进林业改革发展的意见》《关于大力推进林业生态建设的决定》等一系列政策措施。同时省政府下发了《山西省林业生态建设总体规划纲要》《山西省创建林业生态县实施方案》，进一步明确了造林绿化的行动指南，提升了全省林业建设力度。可以说，林业建设在这一阶段取得了突飞猛进的发展。

随着天然林保护、退耕还林、京津风沙源治理、“三北”防护林、太行山绿化等国家林业重点工程在晋北的全面实施，其中京津风沙源治理工程区涉及大同、朔州两市，包括南郊区、新荣区、矿区、阳高县、天镇县、浑源县、左云县、大同县、朔城区、山阴县、应县和怀仁县 12 个县，实施面积超过 140 万 hm^2；“三北”防护林工程、退耕还林工程以及天保工程涉及右玉县、平鲁区、神池县、五寨县、河曲县、保德县和偏关县 7 县（区），实施面积超过 100 万 hm^2。造林绿化步伐显著加快，森林资源保护得到有效加强，初步形成了全社会、大规模进行林业建设的局面。

10.2.2 社会面问题分析

10.2.2.1 林业长期以来作为国民经济的一个部门

在 20 世纪林业一直被作为国民经济发展的产业，以木材生产为主，但晋北除山地林区以外，几乎没有用材林资源，有一个时期将速生丰产林（樟子松、大量的杨树品种）作为区域林业的发展方向。长期以来，发展防护林没有得到足够重视。直到 2000 年后，逐渐才将林业视为生态建设的主力，林业发展取得长足进步，但在大力植树造林的情况下忽略了对森林生态系统的建立，林地的生态功能尚未完全发展。

10.2.2.2 农业规模简单扩大，生态效益低下

新中国成立至今，我国的农业政策一直致力于粮食增产和农民增收，晋北地区也不例

外，大量开发荒草地、宜林地为可耕地，简单地扩大种植业规模，如神池县 1984—2004 年耕地面积增加近 6 万 hm^2，全面提倡和推广农业规模化、集约化、市场化等现代化农业模式，当地人更多选择种植收益较高，便于机械种植的单一作物，且过量使用化肥、农药、地膜等。

这种模式表面上看似能够在短期内让农户取得较高的经济收益，但是长此下去，由单一化种植而引发的农业不稳定现象（如自然灾害和病虫害）造成粮食大面积减产、农民收入完全依赖市场调节等必然会越来越明显，严重威胁了农业的可持续发展，而且农药、地膜所引发的农业面源污染、农业生物多样性降低、地力减退等，对生态环境与自然资源的索取和破坏已经超越了其自身恢复的能力，导致我国现阶段面临生态恢复多重挑战，形成一种消耗式的农业系统。

10.2.2.3　畜牧业无序发展，生态压力加剧

这一时期，晋北地区在政府倡导下，为增加农民收入，大力发展畜牧业，大牲畜以及羊的数量在迅速增加，远远超过了其土地承载力。环境严重超载过牧，增加的放牧量和生态建设形成了一个“负和博弈”，远非“正和博弈”。与晋北其他县的情况类似，图 10-1 为自 1941 年以来神池县羊存栏量统计结果。神池县羊存栏量从 1985 年的 4.03 万只猛增到 2015 年的 65.38 万只，且几乎全为自由放牧。这里迅速发展的畜牧业，过量的羊群活动严重干扰和破坏了土壤微生物及昆虫的稳定，减弱了土壤构成的基础，造成集体草地和土壤严重退化，使得林地与其他土地利用类型界线分明，林牧矛盾突出，见图 10-2。

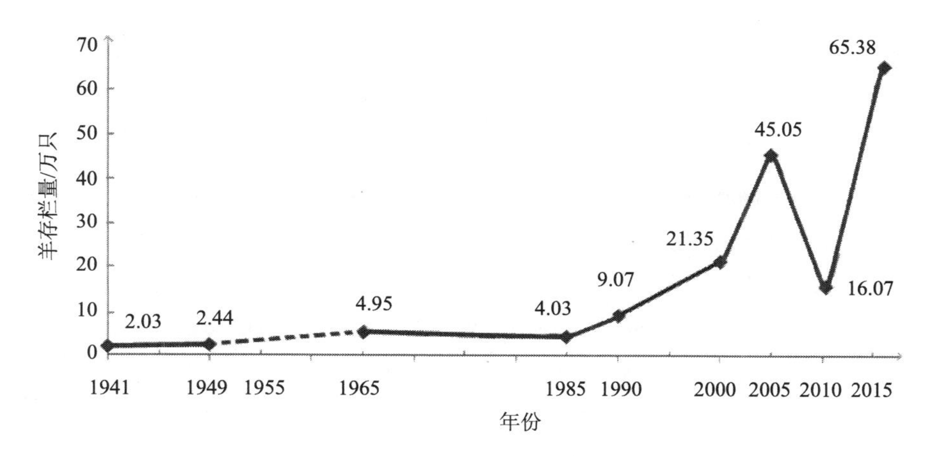

图 10-1　1941 年以来神池县羊存栏量增长趋势图

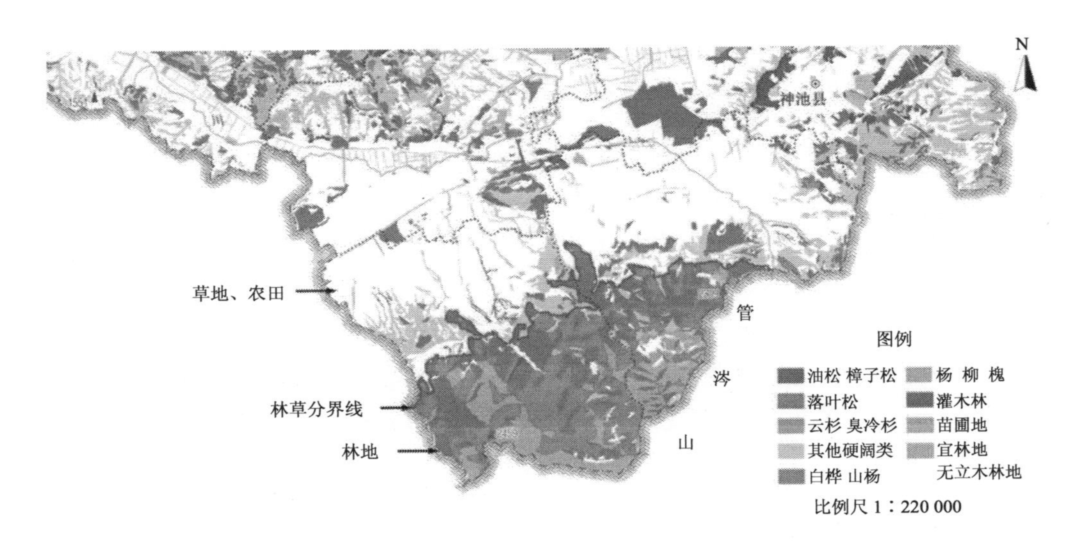

图 10-2 神池县南部林地与无林地分界示意图（引自 2015 年《山西省森林分布图集》）

10.2.2.4 工矿用地无序开发，环境退化严重

该区是煤炭富集区，主要集中分布在大同市南郊区西侧和朔州市平鲁区南侧，这一阶段持续向周围扩展面积，分布逐渐变广。由于煤矿密集，工矿工程建设，开采量大，产生大量裸露废弃地，同时矿产开发导致大量地下水的损失，地表塌陷，植被衰退。地下水系循环失衡，地下水消耗严重，截断了地下水对地表植物的供应，导致植被衰退，加剧了土地退化程度。

10.2.2.5 社会治理系统不完善

在生态建设方面，我国以“党政主导，社会协同，公众参与”为主要特征的治理模式，这是一种符合中国国情的安排。但由于习惯于“自上而下”的治理方式，政策由“上”面制定，由“下”面实施，如晋北地区实施的退耕还林工程，政策是由中央制定的全国性政策，其实施地区和实施规模均由中央确定，然后国家林业和草原局联合其他中央机构将计划任务层层下发到地区。地方层面展开执行，由县林业局派出技术小组到乡，组织村民实施退耕还林。“自上而下”的政府推动，往往使得社会合作积极性不高，非政府组织发挥作用不大，公众参与落不到实处。因此，反馈机制不足，不能形成治理系统的网络结构，无形中强化了“覆盖式控制”，出现不可分割的矛盾，致使政策实施的效率低下，不能达到最佳效果。

10.2.2.6 公众参与程度不高

公众参与的目标是更好地进行决策，发挥公众的一种特有的乡土知识和技能，这是任何外来者都无法做到的。而在实际参与过程中，由于尚未建立公众与机构沟通的渠道，以及其参加的方式、程度等有关政策不明确，相关政府和非政府组织以及技术人员倾向于把公众参与看作毫无用处而又不得不按规定完成的任务，在生态建设的政策制定和执行过程中仍旧遵循自上而下的方法，即使有些开始考虑公众参与，但参与非常有限，甚至简单地将一些不真实的参与或象征性的参与作为任务完成，忽略选择公众的原则和参与过程的充分沟通，使公众参与不能真正地发挥作用。再加上公众对参与的认识不多，人们被阻隔于参与之外常有发生，而只有当一些举措的实施影响到某些人时，才会兴起公众的参与，出现人们为利益而相互交织的局面，这反而使生态建设变得复杂而难以顺利开展。

10.3 晋北生态规划过程中的利益相关者分析

生态建设主要是对受人为活动干扰和破坏的生态系统进行生态恢复和重建，是根据生态学原理进行的人工设计，充分利用现代科学技术，充分利用生态系统的自然规律，是自然和人工的结合，达到高效和谐，实现环境、经济、社会效益的统一。以改善生态环境、提高人民生活质量，实现可持续发展为目标，以科技为先导，把生态环境建设和经济发展结合起来，促进生态环境与经济、社会发展相协调。生态规划则是以生态学原理为指导，应用系统科学、环境科学等多学科手段辨识、模拟和设计生态系统内部各种生态关系，确定资源开发利用和保护的生态适宜性，探讨改善系统结构和功能的生态对策，促进人与环境系统协调、持续发展的规划方法。通过对晋北生态规划中的利益相关者分析，就是要辨识生态规划过程中的利益相关者及其作用与关系，从利益相关者参与的视角认识生态规划过程的一般社会系统特征。

利益相关者分析方法有很多，有人建议在分析的不同阶段分别采用不同的方法，实际分析中具体采用何种方法一般视具体情形而定，这是因为要接纳尽可能多的利益相关者的经验、立场、态度、价值与世界观，就必然造成在进行分析时要面对众多的不确定性。一般地说，我国的生态规划包括工作准备、基础研究、规划编制、规划实施以及成果验收等阶段，虽然此过程中各利益的互动过程错综复杂，各阶段涉及的利益相关者及其利益也不同，然而本章更关切晋北生态规划中的利益相关者分析能涵盖多少利益，分析结果能提供多少对晋北森林生态系统适应性规划决策的解释和价值。

本次利益相关者分析是近年与在晋北开展的山西省“十二五”重大专项项目同时开展的。分析方法以定性研究为主，以县级生态规划过程为单元，分析过程大致可分成 3 个步骤：首先，辨识与生态规划过程相关的个人、群体、组织和机构，对其进行各类访谈、调查与分析；其次，通过集思广益方法分析各利益相关者在此过程中可能发挥的作用、受到的影响及其重要性程度；最后，建立决策者与其他利益相关者间经验关系矩阵，分析利益相关者之间的相互关系。

10.3.1 辨识利益相关者

辨识利益相关者就是以晋北生态规划过程为对象，辨别受到晋北生态规划结果影响的个体和群体。利益相关者（群体）包括：“权力的代言者”和那些不是“权力代言者”的人；尽可能多的不同意见的人；能提供不同意见的人；规划中没有得到充分机会的人；所持观点相去甚远的群体；在决策执行中可能被忽视的那些人。经验分析表明，晋北生态规划过程中应有的利益相关者列入表 10-1。选择利益相关者的 6 项原则：①要包括尽可能多的不同意见的利益相关者；②要包括能提供不同意见的利益相关者；③要包括传统方法中没有得到充分机会的群体；④要包括所持观点相去甚远的各群体；⑤要包括“权力的代言者”和那些不是“权力代言者”的人；⑥要包括在决策执行中可能被忽视的那些人。

表 10-1 生态规划过程中应当出现的主要利益相关者

相关群体	利益相关者
政府参与者	国务院、国家林业和草原局；省政府、省林业厅；市政府、市林业局；县政府、县林业局、县其他政府部门（包括发改、国土、城建、交通、农业、环保、水等）与县辖乡（镇）政府及其官员
用地企业	主要指市场取向的参与者，包括私人部门、开发商、与环境有关的企业及其他受生态规划结果影响（正面或负面）的人或人群
规划师与评审专家	政府聘用的规划师（团队）以及各级政府评审规划结果时聘用的评审专家等
特殊利益相关群体与个人	社区（村民）组织、环保组织、经济开发社团、农民、市民、邻里等有殊利益的民间组织或个人，以及大众媒体

对我国晋北生态规划过程的分析还表明，应当出席的利益相关者并没有悉数出席。表 10-1“特殊利益相关群体与个人”中的利益相关者在实际生态规划过程中是缺失的，例如，民间组织、公众和大众媒体等。另见图 10-3 中用虚线框表示出来的是实际缺失的或是作用弱小的群体。图 10-3 还显示了各利益相关者间的关系存在着与中国行政管理体系基本一致的科层关系，各级政府在此过程中与同级其他利益相关者相比处于主导地位，发挥主要作用，是生态规划的实际制定者；其他各利益相关者在这一科层体系中所处的地位、作用和政治权力有大有小，需进一步分析。

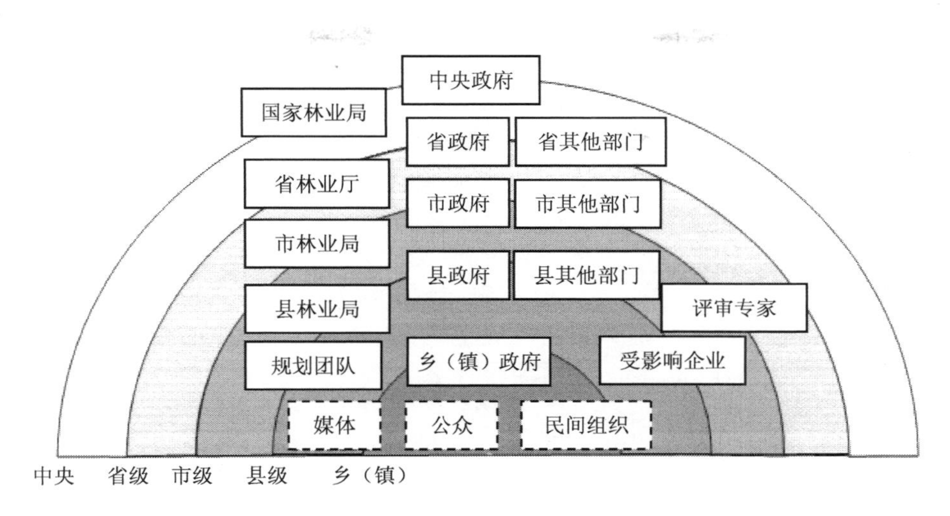

图 10-3 实际生态规划过程中存在的主要利益相关者“彩虹”图

10.3.2 利益相关者的利益与作用分析

从利益相关者参与理论上讲，试图影响规划决策的各利益相关者在生态规划过程中发挥着不同的作用：政府参与者针对整体公共利益，研究制定相关法规与政府的生态建设决策，其中各政府部门的作用或大或小；市场取向参与者各自在追求自己商业利益的最大化；特殊利益相关群体与个人经由其群体的代表，从其群体的特殊价值观来看待生态建设。可见，如果在生态建设过程中引入更多的利益相关者，则他们会经常处于冲突中，造成生态规划结构性紧张，因此，受聘的规划师应当依据其专业技能和沟通能力，平衡各种价值之间的冲突，协调各利益群体间的沟通，将上述冲突转化为有规则的博弈，达到土地利用的共识决策，保持规划的公正与公平。因此，利益相关者平等参与的生态规划过程必然是复杂的、费时费力的过程。

然而，我国现行的县级生态规划过程中，各利益相关者应有的利益与其实际发挥的作用并不一致，一些群体占据强势或主导地位，一些群体却处于弱势或服从地位。各利益相关者在生态规划过程中的利益与实际发挥的作用见表 10-2。

表 10-2 在生态规划过程中各利益相关者的利益与作用分析表

利益相关者	基本特征	利益与能力	实际发挥的作用
县级政府	• 遵守和执行上级制定的规划规则和规划要求 • 主持县级生态规划过程 • 对本级编制结果负全责	• 上级规划决策的执行者 • 县级规划的制定者 • 主导者和强势方	• 落实上级下达的规划要求 • 组织编制县级生态建设规划 • 组织县级专家评审规划，提出规划修改意见 • 向上级政府提交规划成果

利益相关者	基本特征	利益与能力	实际发挥的作用
县林业部门	• 遵守和执行上级制定的规划规则和规划要求 • 具体执行县级规划编制 • 同时向上级林业部门和县级政府负责	• 上级和县级政府规划决策的执行者 • 县级规划的具体制定者 • 处于强势方	• 协助政府落实上级要求 • 全程负责规划编制 • 全程协助、指导、监督规划团队的编制 • 协调其他利益相关者参与
县级其他政府部门	• 业务上接受各自行业的上级指导 • 行政上接受县级政府领导	• 有或多或少的用地需求 • 权力或强或弱	• 按要求提供与己有关的信息 • 提供本部门的用地诉求
用地企业	• 市场取向参与者 • 与政府部门的关系或近或远	• 有或多或少的用地需求 • 地位或强或弱	• 按要求提供与己有关的信息 • 提供本企业的用地诉求
规划团队	• 由政府聘用 • 依据其专业资格开展工作	• 向县级政府和林业部门负责 • 地位一般	• 按政府与林业部门要求具体编制规划 • 提供技术服务，解释规划要求、专业知识和当地用地需求 • 按要求撰写、修改和提交各类规划技术文件
评审专家	• 政府和林业部门指定或聘用 • 依据其专业知识提供咨询	• 向政府和林业部门负责 • 地位一般	• 咨询县级规划各阶段的技术文件 • 评审下级规划各阶段的技术文件
民间组织、公众与媒体	• 民间组织缺失 • 公众受规划决策结果（积极或消极）的影响大 • 媒体应有舆论监督力	• 均处于弱势地位 • 一些公众要（直接或间接）承受规划的决策结果	• 规划规则有公众参与要求，但非硬性规定 • 作用均不明显

10.3.3 利益相关者影响力/重要性评估

为了解各利益相关者在生态规划过程中的地位现状，我们可以对各利益相关群体在规划编制中发挥的影响力与其本应有的重要性进行定性比较分析与评价。在这里，“实际影响力”是指各利益相关者在晋北生态规划过程实际产生影响的力量，它反映在建设过程中决策权力的大小及对规划结果的影响程度；“应有重要性”是指各利益相关者在这一生态规划过程中应有的地位与被重视程度（见图 10-4）。

图 10-4 中横轴表示各利益相关者在生态规划过程中的“应有重要性”，用三角形进一步说明其重要性大小；纵轴表示各利益相关者在生态规划过程中的“实际影响力”，用圆形进一步表示各利益相关者对规划决策的实际影响力大小；虚线三角形和虚线圆形代表该利益相关者在实际规划决策过程中是缺失的。

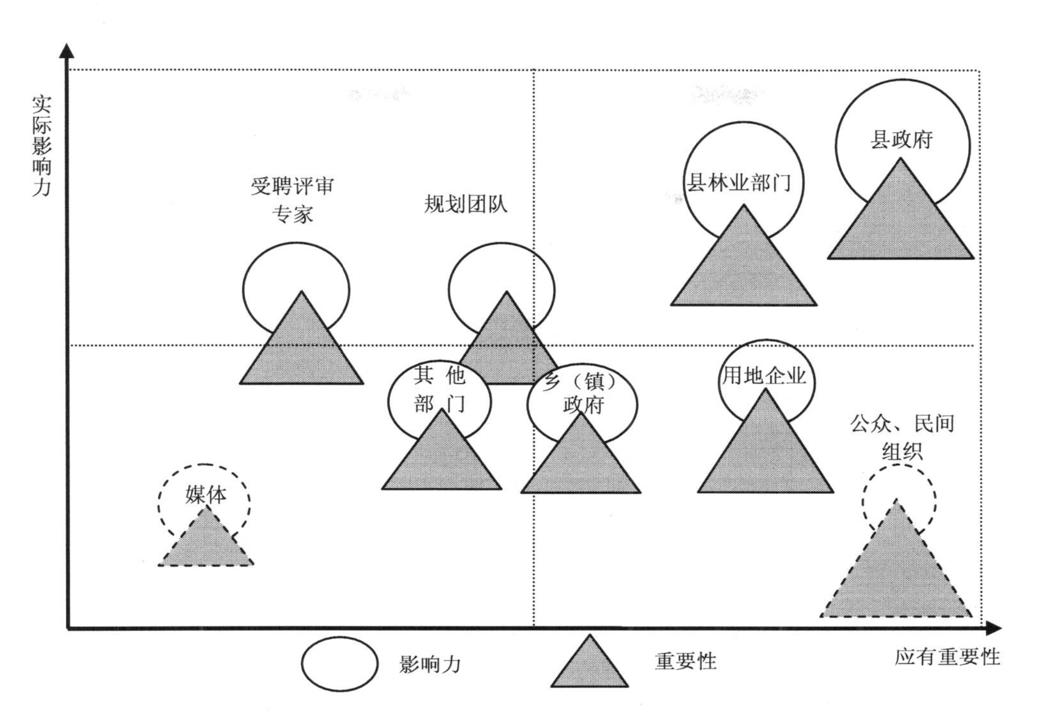

图 10-4　各利益相关者在生态规划过程中的影响力/重要性分析坐标图

图 10-4 表明，各利益相关者在县级生态规划过程中所发挥的影响，与他们在规划制定过程应具有的重要程度并不相匹配。县政府与县林业部门在规划编制中占据关键和主导地位；受规划决策结果影响很大的公众及民间组织作用缺失，未在生态规划过程中发挥作用；受规划决策影响较大的其他政府部门、乡（镇）政府与用地企业等参与者对规划决策发挥的作用较为有限；规划决策中大众媒体基本不受规划决策影响，也极少发挥作用。

10.3.4　利益相关者间关系分析

判断利益相关者的利益需求及特征，可以帮助我们分析他们之间的关系。以县林业部门为例，它是县级生态规划过程的主要执行者，它替代了规划团队在规划中应发挥的协调和主持的作用，试图发挥协调各利益相关者间的作用。然而，县林业部门接受县政府领导和上级林业部门指导，身处体制内的它在规划决策中并不能独立公正地协调各利益相关者间的协商与沟通。通过社会脉络分析，厘清它与其他利益相关者的关系可以帮助我们更深入了解利益相关者间的关系（见图 10-5）。

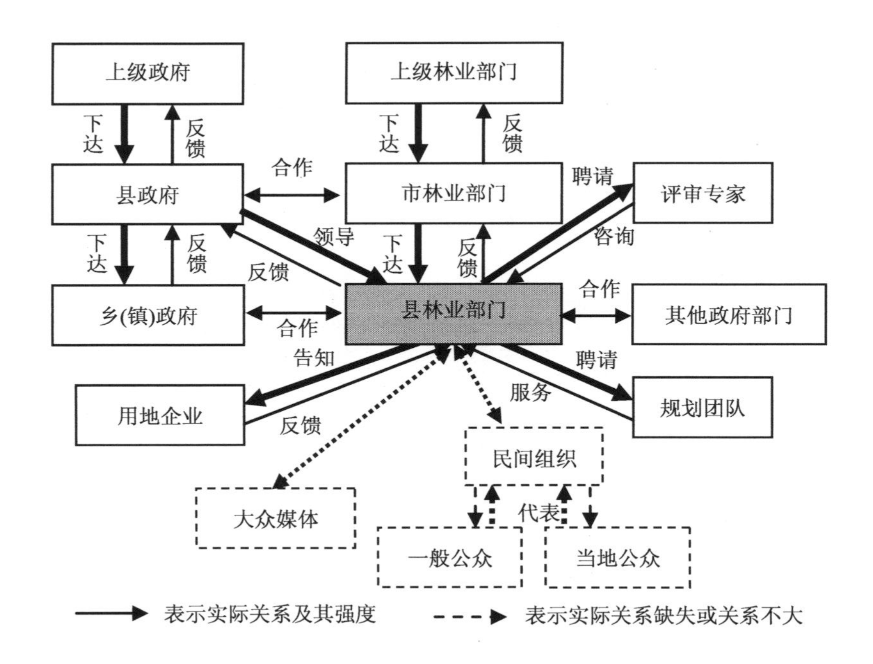

图 10-5 生态规划过程中县林业部门与各利益相关者之间关系图

从图 10-5 可见，县林业部门在规划决策过程中与其他利益相关各方间至少有如下几个关键关系。

（1）与县政府和上级林业部门的关系：县林业部门受县政府领导，对县政府直接负责；与同系统的上级林业部门间是业务上的上下级关系，可对上级的指示进行反馈，但这种向上的反馈力明显弱于向下的指导力。

（2）与其他政府部门、乡（镇）政府和用地企业的关系：县林业部门与不同行业部门间保持柔性合作关系，但由于它们对规划内容和规划执行的理解不同，生态规划过程中它们之间的合作是有限的，随意性较大。用地企业为规划提供自身的用地需求信息，接受已由政府确定的规划安排，有所反馈，但反馈空间大小差异极大，视政府体系与市场取向参与者间联系程度而不同。

（3）与规划团队和评审专家的关系：规划团队和评审专家个人拥有专业知识，由县政府（或林业部门）聘任或临时签约。受县林业部门指导具体执行履约事宜，规划团队在全过程中服从和服务于政府与林业部门的规划事务，评审专家承担各阶段产出成果的评审责任，提供技术咨询服务，二者在很大程度上都受林业部门的控制和影响，这种依附关系无法保证他们在价值判断上的完全独立，有时还可能牺牲一部分技术判断能力。

（4）与公众和媒体的关系：上级规定的规划规则虽然对县林业部门有公众参与规划决策的要求，但实际上它基本不与以下利益相关者发生多少关系：民间组织、一般公众、当地公众和大众媒体等，受规划结果影响的公众基本被系统地排除在规划决策体制外，只能事后被动接受已确定的规划方案。实际上，代表一般（或当地）公众的民间组织在中国并不常见，大众媒体对规划决策的舆论监督非常有限。

10.3.5 小结

本章通过对晋北生态规划过程的反思性回顾，通过辨识这一过程中的利益相关者，分析他们之间的关系和地位，这一规划决策过程的本质特征主要有：

（1）由政府主导、全面控制的过程。一方面，政府既充当“运动员”也充当“评判员”；另一方面，决策权继续向上集中，在土地利用政策、规划目标、土地利用调控指标、土地用途分区等方面都由上级规划确定，县级实际的决策空间越来越有限，规划如确需调整，需经上级批准后方能变更，表现出典型的自上而下（Top-down）的决策特征。

（2）规划师（团队）主要依附于政府。因规划决策本身自上而下的沟通方式，规划师（团队）并非价值独立的中立协调方，他们用其专业知识和资质主要服从于政府的规划决策，从制度上只限于倡导政府意愿，有时甚至主要表达个别政府精英的意愿，使这种决策具有“科学性”的外衣，但无法担当协调社会各方利益的角色。

（3）公众参与的制度性缺失。规划规则有建议性的、咨询式的公众参与的要求，然而这些要求是单向的和被动的，没有为公众预留诉求和意愿反馈渠道，实际上公众只能后期接收或根本接收不到任何信息，因此仍是一种排斥公众参与的制度安排。

上述分析说明，从晋北生态建设制度的安排上，就实际排斥公众等利益相关者参与这一规划决策过程，即使有一些参与的成分，但其参与质量也很低。生态规划过程中存在着单纯由政府主导，从制度上“窄化”规划问题，追求“高效”的规划决策结果等问题，难免使生态规划过程的科学（合理）性和客观公正性受到影响，其规划结果的合法有效性也因此受到质疑。为了在规划决策过程中构建合理、公平的利益博弈机制，我国有些地方已经有一些探索性的实践，它们采取基于社区的、自下而上（Bottom-up）的规划决策途径，重视利益相关方的平等参与，探索从制度上有效改善规划决策中利益相关者的参与质量。而这些研究和实践还不够，今后还应加强。

第 11 章

晋北森林生态系统发展潜力评价

11.1　森林生态系统区划

11.1.1　生态建设区划概述

11.1.1.1　立地分类的目的和意义

立地类型是立地条件相同或相似地段的组合，同一立地类型的地段（土地）具有相同或类似的立地条件，其性质和质量是一致的，并适宜于相同的植被生长，可采取相同的生态系统恢复措施。在生态建设工作中，要贯彻因地制宜的原则，必须科学地划分立地类型。如在过去的森林恢复工程中，造林成活率低，林木生长率不高，甚至长成“小老树”，造成其原因的主要一条就是没有根据造林地的具体条件选用适合当地生长的树种，没有因地制宜地采取相应的造林和育林措施。划分立地类型就是为贯彻因地制宜这一原则而创造条件，例如，在造林过程中根据不同的立地类型选用适宜的造林树种，并针对立地类型的特点，采取相应的造林措施，从而克服生态建设工作中的盲目性。

划分立地类型的目的还在于提高生态建设水平，合理利用当地的自然人文条件，采取不同的措施和利用方式，通过对立地条件的分析研究，掌握一定区域内自然生长环境条件特点，按其分异规律划分成不同的类型，分别类型因地制宜地确定其发展重点和目标，使更好、更快地恢复晋北森林生态系统。

11.1.1.2　生态建设区划原则

（1）地域分异的原则：要考虑自然综合体地带性与非地带性变化，划分的立地类型要反映这些变化规律，类型之间在主要立地因素上有明显差异，类型内部则相对一致。这样在划分立地类型后，反映了地域上大小尺度的分异规律，为因地制宜的生态建设提供科学依据。

（2）综合因素和主导因素统一分析考虑的原则：森林立地分类单元是由多种因素组成

的，是一个统一的整体，其中有自然因素如气候、土壤、地形、植被、动物等，还有社会因素如人为活动对立地的影响等，这些因素是互相影响综合起作用的。因此，不能片面，必须综合考虑分析。但在这些因素中，又有某一类因素起主导作用，由于它的变化，会引起其他因素的变化，从而决定着立地的特点和质量。在划分立地类型时要全面分析所有因素的状况，它们之间的相互关系，视其相似和差异程度划分立地单元，正确反映立地规律。但是要从中找出起主导作用的因子作为划分立地类型的主要依据。

（3）直观明了，适用于规划的原则：划分立地类型是为了反映客观规律，服务于规划。为了便于识别和应用，划分的立地类型不仅反映自然地域分异规律，而且要直观、明了、简单、在野外易于识别，一般基层技术人员能够掌握和应用，并考虑应用遥感技术判读与计算机数据库储存和处理等数字化技术应用。

（4）多级序原则：作为生态建设用地，总是存在着由大同到小异的客观等级差异。在不同等级单元系统中所显示的相似性和差异性的程度是相对的。分类单元的等级越高，相似中的差异性越大；反之，分类单元的等级越低，相似性中的差异越小。因此，必须有多级序的分类单元系统，从大到小以一定的地域分异的尺度逐级划分立地类型。一般较高级的立地分类单元应以生物、气候、地貌等因子划分，低级立地分类单元主要以地形、土壤和植被等作为划分依据。

（5）分区分类的原则：晋北地区气候差异大，地貌也截然不同，如果以一个单位划分立地类型，难以反映地域分异和客观自然规律。因此我们应遵循分区分类的原则，按气候和地貌将全省分为若干区，以区为单位再逐级划分立地类型，以便更确切地反映地域分异规律和便于生产中应用。

11.1.1.3　立地区划主要依据

划分立地区的主要目的是更好地做出规划来恢复晋北森林生态系统，因此选择了对生态系统影响较大的立地因子作为主要依据，如下：

（1）气候条件：包括气温、降水、日照、无霜期和自然灾害等。其中最主要的是年均气温、≥10℃积温和年均降水量。

（2）地貌：大地貌主要有山地、黄土丘陵、盆地三类，其次是中地貌，按土石山（包括石质山）、黄土丘陵（包括黄土残塬沟壑）、山间盆地及河谷阶地等地貌单元划分亚区和小区。

（3）地形因子：包括海拔、坡位、坡向、坡度等，植被有种类、盖度等，其中海拔高度的变化对气候影响很大，海拔每升高 100 m 年均气温降低 0.56℃，随着气温的降低，蒸发量也会相对减少。而且高海拔山地一般降水量均大于低海拔地区，例如，五台山的高峰周围地带都是太行山区降水量最大的中心区，年均降水量均达 700 mm 或以上，五台山从山脚到山顶，海拔上升了近 2 000 m，平均气温从 6℃下降到−4℃，年降水量从 400 多 mm

上升到 700 mm 以上。此外，空气相对湿度的相对增加和蒸发量的降低，土壤水分大大高于低海拔地区，因而在植被方面形成了中生性的山地草甸和亚高山草甸。

（4）土壤因子：有土类、土层厚、质地、有机质含量和酸碱度等，各因子的差异形成不同的土壤类型和沙化程度、风蚀程度差异等。

11.1.2 生态建设区划方法与结果

11.1.2.1 区划方法

参考山西省立地区划，在此基础上按照研究区大地貌框架，考虑地貌（海拔、坡度）、气候因子（主要是气温和降水）、土壤因子的分异情况，结合项目组得到的土地利用状况、风蚀程度和沙化程度进一步细分沙化区。具体做法是：使用研究区 SRTM DEM 90 m 分辨率高程数据产品［从中国科学院计算机网络信息中心国际科学数据镜像网站（http：//www.gscloud.cn）下载，经 ENVI4.8 进行图像拼接、裁剪后得到］在 ArcGIS10.2 软件使用空间分析等工具，参考《山西省自然地图集》多年平均降水量和多年平均气温图，结合《山西植被》划分标准和《山西森林立地分类与造林模式》划分的区域将研究区进行分区。

1）海拔高度

如图 11-1 所示，该区海拔高度范围在 690～3 059 m，根据海拔高度不同全区可分为 3 级。盆地、河滩：海拔高度 1 100 m 以下；黄土丘陵：海拔高度介于 1 100～1 600 m；土石山：大于 1 600 m。从图中可明显看出，研究区北部为阴山余脉，东南部为恒山、五台山北坡，两山之间为大同盆地，盆地之西除管涔山，多为丘陵地貌。

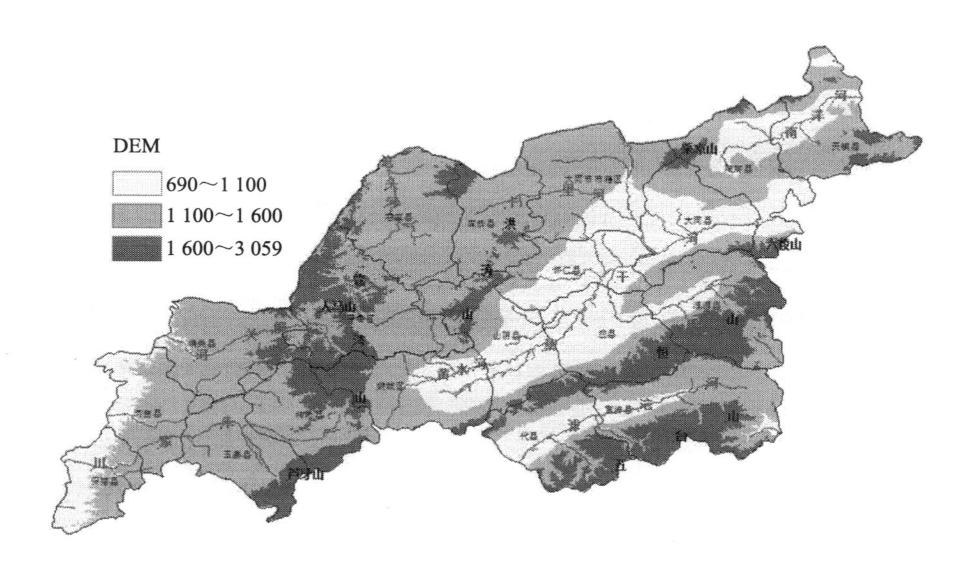

图 11-1 地貌分级图

2）气候带分级标准

降水对一个区域的植被生长、土壤水分状况等均有影响，晋北地区属于典型的半干旱区域，依据降水量多少可将该区细分为以下 3 级：重半干旱，多年平均降水量小于 400 mm；轻半干旱，多年平均降水量介于 400～450 mm；半湿润，多年平均降水量大于 450 mm。

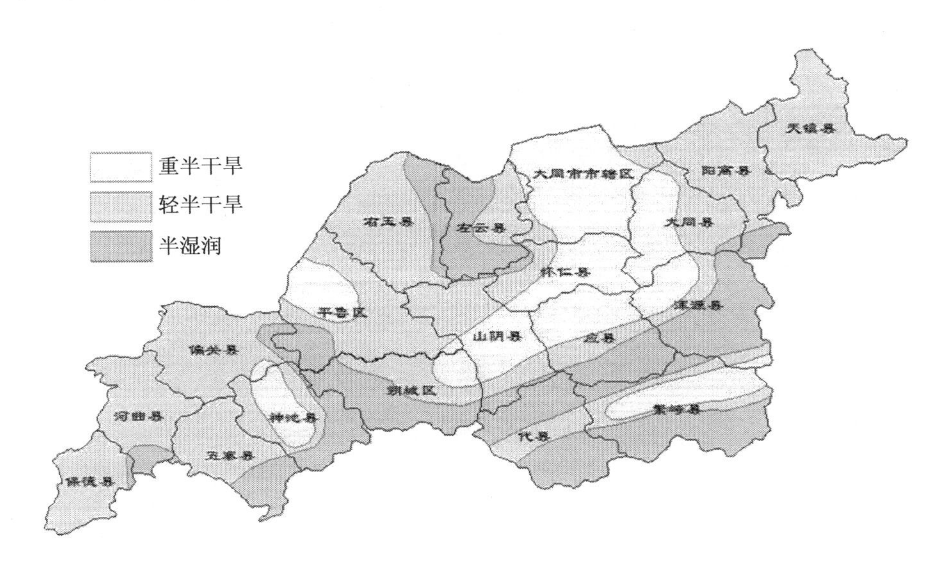

图 11-2　降水分级图

3）温度带分级标准

根据温度分级，该区可以分为：中温带，多年年平均气温小于 8℃；暖温带，多年年平均气温大于 8℃。可看出晋北大部分地区属于中温带，只有河曲县和保德县的西部与代县少部分区域为暖温带。

4）主要土壤类型

晋北地区土壤类型主要有栗褐土、栗钙土、粗骨土、黄绵土、风沙土、盐碱土，如图 11-4 所示。其中，栗褐土是晋北地区分布最广泛的土壤类型，主要存在于桑干河以东、恒山以北及晋西北地区，总面积 14 971.49 km^2，占晋北总土壤面积的 47.15%。栗钙土主要分布于桑干河以北的大同盆地北缘的低山、丘陵和平川地带，总面积 3 411.62 km^2，占晋北总土壤面积的 10.74%。粗骨土的分布较为分散，多分布在中低山石质山地及土石山地，总面积 2 255.76 km^2，占晋北总土壤面积的 7.1%。黄绵土主要分布于晋西北河曲、保德、偏关的黄土丘陵沟壑区，与栗褐土交错分布，总面积 1 840.09 km^2，占晋北总土壤面积的 5.8%。其余土壤类型分布较少且较分散。

图 11-3 气温分级图

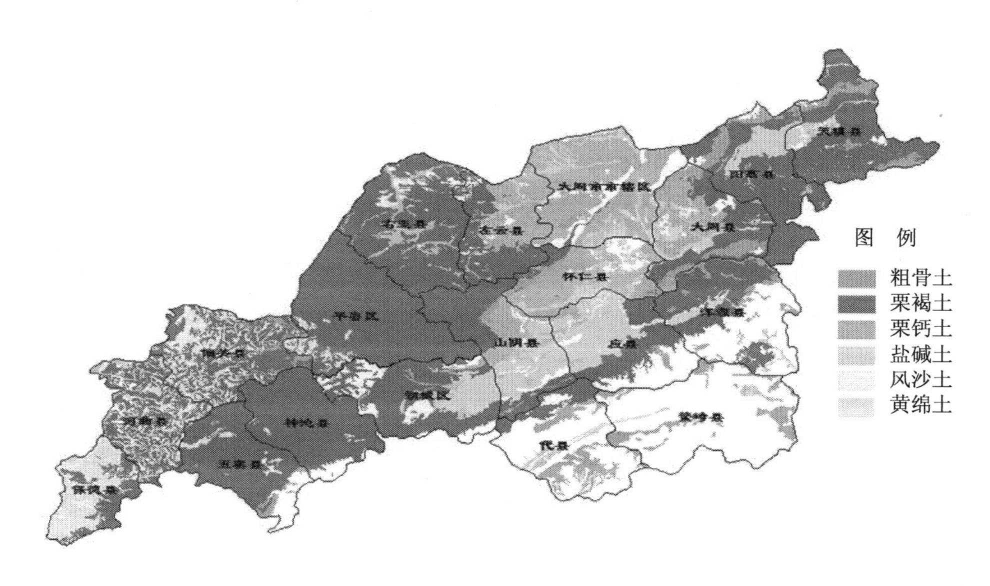

图 11-4 主要土壤类型图

5）土壤风蚀强度分级

根据土壤的风蚀强度，如图 11-5 所示，该区可以分为 4 级：非风蚀地；0～4 t/（hm^2·a），轻度风蚀；4～8 t/（hm^2·a），中度风蚀；＞8 t/（hm^2·a），严重风蚀。可以看出，晋北沙漠化地区北部区域风蚀明显高于南部，整体上从东北向西南呈递减的趋势。该区以大面积轻度风蚀为主，严重风蚀区域主要分布在北部黄土丘陵和大同盆地以及五寨县。据统计，晋北地区非风蚀土地为 16.76 万 hm^2，占土地总面积的 5.28%；轻度风蚀总面积为 126.06 万 hm^2，占

土地总面积的 39.71%；中度风蚀总面积为 317.47 万 hm^2，占总面积的 55.01%。

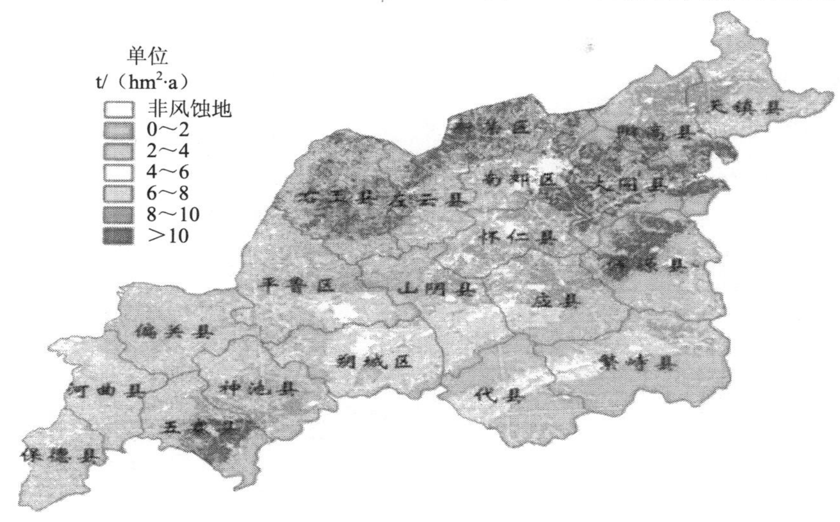

图 11-5 近 15 年土壤风蚀强度图

6）土壤沙化程度分级

按照土壤沙化程度，该区可分为 4 级：未沙化、轻度沙化、中度沙化和重度沙化。从图 11-6 中可看出，晋北地区的土壤沙化程度的中度沙化和重度沙化主要分布在大同及其周边，西部和南部部分区域存在轻度沙化现象。

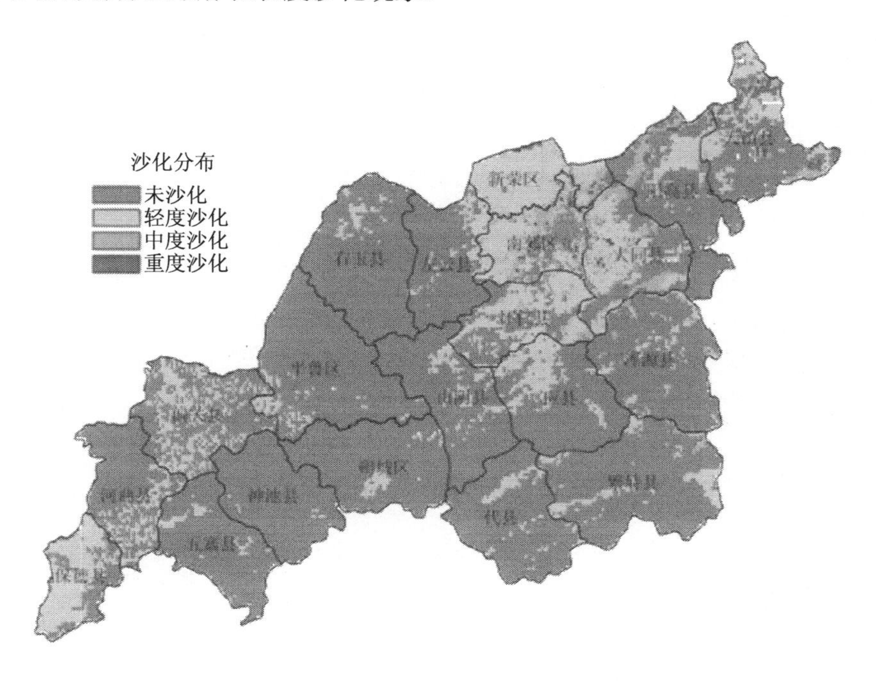

图 11-6 土地沙化程度

7）土地利用类型

从图 11-7 可知，晋北地区耕地分布最广泛，并呈东北—西南带状分布。林地分布在该区的东南部，西部整体较少。草地在整个研究区与林地、耕地夹杂分布，分布较为多且分散。居民交通用地集中分布在大同和朔州市区，零散分布在各县的城、镇区。工矿用地集中分布在大同市南郊区西侧和朔州市平鲁区南侧。水域主要分布在大同市南郊区东侧。盐碱地和裸地分布较少，且比较分散。

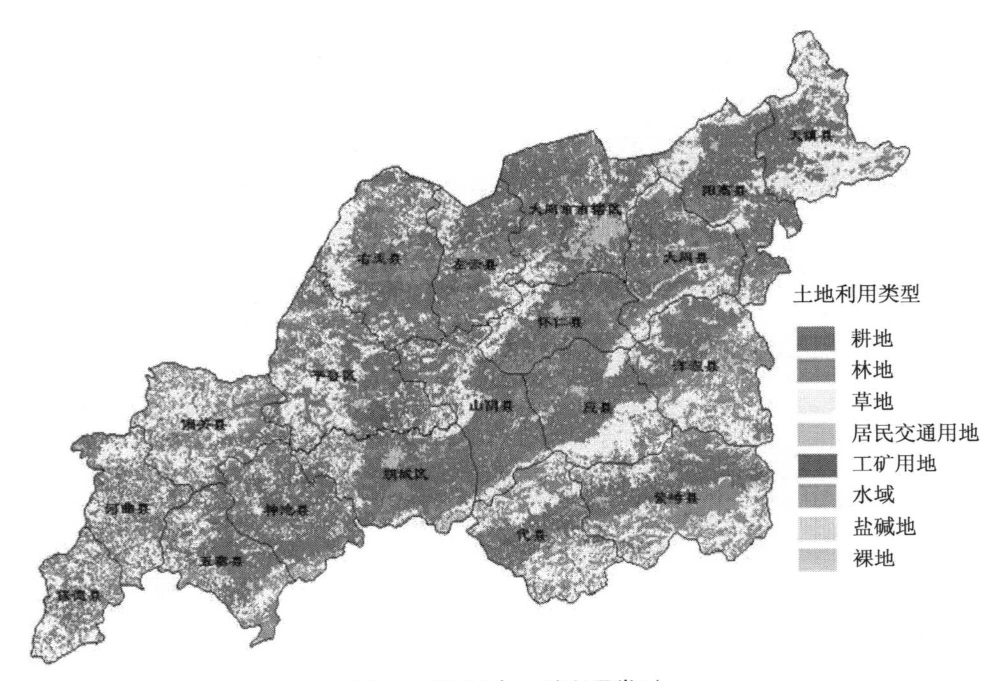

图 11-7　2014 年土地利用类型

11.1.2.2　区划结果

结合上述内容进一步对晋北地区进行如下划分（见图 11-8，表 11-1）：①晋西北黄土丘陵立地亚区；②管涔山山地立地亚区；③晋北黄土丘陵立地亚区；④晋北盆地立地亚区；⑤恒山山地立地亚区；⑥五台山北坡山地立地亚区。

图 11-8 晋北地区区划示意图

表 11-1 晋化森林生态系统类型区划表

分区	面积/hm^2	涉及主要行政区	主要自然特征
晋西北黄土丘陵立地亚区	576 785.10	河曲、保德、偏关全部以及除南部山区的五寨、神池大部分区域	海拔 690～1 600 m；主要地貌类型为宽谷缓坡丘陵和峁状黄土丘陵；土壤类型主要为黄绵土和淡栗褐土、潮土和风沙土；土地利用类型以大面积耕地和草地为主
管涔山山地立地亚区	45 337.70	五寨县南部山区、神池县南部山区	海拔 1 446～2 778 m；主要地貌类型为山地，地势起伏较大；土壤类型自下而上包括山地褐土、山地淋溶褐土、山地棕壤和山地草甸土；土地利用类型以林地和草地为主，且天然林居多
晋北黄土丘陵立地亚区	1 238 648.89	大同市城区北部、大同县北部、南郊区矿区西北部，新荣区、左云县、阳高县、天镇县全部，以及朔州市平鲁区、右玉县全部和山阴县西北部	海拔 1 075～1 998 m；主要地貌类型以缓坡丘陵为主，局部有海拔较高的土石山地和丘间低地；土壤类型主要有栗褐土、淡栗褐土、潮土、盐化潮土、栗钙土和风沙土；土地利用类型以耕地和草地为主
晋北盆地立地亚区	621 469.98	大同市主城区、大同县南部、阳高县东南部、朔城区东部、怀仁县、应县北部、山阴县南部区域	海拔 870～1 100 m；主要地貌类型为山间盆地；土壤类型主要是栗钙土、潮土、盐化潮土、盐土；土地利用类型以大面积耕地为主
恒山山地立地亚区	318 804.39	代县北部、应县南部，以及浑源县大部分区域	海拔 1 070～2 418 m；主要地貌类型以土石山为主；土壤类型主要为栗钙土，局部有山地草甸土、亚高山草甸土、粗骨土；土地利用类型以草地为主

分区	面积/hm²	涉及主要行政区	主要自然特征
五台山北坡山地立地亚区	373 592.25	繁峙县全部、代县大部分区域	海拔 699～3 059 m；主要地貌类型为五台山中高山及周围低山、丘陵及山间盆地；土壤类型有山地褐土、棕壤、山地草甸土、亚高山草甸土和中性粗骨土；土地利用类型以草地最多，耕地、林地次之

11.2 分区空间潜力分析

晋北地区处于黄土高原农牧交错带，是山西省资源、矿产等自然资源的集中分布区。近几年，由于不合理的土地利用，导致水土流失加剧、土壤退化和生物多样性减少，农田和草地退化、农牧矛盾等问题也日益突出，人们越来越认识到晋北地区生态恢复与建设的重要性。对此，已有众多学者从不同的研究尺度和视角各有侧重地做了诸多研究，研究方向主要集中在景观格局、自然条件、生态系统服务、植被覆盖、生态环境状况、经济与生态建设等领域。从宏观尺度看，晋北地区地域内部差异大，各地生态状况、土地覆被等特征各不相同，生态空间潜力巨大，深入细致地研究其内部区域的生态空间发展潜力对于进一步认识北方农牧交错带，因地制宜地对北方农牧交错带进行生态恢复具有重要意义。本书以晋北 20 县为研究区，从宏观尺度进行森林生态空间潜力研究，旨在探索适宜晋北未来生态空间发展潜力，以期为晋北地区的经济、社会、环境协调发展提供借鉴。

11.2.1 晋北森林生态系统定位

过去人类与自然耦合系统相互作用的积累以及进化，影响当今和未来的发展。也就是说，未来从现在（和过去）之中演变而来，依赖于已经发生与仍在继续发生的交互作用，因此，晋北森林生态系统定位主要是基于历史和现实分析，进而确定未来发展方向。

11.2.1.1 历史定位

从历史条件看，本区自新石器时代一直到先秦的数千年中，极少数人口在本地活动，也基本不深入山区，本区在那时是一片茫茫林海。从秦汉开始，随着本地人口逐渐增加，人为干扰增多，森林面积不断减少。森林覆盖率从北朝末年的 80%左右，在辽金时期迅速降到 40%左右，尤其是明朝高强度的军事活动，长城沿线连年大量烧荒，对森林破坏严重，到清朝后期，森林覆盖率低于 10%。由于人与自然之间的相互作用及其生态、社会经济后果的时间滞后，社会生态系统中人类与自然耦合的生态、社会经济影响可能不会立即被观察到或预测出来，所以森林的破坏对晋北地区的影响在以前很少有人意识到，直到现代才表现出来，引起生境的退化，森林环境丧失，甚至气候条件也发生了改变。

虽然该区域的历史成因以气候条件对土地利用方式的制约性为基础，叠加了人为因素影响，而从生态史看，这里的生态退化自然气候因素大可忽略不计，而人类对森林无节制的破坏，是造成生态严重破坏的根本原因。因此，据我们对历史时期晋北森林生态系统变迁研究可知，晋北地处的中国北方农牧交错带南侧在过去森林生态系统完备，今后也应该恢复森林生态系统。

11.2.1.2 现实分析

虽然近几十年的晋北地区进行了大规模的生态建设，如退耕还林、京津风沙源治理等工程，使得人工林有一定数量的增加，但以人工纯林为主，质量低劣，天然林也得到一定恢复。再加上社会、经济和生态系统之间冲突越来越大，晋北为了经济发展开发宜林地为可耕地，简单地扩大耕地和草地规模，造成农—林—牧间发展不协调，林地发展空间不断缩小，在空间上森林生态系统仍有很大发展潜力。

从现实和历史的视角分析，人类对森林的砍伐与清理极大地改变了历史时期与全球范围的植被，导致现实生态环境的退化。而一些人往往习惯按现实的自然景观和资源禀赋推断今后生态建设的目标，易将草地作为生态发展的定位，忽略该区域历史上是茂密森林地带的史实，简单地认为该区的恢复目标为草原是不合理的。并且已有学者对该区未来的土地利用进行预测，通过模型模拟得出在生态经济社会协调发展情境下，未来的草地面积应减少最多，同时按照林地比例升高的趋势，利于未来晋北地区土地利用格局的稳定。

因此，本书认为该地区的生态发展只能是森林而非草地，未来的生态定位应是建立以森林为主体的生态系统，与社会和经济系统相互耦合，才能实现区域的可持续发展。

11.2.2 未来生态空间格局

通过借助 ArcGIS 和 Erdas Imagine 软件，经非监督分类和目视解译进行遥感影像解译，获得土地利用数据，包括耕地、林地、草地、居民交通用地、工矿用地、水域、盐碱地和裸地共 8 类；此外，在土地利用数据的基础上，结合 1 m 精度的森林起源数据进行人工林与天然林分布区域认定和叠加，形成包含 9 种地类的土地利用空间分布现状图，见图 11-9，各类土地利用现状面积统计表见表 11-2。

从土地利用现状来看，耕地主要集中分布在中东部盆地地区，呈现东北—西南带状分布，在黄土丘陵区则与林地、草地交错分布。天然林主要集中在管涔山、恒山以及五台山北坡地区，人工林则较多分布于中东部，在西部的河曲、保德、偏关等地分布相对较少。草地面积较大且与林地、耕地交错分布。居民用地分布在各县市的城镇区，工矿用地除集中在平鲁区南侧以外，在朔城区和南郊区也有分散分布。盐碱地和裸地分布比较分散。水域主要分布在不同市南郊区东侧。

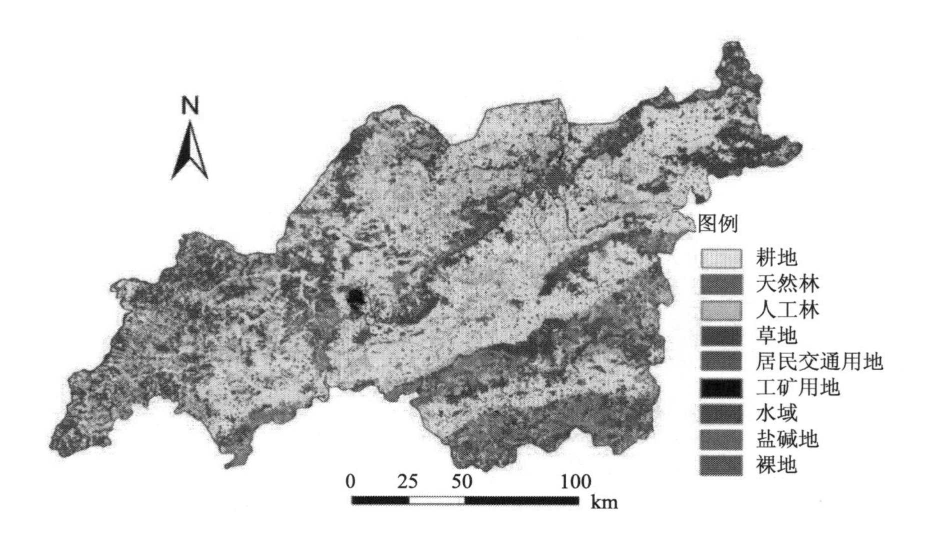

图 11-9 晋北地区土地利用空间分布现状

表 11-2 各类土地利用类型现状面积统计表

类型	现状面积/hm^2	比例/%
耕地	1 323 913.59	41.70
天然林	176 377.11	5.56
人工林	562 107.18	17.71
草地	960 767.01	30.26
居民交通用地	90 943.38	2.87
工矿用地	27 149.76	0.86
水域	18 000.09	0.57
盐碱地	6 469.65	0.20
裸地	8 910.54	0.28
合计	3 174 638.31	100.00

11.2.3 生态发展空间潜力类型

生态空间潜力是指在土地利用现状的基础上，在空间上通过确定合理的指标，如坡度、海拔、人口数量、工业发展等，对现有各土地类型进行效益分析。基于生态定位，划定效益极低、利用不合理的耕地、草地以及其他未利用土地（盐碱地和裸地）作为可能的生态发展空间，并计算其面积生成不同土地利用类型的生态空间潜力表，进而生成未来可实现的最大生态发展潜力的空间格局图。

晋北地区经过近几十年的生态建设，生态环境有所改善，但成绩与问题并存，大面积林草退化与耕地撂荒现象，林地数量不足且质量差，使发展森林生态系统是必然选择。同时，其今后的生态目标和定位不应只看到生态退化后的现状，应发现该地区的生态空间发展潜力，恢复其生态良好时期的水平。晋北地区的生态发展空间潜力主要来源于以下几种类型。

11.2.3.1　耕地生态空间潜力

晋北地区低等地所占比例较大，不是山西省粮食主产区。再加上区域环境的特点，土地生产力水平低下，大多数土地宜农宜牧，部分耕地零星分散分布在海拔较高的山区，地势起伏差异大，光、温、水等自然资源不利于作物的生长，造成经济效益不佳问题。同时产生严重的水土流失和沙化问题，使其难以发挥该有的生态效益，生态发展潜力有很大空间。

本书认为，耕地的生态发展空间潜力可以通过减少低效和撂荒耕地、增加农田林网密度来为生态发展提供空间，进而更大程度发挥其生态效益。确立耕地的生态潜力空间的主要指标包括地貌、坡度、坡向、土壤、海拔、与河道及道路距离、是否撂荒等，依据计算和分析结果，划定耕地生态潜力空间。

11.2.3.2　林地生态空间潜力

晋北地区经过多年大力开展京津风沙源治理工程、“三北”防护林工程、退耕还林等生态建设工程，林地面积明显提高，所占面积达到20%以上，但与该地区生态环境良好时期的森林覆盖率相比仍有差距，人工林面积可进一步扩大，天然林面积明显不足。同时，纯林面积比重大，“小老树”林进一步衰退等现象，说明生态质量仍有很大提升空间。

因此，本书认为林地的生态潜力空间可通过保护并扩大现有天然林，提质并扩大人工林，建立绿色廊道（河道和交通道路），增加农田林网等，扩大林地的生态潜力空间。其发展空间主要来自大部分的低效耕地、草地等其他土地划定出的空间。

11.2.3.3　草地生态空间潜力

目前，晋北地区草地面积所占比例大，仅次于耕地，但集中连片的优质牧草很少，除了海拔2 500～3 000 m以上的五台山等少数几座山地森林线以上山顶部的亚高山草甸和高山草甸保留以及部分有效草地，其他大面积草地因过度放牧，严重超载，生态服务价值不高，乔、灌等植物难以自然恢复，对生态系统的恢复产生影响和破坏。因此，本书认为大面积无序利用的草地应最大限度地减少和恢复，是生态发展的最大潜力空间，为林地、居民用地等扩大提供空间。

11.2.3.4　居民交通用地和工矿用地生态空间潜力

晋北地区是典型的半干旱地区，以农业人口为主，怀仁县和大同市辖区人口密度最大，人口密度在200人/km^{2}以上，土地压力较大，右玉县、偏关县、神池县、五寨县的人口密度较小，在100人/km^{2}左右，均远超过1997年联合国公布的半干旱地区7～22人/km^{2}的人口承载标，人口压力较大且人口数量增长速度较快。同时，该区也是煤矿密集区，工矿业发展规模大，未来该区域的居民交通用地和工矿用地面积适当扩大是必然趋势，而其生态的发展也有很大潜力。本书认为通过在建设用地密集区域建设绿色廊道，恢复工矿用地的废弃地等可提供生态发展空间。

11.2.3.5 水域用地生态空间潜力

晋北地区水系属海河和黄河两大流域，区内主要有桑干河、滹沱河、浑河、沧头河、偏关河等，但近些年来水域面积减少得比较剧烈，水生态退化。本书认为水域用地的生态潜力很大，通过恢复退化河道水域面积，保护河道湿地，控制一定宽度的绿化带可提供生态发展空间。

11.2.3.6 其他用地类型生态空间潜力

其他用地类型主要包括裸地和盐碱地，晋北地区盐碱地和裸地分布相对较少，且比较分散。盐碱地和裸地是由于人类活动不合理造成的，虽然其生态恢复难度较大，但仍有生态发展潜力。生态恢复本身就是一件长期的项目，在未来这些区域应全部恢复植被。

11.2.4 空间潜力分区分析结果

基于建立以森林生态系统为主体的生态定位，结合实地调查，并收集相关地貌图、行政图、交通图、水系图等，按照前面对晋北地区的区划，见图 11-10。

A—晋西北黄土丘陵立地亚区；B—管涔山山地立地亚区；C—晋北黄土丘陵立地亚区；D—晋北盆地立地亚区；E—恒山山地立地亚区；F—五台山北坡山地立地亚区

图 11-10 晋北森林生态系统区划图

然后分别对 6 个典型区域进行生态空间潜力分析，通过 ArcGIS 的空间分析模块，基于 30 m 土地利用图和 1∶10 000 DEM 图，通过属性选择（selected by attributes）的功能模块，采用空间统计分析、叠加分析和综合分析等相关计算方法，通过划定效益极低的耕地、草地等土地类型进行生态空间潜力计算，同时生成相应未来生态空间发展潜力分析图。

11.2.4.1 晋西北黄土丘陵立地亚区（A）

1）生态面状况分析

本区范围涉及河曲、保德、偏关全部以及除了南部山区的五寨、神池大部分区域。海拔 690～1 600 m，主要地貌类型为宽谷缓坡丘陵和峁状黄土丘陵。最西端是黄河滩地，以及黄河支流两岸形成的宽谷和冲积黄土阶地。该区属于温带半干旱大陆性气候，一年四季分明，春季干旱风多，夏季温度较高，秋季凉爽，冬季寒冷干燥。降雨量年际变化大，年内分布差异悬殊，多集中在每年 6—9 月。多年平均降水量 478.3 mm 左右，蒸发量 1 784.4 mm 左右，年平均气温 4.9℃，年平均风速 2.8 m/s，无霜期平均 110～130 d。土壤类型主要为黄绵土和淡栗褐土、潮土和风沙土。其中，黄绵土主要分布在河曲、保德、偏关 3 县，五寨和神池大面积分布淡栗褐土，风沙土主要分布在偏关和保德黄土梁峁背坡、五寨的胡会、神池的贺职和韩家窊，潮土主要分布在河流滩地、洼地。本区梁峁和谷地被切割得十分破碎，风蚀也比较严重，峁顶常有片状沙地或雏形沙丘。

2）社会面状况分析

截至 2015 年年底，本区总户数 266 007 户，常住人口 625 128 人，土地面积为 576 785.10 hm^2，以大面积耕地和草地为主，占该区域面积的 78.06%，其中耕地面积为 227 796.69 hm^2，占该区 39.49%，草地面积为 222 440.67 hm^2，占该区 38.57%；林地面积为 112 323.42 hm^2，占该区 19.48%，并以人工林为主，占 19.17%，天然林分布极少。居民交通用地 6 391.62 hm^2，占该区 1.11%，其他用地面积约 7 832.70 hm^2，占该区 1.36%。2015 年农作物总播种面积 99 998 hm^2，粮食总产量 306 090 t，地区生产总值 1 923 541 万元，其中第一产业 168 996 万元，第二产业 1 046 691 万元，第三产业 707 853 万元。

3）晋西北黄土丘陵立地亚区生态空间潜力分析

晋西北黄土丘陵立地亚区亟待调整土地利用结构，扩展生态空间，尤其是低效草地的生态化，来优化土地利用景观格局。通过划定出效益极低、利用不合理的耕地和草地以及其他未利用土地（盐碱地和裸地）作为可能的生态发展空间，并计算相应生态空间潜力。见表 11-3，约有 4.17%的耕地，主要是沿河岸、分布较偏远的耕地；17.72%的低效草地，以及 0.13%的未利用土地可为生态发展提供空间。同时，考虑到未来该区经济社会发展需求，少量空间（约 0.86%）发展为居民交通用地、工矿用地和水域，其余大量空间均发展为林地，且以扩大人工林为主，仅有 0.67%为天然林扩大区，未来林业用地面积可达总面积的 40.34%，生态发展空间潜力巨大。其中草地面积减少最多，是主要生态空间潜力来源。

表 11-3　晋西北黄土丘陵立地亚区生态空间潜力分析表

土地利用类型	土地利用现状		空间调整潜力		未来土地利用	
	面积/hm^2	比例/%	调整面积/hm^2	比例/%	面积/hm^2	比例/%
耕地	227 796.69	39.49	−24 066.78	−4.17	203 729.91	35.32
天然林	1 772.96	0.31	2 089.23	0.36	3 862.19	0.67
人工林	110 550.46	19.17	118 252.96	20.50	228 803.42	39.67
草地	222 440.67	38.57	102 179.49	−17.72	120 261.18	20.85
居民交通用地	6 391.62	1.11	2 951.65	0.51	9 343.27	1.62
工矿用地	2 297.52	0.40	2 028.07	0.35	4 325.59	0.75
水域	4 776.66	0.83	1 682.88	0.29	6 459.54	1.12
盐碱地	180.81	0.03	180.81	−0.03	0.00	0.00
裸地	577.71	0.10	577.71	−0.10	0.00	0.00
合计	576 785.10	100.00	0.00	0.00	576 785.10	100.00

注：−表示减少数量。

11.2.4.2　管涔山山地立地亚区（B）

1）生态面状况分析

本区范围包括五寨（孙家坪乡、前所乡、李家坪乡）和神池县（虎北乡、太平庄乡）南部山区。地势起伏悬殊，坡度大，海拔 1 446～2 778 m，主峰为芦芽山，悬崖峭壁随时可见。本区气候条件表现出高山区寒冷湿润，低山河谷温暖干旱。年平均气温 3～10℃，1 月平均气温−8～20℃，7 月平均气温 10～36℃，≥0℃年积温 2 000～3 000℃，≥10℃年积温 1 500～3 500℃。土壤类型随海拔高度和植被类型的不同有较明显的垂直分带性，自下而上可分为山地褐土、山地淋溶褐土、山地棕壤和山地草甸土。

2）社会面状况分析

截至 2015 年年底，本区总户数 9 887 户，常住人口 21 891 人，土地面积为 45 337.70 hm^2，以林地和草地为主，占该区域面积的 81.49%，其中林地面积为 21 479.67 hm^2，占该区 47.38%，且以天然林居多；草地面积为 15 466.32 hm^2，占该区 34.11%；耕地面积为 7 746.77 hm^2，占该区 17.08%。居民交通用地及工矿用地约 528.03 hm^2，占该区 1.16%，其他用地面积约 116.91 hm^2，占该区 0.26%。2015 年农作物总播种面积 7 591.3 hm^2，粮食总产量 24 877.3 t，地区生产总值 37 329.9 万元，其中第一产业 9 165.5 万元，第二产业 4 334.3 万元，第三产业 23 830.1 万元。

3）管涔山山地立地亚区生态空间潜力分析

管涔山山地立地亚区是山西省主要林区，适合大力发展林地，也是晋北地区天然林的主要分布区域，但仍受人为影响较大，未能实现生态空间最大化，需要挖掘生态空间潜力。通过划定出效益极低、利用不合理的草地以及其他未利用土地（盐碱地和裸地）作为可能的生态发展空间，并计算相应生态空间潜力。见表 11-4，约有 0.61%的耕地，主要是在山区中坡度较大、地势较高的耕地；20.08%的低效草地，即除了少量高山草甸的草地，其他多数可转为林地，以及 0.10%的未利用土地在未来可为生态发展提供空间。除了少量空间（约 0.39%）发展为水域，其余大量空间均发展为林地，其中 10.87%的空间为人工林扩大区，9.53%为天然林扩大区。同时，由于该区人口较少，经济发展缓慢，未来居民交通用地和工矿用地几乎不变。未来该区应以发展林业为主，林业用地面积可达总面积的 67.78%。

表 11-4　管涔山山地立地亚区生态空间潜力分析表

土地利用类型	土地利用现状		空间调整潜力		未来土地利用	
	面积/hm^2	比例/%	调整面积/hm^2	比例/%	面积/hm^2	比例/%
耕地	7 746.77	17.08	−279.70	−0.61	7 467.07	16.47
天然林	11 987.81	26.44	4 320.16	9.53	16 307.97	35.97
人工林	9 491.86	20.94	4 928.99	10.87	14 420.85	31.81
草地	15 466.32	34.11	−9 101.90	−20.08	6 364.42	14.04
居民交通用地	218.25	0.48	0.00	0.00	218.25	0.48
工矿用地	309.78	0.68	0.00	0.00	309.78	0.68
水域	70.38	0.16	178.98	0.39	249.36	0.55
盐碱地	15.21	0.03	−15.21	−0.03	0.00	0.00
裸地	31.32	0.07	−31.32	−0.07	0.00	0.00
合计	45 337.70	100.00	0.00	0.00	45 337.70	100.00

注：＋表示增加数量，−表示减少数量。

11.2.4.3　晋北黄土丘陵立地亚区（C）

1）生态面状况分析

本区范围包括大同市城区北部、大同县北部、南郊区矿区西北部，新荣区、左云县、阳高县、天镇县全部，以及朔州市平鲁区、右玉县全部和山阴县西北部。本区紧靠毛乌素沙地南缘，海拔 1 075～1 998 m，以缓坡丘陵为主要地貌类型，局部有海拔较高的土石山地和丘间低地。多年平均气温 3.5～5.5℃，无霜期 100～115 d，≥0℃积温 2 600～2 900℃，≥10℃年积温 2 100～2 400℃，年降雨量 400 mm 左右。水热条件较差，气温低，生长期短，大风日数多，春夏常有旱象发生，霜冻危害大。由于气候干燥，土壤中的砂质成分较多，加上土地利用方式变化频繁，冬、春地表裸露，北风或经地形改变了方向的旋风不断吹走细土从而就地出现沙化土，形成大小不等的沙化岩地或沙丘。沙化现象广泛出现于海拔 1 300 m 左右的地区。本区土壤类型主要有栗褐土、淡栗褐土、潮土、盐化潮土、栗钙土和风沙土。栗钙土主要分布在左云和大同市，右玉土石山地有少量淋溶褐土和草甸土。

2）社会面状况分析

截至 2015 年年底，本区总户数 700 265 户，常住人口 1 802 106 人，土地面积为

1 238 648.89 hm^2，该区以大面积耕地为主，占该区域面积的 43.29%，其次为草地，面积为 385 414.29 hm^2，占该区 31.12%；林地面积为 277 091.73 hm^2，占该区 22.37%，并以人工林为主，占 18.64%，天然林分布较少。居民交通用地 19 164.51 hm^2，占该区 1.55%，其他用地面积约 7 612.56 hm^2，占该区 0.61%。2015 年农作物总播种面积 220 277 hm^2，粮食总产量 665 283 t。2015 年地区生产总值 6 215 967 万元，其中第一产业 383 129 万元，第二产业 3 543 874 万元，第三产业 2 288 963 万元。

3）晋北黄土丘陵立地亚区生态空间潜力分析

晋北黄土丘陵立地亚区干旱缺水，土地沙化严重。通过划定出效益极低、利用不合理的耕地和草地以及其他未利用土地（盐碱地和裸地）作为可能的生态发展空间，并计算相应生态空间潜力。见表 11-5，约有 2.54%的耕地退耕还林，主要是位置离居民区较远、地势相对高、靠近大型工矿用地附近的耕地；13.32%的低效草地，主要是受过度放牧影响，生态效益差的草地，以及 0.36%的未利用土地可为生态发展提供空间。同时，考虑到未来该区经济社会发展需求，少量空间（约 1.13%）发展为居民交通用地、工矿用地和水域，其余大量空间均发展为林地，其中，人工林和天然林均增加较多，但总的来说人工林仍是多数，天然林扩大空间以连接天然林分布区为主。未来林业用地面积可达总面积的 37.46%，生态发展空间潜力巨大。

表 11-5 晋北黄土丘陵立地亚区生态空间潜力分析表

土地利用类型	土地利用现状		空间调整潜力		未来土地利用	
	面积/hm^2	比例/%	调整面积/hm^2	比例/%	面积/hm^2	比例/%
耕地	536 188.36	43.29	−31 505.79	−2.54	504 682.57	40.74
天然林	46 150.02	3.73	66 008.38	5.33	112 158.40	9.05
人工林	230 941.71	18.64	120 961.71	9.77	351 903.42	28.41
草地	385 414.29	31.12	−164 973.38	−13.32	220 440.91	17.80
居民交通用地	19 164.51	1.55	6 193.24	0.50	25 357.75	2.05
工矿用地	13 177.44	1.06	3 715.95	0.30	16 893.39	1.36
水域	3 118.23	0.25	4 094.23	0.33	7 212.46	0.58
盐碱地	634.50	0.05	−634.50	−0.05	0.00	0.00
裸地	3 859.83	0.31	−3 859.83	−0.31	0.00	0.00
合计	1 238 648.89	100.00	0.00	0.00	1 238 648.89	100.00

注：+表示增加数量，−表示减少数量。

11.2.4.4 晋北盆地立地亚区（D）

1）生态面状况分析

本区范围包括大同市主城区、大同县南部、阳高县东南部一小部分（友宰镇、鳌石镇、东小村镇、古城镇、马家皂乡）、朔城区东部怀仁县、应县北部、山阴南部。该区位于恒山—黑驼山—人马山以北的雁北间山盆地，海拔 870～1 100 m，气候温凉干旱，年均温 6～7℃，年均降水量 370～400 mm，无霜期 120～130 d。大风天气较多发生在春季，雨量多集中在 7、8 两月，且多雷雨。盆地内径流少，不少河流只有在降水后有水，雨过很快断流，冬季结冰期间多冻至河底，以致全无径流。大于 8 级的大风天气较多，年平均 20～50 d 不等，多数发生在春季。本区土壤主要是栗钙土、潮土、盐化潮土、盐土。土壤盐碱化程度较重。

2）社会面状况分析

截至 2015 年年底，本区总户数 687 227 户，常住人口 1 863 581 人。该区土地面积为 621 469.98 hm^2，该区以大面积耕地为主，占该区域面积的 62.73%，其次为林地，面积为 117 375.84 hm^2，占该区 18.89%，主要为人工林；草地面积为 38 376.00 hm^2，占该区 6.18%，分布零散。居民交通用地 53 066.61 hm^2，占该区 8.54%，相对面积较大；工矿用地面积约 6 636.15 hm^2，占该区 1.07%；水域面积约 9 219.42　hm^2，占该区 1.48%；其他用地面积（盐碱地和裸地）约 6 975.27 hm^2，占该区 1.03%。2015 年农作物总播种面积 192 628 hm^2，粮食总产量 863 017 t。2015 年地区生产总值 6 389 888 万元，其中第一产业 426 893 万元，第二产业 2 460 978 万元，第三产业 3 502 017 万元。

3）晋北盆地立地亚区生态空间潜力分析

晋北盆地立地亚区是居民点主要集中的区域，水系丰富。因此，生态空间的扩大主要是沿着主河道两岸以及区域边缘的山地地区。通过划定出位置偏远的边缘山地中的效益较低的耕地，桑干河两岸利用不合理的耕地，部分退化草地以及其他未利用土地（盐碱地和裸地）作为可能的生态发展空间，并计算相应生态空间潜力。见表 11-6，约有 9.12%的耕地退耕还林，4.18%的低效草地，以及 1.13%的未利用土地可为生态发展提供空间。这些空间的大部分将发展为林地，其中，人工林增加较多，而天然林较少，未来林业用地面积可达总面积的 30.06%。同时，未来该区经济社会发展需求较大，约 3.25%的空间将发展为居民交通用地、工矿用地和水域。

表 11-6　晋北盆地立地亚区生态空间潜力分析表

土地利用类型	土地利用现状		空间调整潜力		未来土地利用	
	面积/hm^2	比例/%	调整面积/hm^2	比例/%	面积/hm^2	比例/%
耕地	389 820.69	62.73	−56 660.45	−9.12	333 160.24	53.61
天然林	11 237.16	1.81	13 286.87	2.14	24 524.03	3.95
人工林	106 138.68	17.08	56 146.98	9.03	162 285.66	26.11
草地	38 376.00	6.18	−25 997.12	−4.18	12 378.88	1.99
居民交通用地	53 066.61	8.54	14 659.53	2.36	67 726.14	10.90
工矿用地	6 636.15	1.07	1 445.23	0.23	8 081.38	1.30
水域	9 219.42	1.48	4 094.23	0.66	13 313.65	2.14

土地利用类型	土地利用现状		空间调整潜力		未来土地利用	
	面积/hm^2	比例/%	调整面积/hm^2	比例/%	面积/hm^2	比例/%
盐碱地	5 314.95	0.86	−5 314.95	−0.86	0.00	0.00
裸地	1 660.32	0.27	−1 660.32	−0.27	0.00	0.00
合计	621 469.98	100.00	0.00	0.00	621 469.98	100.00

注：＋表示增加数量，−表示减少数量。

11.2.4.5 恒山山地立地亚区（E）

1）生态面状况分析

本区范围包括代县北部、应县南部以及浑源县大部分。该区以土石山地貌为主，海拔 1 070～2 418 m。年平均气温 7～9℃，最冷月平均气温−10～12℃，最热月平均气温 22.5℃左右，≥0℃积温 2 000～3 400℃，≥10℃年积温 2 800～3 100℃，无霜期 120～159 d，年降水量 400～470 mm。土壤类型主要为栗钙土，局部有山地草甸土、亚高山草甸土、粗骨土。

2）社会面状况分析

截至 2015 年年底，本区总户数 19 834 户，常住人口 508 914 人，该区土地面积为 318 804.39 hm^2，该区以大面积草地为主，占该区域面积的 48.65%，林地面积为 110 751.03 hm^2，占该区 34.74%，人工林与天然林面积相当；耕地面积为 48 513.51 hm^2，占该区 15.22%，主要在浑源县。居民交通用地及工矿用地面积 2 724.21 hm^2，占该区 0.86%；水域及其他用地面积（盐碱地和裸地）约 1 716.75 hm^2，占该区 0.54%。2015 年农作物总播种面积 56 954 hm^2，粮食总产量 251 279 t。2015 年地区生产总值 677 063 万元，其中第一产业 147 172 万元，第二产业 225 805 万元，第三产业 304 087 万元。

3）恒山山地立地亚区生态空间潜力分析

恒山山地立地亚区生态空间的扩大主要是退草还林。通过划定出分布较分散的山区耕地，大面积低效草地以及其他未利用土地（盐碱地和裸地）作为可能的生态发展空间，并计算相应生态空间潜力。见表 11-7，约有 0.91%的耕地退耕还林，30.71%的低效草地以及 0.54%的未利用土地可为生态发展提供空间。而由于该区人口少，社会经济发展缓慢，居民交通用地和工矿用地几乎不变。未来林业用地面积可达总面积的 66.46%，且同时扩大天然林和人工林面积。

表 11-7 恒山山地立地亚区生态空间潜力分析表

土地利用类型	土地利用现状		空间调整潜力		未来土地利用	
	面积/hm^2	比例/%	调整面积/hm^2	比例/%	面积/hm^2	比例/%
耕地	48 513.51	15.22	−2 897.86	−0.91	45 615.65	14.31
天然林	55 871.44	17.53	42 937.24	13.47	98 808.68	30.99
人工林	54 879.59	17.21	58 212.98	18.26	113 092.56	35.47

土地利用类型	土地利用现状		空间调整潜力		未来土地利用	
	面积/hm²	比例/%	调整面积/hm²	比例/%	面积/hm²	比例/%
草地	155 098.89	48.65	−97 905.18	−30.71	57 193.71	17.94
居民交通用地	2 600.19	0.82	0.00	0.00	2 600.19	0.82
工矿用地	124.02	0.04	0.00	0.00	124.02	0.04
水域	0.00	0.00	1 369.57	0.43	1 369.57	0.43
盐碱地	307.89	0.10	−307.89	−0.10	0.00	0.00
裸地	1 408.86	0.44	−1 408.86	−0.44	0.00	0.00
合计	318 804.39	100.00	0.00	0.00	318 804.39	100.00

注：＋表示增加数量，−表示减少数量。

11.2.4.6　五台山北坡山地立地亚区（F）

1）生态面状况分析

本区范围包括代县大部分区域和繁峙县全部，包括五台山中高山及周围低山、丘陵及间山盆地，海拔 699～3 059 m，植被垂直分布比较明显。气温从山脚到山顶逐渐降低，但降水量渐增，年平均气温从 7℃可降到−4℃，降水量一般只有 400 mm，而山顶可达 900 mm 左右。≥0℃积温大部分地区 2 000～3 400℃，五台山顶只有 677℃。山间盆地和河谷为 3 100～3 400℃，≥10℃积温大部分地区为 1 500～2 900℃。无霜期大部分为 75～130 d，五台山顶只有 11 d 左右。土壤类型随着海拔的升高有山地褐土、棕壤、山地草甸土、亚高山草甸土和中性粗骨土。

2）社会面状况分析

截至 2015 年年底，本区总户数 185 936 户，常住人口 439 027 人，该区土地面积为 373 592.25 hm^2，该区草地和耕地分布较多，占该区域面积的 69.04%，其中草地面积 143 867.16 hm^2，占该区 38.51%，耕地面积 114 045.66 hm^2，占该区 30.53%；林地面积为 99 364.23 hm^2，占该区 26.59%，人工林与天然林面积相当；居民交通用地面积为 9 503.37 hm^2，占该区 2.54%；工矿用地面积 4 607.28 hm^2，占该区 1.23%；水域及其他用地面积（盐碱地和裸地）约 2 204.55 hm^2，占该区 0.59%。2015 年农作物总播种面积 52 581 hm^2，粮食总产量 124 264 t。2015 年地区生产总值 894 890 万元，其中第一产业 67 277 万元，第二产业 519 921 万元，第三产业 307 692 万元。

3）五台山北坡山地立地亚区生态空间潜力分析

五台山北坡山地立地亚区生态空间的扩大主要是区域南北两侧海拔较高的山区。通过划定出位置偏远的边缘效益较低的耕地，以及大部分退化草地，除了区域南部森林线以上山顶部分布的亚高山草甸和高山草甸，以及其他未利用土地（盐碱地和裸地）作为可能的生态发展空间，并计算相应生态空间潜力。见表 11-8，约有 0.56%的耕地退耕还林，26.26%的低效草地以及 0.37%的未利用土地可为生态发展提供空间。这些空间的大部分将发展为林地，其中，人工林增加较多，而天然林较少，未来林业用地面积可达总面积的52.57%。同时，为满足未来该区经济社会发展需求，约1.22%的空间将发展为居民交通用地、工矿用地和水域。

表 11-8　五台山北坡山地立地亚区生态空间潜力分析表

土地利用类型	土地利用现状		空间调整潜力		未来土地利用	
	面积/hm^2	比例/%	调整面积/hm^2	比例/%	面积/hm^2	比例/%
耕地	114 045.66	30.53	−2 108.32	−0.56	111 937.34	29.96
天然林	54 327.91	14.54	23 821.97	6.38	78 149.88	20.92
人工林	45 036.32	12.05	73 222.08	19.60	118 258.40	31.65
草地	143 867.16	38.51	−98 119.12	−26.26	45 748.04	12.25
居民交通用地	9 503.37	2.54	1 419.65	0.38	10 923.02	2.92
工矿用地	4 607.28	1.23	747.18	0.20	5 354.46	1.43
水域	815.67	0.22	2 405.43	0.64	3 221.10	0.86
盐碱地	15.57	0.00	−15.57	0.00	0.00	0.00
裸地	1 373.31	0.37	−1 373.31	−0.37	0.00	0.00
合计	373 592.25	100.00	0.00	0.00	373 592.25	100.00

注：＋表示增加数量，−表示减少数量。

11.2.4.7　晋北地区生态空间发展潜力分析

综合6个区的现状与潜力分析结果，汇总见表11-9，并生成晋北地区未来生态空间发展潜力分析图，见图11-11。我们从全区来看，通过潜力空间计算可知，该区未来的耕地面积约减少3.69%，林地面积扩大18.39%，占全区41.66%，其中天然林可比现状增加5%，人工林的所占面积将增加13%，草地大幅减少一半约15.69%，居民交通用地、工矿用地及水域适当增加，其他用地全部恢复为有林地。

表 11-9　晋北地区土地利用现状与规划表

类型	现状面积/hm^2	比例/%	规划面积/hm^2	比例/%
耕地	1 323 913.59	41.70	1 206 592.79	38.01
天然林	176 377.11	5.56	333 806.58	10.51
人工林	562 107.18	17.71	988 770.43	31.15
草地	960 767.01	30.26	462 387.14	14.57
居民交通用地	90 943.38	2.87	116 167.70	3.66
工矿用地	27 149.76	0.86	35 088.06	1.11
水域	18 000.09	0.57	31 825.61	1.00
盐碱地	6 469.65	0.20	0.00	0.00
裸地	8 910.54	0.28	0.00	0.00
合计	3 174 638.31	100.00	3 174 638.31	100.00

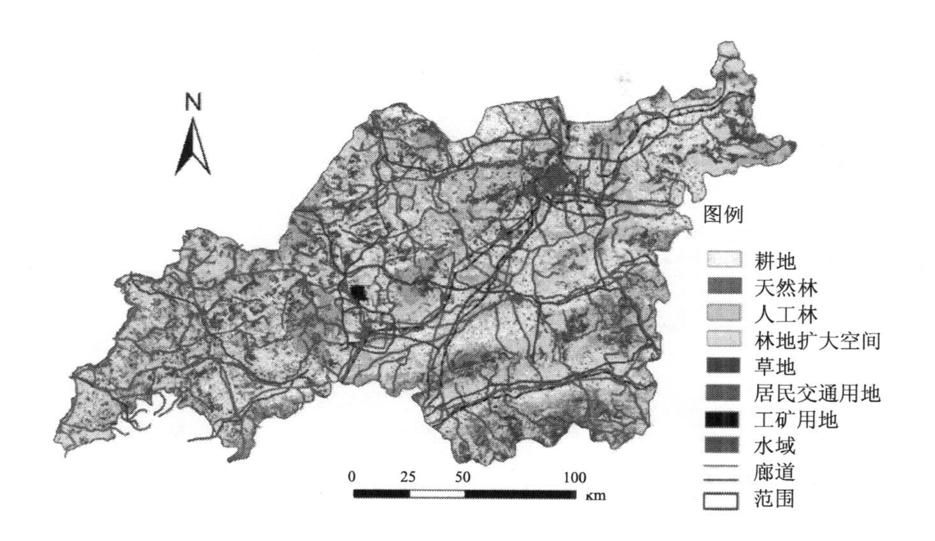

图 11-11　晋北地区未来生态空间发展潜力分析图

第 12 章

晋北森林生态系统适应性管理策略

适应性管理十分强调学习，其应对不确定性的一个重要方法是边干边学，即“从实践中学习，以学习指导实践”，是螺旋式推进环境系统健康持续发展的过程。适应性管理使用一套简单的步骤来评估问题，需要注意的是适应性管理的关键在于它是一个持续的和反复的过程，当经过前面的步骤，学习不只是通过一次循环，相反，需要循环一遍又一遍，不断使用结果来调整过程，使之适应和再学习，并将规划、分析和管理整合到一个透明的过程中，该过程提供了侧重于实现该计划基本目标的路线图，将有效提高规划适应性。

晋北要扭转千百年来人类破坏的生态恶果，绝非一朝一夕可以达成的。由于我们对驱使资源动态变化的生物和生态关系结构的认识不足，存在着社会、经济等众多变化和不确定性因素，生态建设过程漫长引起的管理复杂性和不确定性，因此不可能存在几百年一以贯之的生态管理策略，现实社会、经济和生态三大系统的“负和”博弈更是晋北森林生态系统恢复管理要解决的现实困局，这也必然是一个近百年甚至上百年的事业，并且需要分不同阶段、不同空间来发挥生态空间发展潜力的最大化。因此，这里依据适应性管理循环过程，从森林生态系统的适应性管理阶段、框架、目标和步骤几方面，分析晋北森林生态系统恢复期将要采取的管理策略。

12.1 森林生态系统发展阶段分析

本书根据森林资源的消长状况，基于历史和现实的自然、经济和社会禀赋，依据森林生态学原理，以未来为导向，认为晋北森林生态系统恢复阶段可分为 3 个阶段——森林初步恢复阶段、森林生态系统恢复阶段、森林生态系统稳定发展阶段。每个阶段的过程都包含适应性管理的 7 个步骤，不断循环重复连接三个阶段，以达到学习和适应的目的（见图 12-1）。

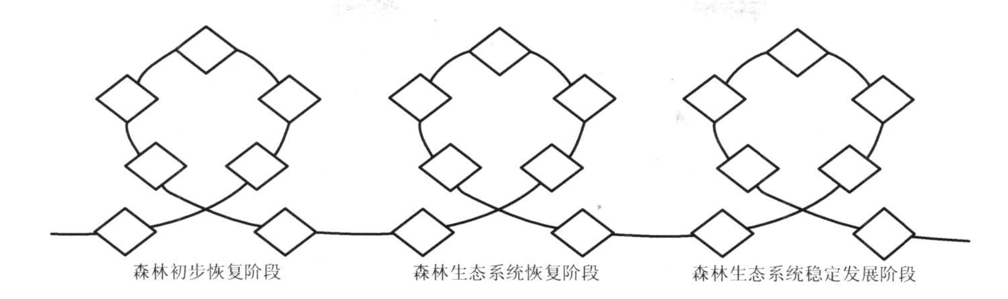

图 12-1　适应性管理下的晋北森林生态系统恢复阶段与过程

12.1.1　森林初步恢复阶段

12.1.1.1　主要特征

这一阶段主要是指自 1949 年以来的 60 多年期间。由于 1949 年之前很长一段时期人类大量毁林开荒、乱砍滥伐，造成森林资源严重破坏，森林覆盖率低于 1%，致使生态环境问题突出，自然灾害频繁。因此，这一时期晋北地区在“以绿为主、以活为主”的总体思想指导下，大力植树造林，先后推进天然林保护、退耕还林、京津风沙源治理、“三北”防护林、太行山绿化等国家林业重点工程。全方位启动实施通道绿化、村庄绿化、通道沿线荒山绿化、环城绿化、厂矿区绿化、城市绿化等省级六大造林绿化工程，基本建成高速公路和一级、二级国省道防护林带。据对晋北植被变化监测研究，经历了一大批生态建设工程后，森林覆盖率大幅提高，林地面积大幅提升，已达到 20%以上，尤其是人工林发展迅速，同时建成县级城郊森林公园 80 多处，城市绿地覆盖率达到 37.25%。此外，该区沙化土地及有明显沙化趋势土地的面积都有所减少，有效改善了晋北地区的生态环境，植被增加，农用地、草地减少，生态环境向好；绿化的同时增加农民收入，恢复当地人对生态建设的信心，为之后的林业发展打下基础。

12.1.1.2　存在的问题

这一时期，人口剧增、环境污染、生态破坏、资源过度消耗等问题得到重视，生态环境有了改观，森林实现初步恢复，从早期生产木材为主向生态建设转变，但受传统林业经营思想的影响，仍更多注重经济效益，忽略对森林生态系统的建立，使其生态效益仍未达到地力所应有的理想目标，与该区过去的森林景象相比还有不少差距。其中主要存在的不足之处和问题如下。

（1）生态方面：人工森林生态系统质量低劣；天然森林生态系统分布少，受干扰严重；农田生态系统生态效益低下；草地生态系统退化严重，生态服务价值不高；水域生态系统受影响较大，水生态持续退化；盐碱地、裸地等土地利用类型不断增加。

（2）社会方面：林业长期以来作为国民经济的一个部门；农业规模简单扩大，生态效益低下；畜牧业无序发展，生态压力加剧；工矿用地无序开发，环境退化严重；社会治理系统不完善；公众参与程度不高等。

12.1.2 森林生态系统恢复阶段

1949 年以来的这几十年晋北地区的生态环境初步得到了恢复，主要表现在植被覆盖率的明显增加。然而确切地说，植被恢复还不能等同于生态系统恢复，后者则是生态系统组成、结构、过程和功能向健康状态演变的过程。健康的生态系统能够通过其结构、功能、多样性及其内部动力为人们提供生态服务。因此，晋北地区当前以及今后一段长时期内，应当进入森林生态系统恢复阶段，形成森林生态系统网络体系。

森林生态系统恢复阶段是指从现在到未来 50～80 年的一个时期。这一阶段按照“人与自然和谐相处”的指导思想，发展生态产业和生态基础设施并重，建立以森林生态系统为基础的社会—经济—生态复合系统，是该区域生态可持续发展的关键。应从社会—生态系统出发，通过原有天然林保护、现有低效人工林提质、农田和草地生态化和绿色廊道建设，以及协调农业、林业、牧业发展，加强完善治理系统，促进社会协同和公众参与等措施，最终使森林生态系统得到有效保护和管理，明显提高人工林质量，进一步扩大天然林面积。

到时全区的有林地所占面积将超过 40%，其中：①晋北盆地区域的有林地所占面积将超过 30%；②晋西北黄土丘陵区的有林地所占面积将达到 40%；③晋北黄土丘陵区的有林地所占面积将达到 40%；④管涔山和恒山山地区域的有林地所占面积将超过 60%；⑤五台山北坡山地区域有林地所占面积也将超过 50%；⑥天然林与人工林占比为 1∶3。

实现该区最大生态空间潜力，促进森林生态系统网络体系的形成，改善和维护生态环境。

12.1.3 森林生态系统稳定发展阶段

这一阶段是指通过对前两个阶段的学习与适应，在经过森林生态系统恢复阶段的百年之后，晋北地区将步入生态系统稳定发展期。该时期的森林生态系统结构复杂化和功能完善化，能正常发挥其生态功能、维持系统内生物多样性，结构稳定，生物多样性得到保护，水土流失、沙化等现象最大限度地减少，实现社会生态系统可持续发展。只要通过继续进行有效的适应性管理，社会生态系统将得到平衡发展。

12.2 森林生态系统分析框架

12.2.1 社会—生态系统框架

通过阶段分析可知，今后很长一段时间晋北地区将进入森林生态系统恢复阶段，这一阶段是决定该地区生态环境是否能实现可持续发展的关键时期。森林生态系统提供的不只是木材，还有众多有形或无形的生态服务功能。因而，森林生态系统的恢复不仅仅是一个生态问题，更是一个社会问题。未来的森林生态系统恢复必须从系统中的“生态面”和“社会面”因素及其相互作用有效结合起来解决问题，“社会—生态”耦合，是指人类行动和生态结构是紧密地联系在一起且相互依赖的，形成了相互耦合、多维互动的社会—生态系统（Social-Ecological Systems，SES）。相比已有的简单理论模型，一个框架则可以帮助对因素的组织，有助于剖析复杂性，用于解决复杂的问题。

进入 21 世纪以来，奥斯特罗姆从复杂性的角度通过理论和实证研究提出社会—生态系统分析框架（SESs），帮助确定研究单一焦点 SES 的相关变量，也提供一套通用的潜在相关变量，为自然资源的分析提供了明确思路。

社会—生态系统的一般性框架，见图 12-2，社会—生态系统存在于一定的社会—经济—政治（S）以及相关联的生态系统（ECO）背景中，核心子系统即社会—生态系统中的最高层级（第一层）要素包括：资源系统（RS）、资源单位（RU）、治理系统（GS）和资源参与者（A）及其相互作用（I）和结果（O），且每个核心子系统都可以是一个或多个，并由多个第二层以及更低级别的要素所构成。

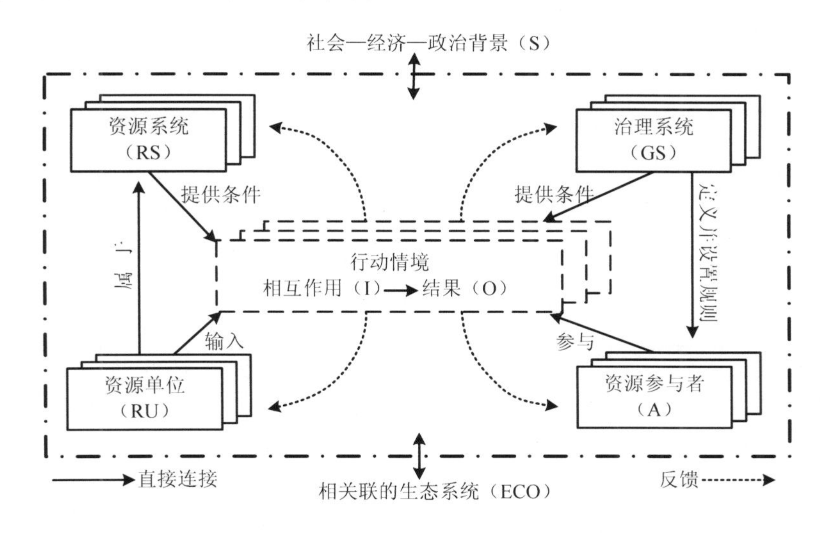

图 12-2 晋北森林社会—生态系统分析框架图

如图 12-2 所示，行动情境位于分析框架的核心位置，是指当前社会—生态系统所发生的平台，包括所处区域、阶段等，框架的其他组成部分的动态过程通过行动情境间接实现。资源系统是指全球或某特定区域的各类资源，如某保护区中包括森林、野生动物和水系统等。资源单位属于资源系统，资源参与者通过直接或间接使用和占用森林资源系统提供的产品和服务，如公园里的树木、灌木和植物、野生动物的种类、数量和水流等。治理系统是指服务于资源治理的政府机构或非政府组织，相关的制度、法律、规则等，如管理公园的管理机构和其他组织、与公园使用有关的具体规则，以及这些规则是如何制定的。资源参与者是指广泛的资源使用个体或群体，包括直接使用者、间接使用者和一般公众等，如为生计、娱乐或商业目的而以不同方式使用公园的个人。

12.2.2 基于社会—生态系统的晋北适应性管理框架分析

社会—生态系统分析框架既适用于自然资源的分析（如渔业和林业资源），又适用于一般性公共事务（如农民专业合作社和社区公共安全）的治理研究。因此，基于奥斯特罗姆的社会—生态系统分析框架，本书详细给出了晋北森林生态系统分析框架，全面分析晋北森林生态系统适应性管理框架中资源系统、社会治理系统、资源参与者以及之间的作用机制。

12.2.2.1 社会—经济—政治背景

在框架中分析区域所在的社会—经济—政治背景是第一步，目前晋北地区正处于森林生态系统恢复阶段，也就是 2015 年至未来的 50～80 年。在前一阶段，随着人口增长和经济的突飞猛进，工业农业生产条件不断提高，发展迅速，环境与资源也得到了重视和大力发展，相比 1949 年之前已经取得了很大的成果，森林得到初步恢复，但仍存在和遗留很多问题。

这正是目前晋北所要面临的背景，主要表现为：以农业为主，工业基础薄弱；林业一直作为一种产业，林地的生态功能尚未完全发展，森林生态系统未建立起来；农业规模简单扩大，农田生态效益低下；畜牧业发展粗放，林牧矛盾突出；工矿业无序开发，环境退化严重；自上而下的社会治理系统不完善；公众参与的程度不高等。

12.2.2.2 相关联的生态系统

本书认为晋北森林生态系统的相关联系统主要包括两部分，分别是：

外部相关联生态系统是指该区域处于中国北方农牧交错带南侧的大生态环境背景中。中国北方农牧交错带是我国中、东部重要的生态屏障，近几年，由于不合理的土地利用，导致水土流失加剧、土壤退化和生物多样性减少，农田和草地退化、农牧矛盾等问题也日益突出，晋北地区是北方农牧交错带南侧偏农区的典型区域，目前面临放牧和资源过度开发等生态压力，生态恢复与建设成为该地区可持续发展的核心。

内部相关联生态系统主要是指晋北范围内除森林资源系统以外的河流资源系统、农田资源系统、人居环境资源系统。虽然森林资源作为一个完整的系统，但与河流、农田、人居环境已经形成密不可分的关系，河流、农田、人居环境的变化都会对森林资源系统产生影响。晋北地区的河流受人类活动影响，河道硬化、河岸湿地缩小等造成原有的河岸森林资源的减少；人口密集区域大规模的农田面积扩大，农村、城镇和道路建设占用大量绿地，减少了森林覆盖。相关联生态系统的变化已经对晋北森林生态系统产生不利影响。

12.2.2.3　核心子系统

1）资源系统

从森林生态系统的角度，所包含的资源系统不只有人工林资源系统和天然林资源系统，森林生态系统与河流资源系统、农田资源系统和人居环境系统虽然各自属于单独的资源系统，但它们之间相互交错叠加，形成与森林生态系统相关联的河岸森林资源系统、农林复合资源系统、人居斑块与廊道资源系统。因此，晋北森林生态系统主要包含的资源系统有人工林资源系统和天然林资源系统，以及相关联的河岸森林资源系统、农林复合资源系统、人居斑块与廊道资源系统。

2）治理系统

晋北地区森林生态系统的治理系统是基于“政府主导，社会协同，公众参与”的治理模式形成的。随着国家政府对可持续发展政策的确立和生态文明建设的提出，森林资源治理已经从群众造林、工程造林进入大规模生态系统建设局面，具体的社会治理状况已经在本书 10.2 节详细阐述，森林资源政策进一步完善，行动规则指南进一步明确，逐渐向实现生态系统服务功能靠近。在社会协同方面，晋北已经有一些相关行动，如神池县率先成立“生态办”，在生态建设过程中有效减少农林牧部门的冲突。但全区仍未充分发挥社会协同的作用，基层公众参与的积极性也不高，还没有充分实现政府主导、社会协同、公众参与的治理系统。

3）资源参与者

晋北森林资源系统的资源参与者主要涉及以下一些方面，他们之间的具体关系作用，本书 10.3 节已经详细阐述。

（1）国务院、国家林业和草原局；省政府、省林业厅；市政府、市林业局；县政府、县林业局、县其他政府部门（包括发改、国土、城建、交通、农业、环保、水利等），以及县辖乡（镇）政府及其官员；

（2）环保组织、大众媒体等社会组织，还有特殊专门成立的社会协同部门，如晋北神池县为减少生态系统管理过程中的部门冲突成立的生态办；

（3）市场取向的参与者，包括私人部门、开发商、与环境有关的企业以及其他受森林生态系统规划结果影响（正面或负面）的人或人群；政府聘用的规划师（团队）以及各级政府评审规划结果时聘用的评审专家等；

（4）当地市民、农民、邻里、干部官员等直接相关的个人和间接参与的一般公众。

4）资源单位

从社会生态系统角度来看，在晋北人们从森林资源系统中获取的资源单位主要有：

（1）林木产品：大面积天然林、人工林提供大量木材产品；

（2）林副产品：水果、药材等；

（3）森林游憩：一些自然保护区、森林公园等为人们提供娱乐游憩的场所；

（4）固碳制氧：森林以各种形式储存二氧化碳，同时植物通过光合作用释放氧气，维持人类社会以及全球大气平衡，缓和温室效应；

（5）维持生物多样性：为各类生物提供繁衍生息的场所，为生物多样性的产生与形成提供条件；

（6）调节水文，涵养水源：主要表现为截留降水、涵蓄土壤水分、补充地下水、抑制蒸发、调节河川流量、缓和地表径流、改善水质和调节水温变化等；

（7）土壤保持：防止风力和水力侵蚀，在晋北尤其起到防沙治沙的作用，维持土壤肥力；

（8）净化环境：能吸附、黏着一部分粉尘，降低大气中的含尘量，还能吸收有毒气体、灭菌和降低噪声。

12.2.2.4 行动情境：相互作用和结果

在广阔的社会—政治—经济背景（S）和相关联的生态系统（ECO）下，在森林初步恢复阶段的晋北地区，资源参与者（A）从资源系统（RS）中获取资源单位（RU），并根据具有支配性的治理系统（GS）所规定的规则和程序来维持森林资源系统的持续运转。在提取资源并维持系统的过程中，社会系统与生态系统进行了持续的互动（I），并已经产生了一些社会绩效和生态绩效结果（O）：持续的相互作用还会不断产生新的结果，这些结果将反过来不同程度地影响核心子系统以及其低层次要素。

（1）社会绩效结果：从森林功能来看，取得了很大经济效益，森林资源政策有了积极的变化，进入了可持续发展政策指导下的生态文明建设时代，但森林管理政策缺少弹性，尚未兼顾社会—生态耦合的生态系统发展。

（2）生态绩效结果：从面积来看，森林有了初步恢复，但质量不高，生态效益发挥有限。

12.2.3 晋北森林生态系统框架二级要素分析

前面说明了社会生态系统分析框架的一级核心系统，对于不同特定问题的研究，不同SES的类型，以及不同空间和时间尺度，社会生态系统框架可进一步发展二级要素以及更低层次要素。见表12-1，列出了每个核心子系统的二级要素，下面通过举例解释说明部分二级要素。

表 12-1 晋北森林生态系统分析框架的二级要素

社会—经济—政治背景（S） S1-经济发展 S2-人口趋势 S3-政治稳定 S4-其他治理系统 S5-市场 S6-媒体组织 S7-技术			
资源系统（RS）	治理系统（GS）	资源单位（RU）	资源参与者（A）
RS1-资源类型（如水、森林、草地、鱼）	GS1-政府机构	RU1-资源单位的流动性	A1-参与者数量
RS2-清晰的系统边界	GS2-非政府组织	RU2-增长与更新率	A2-参与者的社会经济属性
RS3-资源系统的大小	GS3-网络结构	RU3-资源单位间的相互作用	A3-历史或过去的经验
RS4-人类的构筑设施	GS4-产权系统	RU4-经济价值	A4-位置
RS5-系统的生产力	GS5-操作选择规则	RU5-单位数量	A5-领导力/企业家精神
RS6-平衡性	GS6-集体选择规则	RU6-不同的特征	A6-规范（信任互惠）/社会资本
RS7-系统动力学的预测性	GS7-制度选择规则	RU7-时空分布	A7-SES 方面的知识/思维模式
RS8-存储特征	GS8-监督和约束规则		A8-资源的重要性（依赖性）
RS9-位置			A9-使用的技术
互动（I）		结果（O）	
I1-收获	I6-游说活动	O1-社会绩效措施（如效率、公平、责任和可持续性）	
I2-信息共享	I7-自组织活动	O2-生态绩效措施（如过度采伐、恢复力、生物多样性、可持续性）	
I3-审议过程	I8-网络活动		
I4-冲突	I9-监测活动	O3-对其他社会生态系统的外在效应	
I5-投资活动	I10-评价活动		
相关联的生态系统（ECO） ECO1-气候格局 ECO2-污染格局 ECO3-焦点社会生态系统的输入流与输出流			

12.2.3.1 资源系统的二级要素

资源系统的二级要素包括资源系统的类型、大小、清晰的系统边界、人类的构筑设施、系统的生产力等，如资源系统的大小变量（RS3）：适度的资源系统大小最有利于系统的管理和发展，因为非常大的领土在定义边界、监测和获取相关信息方面的成本很大，非常小的系统则产生的价值较小，均不利于系统的发展和管理。系统的生产力（RS5）：如果一个资源系统表现得明显已耗尽或者非常丰富，参与者则不会意识到这个系统需要管理，因此，系统的生产力对各部门的自组织有曲线效应。系统动力学的预测性（RS7）：是指资源系统的动态变化需要足够可预测性，参与者可根据可预测性建立特定的规则等，如森林往往比水系更可预测。

12.2.3.2 资源单位的二级要素

资源单位的二级要素包括资源单位的流动性、增长和更新率、资源单位间的相互作用等，如资源单位的流动性（RU1）：由于资源单位的流动性不同，如河流中的野生动物或水的流动性较大，而树木或者植物以及湖泊中的水则流动性较小，在观察和管理时，移动的资源单位成本高于固定的资源单位。

12.2.3.3 治理系统的二级要素

治理系统的二级要素主要有政府机构、非政府组织、网络结构等，如集体选择规则（GS6）：是指一些参与者群体在集体选择层面具有完全自主权来制定和执行自己的一些规则，如墨西哥的渔民和尼泊尔的森林使用者群体，他们通过自己定的规则来捍卫资源，防止他人入侵。

12.2.3.4 资源参与者的二级要素

资源参与者的二级要素包括参与者的数量、社会经济属性、其历史或过去使用的经验等，如参与者的数量（A1）：对于一些管理参与者数量越多则需要花费更多的成本来把参与者组织起来并达成一致，对管理的影响往往是负的，但是如果管理资源的任务本身比较复杂，如监测印度广泛的森林，如果有较多的参与者和更大的参与者群体就更能够动员必要的劳动力和其他资源，进而使管理有效进行。规范/社会资本（A6）：所有类型的资源系统的参与者，他们共享关于如何组织行为的道德和道德标准，从而互惠准则，并相互信任以保持协议，将形成更低成本的监督效果等。

12.2.3.5 互动与结果的二级要素

各系统在信息共享、监测活动、评价活动等持续的相互作用后，产生的结果包括社会绩效措施和生态绩效措施以及与其他社会生态系统外在效应等。

12.3 适应性管理目标制定

12.3.1 制定目标的原则

12.3.1.1 生态学原则

保护生物多样性、保护自然资源、资源的重复利用等生态原则贯穿于所有目标的制定过程，符合生态学原则的目标制定强调人与自然的协调和永续发展，制定目标的首要出发点是实现生态的良好发展，提高生态系统服务功能。在制定过程中注重目标的经济性、全面性与高效性，不能片面地追求实现某种功能或者效益，保证以最少的投入来恢复森林生态系统，满足人类发展需求。

12.3.1.2 适应性原则

生态系统作为一个复杂系统不断运转和变化着，因此，所有的目标也不是一成不变的，而应该根据一定时期的监督和管理成果进行经验学习，通过反馈发现存在的问题，及时调整目标，减少目标与实际发展的冲突性，使之不断完善，可适应生态系统的不同阶段、不同层次的发展要求。

12.3.1.3 社会生态系统原则

森林生态系统的恢复最终目标是建立社会—经济—生态复合生态系统，因此，目标的制定首先要落实到社会—生态系统分析框架上，在广泛的社会、经济、政治背景中，协调社会系统与生态系统的关系，处理好组成他们的不同子系统和要素之间的关系，依此提出符合社会—生态系统发展的可持续发展目标。

12.3.1.4 长期性原则

森林生态系统的恢复是一个长期的任务，这决定了目标的实现往往需要经过较长的过程，必须从发展的角度出发，遵循客观事物发展的规律性，科学地预测生态系统未来的发展方向，把握区域森林生态系统的时空变化和发展进程。

12.3.2 具体目标分析

基于社会—生态系统框架，结合生态空间潜力分析，提出符合社会—生态系统发展的可持续发展目标，包括 1 个核心目标和 8 个子目标，如图 12-3 所示。

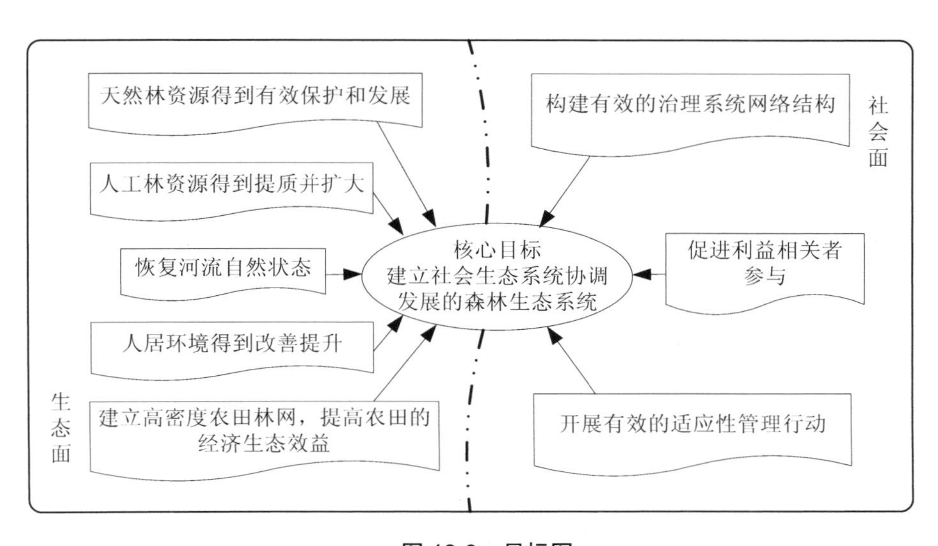

图 12-3 目标图

12.3.2.1 生态面的目标

1）天然林资源得到有效保护和发展

今后天然林资源的保护与发展主要是指对现有残存的一些已形成森林生态系统、生态功能基本发挥良好的天然次生林景观，应持续保持其森林特征，加强保护。此外，在天然次生林或残留天然林周边，将人工树木与天然树木的混交林，即“人天混交林”逐步扩大，在有条件的地方连片，使周边区域转变为天然林发展区。晋北地区的管涔山山地立地亚区、恒山山地立地亚区和五台山山地北坡立地亚区都可以为天然林扩展提供足够空间，以及其余三个本身天然林分布较少的区域也可在其原有分布区周围适当增加。全区未来天然林所占面积约10%，相比目前扩大1倍。

2）人工林资源得到提质并扩大

今后人工林资源的提质主要是实现人工林天然林化，尤其是对于现有人工纯林低效林成果，需在林内引入原生乡土树种，增加种质资源，建立多物种混交大型斑块和小型斑块。同时，继续实施植树造林工程，做到森林发展空间内的区域局部地带性禁牧，扩大人工林面积。人工林的发展在晋北各区均有较大的扩大空间，其中以晋西北黄土丘陵立地亚区可发展空间最大。全区未来人工林所占面积约31%，比目前增加14%左右。

3）建立高密度农田林网，提高农田的经济生态效益

具有经济生态效益的农田是指提高农田综合产出的同时提升农田生态效益。主要通过发展“一村一品”、经济林经营以及牧草种植，发展复合生态产业，实现畜牧舍饲化和农业特色发展，形成农林复合经营系统。同时，对于以耕地基质为主的区域，通过建立相比现在密度更高的小网格农田林网，进一步发展农田林网，使其发挥良好的生态廊道功能，还能起到防护基质内作物的作用。

4）恢复河流自然状态

河流不是线性、封闭的简单系统，而是一个复杂、开放的生态系统。近几十年来河流渠化导致的生态灾难已成共识。今后应该引入河流近自然治理理念和模式，如基于现有沿河土地利用现状下，实施以生态为基础，以安全为原则的各种以恢复河流生态措施的系统工程，包括泛滥平原分洪网模式、河道深潭—奔流—浅滩模式、生态护岸护坡模式等。同时，建立河流全流域适应性管理体系，注重评估各级河流的生态破坏程度，将河流治理纳入土地利用、城乡规划和区域发展规划中。恢复人类大规模开发改造河流之前的较为自然的状态，遵循河流自身规律，促使恢复其生态完整性并实现可持续发展。

5）人居环境得到改善提升

人居环境即村庄、城市、道路密集的区域，通过绿地建设和沿公路、铁路等绿色生态廊道的建设，作为联系各类斑块的纽带，改善人居环境。未来生态廊道的建设应考虑生物多样性的保护，根据土地利用条件保证生物多样性通道的宽度，建立生物迁徙走廊，形成

生物多样性保护网络，保证斑块连通性的同时消除景观破碎化对生物多样性的影响，加强各孤立斑块之间、斑块与种源之间的联系，将有利于物种的空间运动以及本来孤立的斑块内物种的生存和延续。

12.3.2.2　社会面的目标

1）构建有效的治理系统网络结构

依托于我国的政治体制，在生态建设中应坚持“党政主导，社会协同，公众参与”的治理模式，坚持生态文明建设和可持续发展战略。逐渐改变“自上而下”的政府驱动治理方式，加大激励力度，增强社会协同和公众参与的积极性，使社会系统与公众参与发挥实质性作用，构建更加完整的治理网络结构。

2）促进利益相关者参与

生态建设过程中牵涉众多利益相关者，在规划和管理的全过程都应当将公众等各利益群体的诉求纳入进来，进而在各种利益博弈的基础上达到某种程度的规划共识，将有益于生态建设。这就需要建立“畅通公众表达、实现有效沟通”的顶层设计，使重要的利益相关者都被纳入规划管理过程。

3）开展有效的适应性管理行动

适应性管理强调“边干边学”，结构化决策和学习共同构成了适应性管理过程（见图12-4）。在管理过程中，依据现有知识依次进行分析现状和存在的问题→确定目标→制定评估标准→预估结果→评估利弊→做出战略决策，然后实施战略决策→监测→评估→调整的过程不断学习，反馈回路形成学习过程和决策过程的循环，学习过程不断完善决策过程。同时，在适应性管理过程中，强调以利益相关者为中心全程参与，主要在界定问题、方案确定和选择、结果评估等方面发挥关键作用。

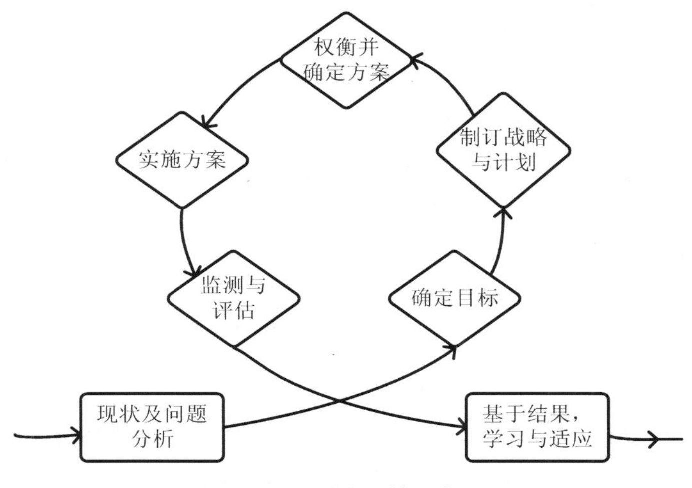

图 12-4　适应性管理步骤

本书中主要详细分析利益相关者参与的结构化决策过程，包括晋北森林生态系统的利益相关者分析，现状与问题分析，确定目标，以及制定战略决策几部分，而随后的学习过程则尚未开展，今后应严格按照适应性管理学习过程进行。

12.4 适应性管理步骤分析

12.4.1 晋北森林生态系统现状及问题分析

辨识区域现阶段的生态系统现状，并从社会生态系统角度深入分析主要问题。在现状分析中，要对研究区和其所处阶段的社会经济背景，土壤、植被等自然概况，社会治理状况，资源参与者，以及森林生态系统的发展状况进行充分掌握。然后辨识其中存在的问题并从生态、社会两方面进行分析。

12.4.2 确定恢复森林生态系统战略目标

以现状和问题分析为基础，通过各参与者的交流，基于社会—生态系统框架，以恢复森林生态系统总目标为主线，均衡城乡、工矿、水域、农田、草地和森林等各类空间，明确森林发展的潜力空间，构建具体的符合社会—生态系统发展的战略目标。

12.4.3 制订森林生态系统恢复战略和社会—经济—生态复合监测计划

战略是为实现目标而采取的具体措施，森林生态系统恢复的战略要遵循可行性原则，针对区域特点和各项目标，制定社会、经济、生态可持续发展战略。同时，通过制订明确的监测计划，对资源系统、治理系统以及参与者活动等制订详细监测计划，有利于指导人类活动调控和生态恢复措施的调整和实施。

12.4.4 权衡并确定最佳方案

战略和计划制定之后，不是立即实施，而是需要与当地人村民、市民、相关企业、专家等利益相关者进行交流讨论，基于明确的标准来评价战略计划，预估各项结果并权衡利弊，再确定最佳方案。

12.4.5 实施方案

实施确定的最佳战略规划，战略的实施是以自然资源的可持续管理和改善当地生态系统为目的，关键在于全面的落实方案，按部就班地完成确定的方案，而落实的过程不能仅仅依靠自上而下的强制命令，而是需充分调动利益相关者的积极性，更有益于方案的全面实施，并及时发现问题进行调整。

12.4.6 监测与阶段性成果评估

实现资源的可持续发展和战略的有序实施取决于监测，有效监测在于定期获取实施情况并核实，如反映区域内森林资源的保护与开发利用情况、功能损害问题或开发与保护关系失调问题，生态建设工程实施进展等。

同时，为了使方案更加有效，并得到不断改进，需定期评估管理的实施情况，完成对战略实施过程和效果、监测实施的情况等详细评价，发现过程中的不足之处，便于之后调整形成新的方案。

12.4.7 基于结果，学习与适应

通过不断学习削减不确定性，采取“边学边干”的方式调整管理过程使之能够不断完善，提高管理的正确性，是适应性管理的重点。因此，经过一系列管理和监测的实施以及阶段性评价，基于评价结果，发现管理和监测中存在的问题或外部环境的变化，使原方案不再适应，进而必须返回前面的步骤进行必要的适应性调整和完善，及时反馈相应的新的优化方案。而新的方案则需继续按照步骤进行，不断完善，使森林生态系统管理更符合社会—生态系统的要求。

第 13 章 晋北生态系统空间发展战略

13.1 天然林保护与发展战略

天然林保护与可持续发展，是发挥其以生态为主的综合功效的基础与保证。晋北天然起源的森林非常稀少，其余大部分区域的森林都是 1949 年后人工营造的。据本研究统计，到 2015 年，晋北森林面积的 73 万 hm^2，晋北天然林面积 17 万 hm^2，约占全区森林面积的 23%，主要分布在晋北的恒山、五台山北坡及管涔山北侧等山脉的较高海拔区域。

现有天然林正在发挥着以生态防护为主的综合效益，因此，现有天然林资源是今后保护的重点对象，也是发展森林生态系统的重要基础。发展森林必须保护现有天然林，它们可以提供种源，天然更新森林，从而发展起新的天然林。因此，在发展天然林资源中，首先要保护现有天然林，包括天然林所处的生态环境。

在天然林得到保护的基础上，还应当积极地在空间上发展天然林。晋北以山地和丘陵为主，天然森林植被稀少，气候依然干旱，水土流失依然严重，生态环境依然恶劣，依然影响经济发展。因此，当前晋北生态建设的当务之急，除了积极发展人工林，还要在森林保护的基础上，积极发展天然林。

另外，还有一类重要的保护与发展对象，就是人工起源的树木与天然更新的树木混交形成的森林，我们称其为“人天混交林”也是重要的保护与发展对象，本节也将对其进行讨论。

13.1.1 现有天然林的保护策略

13.1.1.1 现有天然林保护

我国从 1949 年后就开始重视保护天然林。2000 年前后，国家提出一系列重点林业生态建设工程，并提出林业发展要以生态建设为主，实行分类经营，划出生态公益林，认真保护与经营，把生态公益林管护放在生态公益林经营第一的位置。严格保护林地，说明生态公益林经营，必须首先认真保护生态公益林，在保护生态公益林安全的基础上，开展森林抚育等项经营作业。国家越来越重视森林保护，包括现有森林和林地的保护，并不断加强保护力度，严格保护林地。

人类保护森林是因为森林具有多种生态服务功能，包括生态功能、经济功能、社会功能，能为人类提供生态、经济、社会等各种各样的效益。不同时期，森林保护的目的与意义不同。

目前一般认为，森林资源经营、发展与利用中，首先，要严格地保护森林，只有保护森林，森林才能更好地发挥各种各样的效益，为人类所用，为人类提供生态安全保障。其次，森林保护是森林发展的基础与保证。保护森林，才能发展森林，只有原有森林和新生的森林没有遭到破坏和过度砍伐利用，森林资源总体才可能发展。最后，良好的森林保护，能够更好地发挥森林效益，森林的任何效益都是在保护的前提下发挥与被利用的。因此，在普遍保护森林资源的基础上，实施“天然林保护工程”，加强天然林保护，贯彻林业发展“以生态建设为主”方针，充分发挥森林生态效益，是建设“生态文明社会”，造福人民的重要举措。

13.1.1.2 对现有天然林保护策略的几点认识

1）重新认识天然林

晋北目前仅有的天然林，是历史时期原始林经过几千年人为反复破坏，反复天然更新恢复后，到新中国成立初期，由残留的天然林（包括天然乔木林和天然疏林）逐渐恢复发展起来的天然次生林。

与传统想象的森林，特别是以木材生产为目标的森林相比，这里的天然次生林的生态服务功能与其应有的生产力仍有很大的差距。2000 年前，当时的天然林主要是作为木材生产资源经营管理，发挥天然林经济效益为主要目的。作为木材生产资源，除云杉、油松、华北落叶松等少量针叶天然林外，大部分天然次生林，多为阔叶杂木林，树体不直且多枝杈，造材率低，经济效益不高。那几十年一直是作为天然次生低产林进行经营的，以皆伐后人工更新为油松、落叶松等针叶树的作业方式进行改造。

面对以往森林经营的历史与现实，为了更好地实施“天然林保护工程”，保护好天然林资源，我们有必要重新认识现有天然林，以新理念与技术，经营、发展与可持续地利用天然林。

今后以森林生态系统发展的新观点，就不能只从用材林观点认为天然林为低产林，而是要全面认识天然林的生态服务功能，即弱化天然林作为用材林的功能，强化其良好的生态功能与效益：①天然林多为混交林，一般主林层以下有小乔木层，小乔木层下面是灌木层，再下是杂草层、枯枝落叶层、腐殖质层。不仅阻止雨水直接击打土地表面，防止水土流失，而且使降水逐渐渗入地层，涵养水源。②天然林树种不乏耐干旱瘠薄立地条件的树种，在土层干旱瘠薄，岩石裸露，人工造林困难的山地，多形成天然乔木林、疏林或灌木林，不仅保持水土，防治洪水泛滥成灾，而且山花、红叶还美化环境。③天然林在生产木材、果品等直接经济效益方面差，然而其林下资源的间接经济效益很大，而且在吸收二氧化碳，减缓气候变暖方面，效益却很突出。此外，天然林还在养护野生动、植物多样性方面，发挥着十分重要的作用。

因此，对山地丘陵多、森林稀少、水土流失严重、自然条件恶劣的晋北来说，在发展人工林的同时，应引起对天然林保护的重视，持续积极实施天然林保护工程。

2）公众参与天然林保护

天然林生长繁育于山地、丘陵，其天然更新生存与发展，离不开人类社会认真保护与科学经营，特别是保护。为此，建立公众参与天然林保护制度，协调与天然林保护各利益相关方的利益，动员社会各界力量，依法护林，认真实施天然林保护工程和执行《森林法》等一系列森林保护法律法规，在全面保护森林的基础上，持久地保护现有天然林资源的安全。

3）发挥省直国有林区的主导作用

涉及晋北生态建设的省直国有林场管理局有：杨树丰产林实验局、五台山、管涔山和黑茶山等，晋北的天然林主体都属于这几个林局所属林场管理和经营。因而，天然林保护工程实施的成败，省直国有林单位发挥着关键作用。因此，省直国有林区是晋北天然林保护工程实施的主体，各林场要确保天然林等全部森林资源的安全。各林场的天然林保护工程，应成为周围乡村社区实施天然林保护的典范和学习效仿的样板。

4）突出自然保护区在天然林保护中的作用

天然林是建立大多数自然保护区的基础，反之，大多数自然保护区也保护了天然林。晋北现在已经建立有芦芽山 1 处国家级自然保护区，另有紫金山、繁峙臭冷杉、山西南山、山西恒山、贺家山、桑干河 6 个省级自然保护区。绝大部分自然保护区都分布于天然林区，因此，加强自然保护区的管理工作，不仅是保护野生动物和森林植被，而且对生物多样性和森林生态系统的保护与发展有重要意义。自然保护区格局已经基本形成，今后应加强各保护区的管理，最大限度地发挥保护区的职能是重要的发展方向。

5）社区共管，杜绝偷砍乱伐森林以及林中放牧

在实施“天然林保护工程”中，特别要切实加大护林防火力度，确实杜绝森林火灾。林中放牧不仅容易引起森林火灾，而且直接影响和破坏天然林的更新与发展。晋北国有林场内或邻近村庄，几乎每天都有牛羊成群进入林地啃食，天然萌生的幼树难以更新，啃食殆尽，林间空地和林缘年复一年得不到更新。天然阔叶林有着极强的更新恢复能力，长期遭受牛羊啃食，天然林木难以更新，恢复成林。林场固然可以派人强行常年守护，但效果往往差强人意，因为这不仅需要护林员的重视与毅力，而且还要“铁面无私”。因此，分

析天然林保护中的利益相关者，建立与保护天然林有关的社区发展项目，为社区增收创造条件，让社区也获得保护天然林的效益，建立社区共管机制，是杜绝林中自由放牧的可持续之路。

13.1.2 天然林的空间发展策略

晋北现有天然次生林虽然受到历史时期强烈人为干扰，仍具有很强的再生能力。晋北现有天然次生林的组成树种，是经过自然界“优存劣亡”规律淘汰以及不同历史时期人为干扰后，存在于现实生态环境中的天然森林资源，基本与其所处生态环境组成相对稳定的各类天然起源的森林生态系统。因此，现有天然次生林及其组成树种，适生于现实的生态环境，并按其特性分布、生长发育与发展，例如，耐寒温性气候的“寒温性”针叶天然林——白杄、青杄、华北落叶松天然林，分布于晋北海拔 2 000 m 左右及 2 000 m 以上高、中山地。同时，晋北现有天然次生林具有很强的生命力与繁育再生能力。

13.1.2.1 天然林空间发展条件

晋北发展天然林具备以下三个基本环境要素：一是有发展天然林的空间资源；二是有发展天然林的乡土物种资源；三是有适于发展天然林的生态环境。

1）晋北具有发展天然林的土地资源

目前的山地、丘陵区，特别是山地，是天然林和无林荒山荒地主要分布区：首先，是全区的无林的宜林地资源丰富，其中天然草地面积（宜林荒山荒地）有 50 万 hm^2，低效坡耕地等农业用地 11 万 hm^2，二者合计占全区总面积的 19%，可供发展天然林（也可人工造林）的土地资源十分丰富。其次，全区天然疏林地、天然灌木林地也有一些，同样是天然次生林的重要发展空间。天然疏林地和天然灌木林地，是无林荒山荒地与天然乔木林之间的一个过渡类型。可以在保护下封山育林，演进为天然乔木林地，也可在人工改造后更新为人天混交乔木林地。这部分内容将随后讨论。

2）晋北具有天然林繁育发展所需的天然种源

晋北多山，远古时代森林密布。人类出现后，为了生存，毁林造田，焚林放牧，再加上长期的伐林用材以及战争、火灾等砍伐破坏，到 1949 年时，不仅盆地已难见天然林，黄土丘陵区也很少见成片天然林生长。就是在沟谷交错、峰岭纵横、坡陡土薄、交通不便、种植困难、人烟稀少的土石山区，面积较大的天然林也只有在管涔山、五台山、黑茶山以及恒山等山地见有小片分布。多数天然林则是断断续续分布于森林破坏后形成的大片荒山荒地上。原始天然林反复经历过破坏—复生—再破坏—再复生的过程，那些距村落远的偏远山地以及立地条件好一点山地，如阴坡山地、缓坡地、沟洼地等，则恢复生长着残余天然次生林。于是在土石山地形成大片、小块无林荒山荒地与天然次生林，交错、杂乱分布的景观。此外，在大片无林荒山荒地上，还零星分布着天然次生疏林，还零星生长着大量天然孤立木。这些分布于山区的无林荒山荒地间，杂乱生长的天然次生林、天然次生疏林、天然孤立木都能够为无林荒山荒地天然更新恢复森林，提供丰富的种源。除各类种子外，还有种根（如山杨根蘖繁殖）、伐根（如白桦等伐根萌芽）等。新中国成立后天然林能够成倍发展起来，充分证明了晋北山地有大片无林荒山荒地和丰富的天然种源。

3）晋北具有天然林发展所需的自然环境

晋北天然林主要分布于土石山区，宜林荒山荒地主要也在山区，山区的自然环境也适合天然林繁育发展。因此管涔山区、五台山区和恒山山区是晋北天然林主要的空间发展区域，具有天然林发展所需的自然环境。这里在历史时期就分布着茂密的天然林，晋北现有的天然林，是经过几千年残留下来的自然植物群体。这些天然次生林的主要组成树木种群，是古代天然原始林生长的土地上的原有森林树木，经历自然环境变迁，世代更替，延续和残留下来的乡土树种。在现有的天然次生林分布区，通常有宜林荒山荒地与之插花分布。这些宜林荒山荒地，是古代原始林经人类历代反复破坏，林木砍伐殆尽后，遗留下来的宜于森林生长的土地。正如我们研究中说明的一个客观事实：晋北现有天然次生林，即以乔木为主的森林植物群落，生长林木的土地以及森林破坏后遗留的宜林荒山荒地，都是过去原始林经人类历代反复破坏，遗留下来的自然物体，反映了晋北生态环境的遗留效应和时滞性。

有人类以来的原始森林，是经历亿万年自然演替、发展而形成的森林植物群落与其生长所在的生态环境（土地及其空间）相协调的原始森林生态系统。原始森林破坏后残留下来的天然次生林，自然是森林植物群落与其生长所在的生态环境（土地及其空间）相协调的天然次生林生态系统。因此，晋北天然次生林分布区的自然生态环境，非常适合当地天然次生林的发展。

五台山林区宽滩林场的老虎沟阴坡，后部沟掌为残存的华北落叶松、云杉及白桦等天然次生林。中段及前段至沟口，在新中国成立前全是被毁林后开垦种植的农田，有梯田，但多为坡耕地。新中国成立前后，当地农民开始从天然次生林附近（距村庄最远）的山坡农田开始停耕，到20世纪90年代调查时，已退耕到沟口山坡，且只留有小片坡耕地。随着农田的退耕和人为活动的减少，加上50年代的封山育林，通过天然下种更新，华北落叶松为主的天然林逐步恢复发展到中段，以致沟口的小片坡耕地相连、重叠。此案例说明，天然林被破坏并开垦种植后，只要停止耕种，附近分布有的天然林，便可以通过天然更新，恢复成林。还有大量案例说明，在立地条件十分恶劣的石质山地，虽然人工造林十分困难，然而通过森林保护，停止破坏，适生而耐瘠薄的树种如油松、侧柏、白皮松等，依然能够天然下种，繁育成林。另外，由于天然阔叶次生林有很强的天然更新能力，通常采伐或破坏后，如果不再连续遭受开垦种植、放牧、火灾等类型的人类损害，一般都能恢复成林，并向周边发展扩大。

因此，我们建议晋北应利用当地自然优势，通过有效的封山育林，在空间上大力发展天然林。

13.1.2.2　封山育林发展天然林

封山育林是一种发展天然林的系统工程。山西省林业建设中十分重视封山育林，取得良好成果，大大加快了天然林的发展进程。封山育林属于发展森林的一个主要途径，也是社区参与下恢复发展森林的一个措施，即在有需要和有条件的山区，定期封山保护，在封山育林期间，严防山火；禁止开荒、砍柴、放牧等一切危害森林天然更新的活动，利用天然林天然更新的能力恢复发展天然林。在有些地区也可以采取一些辅助性人工措施，加快封山育林的成林步伐，如在现有林边沿荒地上松土除草，在天然下种更新不足的地方人工补植。

封山育林有几个要点：①它是一项社区参与下的森林恢复措施，离开当地群众的参与，封山育林达不到发展森林的目的。②封山育林发展的森林可以是天然林，也可以是人工林，这里我们主要指天然林。③在土石山区封山育林的前提条件有：有大片或成片的宜林荒山荒地，其立地条件适宜生长与发展天然林；在荒山荒地周边生长有天然林，或荒山荒地长有小片树木及零星孤立木，可为天然林提供所需种源等繁殖材料；封山育林区人口稀少，社区发展与封山育林间矛盾不突出。④定期封山保护是封山育林的前提与基础。对封山的宜林荒山荒地及周边天然林、散生树木，要依法划界、立标，定期封山保护，禁止开荒、砍柴、放牧等一切危害天然更新的人为干扰，严防山火。封山保护期限，根据封山育林成效确定。一般是从决定封山育林开始之日起，到天然更新恢复成林为止。

封山育林也是一项以生态系统恢复为主的生态建设工程，是天然林发展的主要途径，同时也是森林生态系统发展的重要途径。对于少林的晋北来讲，应当将其视为与人工造林同等重要的发展森林的途径。改变过去主要由人工造林一个途径发展森林的思路，加上封山育林，变为两个发展森林的途径，会加快森林资源发展进程，具有巨大意义。

更重要的是，封育措施可形成生物多样性更为丰富的天然次生林生态系统。通常封山育林形成的天然林具有以下特点：由适于当地立地条件生长的多树种组成的混交林；由不同年龄树木组成的异龄林；林冠具有多层次的垂直结构；天然林植物群落与生境相互协调；天然林自我更新能力较强，在不受人为干扰和天灾破坏的情况下能更快地向高级阶段演替与发展；林下草灌生物多样性更稳定。因此，封山育林形成的天然林是一种具有较高生态功能的相对稳定的生态系统，生态服务功能更为强大，对于改善晋北恶劣的生态环境，建立国土生态安全体系具有很大意义。

另外，通过封山育林发展天然林节省投资和投工。

13.1.2.3　封山育林的植被更新

整个封山育林过程，是依靠天然森林植被天然恢复为天然乔木林，也包括灌草在内的天然林生态系统的形成过程，依靠封山育林区以及周边已有森林树木种子传播繁育，或伐根萌芽，或根蘖等途径与方式，天然更新恢复发展新的天然林。

1）针叶树种的天然繁育与更新

针叶树种主要依靠种子传播繁育（少有伐根萌芽，但侧柏例外）。晋北主要针叶树种天然更新可以恢复成林的常见树种有：油松、华北落叶松、侧柏以及青杆、白杆等。华北落叶松为阳性树种，可低至 1 500 m 或 1 000 m；在华北落叶松林缘裸露宜林荒山荒地上天然更新较好。青杆、白杆为寒温性树种，阴性树种，分布于海拔 2 000 m 左右及以上山地，冠下天然更新良好，无林地天然更新较难。侧柏多生长于内长城 1 500 m 以下的土壤瘠薄，喜温暖气候，岩石裸露的浅山地带适宜封育发展。油松则分布于海拔 2 000 m 以下广大山地，适宜于海拔 2 000 m 以下无林荒山荒地发展，林下亦可天然更新但幼树生长不良，油松天然更新发展相对较快。

2）阔叶乔木树种天然繁育与更新

组成天然森林的阔叶乔木树种有很多，这里只举三例。

白桦林是晋北主要天然（软阔叶）森林类型。普遍分布于海拔 1 500 m 以上山地（多为阴坡），白桦天然更新恢复能力很强，不仅带翅的种子可随风向林缘宜林荒山荒地传播，而且伐根具有极强的萌芽复生能力。采伐后，很快依靠伐根萌芽复生，恢复成林。常与白桦混生的五角枫、茶条槭等也有相类似的特性。

山杨林在晋北山地分布也极为广泛，主要分布于海拔 1 000 m 以上山地，1 900 m 以上有少量分布。阴阳坡都有分布，但大面积山杨天然林极其少见。最常见的是混生于白桦、辽东栎等天然林中的小片山杨天然林。山杨的天然更新有种子更新和无性更新。山杨结实频繁，数量多，种粒小，传播远，新种子发芽率高，因此在湿润裸地上容易更新，但种子发芽保存期短，在干燥裸地或草灌覆盖度大的各种迹地上，种子更新困难。山杨伐根萌芽力很弱，而且萌芽条弱，数量少，寿命短，很难见有天然萌芽山杨林或种子繁育的实生林。水平根蘖更新是山杨天然林的主要类型。

辽东栎林也是晋北一个主要的天然阔叶林类型。普遍分布于海拔 900～2 000 m 的山地，海拔 2 000 m 以上山地少见。由于可耐干旱瘠薄立地条件，多见生长于阳坡、半阳坡山地。辽东栎种子颗粒大，风力传播困难，但却是晋北分布面积最多的天然林类型之一。辽东栎天然林能够发展到这么多而生长不衰，主要是生命力强，性耐干旱瘠薄的立地条件，山地阳坡依然生存繁育。辽东栎种子传播困难，主要依靠地表降水径流传播，或野生鸟兽搬运等方式传播，但伐根萌芽复生能力很强。因此，辽东栎天然林及散生木分布极为广泛，一旦封山育林，复生的天然林，总能见到辽东栎。

13.1.2.4　封山育林地选择与封禁

封山育林地的选择要考虑两方面的前提条件：一是土地条件和有天然更新的种源条件，封山后可能天然更新恢复森林的自然环境条件；二是要有可以封山育林的社会环境条件，能够与当地社区开展合作，最终能够禁山放牧、砍柴、挖药等。封山育林地块的选择可以根据相关技术规定，通过现场调查落实封山育林地块，查清面积、立地条件及植被情况，提出封山育林意见，确定封山育林实施方案。为保证项目的成功，在这一阶段要开展适当的与社区的沟通行动，期望通过与当地居民的沟通和协调，使方案更为合理，实施的行动更加能够与社区的发展相结合，提高当地人口的参与度。总之，封山是手段，育林是目的。封山育林与社区发展相结合，达到社会与生态协同发展的目标。

13.1.3　人天混交林可持续经营策略

按起源划分，森林通常分为人工林、天然林两类。自 20 世纪 60 年代到世纪末，当时对天然次生林为主要对象的“低产林”开展过大面积的皆伐改造作业之后，采伐迹地不断天然自我更新，在一个林分内产生了人工更新的以油松等针叶树为主的人工林木，与天然更新的白桦、山杨、辽东栎等为主的天然林木，二者混交在一起形成新的混交林类型，其起源既有人工林木，也有天然林木，其特征应属第三类，即人工树木与天然树木的混交林，这里简称“人天混交林”。因此，这里的人天混交林是指，人工种植的树木与天然更新起源的树木混交形成的森林，其中人工种植的树木与天然更新的树木在林内分别所占成数均不少于一成。按森林起源划分，有别于纯天然林或纯人工林。

13.1.3.1　人天混交林的形成

晋北有天然林分布的林区有人天混交林形成和出现。除了低生林改造后形成的人天混交林外，还主要有以下三种情形会造成人天混交林：①在天然疏林地或有散生天然树木的宜林荒山上实施人工造林后，人工营造的树木与原有的天然树木逐渐混交生成；②在封山育林过程中，加入人工补植（多为人工穴状直播或撒播造林），天然更新树木与人工种植的树木逐渐形成；③飞播造林时，飞播荒山荒地上的小片天然林或散生木，会与飞播种子成活生长的树木形成。

就人天混交林在晋北乃至山西省的形成，特别是在开展“低产林改造”后大量出现的人天混交林，有其自然客观因素，但更是社会人为因素的结果。

自然因素是天然树木发生发展的基础，最突出的因素是，晋北有广阔的山地，有适宜天然林生存的环境和发展的土地条件，同时还有长期适应当地的、具有极强的生存生长与更新发展能力的乡土树种。虽然历史上成片的森林已被破坏殆尽，但这些树种以天然森林或散生天然树木的方式遍布于晋北山地。

社会因素包括人为活动与社会发展趋势。历史上晋北森林的破坏是人为破坏的结果，其恢复也深受当时国家对森林的建设方针、森林保护、经营目的与作业技术等方面因素的影响。山西省在 1963 年提出开展“低产林改造”，主要对象是多代萌生生长衰退的天然次生林。改造作业主要是皆伐后，人工更新营造油松、落叶松等材质好、经济效益高的树种，培育发展高效益的用材林。在晋北涉及管涔山和五台山林局的国有林场，这里有发展森林的自然环境与大片的天然阔叶次生林。然而，以白桦、山杨以及辽东栎等为主的天然次生阔叶林有很强的萌芽、根蘖及种子传播等天然更新能力。因此，在人工营造油松、落叶松等针叶树后，天然的白桦、山杨和辽东栎等天然幼树仍会生长，于是与人工营造的针叶幼树形成针阔叶人天混交林。

现在来看，当时的低产林改造作业后产生的人天混交林的效果超过了预期的目标，取得巨大成功。晋北的人天混交林主要是人工油松（或人工落叶松）、天然阔叶树混交林，即针阔混交林。在野外个别林分还可见到人工针叶树与天然针叶树的混交林，这是由经营采伐后人工更新产生的混交林，如人工落叶松与天然云杉（白杄为主，有少量青杄）混交林。这种人工针叶树和天然阔叶树的混交林与树种单一的原有天然森林或纯人工森林相比，树种结构更适合自然条件和符合自然规律，森林质量更高，森林生态效益更好。因此，从生态系统发展与生态防护林培育角度评价，人天混交林的生态效益应远远优于原有阔叶天然林，至少不会降低，同时也为今后人工林的天然林化培育改造提供了有效途径。

13.1.3.2 人天混交林评价

混交林是指由两种以上树种组成的森林。人天混交林应是一类特殊的混交林。一般经济林和用材林等多采取纯林形式培育，而生态防护林则适宜培育与发展混交林，因为混交林与单纯林相比生态防护功效更高，可以更有效地提高森林生态系统的生态防护效益。森林的防护效能在很大程度上与林分结构状态有关。混交林林冠浓密，根系深广，枯落物丰富，因而涵养水源、保持水土及防风固沙、生物多样性、抵御灾害等方面的作用都比纯林来得显著。因为人天混交林多是复层林冠结构，加之灌草植被及枯枝落叶层，具有截留雨水、保持水土、涵养水源等良好的生态服务功能，因此其林分质量与生态功能都是比较好的。

在晋北，人天混交林大多数都是 20 世纪 60—80 年代形成的。其特点是：多属于中龄林（或少量幼龄林）发育阶段，林木健壮，生长旺盛，也是呼出氧气，吸收大气中二氧化碳，为碳汇做出贡献的重要时期；多为采伐迹地上人工营造或天然更新起来的新林，林木健康，林分卫生状况好。正常情况下，枯死木、老朽木、断头木、病腐木、虫害木以及倒伏木等有害木很少，多是优良木（培育木）和有益木（辅助木）。因而这类混交林林分质量好、功能效益高，不仅生态效益好，同时是油松等针叶树与天然阔叶树共生，也有生产用材、林下资源利用等方面的经济潜力。

人天混交林遵循自然森林的发展规律，具有可持续发展的能力，可持续发挥生态为主的综合效益。森林是自然环境中生长发育，为人类提供所需产品并维护生态安全，以树木为主体包括生物多样性的生态系统。我们发展与利用森林，必须遵守与利用森林树木发生发展的自然规律。人天混交林的成果与德国林学家 Gayer 创建的“近自然林业理论”不谋而合。所谓近自然林业，即是在经营中使地区的主要本源树种得到明显表现，它不是回归到天然的森林类型，而是尽可能使林分建立、抚育、采伐的方式同潜在的天然森林植被的自然关系相接近；要使林分能够进行接近生态的自然发生，达到森林植物群落的动态平衡；并在人工辅助下，使天然物质得到复苏。

大部分人天混交林是在采伐原有天然阔叶林后的迹地上，由人工更新营造的油松等针叶树和天然更新起来的阔叶树组成的。天然更新起来的阔叶树，就是遵从与利用天然阔叶林自然更新的自然规律发展起来的新一代，具有适应生态环境、天然更新换代特性。再加上人工更新营造的油松等针叶树，可以大大提高林分的经济价值，且不会破坏固有的森林生态特性。因此，这种人工与天然更新结合营造出来的人天混交林，不仅是人工可以操作并经营森林的一种途径，具有一般混交林的多种功能效益，而且也是森林植被与生态环境协调的正常环境状况下，能够天然更新换代，可持续发展与提供生态等效益的森林类型。

13.1.3.3 人天混交林可持续经营

如前所述，晋北人天混交林主要是 1970—2000 年在省直林区的国有林场形成的，因此，其经营要结合人天混交林的自身特点，要因地因林采取相应的可持续经营措施。在保护森林生态安全的前提下，今后人天混交林有三个主要作业项目：人天混交林幼中龄林的抚育采伐；人天混交林中疏林、低郁闭度林等低效林的改造；人天混交林中成熟林的更新采伐。

人天针阔混交林形成时期大多数不过 40 年左右，有的还经过经营管理，枯、老、病虫害木等一般很少，因此其抚育采伐的方法主要有：①定株抚育：在幼龄林出现营养空间竞争前进行定株抚育。按不同生态公益林的要求分 2～3 次调整树种结构，进行合理定株。伐除非目的树种和过密幼树，对稀疏地段补植目的树种。②生态疏伐，适用于中龄林或近熟林阶段的抚育采伐作业。先将彼此有密切联系的林木划分成若干植生组（树群）；然后按照有利于树冠形成梯级郁闭，主林层和次林层立木都能直接受光的要求在每组内将林木分为优良木、有益木和有害木；伐除有害木，保留优良木、有益木及适量的草本、灌木和藤蔓。一次疏伐强度为总株数的 15%～20%，伐后郁闭度应保留在 0.6～0.7。

13.1.3.4 对人天混交林的几点认识

晋北现有人天混交林的形成途径虽然可能有多种，但绝大多数是通过当年天然次生林的低产林改造作业后形成的。今后有必要进一步深入研究。

1）人天混交林是“无意识”近自然森林经营的有益成果

以前在用材林培育主导思想下，林业经营中的低产林改造作业总是将天然次生阔叶林皆伐改造为油松、落叶松等针叶纯林，那时这是森林经营的最大成就。而天然次生阔叶林皆伐改造后“无意识”形成的人天针阔混交林则很少给予应有的正面评价。实际上，在天然次生低产林改造中形成的所谓“油松（或落叶松）针叶人工纯林”也不是百分之百的人工纯林，大多数是以油松（或落叶松）等针叶树为优势，混有少量天然阔叶树的“人天针阔混交林”。

现在以生态建设为主导思想下的森林经营，将过去以发展用材林为主要目的的林业建设范式转换到以“生态建设为主”的经营范围，以重视发展生态防护林，提高森林的生态效益为目标。在此背景下，人天混交林模式成了过去森林经营“无意识”导致的近自然森林经营成果，可赞、可叙。

2）人天混交林的特点突出

人天混交林突出的特点如下：首先，生态功能和效益较高。人天混交林与一般人工林或纯阔叶天然林相比，提高了森林的生态服务功能，并为人类社会提供了生态等多种效益。包括：预防与减轻病虫害、森林火灾等自然灾害；利用林木多样化与林冠多层化，养护生物多样性，提高了森林生态防护功能；寿命长生长慢的林木（油松）与速生早熟多代萌生更新的林木（白桦、山杨）混交，有益于森林可持续发展与功效发挥。其次，具有独特的复杂性。人天混交林的树种组成复杂多样，但其林龄基本相同；林中树木起源繁杂；长寿树种（油松、落叶松和辽东栎等）与速生快熟林木（如萌生的白桦、山杨等）混生。

3）人天混交林到成熟期时，无法自然世代更替与可持续发展

人天混交林到成熟期时，难以天然世代更替，因此必须分阶段，人为干扰林分中的人工更新的针叶树和天然更新的阔叶树，才能形成下一代不同林龄的针阔混交林，实现森林真正的可持续发展。为此，到成熟期后不实施皆伐更新，而是实施更新采伐，主要依靠天然更新，形成新一代针阔混交林，实现可以多世代的更替和可持续的发展。这样，下一代林分不应再称为“人天针阔混交林”，而应称为真正的“天然针阔混交林”。

4）加强人天混交林可持续经营的研究

人天混交林的经营就是要培育具有可持续发展能力的森林，使其能够可持续地发挥生态为主的综合效益。第一，要搞好抚育采伐作业。抚育采伐作业是改善森林生态环境，调整林木结构、密度，促进森林健康生长，提高功能效益的主要举措。认真调整树种组成，有重点地保证培育木（优良木）特别是人工种植的油松等针叶树的生长空间，同时坚持多样性，保留一定数量辅助木，保持林冠多层结构，提高森林防护效益。抚育采伐强度宜小不宜大，注重发挥生态效益，重视轻抚育、勤抚育经营作业经验。第二，重点开展低生态效益的人天混交林改造。改造对象主要是低郁闭度林分和遭受人为破坏或自然灾害严重的林分，实施人工补植改造和造林。第三，开展人天混交成熟林的更新采伐。采取择伐或渐伐方式，分期采伐成熟林木。在采伐过程中，促进与保护林下天然更新；至成熟林木采伐

完毕，新的一代幼林天然更新起来，具有自我可持续发展能力，是可持续发挥生态为主的综合效益的天然混交林。

5）积极发展与利用人天混交林

根据晋北山地丘陵面积大、荒山多、水土流失严重的自然特点，社会经济发展和人民生活生存的要求和国家的大形势，晋北今后需要大力发展和研究各种形式的人天混交林。因此，可以预测，各种类型的人天混交林将随着森林数量的增长而不断增加，成为一类重要的森林类型，随着不同抚育方式的采用，人天混交林的类型将更加多元化。目前森林经营中早已摒弃皆伐改造方式，更多地采用块状、带状等多种采伐改造与人工更新方式，因此，今后会在改造作业后，出现人工树、天然树块状混交或带状混交等多种“混交林”类型。积极开展人天混交林的可持续经营研究，为晋北森林生态系统的发展做出应有贡献。

13.2　人工林提质与发展战略

13.2.1　人工林可持续经营

人工林经营是森林经营的一个组成部分。本节所述的人工林经营，是生态公益人工林的人工林经营，不涉及用材人工林和人工经济林经营。生态公益人工林经营的内涵应该是：对现有人工林进行科学培育，包括森林保护、森林抚育、低效林改造、更新采伐、基础设施建设等。在生态学基础上，妥善解决人工林中的种种矛盾，及时营造和恢复森林，扩大森林资源，保护森林环境，促进森林生长，提高森林质量，特别是提高以森林生态为主的综合功能，为人类社会提供生态公益性产品或服务。

在过去以木材生产为主的时代，人工林经营是对现有人工林进行科学培育以提高森林的产量和质量的生产活动总称。而今后以生态建设为主的时代，人工林可持续经营是在生态学的基础上，以可持续发展的理论为指导，并用可持续的经营技术开展人工林经营作业。通过可持续经营，妥善解决森林中的种种矛盾，保护森林环境，促进森林生长，提高森林质量，保护生物多样性和幼树，逐步形成多世代、多层次、生物多样性、可持续发展的人工森林生态系统，极大地提高以森林生态为主的综合功能，可持续地为人类社会提供生态公益性产品和服务。

13.2.1.1　人工林可持续发展

林业可持续发展是：既能满足当代人的需要，又不会对后代人满足其需求构成危害的森林经营。林业可持续发展是建构在森林资源可持续发展基础上的，没有森林资源的可持续发展，就没有林业的可持续发展。人工林是森林资源的一部分，特别是少林的晋北，人工林是森林资源的重要部分，据本研究粗略统计，晋北人工林占全区森林面积的17%，因此人工林能否可持续发展，关系到晋北森林资源的可持续发展，关系到晋北生态环境的可持续发展。

王国祥在《山西省林业可持续发展战略研究》(2008）中讲，“林业可持续发展是用可持续方式培育、经营与利用森林，维护林地生产力与可更新能力，在保证森林资源可持续发展的基础上，持续地发挥森林的多种效益，既满足当代人对森林的需求又不对后代人对森林需求能力构成危害的林业发展”。

人工林可持续发展，不仅仅是人工林资源的可持续发展，还包括人工林分的可持续发展。晋北新的人工林不断增加的同时，要遵从自然规律，用可持续的方式方法培育、经营人工林，使人工林沿着接近天然林的发展方向，发展为林地生产力和更新能力不断提高的稳定而可持续发展的森林生态系统，持续地发挥生态为主的综合效益，既造福于现代人类社会，也不危及后代人对森林利用的能力。

13.2.1.2 人工林可持续经营要点

1）人工林可持续经营的内涵

为了实现晋北人工林的可持续发展，主要有两个途径：一是通过人工造林，使晋北的人工林资源不断增加；二是通过人工林可持续经营，使人工林发展成为比较稳定，能够自我更新，可持续发展的森林生态系统。人工林可持续经营的提出，主要依据了近自然林业理论、新林业理论、可持续林业理论等理论思想。因此，人工林可持续经营是实现人工林可持续发展的一个理念，是一个主要途径，也是一个重要保障。

王国祥（2008）指出，人工林可持续经营就是促进和实现人工林可持续发展的经营，即在人工林经营中，坚持可持续发展原则，遵循自然规律，在严格保护人工林安全的基础上，采用可持续（天然林化）的科学方式方法，通过抚育人工林、改造低效人工林、更新采伐成（过）熟人工林等经营作业，建造多树种、多层次、多世代，比较稳定的、能够自我更新的、可持续发展的森林生态系统，并且能够可持续地发挥综合效益。人工林可持续经营是因，人工林可持续发展是果。只有用可持续发展的理论与原则指导人工林经营，使用可持续的经营方式与技术经营人工林，人工林才可能沿着可持续发展的方向演进。因此，要实现人工林可持续发展，必须实施人工林可持续经营。为此，人工林可持续经营以生态建设为主，建立国土生态安全体系，发挥生态效益为主，兼顾社会和经济效益。

2）人工林可持续经营的技术要点

这里讨论的对象是已有人工林的可持续经营问题。概括地说，人工林可持续经营杜绝皆伐方式采伐利用人工林，而是在可持续发展的理论与原则指导下，采用符合人工林发生、发展的自然规律的方式方法经营人工林，使人工林可持续地发展并发挥效益。具体包括以下四个方面。

（1）人工林保护：从人工幼林保护做起，严格防止森林火灾，防治森林病虫害，杜绝人为破坏和乱砍滥伐。

（2）人工林抚育：人工林从幼龄林起到成熟期以前，要进行多次抚育，包括卫生伐、透光伐和疏伐等。任何抚育方法，都要围绕促进林木健康生长、提高森林综合效益进行作业，包括调整林分郁闭度（林木密度）、树种组成、树冠层次结构，改善林分卫生状况和林下天然更新条件，以及用材林林木材质培养等。

（3）低效人工林改造：建立可持续发展的人工林生态系统。主要包括：人工疏林改造与补植；人工灌木林改造，形成人工乔灌混交林；低郁闭度人工乔木林改造为多树种、复林层、异龄化的人工林生态系统。

（4）更新采伐：培育出新一代多树种、多层次、异龄化，可持续发展的森林生态系统，包括渐伐和择伐。

3）人工林可持续经营示例——“小老树”

小叶杨“小老树”人工林主要分布于晋北地区的大同盆地、右玉、左云、平鲁等地，特别是沙丘、沙滩、沙荒地、沙化地以及黄土丘陵沙化梁峁、坡面地带是集中分布区。这些小叶杨人工林是从 1949 年后，在当地党政主导下，晋北群众用插条、压条等分植造林方法营造起来的。几十年来，小叶杨人工林在防风固沙、改善当地生态环境方面，发挥了巨大作用。由于当地气候寒冷干旱、土壤退化贫瘠，再加上造林种条质量差和人工林年龄渐大，原来造林密度 440 株/亩的小叶杨林，演变为目前的小叶杨“小老树”林。

据 1990 年省林业勘测设计院资料，当时雁北地区有小叶杨“小老树”人工林 18.46 万 hm^2，人工疏林 2.05 万 hm^2。由于种种原因，后来小叶杨林面积逐年有所下降。在这些人工林中，虽有少量的青杨、杂交杨人工林，但仍以原有的小叶杨“小老树”人工林为主。

小叶杨“小老树”人工林不仅数量巨大，而且分布于风沙危害严重的晋北地区，一直发挥着防风固沙效益。这些小叶杨“小老树”人工林如何经营？在 20 世纪 60 年代曾从用材林经营角度进行过间伐改造，未达到预期效果。其后，多有利用过分残破稀疏的小叶杨“小老树”人工林地营造樟子松或油松人工林，但还未从根本上解决“小老树”的问题。这些小叶杨“小老树”人工林今后如何经营？下面提一点意见。

（1）小叶杨“小老树”人工林特点。

首先，小叶杨“小老树”人工林已达成熟期，林相破碎，郁闭度低，枯、老、病虫害木多，林木死亡现象严重，生长停滞，生态防护效益下降，急需通过有效经营，改变现状。其次，小叶杨“小老树”人工林立地条件有所改善，地表土壤风蚀得到控制，流沙固定；土壤水分蒸发量减轻；土壤肥力也有提高。小叶杨林的土壤表层有机质含量可达 0.388%～0.419%，比无林地土壤表层有机质含量（0.153%）提高 1～2 倍。也就是说，在晋北风沙地带，小叶杨“小老树”林为林木生长改善了立地条件。最后，现有小叶杨“小老树”人工林中有健康林木或萌发的幼树，正在或者还能继续生长与发挥生态防护作用。

（2）小叶杨“小老树”人工林经营作业的原则。

以生态建设为主，着力提高森林防风固沙等综合效益的原则；充分利用现有林木资源，不破坏森林发挥生态效益连续性的原则；适地适树，逐步实现森林树种多样化的原则。

（3）小叶杨“小老树”人工林可持续经营作业要点。

在持续发挥小叶杨“小老树”人工林生态效益的同时，彻底改造小叶杨“小老树”人工林。其技术要点是，卫生伐+人工补植。卫生伐：在全面保护小叶杨“小老树”人工林的基础上，保留健康的优势木、有益木，以及萌芽幼树和野生的乔灌木；伐除枯死木、病虫害木、腐朽木等有害木。人工补植：卫生伐后，在林分内的空地、林木过稀处以及林带间空地、断带处，全面人工补植油松为主，配以新疆杨、旱柳、沙棘、柠条锦鸡儿等乔灌木。通过卫生伐+人工补植作业，形成以油松等针叶树为主，小叶杨为伴生树种的针阔及乔灌人工混交林。

通过以上经营作业，期望提高原有林分郁闭度，实现林分树种多样化，增加林分防风固沙等生态效益；经营改造后的林分，可以天然更新换代，可持续地发展与发挥效益。

需要说明的是，以上经营作业中要保留原有健康小叶杨林木的原因在于：一是因为小叶杨是一种寿命较长的萌生力较强的乡土树种，健康的小叶杨林木还可以生长一定的年代；二是可作为新植针叶树的伴生树种，组成针阔叶混交林，继续发挥强大的生态效益。

以上经营作业中强调人工补植中要以油松为主栽树种：一是因为油松是晋北乡土树种，长期实践证明在晋北风沙区生长正常，能天然更新成林；二是因为其他一些针叶树如华北落叶松在土壤干旱贫瘠的盆地风沙土地上生长不良；三是引进的外来树种如樟子松，生长虽好，但不能正常结实，难以天然更新换代，可持续发展有困难。

13.2.1.3 人工林天然林化的应用

人工林可持续经营就是要通过更新采伐将人工林天然林化，形成可持续发展的森林生态系统或者接近于天然林的人工林生态系统。因为：第一，人工林可持续经营更新采伐后是由人工种植的母树种子（或伐根）天然更新出新一代幼林，它们既不是人工种植的，也不是天然母树种子（或伐根）天然更新成林的；第二，形成的幼林不同于一般人工林，具有林木异龄化、林木生长分布不规则化等天然林的特征。因此，人工林可持续经营后，更新起来的新一代森林实为天然林化（接近于天然林）的人工林生态系统。其特点：形成以采伐更新作业后天然更新起来的林木为主体，具有天然林特征的树种多样性、多层次、异龄化的新一代森林生态系统；林地生产力和更新能力不断提高；能够可持续地发挥以森林生态为主的综合效益，更好地为人类社会提供服务。

下面，我们将对人工林的天然林化进行进一步讨论。

1）人工林天然林化的内涵

为了可持续地发挥以人工林生态为主的综合效益，王国祥在 2008 年出版的《山西省林业可持续发展战略研究》一书中，系统地阐述了人工林“天然林化”理念。以期用人工林“天然林化”的理念指导生态公益人工林的培育、经营作业。通过作业使人工林沿着接近于天然林发生、发展的规律生长发育，形成天然林化的、可持续发展和发挥效益的人工林生态系统。

森林按起源可分为天然林、人工林两大类，且各有本身的特点。所谓人工林天然林化不是要将人工林变为天然林，而是根据近自然林业理论的理念建立、经营与利用人工林，即重视与使用乡土树种造林，按天然林恢复（更新）的自然规律相近似的采取造林技术措施；根据天然林生态系统中森林植被内部以及生态环境之间相互依存、制约和稳定发展的内在关系与规律，培育与经营人工林；研究与利用天然林自我更新与持续发展的规律，用可持续的方式多功能地利用人工林，使人工林演进为近似天然林生态系统，可持续地自我更新（人工辅助）发展与发挥效益。简要地说，人工林天然林化就是遵从自然规律，根据接近于天然林发生、发展的规律，采取相应技术措施，培育和经营人工林，使人工林的建立与发展能接近自然规律；形成树种多样化，内部结构合理，森林树木群落与生态环境协调，林地生产力不断提高，更新能力不断增强，相对稳定的、接近于天然林的人工林生态系统。

总之，人工林天然林化理念与人工林可持续发展思想基本是一致的。在人工林经营中，坚持可持续发展原则，应用人工林天然林化的理念，采取科学的技术措施，开展经营作业。保护人工林内的天然健康树木和幼树，摒弃各式皆伐作业，用渐伐或择伐方式作业，更新成熟人工林，保证人工林可持续发展与持续地发挥效益。

2）用人工林天然林化的理念营造人工林

区别于一般营造林，用人工林天然林化理念营造人工林时，至少关注以下几点：

（1）造林适地适树和树种多样化。营造林时要选择适于造林地立地条件的树种，且要因地制宜地营造混交林，建立森林树木与生态环境协调、树种多样化的天然林化人工林生态系统。

（2）人工造林与封山育林相结合。封山保护是人工造林成活成林的首要保证，其封育过程也是保护天然更新和天然乔灌木在人工林地生长的过程，可能使天然树木从无到有、从少到多，不仅使新造幼树安全成林，也使人工林趋向树种多样化。

（3）人工林与小片天然林混交或与天然散生木结合。在有小片天然林或天然散生木生长的荒山荒地人工造林，并保护天然小片林和散生木，形成人工林木与天然林木混交林；反之，也可在天然林的大大小小林中空地上人工营造不同于天然林优势树种的人工林，使人工林在天然林影响下，向树种多样化演进。

3）用人工林天然林化的理念经营人工林

按照近自然林业理论和可持续发展原则，运用天然林发生、发展的自然规律，采取相应的技术，经营人工林（即人工林可持续经营）。具体强调几点：

（1）加强人工幼林保护，除保护新造幼树安全外，强调造林地上已有天然树木的保护。针对以下几种情形：保护林下灌木和小乔木，作为下木层，使其成为林分的组成部分，增加人工林垂直结构的层次。保护天然阔叶林改造采伐迹地上更新的天然阔叶幼树，作为主栽针叶树的伴生树种，组成针阔混交林，与人工林主栽树种统一抚育经营。在天然疏林改造作业中，保护已有天然乔灌木，在人工补植更新后，形成人工主栽树木与保留天然乔灌木混交林。在天然灌木林改造作业中，在人工造林株行间保留天然灌木，形成人工乔木与天然灌木混交林。

（2）确立人工林抚育作业中间伐林木的新观念。开展公益人工林抚育时，要按生态效益为主的要求来确定保留木和砍伐木。在抚育作业中，除先将枯死及被压濒死木、过熟木、病虫害木、无头及风倒等有害木列为砍伐木外，人工主栽优势木以外的健康天然乔灌木，应作为有益木，与优势木一起，根据林分郁闭度即林木密度状况，确定保留木和砍伐木，既要保证造林主栽树种的优势地位，也要在有条件的情况下，保留健康的天然乔灌木，维持树种多样化。特别保护林下天然更新幼树，它们是人工林成熟后形成新一代林的基础，也是人工林可持续发展的保障因素。此外，还要为林下幼树生长创造条件。

（3）采取渐伐或择伐方式对人工成熟林进行更新采伐作业。对达到防护成熟期的生态公益人工林进行更新采伐，在林下天然更新幼树较多时，采用渐伐方式作业；林下天然更新幼树较少时，采用择伐方式作业。要求在更新采伐过程中完成更新，更新不足时，采取人工促进天然更新或人工补植。

13.2.2 晋北植被营造模式

植被建设首先应该做到适地适树，根据林地生长的土地及相关环境因子选择适宜的树种和适宜的模式。不同立地条件气候、地貌、土壤等环境因子都不同，因而应该针对不同条件进行分区，分别开展植被建设与优化配置。从 20 世纪七八十年代开始，有关单位和学者针对山西省森林立地条件、适生树种与造林模式做了不少工作，如划分山西省不同区域立地条件、根据各分区总结和设计适宜的造林模式等，相关成果陆续出版（李新平，朱金兆，2005；孙拖焕，2007；田国启，邝立刚，朱世忠等，2010；王国祥，2012），为山西省造林规划设计与施工，实现科学造林和指导林业生态建设提供了科学借鉴。目前山西省的森林立地划分工作仍走在全国前列，主要以“主导因子”和“限制因子”划分区域，即以大地貌为主，同时参考气候条件（主要是水、热条件）进行划分。

有关晋北人工林可持续营造与经营，仍有许多课题需要深入研究，本节依据前面有关对晋北的分区结果，进行了植被营造模式的研究，以期对同类研究提供借鉴。

13.2.2.1　植被模式

植被模式应符合国家有关政策要求；适合造林地区立地条件（科学性，因地制宜）；体现生态经济可持续性（在生态上合理，经济上高效）；适地种树，乡土树种为主；造林模式多样化；便于操作、推广。总结适宜晋北植被模式应以混交林为主，根据造林目的的不同，仍有部分纯林模式。育林目标有经济林、用材林、农田防护林和生态林，以生态林为主。植被模式包括造林模式、造林密度、种植点配置等。

1）造林模式

包括单纯林造林模式（由一个主栽树种造林）和混交林（由主栽树种+伴生树种，用两个以上树种造林）造林模式。在造林中是否采取混交林造林模式，应根据造林目的、造林地立地条件和所选造林树种的不同而不同。经济林、速生丰产用材林、某些特殊用途的森林等，适宜营造单纯林；树干通直、生长迅速的喜光树种如落叶松等营造用材林时，也宜营造单纯林。水土保持林、防风固沙林宜造混交林；某些树干通直、树冠大，自然整枝差，生长较缓慢的大乔木树种如油松等，在营造用材林时，也宜营造混交林。

2）造林密度

造林密度通常是指造林初植密度，并以单位面积造林初植株数或穴数来计算。包括单纯林和混交林造林密度。造林密度确定的原则包括：

（1）根据造林目的确定造林密度。

造林目的不同，造林密度应调整。造林林种不同，造林密度也应相应变动。从生态防护林来说，造林密度一般应该大一些，以便及早郁闭，发挥防护效益；但如农田防护林要求疏透型林带结构则不宜过密。用材林的营造密度要求复杂，速生丰产用材林宜稀，培育大径材的用材林宜稀或先密后稀；培育小径材的用材林宜密。

（2）根据造林树种确定造林密度。

不同的造林树种应有不同的造林密度，一般来说，慢生树种造林，密度宜大；速生树种造林，密度宜小。例如，侧柏（慢生）3 000～3 500 株/hm^2，刺槐（速生）为 2 000～2 500 株/hm^2。乔木和灌木的造林密度也应不同。一般来讲，灌木造林与乔木造林比，密度要大，树冠大的树种造林与窄冠树种相比，造林密度相对应小一些。例如，油松与侧柏相比，如欲早郁闭。侧柏就要密度大一点。在营造用材林时，枝杈多又天然整枝不好的树种如辽东栎等，造林时应适当密一些。此外，喜光树种与耐荫树种相比，造林密度应小一些。

（3）根据造林地立地条件确定造林密度。

一般情况下，立地条件好的造林地林木生长较快，如土壤肥厚且坡度不急不陡的山地阴坡，造林初植密度可以小一些；立地条件差的造林地林木生长较慢，如土壤瘠薄，自然植被稀少，又有水土流失的山地阳坡，造林密度应该大一点。

（4）根据经营条件和造林技术确定造林密度。

造林技术成熟，经营管理设施和条件好的立地，能够保证造林成活成林，造林密度可以小一些，以减少森林抚育间伐次数；反之，造林密度要大点，以保证幼林及时郁闭，发挥应有效益。

3）种植点配置

种植点是指造林地上植苗或播种的地点。种植点配置是指种植点在造林地排列分布的形式，包括株行距和种植点的配置。种植点配置也是造林树种配置，尤其是混交造林，可以显示各树种在造林地上混交配置模式（方式）。

（1）确定株行距。

一般来讲，造林设计首先，确定造林株距与行距的比例，一般行距大于株距，山地造林比例多见有1∶2、1.5∶2、2∶3等，偶见二者相等比例如2∶2。特殊造林不在此比例。其次，在确定造林密度即单位面积造林初植株（穴、丛）数的基础上，计算每株（穴）所占面积（平方米）。最后，在每株（穴）占地面积（平方米）的基础上，确定株行距。

（2）种植点（穴）的配置。

种植点布局是指相邻树之间的种植点（穴）是十字交叉布局还是错开种植，便形成了常见的几种配置形式：①正方形。株行距相等，行间相邻植树点连直线与植树形成直角相交，行间株间各植树点呈正方形。正方形配置模式由于株行距相等，树木之间距离均匀，有利于树冠均匀生长，适于营造经济林、用材林。②长方形。行距大于株距，行间相邻植树点连直线与植树形成直角相交，行间株间各植树点呈长方形。这种配置模式由于行距较大，行间透光强度大，增加了林木侧方受光，有利于林下亚乔木、灌木及草类生长，对培育森林垂直结构有利。适于营造防护林，提高防护效益，也适用于林农间作和林草间作的林农，林牧复合经营模式。③品字形（三角形）。品字形配置要求相邻行的植树点彼此错开，行间相邻植树点成品字形，连线则呈等腰三角形。品字形（三角形）是目前造林常用的种植点配置模式。

13.2.2.2 植被模式的优化目标

在生态文明建设的今天，晋北植被建设的目的首先是生态效益，在形成稳定生态效益的基础上再追求经济效益。树种的选择上，应以本地乡土种为主体，合理应用外来种；根据不同的分区实施不同的植被优化配置。植被优化配置内容包括：现有低效林提质、低效草地生态化以及绿色廊道、农田防护林建设等。采取的措施有：基于现有人工纯林成果，在林内引入原生乡土树种，增加种质资源，建立多物种混交大型斑块和小型斑块；实行封育和局部地带性禁牧；沿公路、铁路、河流等建立生物多样性通道空间，作为联系各类斑块的纽带；在农区建立小网格高密度农田林网，提高农田综合产出，发展牧草种植，建立农—林—牧复合经营系统，发展生态产业，实现畜牧舍饲化和农业特色发展。形成生态网络体系，使其发挥生态功能、维持生物多样性、结构复杂化和功能完善化、改善和维护生态环境，发展生态产业和生态基础设施并重，建立以森林生态系统为基础的社会—经济—生态复合系统，是该区域社会、经济和生态可持续发展的关键。

13.2.2.3　分区植被模式研究

1）晋西北黄土丘陵立地亚区

（1）植被现状评价。

本区自然植被属温带草原地带灌丛草原区，灌木主要优势种中建群种是柠条、沙棘。草原植被优势种有针茅、蒿类、百里香等。农作物有中早熟玉米、谷子、豆类以及马铃薯、莜麦、胡麻等，还有黄芥。人工栽培有杨、柳、刺槐、西府海棠、保德红枣和海红果。

（2）适宜植被模式。

按照地形划分为梁峁顶、梁峁坡、沟坡、沟底河滩。根据坡向不同，将峁坡和沟坡分为阳坡和阴坡；考虑到土壤类型差异进一步细分立地类型。根据立地类型得到植被模式见表 13-1。

表 13-1　晋西北黄土丘陵立地亚区植被模式

立地类型	立地特征	模式	植物	配置	措施
梁峁顶风沙土	梁峁顶，坡度 5°以下，风沙土	灌草混交防风固沙	柠条、沙打旺、四翅滨藜、苜蓿、胡枝子、蒿类、针茅	带状灌木 3 行 1 m×1.5 m，草带宽 4～6 m	雨季播种，不预整地，植灌播草
梁峁阳坡	梁峁顶，梁峁坡，阳坡，半阳坡，坡度 35°以下，黄绵土、淡栗褐土	灌草混交防风固沙经济林	柠条、沙打旺、四翅滨藜、苜蓿、海红	带状灌木 3 行 1 m×1.5 m，草带宽 4～6 m，局部种植海红	灌草雨季播种，植灌播草，不预整地，容器苗雨季造林
梁峁阴坡	梁峁坡，阴坡，半阴坡，坡度 35°以下，黄绵土、淡栗褐土	乔灌混交水保用材林	油松、杜松、刺槐、沙棘、虎榛子、黄刺玫、胡枝子	斑块状混交	植苗
阳沟坡	沟坡，阳坡，半阳坡，坡度 35°以上，黄绵土、淡栗褐土	灌草混交水保林	柠条、四翅滨藜、菅草、羊胡子草	带状、灌木 2～3 行	植灌播草不预整地
阴沟坡	沟坡，阴坡，半阴坡，坡度 35°以上，黄绵土、淡栗褐土	灌草混交水保林	沙棘、胡枝子、紫穗槐		不预整地，雨季人工促进直播
沟底坡麓	沟底坡麓，坡度 15°以下，黄绵土、淡栗褐土，土厚 30 cm 以上	乔木水保用材林	青杨、旱柳、榆、刺槐、胡枝子		秋季整地、春季植苗造林

（3）植被优化。

①林粮复合、农林复合配置。

黄河滩地沙化区地下水位较高的地方，选择耐水湿、耐盐碱的旱柳、白蜡为主要林网造林树种，并与沙棘、紫穗槐等灌木混交；大部分农田林网选择毛白杨、新疆杨、北京杨等病虫害少、抗性强且工艺价值高的树种；在河流、道路、水渠拐弯处的零星地块上，选择刺槐、臭椿、青杨、白榆、柳等乡土树种；农林间作应选择速生丰产的用材林和核桃、红枣、梨、海红果、苹果等经济树种。

②人工林提质。

目前人工林大多是生产力较低的纯林，尽快启动人工林改造工程。在改造现存“小老树”之类的残次林时，选择当地乡土常绿针叶树种或灌木，在土层特别瘠薄地段，可采用客土造林，小穴整地，尽量保留立地上的林木和灌草；对不同等级的退化人工林实施结构调整和密度控制，开展疏伐，以改善群落结构，提高物种多样性。

③重视灌草。

利用好虎榛子、三裂绣线菊、胡枝子、锦鸡儿等灌木，加快针茅、百里香、薹草、白羊草、蒿类等草地生态系统建设，保证灌草生态系统和生物多样性持续发展。在适宜生态位选择合适的乔木，但要控制其密度，配置方式以自然混交为主。

2）管涔山山地立地亚区

（1）现状评价。

本区植被分布有显著的垂直地带特征，1 450 m 以下的山麓地带为灌草丛和农田，土壤为山地淡褐土。主要建群种灌木有沙棘、榛子、虎榛子和黄刺玫等。还混生有三裂绣线菊、蚂蚱腿子等。草本植物为草地早熟禾、白羊草、兰花棘豆、蒿类等。农作物为莜麦、土豆、胡麻、黍子、谷子等。1 450～1 600 m 的阴坡，土壤为山地棕壤。主要以白桦、山杨、辽东栎组成的阔叶林，其中有蒙椴、榆混生。灌木有虎榛子、三裂绣线菊、黄刺玫、沙棘等。草本植物有蒿类、柴胡、沙参、兰花棘豆、老芒麦、披碱草等。1 550～1 800 m 的阳坡，土壤主要为山地淡褐土和山地棕壤。主要以油松、辽东栎为主的混交林，灌木有山桃、山杏、黄刺玫、山定子。阴坡分布于海拔 1 600～1 750 m，土壤为山地褐土、局部有山地淋溶褐土。为白桦、山杨、青杆、华北落叶松组成的针阔叶混交林带，尚有白杆、红桦、蒙椴、蒙桑混生。灌木有忍冬、榛子、虎榛子、三裂叶绣线菊、栒子木等。草本植物有唐松草、早熟禾、糙苏、老芒麦、披碱草、柴胡、委陵菜等。1 700～2 600 m 土壤主要为山地棕壤，局部有山地淋溶褐土。主要是以华北落叶松、青杆、白杆为主组成的寒温性针叶林，面积大，生长良好。林内潮湿，灌木稀少，主要有二色胡枝子、多花栒子木等，草本稀疏，有歪头菜、糙苏、乌头等，藓类发达。2 400～2 600 m 的阳坡，土壤为山地草甸土。有箭叶锦鸡儿、高山绣线菊、金露梅、纯叶蔷薇、蒙古绣线菊组成的灌丛。草本为小红景天、零零香、高山紫菀、高山蒲公英、珠芽蓼等。海拔 2 600 m 以上山地，土壤为亚高山草甸土。以蒿草、薹草、细叶薹草、豹子花等组成，次为珠芽蓼、零零香、披碱草、硬质早熟禾、地榆、高山蒲公英、山菊、勿忘草、飞燕草、金莲花、棘豆、山大烟、樱草等。

（2）适宜植被模式。

该区土壤有山地草甸土、亚高山草甸土、山地褐土、山地棕壤；海拔分为低中山 1 000～1 499 m、中山 1 500～2 000 m、中亚高山＞2 000 m、高山＞2 500 m；坡向分阳坡（包括半阳）、阴坡（包括半阴）；土厚分为薄土＜30 cm、中厚土≥30 cm、薄表土＜10 cm、中表土≥10 cm，根据以上划分立地类型组进行植被配置见表 13-2。

表 13-2 管涔山山地立地亚区植被配置

立地类型	立地特征	模式	植被	配置	措施
高山阴坡、阳坡	海拔＞2 500 m，阳坡，半阳坡，阴坡，半阴坡，平缓坡，亚高山草甸土，山地草甸土	封育	箭叶锦鸡儿、金露梅、银露梅		封禁、补播
亚高山阴坡、阳坡	海拔 2 000～2 500 m，阳坡，半阳坡，阴坡，半阴坡，斜陡坡，平缓坡，淋溶褐土、棕壤	针叶林 水源涵养林	华北落叶松、青杆、白杆	自然混交	鱼鳞坑、穴状整地
中山阳坡	海拔 1 500～2 000 m，阳坡，半阳坡，斜陡坡，平缓坡，山地褐土、棕壤	针阔、乔灌混交水源涵养林	油松、辽东栎、山桃、山杏、黄刺玫	自然混交，保留天然灌木	鱼鳞坑整地
中山阴坡	海拔 1 500～2 000 m，阴坡，半阴坡，斜陡坡，平缓坡，山地褐土	针阔、乔灌水源涵养林	油松、华北落叶松、山杨、青杆、白桦、虎榛子	自然混交，带状、块状混交	鱼鳞坑整地
低中山阳坡	海拔 1 400～1 500 m，阳坡，半阳坡，斜陡坡，平缓坡，山地褐土	灌草水土保持林	紫穗槐、沙棘	点缀式混交	鱼鳞坑整地
低中山阴坡	海拔 1 400～1 500 m，阴坡，半阴坡，斜陡坡，平缓坡，山地褐土	灌草水土保持林	沙棘、虎榛子、白羊草、冰草	灌草	植灌播草
低中山阴坡	海拔 1 400～1 500 m，阴坡，半阴坡，斜陡坡，平缓坡，栗褐土	灌草水土保持林	荆条、沙棘、丁香、虎榛子、白羊草、冰草	以灌草为主，点缀式植乔木	植灌播草

（3）植被优化。

①加强护林及现有林近自然管理。

本区山地地势高亢，气候寒冷，降水量多，生长期短。应首先搞好现有林木的管理，继续发挥水源涵养及木材林生产基地的作用，推荐近自然形式的林业管理方式，鼓励天然更新同时辅以适度人工措施，对某些关键部位或生态环境脆弱地段的水源林、水土保持林、自然保护林（生物多样性、物种、独特自然现象与环境），生态旅游林等采用封禁措施，禁止任何人为措施与干扰；对不同等级的退化人工林实施密度和结构调整，以促进林分向更接近顶级林的等级演替。

②重视灌草。

利用好虎榛子、三裂绣线菊、胡枝子、锦鸡儿等灌木，加快针茅、百里香、薹草、白羊草、蒿类等草地生态系统建设，保证灌草生态系统和生物多样性持续发展。在适宜生态位选择合适的乔木，但要控制其密度，配置方式以自然混交为主。

③野生药用植物保护。

对野生药用植物如恒山山地的麻黄、黄芪，五台山地的台参等要有计划地培育和挖掘。五台山寒温针叶林下及亚高山草甸植被区域生长有以台蘑为主的多种食用菌，要加强管理，保护和引种栽培的研究，在此基础建立自然条件下的人工栽培基地，发挥其经济效益。

④草甸资源保护和合理利用。

山地草甸资源丰富，是夏、秋季大牲畜放牧的良好牧场，由于不合理的放牧，不少地段草场退化。迅速建立山地草甸保护区，保护原生草地为主，加强山地草甸管理，以草定畜，合理利用，使生产量与载畜量相适应，充分发挥天然草场资源的优势。

⑤加强珍稀植物保护。

辽东栎是深根性、阳性至中性阔叶树种，又是寿命长而比较稳定的森林群落，具有很大的生态效益和一定的经济价值。耐干旱、瘠薄，在石质阳坡和干旱山脊都能生长，具有抗风固沙、保持水土的良好性能，是暖温带落叶阔叶林地带顶级群的建群树种，应该受到很好的保护。臭冷杉是山西境内珍贵的寒温性针叶树种之一，是一种有前途的用材和经济树种，五台山是山西省唯一有零星斑块状分布的臭冷杉分布区域，应加强保护，辅之以人工措施，扩大其分布区。白蜡叶荛花主要分布在北部恒山一带，以及大同、平鲁、朔州等地，1 200～1 400 m 丘陵山地阳坡、半阳坡，是改良土壤和水土保持，也是山西稀有群落类型，应加强保护。

⑥农田林网配置。

繁峙县、代县山间盆地土壤肥沃，水、热、光气象条件优越，是该地区粮食的主要产区，加上有恒山山脉阻挡，形成小气候，所以农田林网不宜占地过多，以县、乡、村道路网络为骨架，与绿化相结合，在树种配置上乔、灌、草、花、果相结合，常绿树种与落叶植物相配套，做到春有花，秋有果，冬有绿，四季常青，实现县、乡、村、户层层绿化美化。主林带宽 6～8 m（含道路、水渠等），栽植 3～4 行树，中间以杨树等高大乔木为主，株行距 4 m×2 m，或 3 m×2 m。如果林带由行道树组成，则在道路一侧各栽一行针叶树或其他灌木，株行距 2 m×2 m；如果林带位于农田内，在边行种植果树。副林带大都在农田之中，一般只种单一树种，且以速生杨树为主。

⑦林粮复合、林牧复合、农林复合配置。

繁峙县、代县山间盆地水热条件优越，无霜期长，有利于植物生长，可供选择的造林树种和造林模式较多。该区域以林—粮复合栽培为主，平川重点发展甜玉米、水稻、瓜菜、葡萄、谷类等集中连片种植，丘陵、低山区重点发展黍谷、红芸豆、核桃、仁用杏、中药材、薯类等特色种植。

3）晋北黄土丘陵立地亚区

（1）现状评价。

本区自然植被以针茅、蒿类、百里香、糙隐子草组成的草原为主，在河流两岸及低洼滩地有沙棘灌丛分布，植丛高，密度大。一少部分石质山坡偶有虎榛子、三裂绣线菊等组成的低矮灌丛或灌草丛。人工乔木以小叶杨、樟子松和油松为主，主要分布在地势平坦区、坡脚、沟坡和地势低洼地段。灌木树种主要为沙棘和柠条，在各种地形都有分布。农作物以耐寒、喜凉的莜麦、马铃薯、胡麻为主，春小麦、谷子也有栽培，为一年一熟。

（2）适宜植被模式。

根据地貌类型、坡向、坡度、海拔以及土壤类型进行划分立地类型，并进行植被配置表 13-3。

表 13-3　晋北黄土丘陵立地亚区植被配置

立地类型	立地特征	模式	植被	配置	措施
梁峁顶、梁峁阳坡	梁峁顶，梁峁阳坡，半阳坡，坡度 5°以下，栗褐土、淡栗褐土	灌草混交防风固沙局部乔木	柠条、沙打旺、苜蓿、胡枝子、蒿类、针茅、油松、樟子松	带状灌木 3 行 1 m×1.5 m，草带宽 4～6 m，水分条件较好地段可局部种植乔木	预整地，雨季播种，植灌播草
梁峁阴坡	梁峁坡，阴坡，半阴坡，坡度 25°以下，栗钙土、栗褐土、淡栗褐土	乔灌混交水保用材林海拔＜1 400 m	油松、沙棘	斑块状混交	2～3 年生容器苗，秋季植苗造林，鱼鳞坑、穴状整地
梁峁阴坡	梁峁坡，阴坡，半阴坡，坡度 25°以下，栗钙土、栗褐土、淡栗褐土	乔灌混交水保用材林海拔＞1 400 m	华北落叶松、油松	片林	2～3 年生容器苗，秋季植苗造林，鱼鳞坑、穴状整地
沟坡	沟坡，坡度 25°以上，栗钙土、栗褐土、淡栗褐土	灌草混交水保林	柠条、沙棘、四翅滨藜、菅草、羊胡子草	带状、灌木 2～3 行	不预整地植灌播草
沟底坡麓	沟底坡麓，坡度 15°以下，栗褐土、淡栗褐土，土厚 30 cm 以上	乔木水保用材林	杨、柳		秋季整地、春季植苗造林

立地类型	立地特征	模式	植被	配置	措施
丘间低地		乔灌混交生态林	杨、柳、油松、沙棘、柠条	乔灌行间或带间混交	穴状整地
滩地	河岸滩地，潮土，轻、中度盐碱化，风沙土	经济林 农田防护林	油松、樟子松、旱柳、新疆杨	行状或带状混交	整地 春季植苗造林
低中山草甸	海拔 1 800 m 以上，山地草原草甸土				保护、封育
低中山阳坡	海拔＞1 600 m，阳坡，半阳坡，坡度 25°以上，栗褐土、淡栗褐土	生态林	油松、樟子松、柠条、虎榛子	混交，控制植被密度	植苗
低中山阴坡	海拔＞1 600 m，阴坡，半阴坡，坡度 25°以下，淋溶褐土、栗褐土	生态林	华北落叶松、油松、沙棘、虎榛子	混交，控制植被密度	植苗

（3）植被优化。

①林粮复合、农林复合配置。

黄河滩地沙化区地下水位较高的地方，选择耐水湿、耐盐碱的旱柳、白蜡为主要林网造林树种，并与沙棘、紫穗槐等灌木混交；大部分农田林网选择毛白杨、新疆杨、北京杨等病虫害少、抗性强且工艺价值高的树种；在河流、道路、水渠拐弯处的零星地块上，选择刺槐、臭椿、青杨、白榆、柳等乡土树种；农林间作应选择速生丰产的用材林和核桃、红枣、梨、海红果、苹果等经济树种。

②人工林提质。

目前人工林大多是生产力较低的纯林，尽快启动人工林改造工程。在改造现存“小老树”之类的残次林时，选择当地乡土常绿针叶树种或灌木，在土层特别瘠薄地段，可采用客土造林，小穴整地，尽量保留立地上的林木和灌草；对不同等级的退化人工林实施结构调整和密度控制，开展疏伐，以改善群落结构，提高物种多样性。

③重视灌草。

利用好虎榛子、三裂绣线菊、胡枝子、锦鸡儿等灌木，加快针茅、百里香、薹草、白羊草、蒿类等草地生态系统建设，保证灌草生态系统和生物多样性持续发展。在适宜生态位选择合适的乔木，但要控制其密度，配置方式以自然混交为主。

4）晋北盆地立地亚区

（1）现状评价。

本区自然植被以针茅为主，还有达乌里胡枝子、百里香、蒿类。针茅群落人为破坏较严重，多呈小片分布。药用植物有黄芪、麻黄。盐碱下湿地有赖草、盐地碱蓬等。人工植被以小叶杨分布面积最大，多栽植在河漫滩和下湿地。成片营造的小叶杨林由于初植密度大，土地水分逐渐不能供应大乔木生长发育所需，林分衰颓，呈“小老树”态。其他树种有榆树和复叶槭。农作物有春小麦、玉米、谷子、莜麦、马铃薯以及甜菜等温性作物，不能种植冬小麦。

（2）适宜植被模式。

表 13-4　晋北盆地立地亚区植被配置

立地类型	立地特征	模式	植被	配置	措施
缓坡阶地	缓坡阶地，坡度<5°，潮土，栗钙土、中性粗骨土、盐化潮土、碱化盐土	乔灌混交农田防护林	新疆杨、油松、柠条、紫穗槐	带状混交，主林带2～3行，外侧1行杨树，内侧一行油松，1行柠条，副林带2行外侧一行油松，内侧一行柠条，株行距2 m×2 m	穴状整地80×80×60、穴状整地40×40×30品字形排列
缓坡阶地	缓坡阶地，坡度<5°，潮土，栗钙土、中性粗骨土、盐化潮土、碱化盐土	针阔混交农田防护林	新疆杨、油松	带状混交，主林带2～3行，外侧两行杨树内侧油松，副林带1～2行，外侧一行杨树内侧一行油松，株行距3 m×2 m	穴状整地80×80×60品字形排列
缓坡阶地	缓坡阶地，坡度<5°，潮土，栗钙土、中性粗骨土、盐化潮土、碱化盐土	林草复合经济林	仁用杏、紫花苜蓿	片林，行间间作草带3 m×4 m	穴状整地80×80×80
河漫滩地	河漫滩地，潮土，盐化潮土，碱化盐土	灌木混交农田防护林	沙棘、沙桑、紫穗槐	主林带加生物地埂，网格控制不大于100亩	穴状整地40×40×30品字形排列
河漫滩地	河漫滩地，潮土，盐化潮土，碱化盐土	灌木混交河滩生态林	紫穗槐、柽柳、梧柳	块状混交	穴状整地40×40×30
河漫滩地	河漫滩地，潮土，盐化潮土，碱化盐土	灌草复合河滩生态林	枸杞、四翅滨藜	行间、带状混交	带状整地或穴状整地50×50×40

（3）植被优化。

①人工林提质。

该区域多为20世纪六七十年代以防风固沙为目的种植的小叶杨纯林，现已进入成（过）熟阶段，林龄老化，生长停滞，出现大量的濒死木、枯死木和林间空地。基于现有小叶杨纯林，首先更新改造死亡严重的林分、疏林和迹地，依次改造濒临死亡的林分、生长严重衰退的林分。改造中不破坏小叶杨防护林整体防护功能，不要大面积皆伐，以免引起新的风沙危害。有计划地更换树种，可隔 2 行在林内引入原生乡土树种如油松、紫穗槐等，建立新一代防护林体系。油松可以作为主要更新树种。经济树可选仁用杏、苹果；某些地段可选用沙棘、柠条等灌木作为伴生树种。

②农田林网优化。

以现有林带（网）为基础，依托小叶杨成过熟林更新改造和通道绿化，营造针阔混交、乔灌混交的，以新疆杨、小叶杨、旱柳、油松、沙棘、紫穗槐为适宜树种的，形成片、网、带相结合的疏透结构（2～3 行乔木组成）和稀疏结构（多行乔木或单行间灌组成）防护林体系。原则上主林带为东西走向，副林带与主林带垂直为南北走向，考虑当地河流走向和耕地要求、结合盐碱改造的渠系工程进行适当调整。间距选择根据防护效率的要求确定。

③盐碱地植被优化。

以枸杞、柽柳、沙棘、山杏、四翅滨藜、紫穗槐和羊草、披碱草、老芒麦、无芒雀麦、冰草、碱草、紫花苜蓿、沙打旺、草木樨、红豆草、野豌豆为主要灌草进行种草植灌。

5）恒山山地立地亚区

（1）现状评价。

本区植物垂直地带特征相对简单，海拔在 1 200～1 300 m 以下自然植被已遭破坏，代之为农田。在沟谷、田边灌木有沙棘、锦鸡儿等。草本植物有铁杆蒿、无芒雀麦、委陵菜、铁线莲、剪刀股。农田为莜麦、马铃薯、黍子、豆类、胡麻。北坡海拔 1 250～1 600 m 为人工油松林。灌木有虎榛子、三裂绣线菊、蚂蚱腿子、山桃、山杏。草本植物有北苍术、马蔺、防风、蓬子菜、莎草、歪头菜、野豌豆、黄芩、玉竹、射干、兰花棘豆。南坡海拔 1 300～1 750 m，主要为山地灌丛。灌木种类有栒子木、沙棘、虎榛子、三裂绣线菊、六道木、金花忍冬等，群落中混生油松、华北落叶松、白桦、山杨等乔木树种。草本植物有野古草、野豌豆、大戟、柴胡、山葱、问荆、鹿蹄草、委陵菜、凤毛菊、列当、大丁草、白芷、苍术、防风、益母草等。阳坡 1 750～1 900 m，阴坡 1 600～1 950 m，成林树种主要有油松、杜松、白杆、白桦、个别红桦，林下灌木种类有毛榛、土庄绣线菊、沙棘、卫茅、山杏、忍冬等，草本植物有薹草、狗娃花、龙胆、火绒草、委陵菜、柳叶菜、柴胡、扁茎花芪、早熟禾、针茅、地榆等。阳坡 1 900 m 以上，阴坡 1 950 m 以上，有亚高山草甸，草本植物有火绒草、委陵菜、薹草、野菊、无芒雀麦、蓬子菜、臭青兰、早熟禾、针茅、地榆、铁杆蒿等。

（2）适宜植被模式。

该区土壤有山地草甸土、山地褐土、山地棕壤，中性粗骨土；海拔分为低中山 1 000～1 499 m、中山 1 500～2 000 m、中亚高山＞2 000 m；坡向分阳坡（包括半阳）、阴坡（包括半阴)；土厚分为薄土＜30 cm、中厚土≥30 cm、薄表土＜10 cm、中表土≥10 cm，根据以上划分立地类型组进行植被配置表 13-5。

表 13-5　恒山土石山地植被配置

立地类型	立地特征	模式	植被	配置	措施
中亚高山阴坡、阳坡	海拔＞2 000 m，阴坡，半阴坡，阳坡，半阳坡，平缓坡，山地草甸土				封禁、补播
中山阳坡	海拔 1 500～2 000 m，阳坡，半阳坡，斜陡坡，平缓坡，栗褐土	乔灌水土保持林	油松、杜松、沙棘、虎榛子	以灌木为主，散植乔木	鱼鳞坑整地
中山阴坡	海拔 1 500～2 000 m，阴坡，半阴坡，斜陡坡，平缓坡，栗褐土	针阔水源涵养林	油松、华北落叶松、杜松、白杆、白桦、虎榛子、沙棘	针阔带状、自然灌木混交	鱼鳞坑、穴状整地
低中山阳坡	海拔 1 000～1 500 m，阳坡，半阳坡，平缓坡，栗褐土、中性粗骨土	灌草水土保持林	沙棘、虎榛子、锦鸡儿、蒿类、无芒雀麦	灌草	
低中山阴坡	海拔 1 000～1 500 m，阴坡，半阴坡，平缓坡，栗褐土	灌草水土保持林	油松、白桦、山杨、虎榛子、山桃、山杏	以灌草为主，散植乔木	

（3）植被优化。

①加强护林及现有林近自然管理。

本区山地地势高亢，气候寒冷，降水量多，生长期短。应首先搞好现有林木的管理，继续发挥水源涵养及木材林生产基地的作用，推荐近自然形式的林业管理方式，鼓励天然更新同时辅以适度人工措施，对某些关键部位或生态环境脆弱地段的水源林、水土保持林、自然保护林（生物多样性、物种、独特自然现象与环境）、生态旅游林等采用封禁措施，禁止任何人为措施与干扰；对不同等级的退化人工林实施密度和结构调整，以促进林分向更接近顶级林的等级演替。

②重视灌草。

利用好虎榛子、三裂绣线菊、胡枝子、锦鸡儿等灌木，加快针茅、百里香、薹草、白羊草、蒿类等草地生态系统建设，保证灌草生态系统和生物多样性持续发展。在适宜生态位选择合适的乔木，但要控制其密度，配置方式以自然混交为主。

③野生药用植物保护。

对野生药用植物如恒山山地的麻黄、黄芪，五台山地的台参等要有计划地培育和挖掘。五台山寒温针叶林下及亚高山草甸植被区域生长有以台蘑为主的多种食用菌，要加强管理，保护和引种栽培的研究，在此基础上建立自然条件下的人工栽培基地，发挥其经济效益。

④草甸资源保护和合理利用。

山地草甸资源丰富，是夏、秋季大牲畜放牧的良好牧场，由于不合理的放牧，不少地段草场退化。迅速建立山地草甸保护区，保护原生草地为主，加强山地草甸管理，以草定畜，合理利用，使生产量与载畜量相适应，充分发挥天然草场资源的优势。

⑤加强珍稀植物保护。

辽东栎是深根性、阳性至中性阔叶树种，又是寿命长而比较稳定的森林群落，具有很大的生态效益和一定的经济价值。耐干旱、瘠薄，在石质阳坡和干旱山脊都能生长，具有抗风固沙、保持水土的良好性能，是暖温带落叶阔叶林地带顶级群的建群树种，应该受到很好的保护。臭冷杉是山西境内珍贵的寒温性针叶树种之一，是一种有前途的用材和经济树种，五台山是山西省唯一有零星斑块状分布的臭冷杉分布区域，应加强保护，辅之以人工措施，扩大其分布区。白蜡叶荛花主要分布在北部恒山一带，以及大同、平鲁、朔州等地，1 200～1 400 m 丘陵山地阳坡、半阳坡，是改良土壤和水土保持，也是山西稀有群落类型，应加强保护。

⑥农田林网配置。

繁峙县、代县山间盆地土壤肥沃，水、热、光气象条件优越，是该地区粮食的主要产区，加上有恒山山脉阻挡，形成小气候，所以农田林网不宜占地过多，以县、乡、村道路网络为骨架，与绿化相结合，在树种配置上乔、灌、草、花、果相结合，常绿树种与落叶植物相配套，做到春有花，秋有果，冬有绿，四季常青，实现县、乡、村、户层层绿化美化。主林带宽 6～8 m（含道路、水渠等），栽植 3～4 行树，中间以杨树等高大乔木为主，株行距 4 m×2 m 或 3 m×2 m。如果林带由行道树组成，则在道路一侧各栽一行针叶树或其他灌木，株行距 2 m×2 m；如果林带位于农田内，在边行种植果树。副林带大都在农田之中，一般只在单一树种，且以速生杨树为主。

⑦林粮复合、林牧复合、农林复合配置。

繁峙县、代县山间盆地水热条件优越，无霜期长，有利于植物生长，可供选择的造林树种和造林模式较多。该区域以林—粮复合栽培为主，平川重点发展甜玉米、水稻、瓜菜、葡萄、谷类等集中连片种植，丘陵、低山区重点发展黍谷、红芸豆、核桃、仁用杏、中药材、薯类等特色种植。

6）五台山北坡山地立地亚区

（1）现状评价。

本区自然植被垂直分布比较明显。海拔 800～900 m 以下的农作物以玉米、谷子、春麦为主，莜麦、马铃薯次之。阳坡 900～1 300 m，植物以长芒草、白羊草、蒿类占优势，散生荆条、酸枣。阴坡海拔 800～1 400 m，有白羊草，扁穗鹅冠草、蒿类、针茅、野菊、三脉叶马兰、冰草。散生有荆条、三裂绣线菊。农作物有莜麦、马铃薯、蚕豆等。阳坡海拔 1 300～2 300 m，土壤为山地褐土。有土庄绣线菊、沙棘、黄刺玫，草本植物有白羊草、草地早熟禾、野青茅、兰花棘豆、针茅等。阴坡海拔 1 400～1 800 m，灌木有土庄绣线菊、虎榛子、二色胡枝子、沙棘、忍冬、丁香、栒子木等。草本植物有藜漏、山野菊、柴胡、老鹳草、野青茅等。阴坡海拔 1 800～2 200 m，土壤为淋溶褐土。乔木有青杆、华北落叶松、白桦、山杨，灌木有沙棘、虎榛子、六道木、二色胡枝子、土庄绣线菊等。草本植物有草地早熟禾、鸢尾、马先蒿、蒿类、委陵菜、糙苏、败酱等。阳坡海拔 2 300～2 400 m，土壤为棕壤。主要为华北落叶松，次为青杆、白杆，阴坡海拔 2 200～2 600 m，土壤湿润，分布有华北落叶松和含有臭冷杉的青杆、白杆林。灌丛有山柳、金露梅、银露梅、高山绣线菊。草本植物有地榆、唐松草、珠芽蓼、兰萼香茶菜等。阳坡海拔 2 400～2 500 m，土壤为亚高山草甸土。灌木有山柳、锦鸡儿、金露梅、银露梅、高山绣线菊。草本植物有羊茅、兰花棘豆、野菊、紫菀、山萝卜、委陵菜、银莲花、地榆等。阴坡 2 600～2 800 m，灌木有山柳、金露梅、银露梅、箭叶锦鸡儿，草本植物有唐松草、藜漏、零零香等。2 800 m 以上土壤为亚高山草甸土，2 500～2 700 m（阳坡），主要由菊科、豆科、蔷薇科植物及混生一些薹草为主的亚高山五花草甸。阴坡 2 700 m 以上的北台、中台和西台地势平坦、排水不良，面积不大，年均温在 0℃左右，年降水量可达 860 mm 以上，植被以蒿草、薹草、珠芽蓼等组成的亚高山草甸。

（2）适宜植被模式。

该区土壤有山地草甸土、亚高山草甸土、山地褐土、山地棕壤，中性粗骨土；海拔分为低山＜1 000 m、低中山 1 000～1 499 m、中山 1 500～2 000 m、中亚高山＞2 000 m、高山＞2 500 m；坡向分阳坡（包括半阳）、阴坡（包括半阴）；土厚分为薄土＜30 cm、中厚土≥30 cm、薄表土＜10 cm、中表土≥10 cm，根据以上划分标准划分立地类型组进行植被配置表 13-6。

表 13-6 五台山北坡山地立地亚区植被配置

立地类型	立地特征	模式	植被	配置	措施
高山阴坡、阳坡	海拔＞2 500 m，阳坡，半阳坡，阴坡，半阴坡，平缓坡，亚高山草甸土				封禁、补播
亚高山阳坡	海拔 2 000～2 500 m，阳坡，半阳坡，斜陡坡，平缓坡，淋溶褐土、棕壤	水源涵养林	华北落叶松、青杆、白杆	自然混交	鱼鳞坑、穴状整地
亚高山阴坡	海拔 2 000～2 500 m，阴坡，半阴坡，斜陡坡，平缓坡，淋溶褐土、棕壤	水源涵养林	华北落叶松、青杆、白杆、臭冷杉	自然混交	鱼鳞坑、穴状整地

立地类型	立地特征	模式	植被	配置	措施
中山阳坡	海拔 1 500～2 000 m，阳坡，半阳坡，斜陡坡，平缓坡，山地褐土	乔灌水源涵养林	油松、杜松、虎榛子、黄刺玫	自然混交，保留天然灌木	鱼鳞坑整地
中山阴坡	海拔 1 500～2 000 m，阴坡，半阴坡，斜陡坡，平缓坡，山地褐土	针阔水源涵养林	油松、华北落叶松、山杨、青杆、白桦、虎榛子、沙棘、胡枝子	1 800 m 以上以乔木为主，混栽，1 800 m 以下以灌木为主，块状混交	鱼鳞坑整地
低中山阳坡	海拔 1 000～1 500 m，阳坡，半阳坡，斜陡坡，平缓坡，山地褐土	灌草水土保持林	山杏、山桃、紫穗槐、沙棘	点缀式混交	鱼鳞坑整地
低中山阴坡	海拔 1000～1 500 m，阴坡，半阴坡，斜陡坡，平缓坡，山地褐土	灌草水土保持林	荆条、酸枣、沙棘、虎榛子、白羊草、冰草	灌草	
低中山阴坡	海拔 1 000～1 500 m，阴坡，半阴坡，斜陡坡，平缓坡，栗褐土	灌草水土保持林	荆条、沙棘、丁香、虎榛子、白羊草、冰草	以灌草为主，点缀式植乔木	
低山阳坡	海拔＜1 000 m，阳坡，半阳坡，平缓坡，褐土	林牧复合	山杏、豆科牧草	山杏株行距 3 m×（6～7）m 长期混交豆科牧草	穴状整地
低山阳坡	海拔＜1 000 m，阳坡，半阳坡，平缓坡，褐土	农林复合，花椒地埂经营	花椒、莜麦、豆类	株距 3～4 m 行距随地块大小而定行间混交各种农作物	穴状整地
低山阳/阴坡	海拔＜1 000 m，全坡向，平缓坡，褐土	农牧复合	莜麦、马铃薯、白羊草、豆科牧草	块状混交	

（3）植被优化。

①加强护林及现有林近自然管理。

本区山地地势高亢，气候寒冷，降水量多，生长期短。应首先搞好现有林木的管理，继续发挥水源涵养及木材林生产基地的作用，推荐近自然形式的林业管理方式，鼓励天然更新同时辅以适度人工措施，对某些关键部位或生态环境脆弱地段的水源林、水土保持林、自然保护林（生物多样性、物种、独特自然现象与环境）、生态旅游林等采用封禁措施，禁止任何人为措施与干扰；对不同等级的退化人工林实施密度和结构调整，以促进林分向更接近顶级林的等级演替。

②重视灌草。

利用好虎榛子、三裂绣线菊、胡枝子、锦鸡儿等灌木，加快针茅、百里香、薹草、白羊草、蒿类等草地生态系统建设，保证灌草生态系统和生物多样性持续发展。在适宜生态位选择合适的乔木，但要控制其密度，配置方式以自然混交为主。

③野生药用植物保护。

对野生药用植物如恒山山地的麻黄、黄芪，五台山地的台参等要有计划地培育和挖掘。五台山寒温针叶林下及亚高山草甸植被区域生长有以台蘑为主的多种食用菌，要加强管理，保护和引种栽培的研究，在此基础建立自然条件下的人工栽培基地，发挥其经济效益。

④草甸资源保护和合理利用。

山地草甸资源丰富，是夏、秋季大牲畜放牧的良好牧场，由于不合理的放牧，不少地段草场退化。迅速建立山地草甸保护区，保护原生草地为主，加强山地草甸管理，以草定畜，合理利用，使生产量与载畜量相适应，充分发挥天然草场资源的优势。

⑤加强珍稀植物保护。

辽东栎是深根性、阳性至中性阔叶树种，又是寿命长而比较稳定的森林群落，具有很大的生态效益和一定的经济价值。耐干旱、瘠薄，在石质阳坡和干旱山脊都能生长，具有抗风固沙、保持水土的良好性能，是暖温带落叶阔叶林地带顶级群的建群树种，应该受到很好的保护。臭冷杉是山西境内珍贵的寒温性针叶树种之一，是一种有前途的用材和经济树种，五台山是山西省唯一有零星斑块状分布的臭冷杉分布区域，应加强保护，辅之以人工措施，扩大其分布区。白蜡叶荛花主要分布在北部恒山一带，以及大同、平鲁、朔州等地，1 200～1 400 m 丘陵山地阳坡、半阳坡，是改良土壤和水土保持，也是山西稀有群落类型，应加强保护。

⑥农田林网配置。

繁峙县、代县山间盆地土壤肥沃，水、热、光气象条件优越，是该地区粮食的主要产区，加上有恒山山脉阻挡，形成小气候，所以农田林网不宜占地过多，以县、乡、村道路网络为骨架，与绿化相结合，在树种配置上乔、灌、草、花、果相结合，常绿树种与落叶植物相配套，做到春有花，秋有果，冬有绿，四季常青，实现县、乡、村、户层层绿化美化。主林带宽 6～8 m（含道路、水渠等），栽植 3～4 行树，中间以杨树等高大乔木为主，株行距 4 m×2 m 或 3 m×2 m。如果林带由行道树组成，则在道路一侧各栽一行针叶树或其他灌木，株行距 2 m×2 m；如果林带位于农田内，在边行种植果树。副林带大都在农田之中，一般只种单一树种，且以速生杨树为主。

⑦林粮复合、林牧复合、农林复合配置。

繁峙县、代县山间盆地水热条件优越，无霜期长，有利于植物生长，可供选择的造林树种和造林模式较多。该区域以林—粮复合栽培为主，平川重点发展甜玉米、水稻、瓜菜、葡萄、谷类等集中连片种植，丘陵、低山区重点发展黍谷、红芸豆、核桃、仁用杏、中药材、薯类等特色种植。

13.2.2.4 结论与建议

在对晋北沙化土地区自然条件、植被状况、土地利用状况调查分析的基础上，对整个区域提出优化，营造以水土保持、水源涵养、防风阻沙为主要功能，兼具经济价值和景观功能，带、网、片相结合，乔灌草复合配置的植被格局。土石山地以营建护坡水土保持林、水源涵养林为主，并配置放牧林和薪炭林，主要采取封山育林和人工促进近自然恢复措施；大同盆地以营建、改造农田防护林、农林复合经济林、“四旁”经济林为主，形成农林镶嵌空间格局；丘陵区坡耕地及农田周围配置农田防护林，陡坡耕地继续开展退耕还林，同时要加紧人工林提质和天然灌草培育利用；在水热条件相对较好的河曲县、保德县和偏关县所在的黄河滩地及繁峙县和代县山间盆地大力发展农林复合型生态经济。在对整个区域进行布局的同时，对土地利用类型进行适当调整。对晋北沙化土地区植被建设提出以下建议。

1）科学造林

研究显示，晋西北黄土丘陵区不同植被类型及不同林龄林地存在“土壤干层”现象。在晋西北其他区域普遍存在的“小老树”也说明了土壤水分与植被格局的相关性。因此，应重视林—水平衡在植被生态恢复中的核心地位，科学造林。在林分尺度，植被结构配置应与立地土壤水分承载力相一致；在流域尺度，有必要以水量平衡为前提，充分探讨具有高分辨率，且有效融合地形、土壤、水分、光照等的生境适宜性或立地适宜性评价，为流域植被建设目标单元的确定提供定量依据。在区域尺度，防护林建设应遵从水热组合，特别是降水起决定性作用的植被地带性规律，避免大面积推进乔木林建设。

2）重视人工林的生态质量，加强管理

在原有植被破坏殆尽的区域，人工造林仍是未来一段时间内的主要方式，但一定要遵循自然规律，因地制宜，科学选择造林树种，合理确定造林方式，重点培育乡土珍贵树种，引导和鼓励发展混交林。早期营造的农防林中普遍存在经营管理粗放的问题，由此造成的林木受损现象严重，林分质量不高，土地生产力不能得到最大限度地利用。晋西北普遍干旱少雨，再加上普遍“只造不管”，缺乏合理的经营管理，形成了大量的低质、衰退林分，要加大对已有林的抚育、管护力度，加快人工林提质，以林定产，伐劣保优，增加生长量、提高蓄积量。

3）尊重自然，模拟近自然造林

在对人工林进行改造时，要尊重自然，按自然规律对现有林地进行抚育，模拟本土原生植被群落中的树种成分与林分结构，进行近自然改造，恢复退化生态系统，满足社会经济可持续发展需要。

4）重视灌草建设，特别是天然灌草培育和保护

要重视近自然恢复，加大灌草栽植力度，培育乡土灌草。合理利用虎榛子、三裂绣线菊、锦鸡儿、黄刺玫、酸枣、荆条、山桃、山杏等天然灌木，保护一批天然草地本底，加快针茅、糙隐子草、百里香、薹草、白羊草、蒿类等草地生态系统建设，保证灌草生态系统和生物多样性持续发展。

5）慎重选用外来物种

樟子松因其生长速度快、耐寒耐旱等特点，自引入后已逐渐成为晋北地区的主要造林树种，在朔州平鲁等地大面积栽植，但此树种在晋北地区无法完成自然更新。长此以往，如果这一代林分衰败死亡后，林地将可能失去覆盖，需要二次造林，所以一定要予以重视。

6）增强意识，加大保护力度

应重视对恒山、五台山、芦芽山山地的天然次生林、特有稀有林种保护，加强臭冷杉、桦树珍贵树种的保护力度，对野生药用植物如台参、黄芪等要有计划地培育和挖掘；加强天然草甸资源的保护和管理。

13.3　河流生态系统恢复战略

河流自然形成的生态结构、功能和过程维持着自身存在与流域健康，人类有史以来长期依赖和利用着河流。据有关史料记载，晋北地区在历史上河流水系发达。至少到明初以前，作为晋北最大河流的桑干河仍可行舟，而如今已退化为大片盐碱草滩之中的一条蜿蜒的小河沟。研究晋北生态系统恢复绕不开讨论这里的流域管理和河流水系生态恢复问题。

晋北是水资源不足的地区，人均水资源低于 500 m^3 严重缺水线，流域中水资源的蓄积显得尤为重要。较大强度降雨形成的雨洪会引起河水量增加、水位上升，虽给人民的生产生活带来危害，但也给整个流域带来了丰富的水资源。

本节主要针对晋北中小河流，尤其是过度渠化河流进行了分析，首先介绍了一些健康河流的生态特征，而河流的生态特征远非本节论述得如此之简单，仍有很多方面未被人类所认识，需要加强研究和探索。建议从生态修复的角度入手，恢复人类大规模开发改造河流之前的较为自然的河流状态，遵循河流自身规律，促使河流生态系统恢复到较为自然的状态，改善其生态完整性和可持续性。同时，结合已有的流域现状，应对河流日益加深的来自人类发展的压力，积极寻求社会与生态有机结合的河流生态治理之路。

13.3.1　健康河流的生态特征

河流通常可由河道、泛滥平原、边坡、河堤和部分高地 5 个部分组成。流域生态学认为，河流不是简单的地面排水道，而是流域的分流系统的表面；泛滥平原不是无用的土地，

而是吸纳和蓄积洪水的场所；水陆滨岸带对维持河岸生境至关重要；流域的雨洪调蓄离不开风化层这一重要场所等。流域的健康取决于河流整体结构的关联性及其生态功能的协调发挥。因此，河流的本质是复杂、动态和开放的系统，其系统运行遵循生态系统法则，而非工程学原理。20 世纪 90 年代后出现的流域"蓄水范式"是人们认识到流域的自然生态机理，尽力将雨洪留下来参与流域水循环。范式转换的实质是人们从简单封闭系统思维向复杂开放系统的转换。

从系统论观点认识健康河流的生态特征，必须认识河流的自然过程及其生态功能，认识水文变动、泥沙和溶解性养分的运动、动物活动，以及人类活动等过程。依据"河流连续体"理论，河流从上游到下游，水温、营养物质、河流和滨水生物群落是逐渐变化的，这些变化与其所处流域、水系、河岸植被与泛滥平原等关系复杂而密切，构成一个连续变化的梯度。以下将从河流的四个基本结构来分析健康河流的生态特征。

13.3.1.1 纵向结构上的生态特征

河流纵向连续性是视河流为一个从上游向下游形成的持续流动的廊道式连续体，这不仅指地理空间上的连续，更重要的是指生态系统中生物学过程及其物理环境的连续，包括水流、水温、水沙和各种水化学成分的纵向连续性。这些因素在纵向上呈现明显的廊道式分布变化，影响了不同生物群落的分布模式。

河流纵向空间上表现为一系列蓄水盆地/河岬的顺序性。物质组成较疏松、透水性较好、集蓄水性能良好的区域可视为蓄水盆地（retention basin），如泛滥平原等处；而物质组成较紧密、透水性较差的区域或不透水基岩突出的地方可称为河岬（headland），如河流浅滩等陡而窄的地方，其阻滞雨洪的作用十分明显。相邻两个蓄水盆地间的河段为河岬，一个蓄水盆地与其下部的河岬组合，组成河流的最小生态单元（ecotope），这一观点 Zev Naveh（2010）在其他研究中有过相似的表述。Tane（1994）最早认识到蓄水盆地与河岬组合成的河流最小生态单元是河流雨洪调蓄的基本生态结构单位，不同尺度下其单元大小也不同。一系列最小生态单元构成河流纵向上的蓄水盆地/河岬的顺序性。

健康的流域生态系统中，落入流域的降水及其形成的洪水主要收集和蓄存于蓄水盆地，大部分雨洪得以贮存，并参与流域水循环；在河流水沙输送和能量传递过程中，河床形态在水沙作用下不断发生调整，入河污染物的浓度和毒性借助水体的自净作用逐渐降低，持续的水流和多样化的河床则为河流生态系统中的各种生物创造了繁衍的生境。

13.3.1.2 横向结构上的生态特征

河流的横向结构是维持河流生态系统的核心。河流横向主要包括水域、河漫滩和过渡高地边缘三部分。河流由河源、干流、各级支流，连通湿地和湖泊等组成的流动水系构成河流的横向连续性。生态健康的河流都有一个完整贯穿的河道形态，由于河水流量的丰枯变化，季节性洪水给洪泛区带来了丰富的营养物质，形成了独特的泛滥平原生态系统和水陆滨岸带，丰富了生物多样性，提高了河流的自净能力，同时为洪水提供了出路。

河流是一个流动的生态系统，由于透水性能较差的河岬的存在，其上部的蓄水盆地中的水保持着适度地向上游和两侧的水分压力。河水对泥沙的搬运沉积以及河流的季节性涨落使得河水与河道两侧的滨岸带、泛滥平原、湿地、湖泊等通过地表水和地下含水层（aquafer）物质交换，河流开放性的特征同时使得河流与横向区域之间存在的能量流等多种联系，共同构成了河流的横向水陆生境。河流的水分行为与河岸生境之间关系密切。河流不同的水分行为导致交错带内不同生境的存在；同样，不同交错带生境同时也对河流水分行为产生影响，如良好的植被交错带，摩擦力增大，流域中的水能量分散，滞缓雨洪，增加水分入渗。

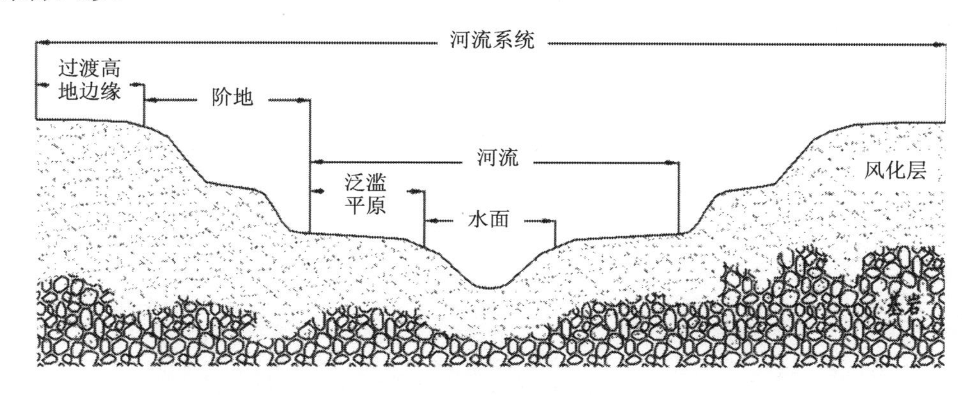

图 13-1　典型河流系统断面图

13.3.1.3　垂向结构上的生态特征

在垂向上，河流一般可分为表层、中层、底层和基层，最深可达未风化的基岩（风化层）。自然河流的基层由卵石、砾石、沙土、黏土等透水材料构成。具有透水性能又呈多孔状的基层材料，适于水生动植物以及微生物生存；同时基层材料的透水性为地表水和地下水提供了通畅的渗透通道，调节河水流量的季节变化。

故河流垂向连续性是指河流表层与大气、基层下与河流有联系的部分，其范围不仅包括地下水对河流水文要素和化学成分的影响，而且还包括生活在下层含水层中的有机体与河流的相互作用。而河流垂向上的生态结构同样影响流域生态功能的发挥。

由于河流中水体流动，水深又往往比湖水浅，河流表层与大气接触面积大，所以河流水体含有较丰富的氧气，是一种联系紧密的水—气两相结构。特别在急流、跌水和瀑布河段，曝气作用更为明显。与此相应，河流生态系统中的生物一般都是需氧量相对较强的生物。

在流域中通过一系列小型水循环过程的重复，使水循环尽量达到饱和。这实际上构成了一种复杂的生境、含水层及其生命群落之间的相互作用与相互关系。任何一个生境、生态系统和景观都无法单独完成这个过程。

13.3.1.4 河流的时序变化

从时间尺度来看，河流系统随着季节和年际变化很大。在季节尺度上，水、光、热在时空上的非均衡分布，其结构特点及功能也呈现周期性变化。在春季或雨季气温持续升高时，河流中由于流域内季节性或周期性降雨、融冰、化雪而水位流量上涨，这时河流中水量丰富，延续时间长。流域收集降水或大雨后在河流中形成的大部分洪水会蓄积下来，水充盈整个流域风化层，可从非饱和状态直到饱和状态，稳定流域水平衡。当年际连续干旱时，河流水量大量减少，风化层中的水会缓慢释放回补河流和流域，流域生态系统的物种数量保持相对稳定，风化层为生境及整个流域生态系统直接提供水，这一过程有时会持续多年。在北方，一般年份中大部分时间风化层中的水保持高流动性，此时风化层中的水会补给流域，包括持续向水量减少的河流供水。在生态健康的流域中，在持续降水或持续干旱条件下，河水水量并不会陡增或陡减。

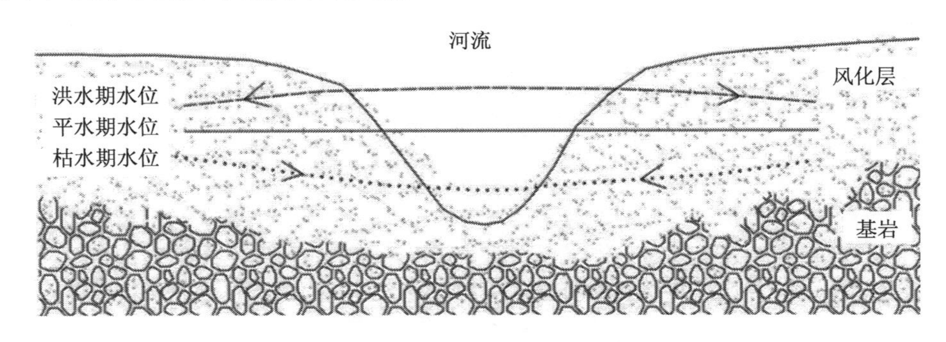

图 13-2 河流水位与时序变化示意图

简而言之，从流域生态学的角度可以这样认识河流：一是河流是流域生态系统的子系统，有着丰富的无机物质、有机物质和能量，是流域必不可少的生命保障系统；二是河流具有生态系统的一切属性，河流系统的维持无法离开流域中含水层和泉水等对它的调节；三是河流也是流域中信息流的重要载体，河流是有生命的，对其所在流域有着功能良好的记忆。

生态上健康的河流应包括稳定的流水、健康的溪流和生产力大的湖塘湿地，应该具有丰富的生物多样性和功能良好的含水层和泉水，它能通过含水层补给雨水，能减少洪水和干旱的发生，也使河水中沉积物、养分和病原体的载荷减小，河流通过洁净的活水，维持流域环境的健康。社会经济上健康的河流，使得人类能够利用洪水等河流自然功能，抵御自然灾害和荒漠化，控制害虫和疾病，减少河流和流域管理投入，为人类在流域内开展区域合作、共享水资源效益奠定基础。

13.3.2 河流渠化的生态灾难

在现代社会中，人类对河流开展了以工程措施为主的现代利用。在我国，20 世纪 70 年代前对河道的整治还是以治水、用水为目标的初级开发与治理；随着经济快速增长，到 80 年代后，大规模河道整治原本以提高河道防洪排涝能力为目标，然而，过度渠化的河道使河流生态系统遭受破坏。

河流渠化是人类依靠自己的主观愿望，过度施加工程措施的河道整治形式。它将原本蜿蜒的自然型河流裁弯取直，对河岸进行浆砌石衬砌，将流速缓慢的天然河流，改造成为外形规整划一、流速加快的人工渠化河道。人们开展的河流渠化原本希望能稳定河势，加快水流，尽快泄洪，但由于违反河流的自然规律，造成河流系统的一系列负面变化，如切断了地表水与地下水的水系交换、水陆交错带退化、生物栖息地消失、生物多样性减少、河流生境异质性降低、湿地消失等一系列生态恶果，甚而导致流域生态系统的灾难性后果。

河流渠化是现代人类出于防洪排涝、污染治理和绿化美化等目的对河流的改造活动：①裁弯取直河流平面形态，将蜿蜒的河流取直成人工河道；②几何规则化河道横断面，将健康河流的复杂形态变成梯形等规则几何断面；③采用硬质化材料改造河床，在河道的边坡及河床采用混凝土、砌石等硬质材料；④纯化河流景观，将多样化的河流景观变成单一规整的人工景观。

林恩·怀特指出，生态危机源于人类对自然的非自然改造方式。现代人类基于对自然河流支配和控制的合理性，运用西方传统的科学和技术对自然河流的渠道化改造，正是目前造成河流生态危机的历史根源。近年来，河流渠化导致的生态灾难已引起各国的反思：河流治理需尊重自然规律，摒弃渠化，杜绝人类中心主义的模式，探索人类可持续利用河流的新范式，保持河水的自然流动性，还河流以生命。

近 20 年来，河流渠化导致的生态灾难已成全人类共识，中外学者从不同角度指出河流被人类渠道化改造后的生态后果，主要表现在以下几个方面。

1）破坏了河流形态，河流自然景观消失

渠化过程中使得河流形态趋向均一、不连续化的方向改变，片面追求河岸的硬化覆盖，河堤年年加高，并大量建设钢筋混凝土、块石等直立式护岸，河流完全被人工化、渠道化，人工与自然的比例失调，强调河流的防洪功能，而淡化了河流的资源功能和生态功能。结果导致河流的长度缩短，浅滩和深潭消失，沿河的洪泛平原和湿地消失，沿河两岸的植被减少。

2）切断了河流与流域的联系，河流生态结构失调

人类通过人工改造渠道化自然河流的结果导致河流形态趋向均一，河流的长度缩短，浅滩/深潭顺序性消失，沿河泛滥平原、湖泊和湿地消失，河床和沿岸生境异质性降低，生

物多样性减少。河流渠化和泛滥平原的无序占用，直接切断或减少了地表径流与地下水的联系通道，河流生态系统中风化层（含水层）无法实现与地表径流的合理交换，风化层水文生态功能大大降低。河流自然属性、河流形态和水力特性的改变，彻底改变了流域系统内各个要素之间的有机联系，破坏了原有河流生态系统的能量交换和物质循环过程，进而破坏了自然河流的原有生态结构、功能和过程，最终导致河流的死亡或退化，人类搬起石头砸了自己的脚，也从根本上违背了自己改造河流的初衷。

3）影响了河流生态系统功能的正常发挥，河流生态系统功能退化

河流渠化直接杀死了原本生机勃发的河流，破坏了稳定健康的河流生态系统，改变了河流景观，最终导致流域功能退化。

河床材料的硬质化，切断或减少了地表水与地下水的有机联系通道，本来在沙土、砾石或黏土中辛勤工作的数目巨大的微生物再也找不到生存环境，水生植物和湿生植物无法生长，使得植食两栖动物、鸟类及昆虫失去生存条件。本来复杂的食物链（网）在某些关键种群和重要环节上断裂，这对于生物群落多样性的影响将不是局部的，而是全局性的。这些都违背了自然生态规律，破坏了流域生态结构系统。

河流形态的变化倾向逐渐削弱了生物群落的多样化，逐渐改变的河流形态，削弱了生物种群的多样化性质，河流生态系统功能降低以致破坏，往往是一个缓慢的发展过程，又是多因素作用的结果，当人们发现其恶果时，可能情况已经变得不可逆转。

4）加剧了干旱和洪水，河流自净能力消失

不透水的河床一方面使得洪峰流量显著增加；另一方面也导致在降水少的季节，河流的基流量迅速减少。河流渠化区域的洪水重现频率增加且洪水量增加。过去人们为了控制增加的洪峰，不得不进一步加深或拓宽河床，期望增加过流断面，使生态灾难越陷越深。渠化河流导致常年性河流变为季节性的，也使流域风化层贮水量减少，失水加快，流域干旱加剧，营养和生态功能退化，植物死于缺水，最后地表升温加速，荒漠化发生，造成环境灾难。

河床材料硬化衬砌，切断或减少了地表水与地下水的有机联系通道，阻断了周边土壤水分的补给源，使得河流的自净能力丧失，一旦受到污染则水质恶化严重。杀虫剂和其他有毒物质杀死含水层生物，从而控制了通常在水中才有的藻类和病原菌。如果这些有益生物被杀死，有毒藻类就会暴发，这样致死病原体会导致水的死亡。

13.3.3 河道渠化谬误的历史根源

河流渠化导致的经济灾难包括：渠化工程的高造价；由升高的洪水和（或）旱灾造成巨大经济损失；由河流控制和泛滥平原管理带来的高投入；废水的巨大花费与严重经济损失之间的矛盾。

国内河流规划管理的主要问题包括：①河流廊道的空间范围通常较窄（只针对河流及堤防），且缺乏生态学依据和生态观念；②目光短浅的河流观，欠缺内容较多，表现为只强调河流的经济价值，只注重防洪排涝、污染治理等问题，以及片面的城市美化，忽视生态保护、休闲、历史文化等多目标；③目标和实现手段都缺乏生态观念，有害的河流渠化工程措施，包括在泛滥平原建堤，在很大程度上将河流变成了排水渠和排污道。

河流渠化的根源是西方哲学的人类中心主义，与将河流视为社会生态系统的思想格格不入。河流为社会生态系统的思想可以理解为，就每一特定时空的地区而言，水生态文明就是对水资源进行合理规划、开发、利用、保护，并通过一系列组织的科学管理，协调人水关系及人与资源环境的关系，实现水资源能够永续地满足生态系统进化与发展的需要。在生态上表现为，水质量无退化，使水资源持续保持较高的生产力；在经济上表现为，水资源不断地被合理配置和高效利用，即利用一定数量的水资源产出尽可能多的经济效益，同时又能维持水的这种高效产出功能；在社会上表现为，水资源利用不仅要满足当代人需要，而且要遵循各代人之间的平等原则，确保后代人的生存与发展，即水资源配置、利用及效益等方面，在代内及代际保持公平。

水资源可持续利用显现了生态文明中的“协同”和“公平”。协同，即水资源的利用应考虑社会进步、经济增长和环境保护三者之间的关系，体现水资源利用的目的是满足人类的长期需要。水资源在使用过程中必须保持其质量不退化，不造成生态环境破坏和污染，不削弱经济发展的基础公平，即水资源利用能保证当代人平等享受水资源的功能，同时也能使其他生物种群具有它们该有的享用水资源的权利。

13.3.4　河流近自然治理

河流近自然治理是在完成传统河流治理任务的基础上，可以达到接近自然、廉价并保持景观美的一种治理方法。近自然治理的实质是人为活动对自然景观或其一部分的干预，而河道整治首先要考虑河道的水力学特性和地貌学特点。河溪的自然状况或原始状态应该作为衡量河道整治与人为活动干预程度的标准。近自然治理和工程治理的出发点与衡量标准有很大的差异，在断面设计中保留自然状态下交替出现的深潭和浅滩，从而形成交替出现的深水区和浅水区、温水区域和凉水区域的差异。通过生态治理创造出一个具有各种水流断面、不同水深及不同流速的河溪，河岸植被应该是具有多种小生境的多级结构。

目前世界上一些发达国家纷纷大规模拆除以前人工修建的硬质衬砌，对河流进行近自然的改造和建设。近自然河流概念还延伸出了自然型护岸，就是放弃单纯的钢筋混凝土结构，改用无混凝土护岸或钢筋混凝土外覆土植被的非可视性护岸。这些国家正在进行的河流及沿线岸边回归自然的改造，将水泥堤岸改为自然属性的生态河堤，重新恢复河流两岸储水湿润带，并对流域内支流实施裁直变弯的措施，延长洪水在支流的停留时间，减低主河道洪峰量。

基于近自然的河流治理理论，我们提出晋北河流生态系统恢复的主要措施如下。

1）遵循河流生态系统规律

从对健康河流的生态特征分析可见，河流不是线性、封闭的简单系统，而是一个复杂、开放的生态系统。例如，蜿蜒的形态是河流纵向结构的主要特征，具有主流和支流、深潭和浅滩、河岬和蓄水盆地、湿地和湖泊等丰富多样的生境；河流除了河道，还包括水陆滨岸带和泛滥平原等，它们共同对河流生态环境景观维持、生物多样性的维持发挥着作用；河流也分层，与周围环境发生着物质、能量和信息的交换，如河流底层与流域风化层持续地进行着水分运动，维持着流域生命的健康；河流的时序变化不是河流自身封闭的行为，而是与流域其他系统协同作用，共同防洪和抵御干旱。

中国古代的人们尊重和敬畏河流，谨慎地与河流保持着长期共存关系；现代人类掌握了一些科学和技术后，认为自己有能力征服河流，如干出渠道化河流这样的蠢事。在人类深度开发河流和流域的今天，更需要人类在深入认识、研究河流的自然属性和生态本质的基础上，走出遵循自然和生态规律的河流保护与人类发展的新途径。

2）系统地研究河流可持续利用

河流生态系统的保护与可持续利用是人类生存与发展的基础。过去人类只将河流视为自然的水道，偏重对河流的排洪、供水、灌溉、航运等的经济利用，导致河流渠化后严重的生态恶果。人类对河流生态系统结构和功能的破坏是一个缓慢的过程，当生态灾难出现时，对人类造成的经济损失已不可逆转。河流为流域和人类提供的生态和社会效益至关重要，其生态和社会效益远超眼前的经济获得，除景观美化、净化水体、调节气候、防灾减灾、维持生物多样性等效益外，更多的效益并未被人类所认识。人类只有在保护的基础上开展河流的可持续利用，才是人与河流和谐共赢之路。

3）因地制宜，研究近自然河道治理模式

时至今日，对大部分渠化河流来说，恢复到自然河流状态已不可能，人类对河流开发和依赖程度、广度已今非昔比。抛弃渠化河流的途径后，改用其他灰色基础设施来解决河流问题，可能只会使河流生态危机更加严重。在人类与河流关系日益紧张的今天，即便在同一流域的不同河段，其河流面临的状况也非常不同。

近自然河流治理是对人类不合理开发利用河流的一种弥补措施，也可以看作是人类活动与自然融合的一种社会现象，就是在减轻或避免河流生态系统中自然灾害所造成的损失、保护人类的生存空间的基础上，强调河流在自然景观中的和谐性，维护河流生态系统的平衡和稳定，发挥河流生态系统多方面的功能。因此在以后河道整治中，应该首推河流近自然治理模式。具体措施为：基于现有沿河土地利用现状，实施以生态为基础，以安全为原则的各种恢复河流生态措施的系统工程，包括泛滥平原分洪网模式、河道深潭—

奔流—浅滩模式、生态护岸护坡模式等。

4）完善相关的河流适应性治理制度

流域生态系统是一个动态开放系统，是具有恢复力和稳定性的可变域。在河流治理与规划过程中，引入适应性管理的理念，即针对复杂开放系统的不确定性、动态性、非线性等特征，对资源进行管理，建立河流全流域适应性管理体系。重新评估各级河流渠化的生态破坏程度，将河流治理纳入土地利用、城乡规划和区域发展规划中。

国外在河流生态修复的过程中，出台了大量相关的法案、框架、标准和手册等资料，有了相对较成熟的经验，并初步建立了适应本国的较为完善的修复理念和修复体系。我们可借鉴国外河流治理的经验，结合本国实际情况，建立规范化的小流域尺度的河流生态修复标准，这是保护河流健康、实现小流域经济价值和生态功能协调发展的重要技术支撑，是流域健康管理的基础，也是水资源合理开发利用、管理和保护的基础，还是国家和地方各级政府制定水资源与水生态安全规划的科学依据。

13.3.5　案例分析：河流泛滥平原生态蓄洪设计

泛滥平原是由河流沉积作用形成的平原地貌。河流从上游侵蚀了大量泥沙，到了下游这些泥沙便沉积下来，泥沙不断沉积逐渐形成泛滥平原。在一个流域中，生态健全的水系构成绿色通道网络，最具有蓄洪、缓解旱涝灾害的能力，其中的泛滥平原则是整个网络中分洪、蓄水的主要场所。

健康流域中泛滥平原的蓄水能力通常远高于同等面积下人工水库的蓄水量，是巨大的“天然水库”，其蓄水功能对于河流系统有着不可替代的重要作用。本节以晋北桑干河源头的一个泛滥平原为例，针对目前由于土地利用压力增大而造成的河道行洪区面积大大缩减、河流季节性变异加大、洪水灾害和河道干枯等问题，依据水文生态学，在保证防洪和尽量不影响现有土地利用和水工设施的前提下，设计一系列近自然泛滥平原治理措施，将洪水重新引入泛滥平原，促进泛滥平原充分蓄积洪水，使得水资源配置更加合理。

1）泛滥平原生态蓄洪设计理念

泛滥平原上蓄水的主要结构是风化层。在地质学上，风化层是陆地表面经各种风化作用而形成的疏松堆积层，从基岩而上，直到地表，其物质包括土壤层和风化母质。风化层是流域中可以贮存、排出并供给生命之水的水陆生态结构的基础，表现出一些基本的生态功能。

从垂直断面来看，泛滥平原风化层蓄积的水自上而下分别为不饱和水和饱和水。流域风化层水储存不饱和时，可以通过蓄水减小河流洪峰流量；当风化层水储存达到饱和状态时，一些无压潜水会通过泉水形成洁净健康的地表径流，支持全流域生态系统功能的发挥，即饱和水通过不饱和水得到补充，而不饱和水则通过雨洪得到补充。

从时间尺度上来看，风化层中水分蓄积或排泄表现出一定的季节规律（见图 13-3）。在平水期，河流水面与风化层潜水水面基本持平，水分进行着微弱的交换运动。到了洪水期，雨洪形成的地表径流汇入河流，河流水位急剧上涨开始对风化层进行水分输入，泛滥平原风化层如同巨大的海绵，调节和蓄存雨洪，缓解雨洪的危害。而到了枯水期，泛滥平原风化层中的水由于水位较高反渗并补充河流水。

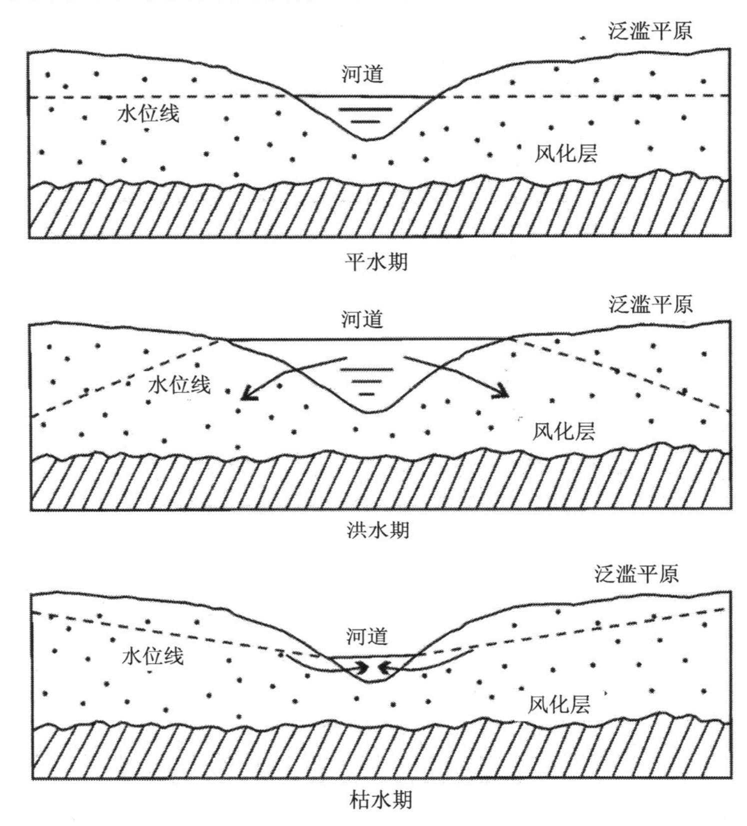

图 13-3 年际不同时期泛滥平原中河水位与潜水位的关系

泛滥平原风化层是重要的雨洪调蓄结构，河流生态系统功能的发挥在很大程度上依赖于泛滥平原风化层的雨洪调蓄结构，因此认识并利用泛滥平原风化层的雨洪调蓄结构及其水分行为具有很高的生态学意义。

2）问题及解决思路

人类对河道及泛滥平原产生破坏的主要活动包括对自然河流河道的工程化措施以及土地利用对泛滥平原的不合理占用等。

弯曲的河流更有利于削减洪水的灾害性和突发性，而河道工程化措施中的河道渠化、裁弯取直等措施，将原来蜿蜒的天然河流改造成外形归顺的人工河道，削弱了河流及流域抵御洪水的能力。堤岸的阻隔使洪水无法漫上泛滥平原，河道渠化又使洪水快速流走，河床衬底则切断了地下水的补给通道，大片河滩沼泽因缺水而干涸，地下水地位不断下降。

社会的发展对土地的需求在不断增加，人类便不断向泛滥平原侵入，占用土地用来耕种、建设居民区等。洪水无法流入泛滥平原，流域蓄水严重不足，河流系统的稳定经受严重考验。这些人类活动不仅影响了河流及泛滥平原蓄水防洪功能的发挥，而且在经济、资源利用以及生态系统服务方面都存在着许多问题。

针对上述状况，我们提出泛滥平原分洪网的设计。该设计的重点和难点在于将河道洪水分流引入泛滥平原并充分下渗，蓄积在泛滥平原中。因此，整个设计的核心在于增大分流洪水的下渗量。分洪网设计中的深潭浅滩序列渠、池塘链分洪渠等措施，通过在泛滥平原上开挖过水通道，使引入水道的洪水可以不断地补充泛滥平原地下潜水位，增加风化层蓄水量（见图 13-4）。

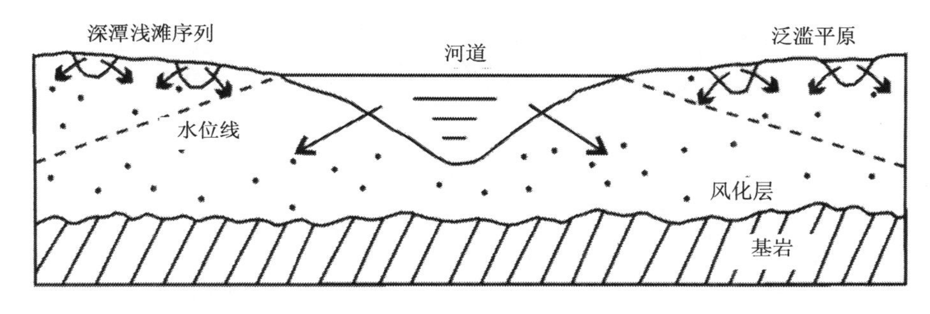

图 13-4　洪水期泛滥平原蓄洪原理示意图

3）分洪网设计研究

泛滥平原分洪网的设计包括以下几个主要内容：出入口设计（包括分水口和倒虹吸）、深潭浅滩序列渠以及池塘链分洪渠。通过对研究区进行调查，将上述不同的设计措施与研究区实际情况有机结合起来，则可以更好地发挥泛滥平原分洪网的整体优势。

（1）泛滥平原分洪网的总体布置。

将高清正射影像图、土地利用图和地形图三张图在 ArcGIS 9.3 中的叠加得到设计底图，然后对其信息进行研究和分析（包括对研究区的位置、土地利用及地形识别等），结合实地考察，对泛滥平原进行分洪网的设计（见图 13-5）。恢河在研究区内的流向是由南向北，因此在泛滥平原的南端设置分水口，从此处将河水引入泛滥平原。洪水分流后，由于有建筑物的阻挡，设计倒虹吸装置将河水引入泛滥平原。水流从倒虹吸出来以后沿着依等高线设计的渠道分流，流经不同的深潭浅滩序列，形成分洪网。其中一条深潭浅滩序列经过林地，在林地中设计池塘链分洪渠，可以更好地利用林地蓄水。最后，分洪网的水在泛滥平原北端汇集到一处，由于有公路阻挡，设计另外一个倒虹吸工程来将汇集起来的水流引回河道。

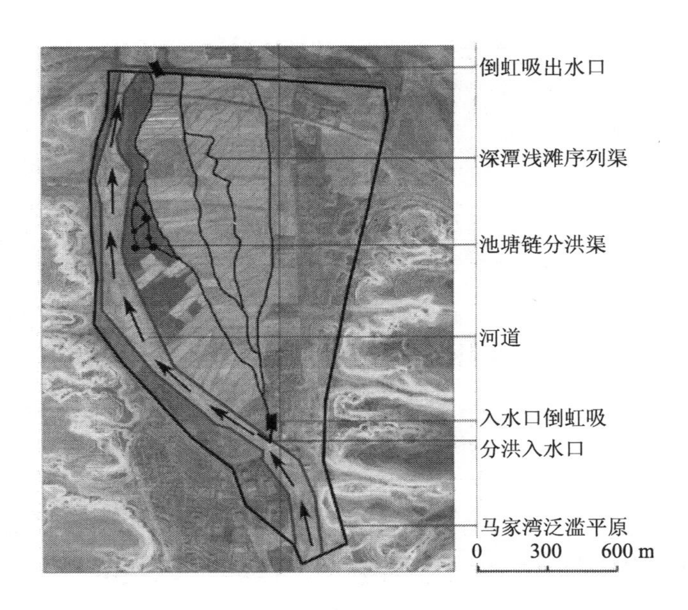

图 13-5　泛滥平原分洪网设计示意图

（2）分洪出入口。

要将河道中的雨洪引入泛滥平原以及从泛滥平原流出的水引入河道，就要进行泛滥平原水的出入口设计。本设计的入口借鉴了都江堰水利工程中的分水鱼嘴的设计，结合地形地势在该泛滥平原南端设计一个分水口，将部分河水分流引入泛滥平原。而出口将各浅池浅滩序列渠的水汇到一处后引入河道。

在入口处和出口处均有建筑或道路的阻挡，因此要在入口和出口分别设计一个倒虹吸装置来将水流引入或引出泛滥平原。倒虹吸装置的原理就是利用上下游的水位差，当渠道与道路或河沟高程接近，处于平面交叉时，使水从路面或河沟下穿过一个建筑物，与虹吸装置原理相似，但在开始工作时不需要人为制造管中真空环境，具有更强的实践性和可操作。

（3）深潭浅滩序列渠。

在自然状态下，许多河流都会包含有一些深潭和浅滩。深潭即一些较深的区域有着相对缓慢的水流；浅滩即较浅的区域有着较快的水流和粗糙的基底。浅滩上有大径砾石或倒木，由于水流作用，会在浅滩前产生深潭。深潭浅滩序列是增加洪水蓄积量的关键。通过模仿自然河流并结合现有的土地利用类型，利用自然落差和地形，在该泛滥平原不同时期被侵占的边界处布设一定频度的深潭浅滩序列渠。这些边界有一些历史上留下来的废渠等设施，可以对其进行再利用。浅滩处用砾石堆砌大小不同的卵石，并在其中压上柳树枝条。

在柳树生长过程中，树根和石头纠缠可将浅滩的卵石固定，形成柳树和卵石交错的小型透水坝。因为泛滥平原较为平缓，较小的高差使洪水减速，深潭浅滩序列又增加了水流与地面的接触面积，有利于水分下渗并蓄积。同时，深潭浅滩序列增加的水面面积还补充河流氧气并稀释污染物。

（4）池塘链分洪渠。

池塘链分洪渠即依据泛滥平原地形起伏自然设置一系列小池塘。这些池塘一般设置在离开主河道的地方，池塘之间通过浅池一浅滩的水道连接。在本设计中，将池塘链设置在该泛滥平原现有的林地中，并通过连接水道将其连通起来，实现水的交换和流通。

池塘链不仅可以为泛滥平原储蓄丰富的水，还可以作为水流的过滤与净化带，为该地区动植物的生长提供优越的环境及丰富的生物多样性。

小结：

（1）泛滥平原分洪网的设计遵循了河流生态系统的自然规律。泛滥平原分洪网中的浅滩深滩序列渠、池塘链分洪渠等设计是在遵循河流蓄水的自然规律基础上，因地制宜地模拟自然状态下的泛滥平原的蓄水过程，因此，泛滥平原分洪网是一种符合河流生态系统自然规律的设计。

（2）泛滥平原分洪网具有良好的生态、经济和社会效益。泛滥平原分洪网设计是一种调节河流流量、消洪减灾的有效方式，有利于维持河流生态系统的稳定，发挥良好的生态效益、经济效益和社会效益，与传统河道治理中的许多工程性措施相比，具有明显的优越性，也是未来需要进一步深入研究的方面。

（3）泛滥平原的利用应重视生态蓄水功能的保护。泛滥平原的生态蓄水功能以及由其衍生的许多功能都是维持河流生态系统正常运行必不可少的，而人类对泛滥平原的利用也是历史的必然，这种利用应建立在遵循泛滥平原自然规律的基础上，合理规划设计，保护和维持其生态蓄水的基本功能。

参考文献

[1] Abbot J，Chambers R，Dunn C，et al.. Participatory GIS：opportunity or oxymoron？[J]. PLA Notes-International Institute for Environment and Development（United Kingdom），1998.

[2] Agrawal A. Forests，Governance，and Sustainability：Common Property Theory and its Contributions[J]. International Journal of the Commons，2007，1（1）：111-136.

[3] Agrawal A. Indigenous Environmental Knowledge and its Transformations：Critical Anthropological Perspectives[J]. American Ethnologist，2002，29（1）：180-181.

[4] Alessa L，Kliskey A，Brown G. Social-ecological hotspots mapping：A spatial approach for identifying coupled social-ecological space[J]. Landscape & Urban Planning，2008，85（1）：27-39.

[5] Al-Kodmany K. GIS in the urban landscape：Reconfiguring neighborhood planning and design processes[J]. Landscape Research，2000，25（1）：5-28.

[6] Allen C R，Fontaine J J，Pope K L，et al.. Adaptive management for a turbulent future[J]. Journal of Environmental Management，2011，92（5）：1339-1345.

[7] Allmendinger P. Planning theory (2nd edn) [M]. UK: Palgrave Macmillan, 2009.

[8] Arnstein S R. A ladder of citizen participation[J]. Journal of the American Institute of Planners，1969，35（4）：216-224.

[9] Berkes F，Turner N J. Knowledge，Learning and the Evolution of Conservation Practice for Social-Ecological System Resilience[J]. Human Ecology，2006，34（4）：479-494.

[10] Bessette G. Involving the community：A guide to participatory development communication[M]. IDRC，2004.

[11] Bilsky L J. Historical Ecology：Essays on Environment and Social Change[J]. 1994，6（2）：624.

[12] Black P E. Watershed Hydrology（2nd Ed）[M]. CRC Press，1996.

[13] Brugha R，Varvasovszky Z. Stakeholder analysis：a review [J]. Health Policy and Planning，2000，15（3）：239-246.

[14] Bryan T. The Struggle for Sustainability in Rural China：Environmental Values and Civil Society[M]. New York：Columbia University Press，2009.

[15] Butlin J. Our common future. By World commission on environment and development[J]. Journal of International Development，1989，1（2）：284-287.

[16] Calheiros D F，Seidl A F，Ferreira C J A. Participatory research methods in environmental science：Local

and scientific knowledge of a limnological phenomenon in the Pantanal wetland of Brazil[J]. Journal of Applied Ecology，2000，37（4）：684-696.

[17] Carver S，Evans A，Kingston R，et al.. Public participation，GIS and cyberdemocracy：Evaluating on-line spatial decision support systems[J]. Environment and Planning B：Planning and Design，2001，28（6）：907-921.

[18] Chabot M，Duhaime G. Land-use planning and participation：the case of Inuit public housing[J].Habitat Intl，1998，22（4）：429-447.

[19] Chambers R. Participatory rural appraisal（PRA）：Analysis of experience[J]. World Development，1994，22（9）：1253-1268.

[20] Chambers R. Participatory rural appraisal（PRA）：Challenges，potentials and paradigm[J]. World Development，1994，22（10）：1437-1454.

[21] Chapin M，Lamb Z，Threlkeld B. Mapping indigenous lands[J]. Annual Review of Anthropology，2005，34：619-638.

[22] Chen J，Liu Y. Coupled natural and human systems：a landscape ecology perspective[J]. Landscape Ecology，2014，29（10）：1641-1644.

[23] Chrisman N R. Design of geographic information systems based on social and cultural goals[J]. Photogrammetric Engineering & Remote Sensing，1987，53（10）：1367-1370.

[24] Chuang T R，Huang A W C. Community GIS over the Web：A categorization and analysis[C]. Annual Conference and Joint Meetings. Taipei：PNC，2004：17-22.

[25] Cinderby S，Forrester J. Facilitating the local governance of air pollution using GIS for participation[J]. Applied Geography，2005，25：143-158.

[26] Cinderby S. Geographic information systems（GIS）for participation：The future of environmental GIS?[J]. International Journal of Environment & Pollution，1999，11（3）：304-315.

[27] Craig W J，Harris T M，Weiner D. Community participation and geographic information systems[M]. London：Taylor & Francis，2002.

[28] Crampton J W. Cartographic rationality and the politics of geosurveillance and security[J]. Cartography and Geographic Information Science，2003，30（2）：135-148.

[29] Cranswick R H，Cook P G，Lamontagne S. Hyporheic zone exchange fluxes and residence times inferred from riverbed temperature and radon data[J]. Journal of Hydrology，2014，519：1870-1881.

[30] Crumley C L. Historical Ecology：Cultural Knowledge and Changing Landscapes [J]. Journal of the Royal Anthropological Institute，1994，2（1）：170.

[31] Curry M R. Rethinking rights and responsibilities in geographic information systems：Beyond the power of image[J]. Cartography and Geographic Information Systems，1995，22（1）：58-69.

[32] Darby H C. On the Relations of Geography and History [J]. Transactions & Papers，1953，19（19）：1.

[33] Dobes L，Weber N，Bennett J，et al.. Stream-bed and flood-plain rehabilitation at Mulloon Creek，Australia：a financial and economic perspective[J]. The Rangeland Journal，2013，35（3）：339-348.

[34] Dorcey A，Doney L，Rueggebery H. Public involvement in government decision-making：Choosing the right model[M]. Victoria BC：Round Table on the Environment and the Economy，1994.

[35] Dunn C E，Atkins P J，Townsend J G. GIS for development：A contradiction in terms？[J]. Area，1997，29（2）：151-159.

[36] Elwood S A. GIS use in community planning：A multidimensional analysis of empowerment[J]. Environment and Planning A，2002，34：905-922.

[37] Elwood S，Leitner H. GIS and community-based planning：Exploring the diversity of neighborhood perspectives and needs[J]. Cartography and Geographic Information Systems，1998，25（2）：77-88.

[38] Fainstein S S，Defilippis J，Davidoff P. Advocacy and Pluralism in Planning[M]. John Wiley & Sons，Ltd，1965.

[39] Flavier J M，Jesus A D，Navarro C S，et al.. The regional program for the promotion of indigenous knowledge in Asia[M]. The Cultural Dimension of Development，1995.

[40] Folke C，Hahn T，Olsson P，et al.. Adaptive governance of social-ecological systems[J]. Annual Review of Environment & Resources，2005，15（30）：441-473.

[41] Fox J. Aerial photographs and thematic maps for social forestry[R]. Odi：Social Forestry Network Paper 2，1986.

[42] Garmestani A S，Allen C R. Adaptive Management of Social-Ecological Systems：The Path Forward[M]// Adaptive Management of Social-Ecological Systems. Springer Netherlands，2015：255-262.

[43] Goebel A. Process，Perception and Power：Notes from “Participatory” Research in a Zimbabwean Resettlement Area[J]. Development & Change，1998，29（2）：277-305.

[44] Goodale C L，Aber J D. The long-term effects of land-use history on nitrogen cycling in northern hardwood forests[J]. Ecological Applications，2001，11（1），253-267.

[45] Goss J. We know who you are and we know where you live：The instrumental rationality of geodemographic information systems[J]. Economic Geography，1995，71：171-198.

[46] Goudie A. The Human Impact on the Natural Environment（4th ed）[M]. MIT Press，1994：833-838.

[47] Grenier L. Working with indigenous knowledge：a guide for researchers[M]. Ottawa：International Development Research Centre（IDRC），1998.

[48] Hahn A. Institutionalising participation on village level the example of one community in south-west Burkina Faso//Scherler，C.，Forster，R.（Eds.），Beyond the Toolkit：Experiences with Institutionalising Participatory Approaches of GTZ-supported Projects in Rural Areas[M]. GTZ，Eschborn，1998.

[49] Halla F，Majani B. The Environmental Planning and Management Process and the Conflict over Outputs in Dar-Es-Salaam[J]. Habitat International，1999，23（3）：339-350.

[50] Harris T，Weiner D，Warner T，et al.. Pursuing social goals through participatory GIS：Redressing South Africa's historical political ecology[M]//Pickles J. Ground truth：The social implications of geographic information systems. New York：Guilford，1995：196-222.

[51] Harris T，Weiner D. Empowerment，marginalization and community-integrated GIS[J]. Cartography and Geographic Information Systems，1998，25（2）：67-76.

[52] Harris T，Weiner D. GIS and society：The social implications of how people，space and environment are represented in GIS[C]. Scientific Report for NCGIA Initiative 19 Specialist Meeting. Santa Barbara，CA：1996.

[53] Harvey P D A. The history of topological maps：symbols，pictures and surveys[M]. Thames and Hudson，1980.

[54] Hassan M M. Arsenic poisoning in Bangladesh：spatial mitigation planning with GIS and public participation[J]. Health Policy，2005，74（3）：247-260.

[55] Hatfield-Dodds S，Nelson R，Cook D C. Adaptive governance：an introduction，and implications for public policy[C].ANZSEE Conference，Noosan，Australia，2007.

[56] Holling C S. Adaptive environmental assessment and management[J]. Fire Safety Journal，2017，42（1）：11-24.

[57] Holloway L E，Ilbery B W. Farmers' attitudes towards environmental change，particularly global warming，and the adjustment of crop mix and farm management [J]. Applied Geography，1996，16（2）：159-171.

[58] Huang D，Wang K，Wu W L. Dynamics of soil physical and chemical properties and vegetation succession characteristics during grassland desertification under sheep grazing in an agro-pastoral transition zone in Northern China[J]. Journal of Arid Environments，2007，70（1）：120-136.

[59] Jackson L S. Contemporary public involvement：Toward a strategic approach[J]. Local Environment，2001，6（2）：135-147.

[60] Jankowski P，Nyerges T. GIS-supported collaborative decision-making：Results of an experiment[J]. Annals of the Association of American Geographers，2001，91（1）：48-70.

[61] Johnson B R，Campbell R. Ecology and Participation in Landscape-Based Planning Within the Pacific Northwest [J]. Policy Studies Journal，1999，27（3）：502-529.

[62] Jordan G，Shrestha B. A participatory GIS for community forestry user groups in Nepal：Putting people before the technology[J]. IIED：PLA Notes，2000，39：14-18.

[63] Keller E A. Environmental Geology[M]. Macmillan Publishing Company，1992.

[64] Kerselaers E，Rogge E，Vanempten E，et al.. Changing land use in the countryside：Stakeholders' perception of the ongoing rural planning processes in Flanders[J]. Land use policy，2013（32）：197-206.

[65] Kravcik M. Water for the recovery of the climate：A new water paradigm[R]. Typo Press，2008：69.

[66] Kwan M. Feminist visualization：Re-envisioning GIS as a method in feminist geographic research[J]. Annals of the Association of American Geographers，2002，92（4）：645-661.

[67] Lake R W. Planning and applied geography：Positivism，ethics，and geographic information systems[J]. Progress in Human Geography，1993，17（3）：404-413.

[68] Le Q B，Park S J，Vlek P L G，et al.. Land-Use Dynamic Simulator（LUDAS）：A multi-agent system model for simulating spatio-temporal dynamics of coupled human-landscape system. I. Structure and theoretical specification [J]. Ecological Informatics，2008，3（2）：135-153.

[69] Levin S A. Ecosystems and the Biosphere as Complex Adaptive Systems[J]. Ecosystems，1998，1（5）：431-436.

[70] Lewis J L，Sheppard S R J. Culture and communication：Can landscape visualization improve forest management consultation with indigenous communities？[J]. Landscape & Urban Planning，2006，77（3）：291-313.

[71] Li W H，Min Q W. Integrated farming systems an important approach toward sustainable agriculture in China[J]. AMBIO，1999，28（8）：655-662.

[72] Liu J，Dietz T，Carpenter S R，et al.. Complexity of Coupled Human and Natural Systems[J]. Science，2007，317（5844）：1513.

[73] Ma，S. and Wang，R. Social-economic-natural complex ecosystems[J]. Acta Ecological Sinica，1984，4：1-9.

[74] Mackinson S，Nottestad L. Points of view：Combining local and scientific knowledge[J]. Reviews in Fish Biology and Fisheries，1998，8（4）：481-490.

[75] Magnuszewski P，Sendzimir J，Kronenberg J. Conceptual Modeling for Adaptive Environmental Assessment and Management in the Barycz Valley，Lower Silesia，Poland[J]. International Journal of Environmental Research & Public Health，2005，2（2）：194.

[76] Marozas B A. A culturally relevant solution for the implementation of geographic information systems in Indian Country[C]. Proceedings of the Thirteenth Annual ESRI User Conference，1993：1365-1381.

[77] Mather R A. Using Photomaps to Support Participatory Processes of Community Forestry in the Middle Hills of Nepal[J]. Mountain Research & Development，2000，20（2）：154-161.

[78] Mccall M K，Minang P A. Assessing participatory GIS for community-based natural resource management：claiming community forests in Cameroon[J]. Geographical Journal，2005，171（4）：340-356.

[79] McConchie J A，Ma H. MIGIS—An effective tool to negotiate development interventions relating to

forestry[J]. Journal of Forestry Research，2003，14（1）：9-18.

[80] Mcginnis M D，Ostrom E. Social-Ecological System Framework：Initial Changes and Continuing Challenges[J]. Ecology & Society，2014，19（2）.

[81] Missing I，Hoang Fagerstrom，M H. Using farmers' knowledge for defining criteria for land qualities in biophysical land evaluation [J]. Land Degradation & Development，2001，12：541-553.

[82] Murray V，Ebi K L. IPCC Special Report on Managing the Risks of Extreme Events and Disasters to Advance Climate Change Adaptation（SREX）[J]. Journal of Epidemiology & Community Health，2012，66（9）：759.

[83] National Center for Geographic Information and Analysis（NCGIA）. Summary report：GIS and society workshop[C]. Scientific Report for Initiative 19 Specialist Meeting. South Haven，MN：1996.

[84] National Center for Geographic Information and Analysis（NCGIA）. Summary report：Public participation GIS workshop[C]. NCGIA workshop on PPGIS，Orono，ME：1996.

[85] Niazi M A. Complex Adaptive Systems Modeling：A multidisciplinary Roadmap[J]. Complex Adaptive Systems Modeling，2013，1（1）：1.

[86] Niles S，Hanson S. A new era of accessibility？[J]. Journal of Urban and Regional Information Systems Association，2003，15（APA Ⅰ）：35-42.

[87] Obermeyer N J. The evolution of public participation GIS[J]. Cartography and Geographic Information Systems，1998，25（2）：65-66.

[88] Okon D，Mbile P，Degrande A. Integrating participatory resource mapping and geographic information systems in forest conservation and natural resource management in Cameroon：a methodological guide[J]. Petroleum Science & Technology，2003，26（3）：307-321.

[89] Ostrom E. A general framework for analyzing sustainability of social-ecological systems[J]. Science，2009，325（5939）：419-422.

[90] Patel M，Kok K，Rothman D S. Participatory scenario construction in land use analysis：An insight into the experiences created by stakeholder involvement in the Northern Mediterranean[J]. Land Use Policy，2007，24：546-561.

[91] Peluso N L. Whose woods are these？ Counter-mapping forest territories in Kalimantan，Indonesia[J]. Antipode，1995，27（4）：383-406.

[92] Penelope M，Gregory H. A，Jonathan B H，et al.. Historical Range of Variability [J]. Journal of Sustainable Forestry，1994，2（1）：87-111.

[93] Peng Z. Internet GIS for public participation[J]. Environment and Planning B：Planning and Design，2001，28：889-905.

[94] Pickles J. Geography，GIS，and the surveillant society[C]. Proceedings of Applied Geography

Conferences，1991，14：80-91.

[95] Prager K，Freese J. Stakeholder involvement in agri-environmental policy making-Learning from a local-and a state-level approach in Germany[J]. Journal of Environmental Management，2009，90：1154-1167.

[96] Quan J，Oudwater N，Pender J，et al.. GIS and participatory approaches in natural resources research[M]. Socio-economic methodologies for natural resources research. Best practice guidelines. Chatham，UK：Natural Resources Institute，2001.

[97] Rambaldi G，Callosa J. Manual on participatory 3-dimensional modeling for natural resource management[R]. Essentials of Protected Area Management in the Philippines 7. Philippines：NIPAP，PAWB-DENR，2000.

[98] Rambaldi G，Kyem P A K，Mccall M，et al.. Participatory Spatial Information Management and Communication in Developing Countries[J]. Ejisdc the Electronic Journal on Information Systems in Developing Countries，2006，25.

[99] Raymond C M，Fazey I，Reed M S，et al.. Integrating local and scientific knowledge for environmental management[J]. Journal of Environmental Management，2010，91（8）：1766-1777.

[100] Reconstruction I I O R. Recording and using indigenous knowledge：a manual[M]. Iirr Cavite Ph，1996.

[101] Reed M S，Graves A，Dandy N，et al.. Who's in and why？ A Typology of Stakeholder Analysis Methods for Natural Resource Management [J]. Journal of Environmental Management，2009（1）：1933-1949.

[102] Reed M S. Stakeholder Participation for Environmental Management：A Literature Review [J]. Biological Conservation，2008（7）：2417-2431.

[103] Rhind D W，Mounsey H M. Research policy and review 29：The Chorley Committee and "Handling Geographic Information" [J]. Environment and Planning A，1989，21（5）：571-585.

[104] Ridgway R. Applications of large scale aerial photographs in participatory land use planning in rural Ethiopia[J]. Land，1997，1（1）：67-74.

[105] Robertson H A，McGee T K. Applying local knowledge：The contribution of oral history to wetland rehabilitation at Kanyapella Basin，Australia [J]. Journal of Environmental Management，2003，69（3）：275-287.

[106] Salafsky N. Margoulis R，Redford K. Adaptive management：a tool for conservation practitioners[M]. Biodiversity Support Program，Washington D.C.，2001.

[107] Schaefer J W. The World Bank Participation Sourcebook（review）[J]. Sais Review，1996，16（2）：208-211.

[108] Sheppard E，Couclelis H，Graham S，et al.. Geographies of the information society[J]. International Journal of Geographical Information Science，1999，13（8）：797-823.

[109] Sheppard E. GIS and society：Towards a research agenda[J]. Cartography and Geographic Information

Systems，1995，22（1）：5-16.

[110] Sieber R E. Conforming（to）the opposition：The social construction of geographical information systems in social movements[J]. International Journal of Geographical Information Science，2000，14（8）：775-793.

[111] Sieber R E. Public participation geographic information systems across borders[J]. Canadian Geographer，2003，47（1）：50-61.

[112] Sieber R E. Public participation geographic information systems：A literature review and framework[J]. Annals of the Association of American Geographers，2006，96（3）：491-507.

[113] Simmons I G. Changing the Face of the Earth：Culture，Environment，History[J]. Synthetic Metals，1994，84（s 1-3）：389-390.

[114] Sumberg J，Okali C，Reece D. Agricultural research in the face of diversity，local knowledge and the participation imperative：Theoretical considerations[J]. Agricultural Systems，2003，76（2）：739-753.

[115] Talen E. Bottom-up GIS：A new tool for individual and group expression in participatory planning[J]. Journal of the American Planning Association，2000，66（3）：279-294.

[116] Tane H，Sun T，Zheng Z，et al.. Auditing reforested watersheds on the loess plateau：Fangshan Shanxi[J]. Ecological Indicators，2014，41（6）：96-108.

[117] Tane H. Habitat and riparian management in rangeland ecosystems// Squires VR，ed. Range and Animal Sciences and Resources Management in Encyclopedia of Life Support Systems（EOLSS）[M]. Oxford：EOLSS Publishers，2010：251-302.

[118] Tane H. Landscape Ecostructures for Sustainable Societies：Post-Industrial Perspectives[J]. New Zealand Journal of Soil and Health，1999，58（5）：19-21.

[119] Tane H，Wang X J. Participatory GIS for Sustainable Development Projects[Z]. Whigham P A：Proceedings of 19th Annual Colloquium of the Spatial Information Research Centre. University of Otago，Dunedin，NZ，2007.

[120] Tan-Kim-Yong U. Participatory land-use planning for natural resource management in Northern Thailand[J]. Rural Development Forestry Network Paper 14b，Overseas Development Institute（ODI），London：Overseas Development Institute，1992.

[121] Taylor P J，Overton M. Further thoughts on geography and GIS[J]. Environment and Planning A，1991，23：1087-1094.

[122] Thapa G B，Niroula G S. Alternative options of land consolidation in the mountains of Nepal：An analysis based on stakeholders，opinions[J]. Land Use Policy，2008，25：338-350.

[123] Turyatunga F R. Tools for local-level rural development planning：Combining use of participatory rural appraisal and geographic information systems in Uganda[R]. Washington D C：World Resources

Institute，2004.

[124] Turyatunga F R. WRI discussion brief：Tools for local-level rural development planning—Combining use of participatory rural appraisal and geographic information systems in Uganda[M]. Washington，DC：The World Resources Institute，2004.

[125] Valbo-Jørgensen J，Poulsen A F. Using local knowledge as a research tool in the study of river fish biology：Experiences from the Mekong[J]. Environment，Development and Sustainability，2000，2（3/4）：253-376.

[126] Vitousek P M，Mooney H A，Lubchenco J，et al.. Human Domination of Earth's Ecosystems [J]. Science，1997，277（5325）：494-499.

[127] Wang X J，Yu Z R，Cinderby S，et al.. Enhancing participation：Experiences of participatory geographic information systems in Shanxi Province，China [J]. Applied Geography，2008，28（2）：96-109.

[128] Warren D M. Using Indigenous Knowledge in Agricultural Development [R]. World Bank Discussion Paper 127. Washington D. C. World Bank，1991.

[129] Weiner D，Harris T. Community-integrated GIS for land reform in South Africa[J]. Journal of Urban and Regional Information Systems Association（URISA），2003，15（APA II）：61-73.

[130] Wend B W. Intellectual property，traditional knowledge and folklore：WIPO's exploratory program [J].International Institute of Communication，2002（4）：606-621.

[131] Westgate M J，Likens G E，Lindenmayer D B. Adaptive management of biological systems：A review[J]. Biological Conservation，2013，158（158）：128-139.

[132] Williams B K，Brown E D. Adaptive management：from more talk to real action[J]. Environmental Management，2014，53（2）：465-479.

[133] Williams M. Deforestation：Past and present[J]. Progress in Human Geography，1989，13（2）：176-208.

[134] Wilson J，Low B，Costanza R，et al.. Scale misperceptions and the spatial dynamics of a social-ecological system[J]. Ecological Economics，1999，31（2）：243-257.

[135] Wu J J，Adams R M，Kling C L，et al.. From Microlevel Decisions to Landscape Changes：An Assessment of Agricultural Conservation Policies[J]. American Journal of Agricultural Economics，2011，86（1）：26-41.

[136] Xu J C，Ma E T，Tashi D，et al.. Integrating sacred knowledge for conservation：cultures and landscapes in southwest China.[J]. Ecology & Society，2005，10（2）：610-611.

[137] Xu X，Du Z，Zhang H. Integrating the system dynamic and cellular automata models to predict land use and land cover change[J]. International Journal of Applied Earth Observation & Geoinformation，2016，52：568-579.

[138] 安迪. 乡土知识与生产力——滇西北农牧区社区的养牛知识与养牛业发展[J]. 中国农业大学学报

（社会科学版），2006，2：17-23.
[139] 奥尔多·利奥波德. 沙乡年鉴[M]. 侯文惠，译. 长春：吉林人民出版社，1997.
[140] 阿兰·R. H. 贝克. 地理学与历史学[M]. 北京：商务印书馆，2008.
[141] 蔡晶晶. 诊断社会—生态系统：埃莉诺·奥斯特罗姆的新探索[J]. 经济学动态，2012（8）：106-113.
[142] 蔡葵，朱彤，戴聪. 基于 PRA 和 GIS 的农村社区土地利用规划模式探讨[J]. 云南地理环境研究，2001，13（2）：69-77.
[143] 蔡运龙. 土地利用/土地覆被变化研究：寻求新的综合途径[J]. 地理研究，2001，20（6）：645-652.
[144] 曹轶，魏建平. 沟通式规划理论在新时期村庄规划中的应用探索[J]. 规划师，2010，226（S2）：229-232.
[145] 车伍，吕放放，李俊奇，等. 发达国家典型雨洪管理体系及启示[J]. 中国给水排水，2009，25（20）：12-17.
[146] 陈国阶. 水利工程环境影响研究若干问题探讨[J]. 环境科学，1992，13（3）：60-66.
[147] 陈敬雄，黄劲松，周生路. 我国农用地分等定级和估价研究的近今发展[J]. 土壤，2003，35（2）：107-111.
[148] 陈娟，李维长. 乡土知识的林农利用研究与实践[J]. 世界林业研究，2009，22（3）：25-29.
[149] 陈庆伟，刘兰芬，孟凡光，等. 筑坝的河流生态效应及生态调度措施[J]. 水利发展研究，2007，7（6）：15-17，36.
[150] 陈嵘. 中国森林史料[M]. 北京：中国林业出版社，1983.
[151] 陈兴茹. 国内外河流生态修复相关研究进展[J]. 水生态学，2011（5）：122-128.
[152] 程序，曾晓光，王尔大. 可持续农业导论[M]. 北京：中国农业出版社，1997.
[153] 崔海兴，温铁军，郑风田，等. 改革开放以来我国林业建设政策演变探析[J]. 林业经济，2009（2）：38-43.
[154] 邓红兵，王青春，王庆礼，等. 河岸植被缓冲带与河岸带管理[J]. 应用生态学报，2001，12（6）：951-954.
[155] 丁卫香. 清代山西森林分布的变迁[D]. 西安：陕西师范大学，2009.
[156] 董孝斌，高旺盛. 关于系统耦合理论的探讨[J]. 中国农学通报，2005，21（1）：290-292.
[157] 董哲仁，张爱静，张晶. 河流生态状况分级系统及其应用[J]. 水利学报，2013，44（10）：1233-1248.
[158] 董哲仁，张晶，赵进勇. 道法自然的启示——兼论水生态修复与保护准则[J]. 中国水利，2014（19）：12-15，18.
[159] 段鹏飞. 新中国农业政策的嬗变与评述[J]. 湖南农业大学学报（社会科学版），2008，9（6）：15-19.
[160] 樊宝敏，董源，张钧成，等. 中国历史上森林破坏对水旱灾害的影响——试论森林的气候和水文效应[J]. 林业科学，2003，39（3）：136-142.
[161] 范佐东，王义仲. 应用社群绘图于环境景观保育模式之建立[J]. 台湾林业，2007，33（4）：34-44.

[162] 冯兆东. 黄土高原西部的生态环境[M]. 兰州：甘肃省科学技术出版社，2014.

[163] 傅伯杰，陈利顶，马克明，等. 景观生态学原理及应用[M]. 北京：科学出版社，2001：202-236.

[164] 傅伯杰. 黄土区农业景观空间格局分析[J]. 生态学报，1995，15（2）：113-120.

[165] 富兰克林 · H. 金. 四千年农夫——中国、朝鲜和日本的永续农业[M]. 陈存旺，石嫣，等译. 北京：东方出版社，2011.

[166] 高东，何霞红，朱书生. 利用农业生物多样性持续控制有害生物[J]. 生态学报，2011，31（24）：7617-7624.

[167] 高和平，靳晓雯. 土地利用总体规划修编的困境分析——基于利益相关者分析[J]. 内蒙古师范大学学报（哲学社会科学版），2012，41（1）：93-97.

[168] 高甲荣，肖斌. 河溪近自然管理的景观生态学基础[J]. 山地学报，1999，17（3）：224-228.

[169] 谷树忠，胡咏君，周洪. 生态文明建设的科学内涵与基本路径[J]. 资源科学，2013，35（1）：2-13.

[170] 郭妙玲，王晓军，王兵. 基于微地形的黄土侵蚀沟壑农林复合经营系统模式研究[J]. 山西农业科学，2017，45（2）：242-246.

[171] 郭裕怀. 山西农书[M]. 太原：山西经济出版社，1992.

[172] 郝利霞，孙然好，陈利顶. 海河流域河流生态系统健康评价[J]. 环境科学，2014，35（10）：3692-3701.

[173] 郝仕龙，李壁成，于强. PRA 和 GIS 在小尺度土地利用变化研究中的应用[J]. 自然资源学报，2005，20（2）：309-315.

[174] 何凡能，葛全胜，戴君虎，等. 近 300 年来中国森林的变迁[J]. 地理学报，2007，62（1）：30-40.

[175] 何立环，董贵华，王伟民，等. 中国北方农牧交错带 2000—2010 年生态环境状况分析[J]. 中国环境监测，2014，30（5）：63-68.

[176] 何丕坤，何俊，吴训峰. 乡土知识的实践与发掘[M]. 昆明：云南民族出版社，2004：3-202.

[177] 胡月明，万洪富，吴志峰，等. 基于 GIS 的土壤质量模糊变权评价[J]. 土壤学报，2001，38（3）：266-274.

[178] 胡月明，吴谷丰，江华，等. 基于 GIS 与灰关联综合评价模型的土壤质量评价[J]. 西北农林科技大学学报（自然科学版），2001，29（4）：39-42.

[179] 胡运宏，贺俊杰. 1949 年以来我国林业政策演变初探[J]. 北京林业大学学报（社会科学版），2012，11（3）：21-27.

[180] 黄志霖，傅伯杰，陈利顶. 黄土丘陵区不同坡度、土地利用类型与降水变化的水土流失分异[J]. 中国水土保持科学，2005，3（4）：11-18.

[181] 霍耀中，张入方. 黄河中游地区农耕文明的生存景观[J]. 城市发展研究，2009，16（3）：11-14.

[182] 霍有光. 现代水利工程的正负效应、水生态伦理与生态水利[J]. 工程研究：跨学科视野中的工程，2005，2（1）：184-196.

[183] 贾宁凤，王雪，王晓军. 小型河流泛滥平原生态蓄洪措施设计[J]. 水土保持通报，2016，36（4）：

41-45.
[184] 姜翠玲，严以新. 水利工程对长江河口生态环境的影响[J]. 长江流域资源与环境，2003，12（6）：547-551.
[185] 蒋高明，李勇. 保护生物多样性就是保护我们自己[J]. 自然，2010，32（5）：267-271，298.
[186] 金帅，盛昭瀚，刘小峰. 流域系统复杂性与适应性管理[J]. 中国人口·资源与环境，2010，20（7）：64-71.
[187] 李成贵，孙大光. 国家与农民的关系：历史视野下的综合考察[J]. 中国农村观察，2009（6）：54-61.
[188] 李翀，廖文根. 河流生态水文学研究现状[J]. 中国水利水电科学研究院学报，2009，7（2）：301-306.
[189] 李蕾，王晓军，周洋，等. 黄土丘陵区玉米种植变迁——以 2 个村庄为例[J]. 山西农业科学，2014，42（11）：1209-1214.
[190] 李根蟠. 精耕细作、天人关系和农业现代化[J]. 古今农业，2004（3）：85-91.
[191] 李世奎. 我国北部农牧过渡带沙漠化发生的气候原因及其防治对策[J]. 农业现代化研究，1987，8（1）：24-26.
[192] 李文华，闵庆文. 复合农业系统：中国可持续农业的重要途径[J]. AMBLO—人类环境杂志，1999，28（8）：655-662.
[193] 李文华. 中国生态农业面临的机遇与挑战[J]. 中国生态农业学报，2004，12（1）：6-8.
[194] 李小云. 参与式发展概论[M]. 北京：中国农业大学出版社，2001.
[195] 李艳红，焦晓燕，苏志珠，等. 2000—2008 年晋西北地区土地利用/覆被变化研究[J]. 山西农业科学，2015，43（4）：439-443.
[196] 李裕，王刚. 有机农业与可持续发展[J]. 应用生态学报，2004，15（12）：2377-2382.
[197] [加]梁鹤年. 简明土地利用规划[M]. 谢俊奇，等译. 北京：地质出版社，2003：1-14.
[198] 林布隆，查尔斯·E. 政策制定过程[M]. 朱国斌，译. 北京：华夏出版社，1988.
[199] 林俊强，张长义，蔡博文，等. 运用公众参与地理资讯系统于原住民族传统领域之研究：泰雅族司马库斯个案[J]. 地理学报（中国台湾），2005，41：65-82.
[200] 刘昌明，刘晓燕. 河流健康理论初探[J]. 地理学报，2008，63（7）：683-692.
[201] 刘建国，Thomas Dietz，Stephen R. Carpenter，等. 人类与自然耦合系统[J]. AMBIO—人类环境，2007，1（B12）：602-611.
[202] 刘军会，高吉喜. 北方农牧交错带界线变迁区的土地利用与景观格局变化[J]. 农业工程学报，2008，24（11）：76-82.
[203] 刘丽娟，李小玉，何兴元. 流域尺度上的景观格局与河流水质关系研究进展[J]. 生态学报，2011，31（19）：5460-5465.
[204] 刘彦随，吴传钧，鲁奇. 21 世纪中国农业与农村可持续发展方向和策略[J]. 地理科学，2002，22（4）：385-389.

[205] 刘耀宗，张经元. 山西土壤[M]. 北京：科学出版社，1992.

[206] 刘增光. 绿色山西建设研究[M]. 太原：山西科学技术出版社，2008.

[207] 骆世明. 传统农业精华与现代生态农业[J]. 地理研究，2007，26（3）：609-615.

[208] 马世骏，王如松. 社会—经济—自然复合生态系统[J]. 生态学报，1984，4（1）：3-11.

[209] 马子清. 山西植被[M]. 北京：中国科学技术出版社，2001.

[210] 毛战坡，王雨春，彭文启，等. 筑坝对河流生态系统影响研究进展[J]. 水利学进展，2005，16（1）：134-140.

[211] 闵庆文，张丹，何露，等. 中国农业文化遗产研究与保护实践的主要进展[J]. 资源科学，2011，33（6）：1018-1024.

[212] 欧阳进良，宋春梅，宇振荣，等. 黄淮海平原农区不同类型农户的土地利用方式选择及其环境影响——以河北省曲周县为例[J]. 自然资源学报，2004，19（1）：1-11.

[213] 牛冰娟，贾宁凤，王晓军，等. 晋西北耕地利用状况及驱动力分析——基于宁武县 5 个典型村的调查[J]. 安徽农业科学，2013，41（11）：5074-5077.

[214] 欧阳志云，王如松，赵景柱. 生态系统服务功能及其生态经济价值评价[J]. 应用生态学报，1999，10（5）：635-640.

[215] 帕齐·希利，曹康，王晖. 通过辩论做规划：规划理论中的交往转向[J]. 国际城市规划，2009，24（s1）：5-14.

[216] 潘影，肖禾，宇振荣. 北京市农业景观生态与美学质量空间评价[J]. 应用生态学报，2009，20（10）：2455-2460.

[217] 彭建，蔡运龙. 复杂性科学视角下的土地利用/覆被变化[J]. 地理与地理信息科学，2005，21（1）：100-103.

[218] 伊·普里戈金，伊·斯唐热. 从混沌到有序：人与自然的新对话[M]. 上海：上海译文出版社，1987.

[219] 丘昌泰. 公共政策：当代政策科学理论之研究[M]. 台北：巨流图书公司，1995：305-310.

[220] 全国森林立地分类试点小组. 全国森林立地分类北方试点材料汇编（油印本）. 1986.

[221] 桑广书. 黄土高原历史时期植被变化[J]. 干旱区资源与环境，2005，19（4）：54-58.

[222]《山西森林》编委会. 山西森林[M]. 北京：中国林业出版社，1992.

[223] 山西省地图集编委会. 山西省自然地图集[M]. 北京：中国地图出版社，1984.

[224]《中国森林立地分类》编写组. 中国森林立地分类[M]. 北京：中国林业出版社，1989.

[225] 山西省林业科学研究所. 山西省林业科学研究所科研文集，1959—1989[M]. 北京：学术书刊出版社，1989.

[226] 山西省林业科学研究院. 山西树木志[M]. 北京：中国林业出版社，2001.

[227] 山西省林业厅林业区划办. 山西省简明林业区划[R]. 1982.

[228] 尚宏琦，鲁小新. 国内外典型江河治理经验及水利发展理论研究[M]. 郑州：黄河水利出版社，2003.

[229] 邵华，石庆华，赵小敏. 基于 GIS 的江西省耕地土壤质量评价研究[J]. 江西农业大学学报，2008，30（6）：1137-1141.

[230] 张绍军. 生态文明建设过程中地方政府的政策协同研究[D]. 苏州：苏州大学，2015.

[231] 石培礼，李文华. 中国西南退化山地生态系统的恢复——综合途径[J]. AMBIO—人类环境，1999，5：390-397，461，389.

[232] 史念海. 黄土高原历史地理研究[M]. 郑州：黄河水利出版社，2001.

[233] 宋庆辉，杨志峰. 对我国城市河流综合管理的思考[J]. 水科学进展，2002，13（3）：377-382.

[234] 苏志珠，马义娟，刘梅. 中国北方农牧交错带形成之探讨[J]. 山西大学学报（自然科学版），2003，26（3）：269-273.

[235] 孙晶，王俊，杨新军. 社会—生态系统恢复力研究综述[J]. 生态学报，2007，27（12）：5371-5381.

[236] 孙施文. 现代城市规划理论[M]. 北京：中国建筑工业出版社，2007.

[237] 孙拖焕. 山西省主要造林绿化模式[M]. 北京：中国林业出版社，2007.

[238] 唐纳德 • 沃斯特. 自然的生态史观[N]. 中国社会科学报，2012-07-11（A05）.

[239] 唐小平. 生物类自然保护区适应性管理关键问题的研究[D]. 北京：北京林业大学，2012.

[240] 佟金萍，王慧敏. 流域水资源适应性管理研究[J]. 软科学，2006，2（20）：59-61.

[241] 万里强，侯向阳，任继周. 系统耦合理论在我国草地农业系统应用的研究[J]. 中国生态农业学报，2004，12（1）：162-164.

[242] 汪宁，叶常林，蔡书凯. 农业政策和环境政策的相互影响及协调发展[J]. 软科学，2010，24（1）：37-41.

[243] 王兵，任晓旭，胡文. 中国森林生态系统服务功能及其价值评估[J]. 林业科学，2011，47（2）：145-153.

[244] 王超，王沛芳. 城市水生态系统建设与管理[M]. 北京：科学出版社，2004.

[245] 王崇珍. 工程造林的理论与实践[M]. 太原：山西科学技术出版社，2007.

[246] 王根绪，刘桂民，常娟. 流域尺度生态水文研究评述[J]. 生态学报，2005，25（4）：892-903.

[247] 王国祥. 山西省科学造林研究[M]. 太原：山西科学技术出版社，2012.

[248] 王国祥. 山西省林业可持续发展战略研究[M]. 太原：山西科学技术出版社，2008.

[249] 王国祥. 山西省天然林经营技术研究[M]. 太原：山西科学技术出版社，2016.

[250] 王浩. 中国未来水资源情势与管理需求[J]. 世界环境，2011（2）：16-17.

[251] 王慧珍，段建南，李萍. 县级土地利用规划的公众参与方法与实践[J]. 中国土地科学，2008，22（10）：64-69.

[252] 王计平，陈利顶，汪亚峰. 黄土高原地区景观格局演变研究综述[J]. 地理科学进展，2010，29（5）：535-542.

[253] 王建文，王有年. 一万年来导致华北、西北地区天然林不断减少诸因素分析[J]. 北京农学院学报，2005，20（4）：61-65.

[254] 王凯元，何晓波. 从农事实践看地方性知识与科学知识的契合——兼论传统农业的现代化演变[J]. 西北农林科技大学学报（社会科学版），2011，11（6）：167-171.

[255] 王利华. 中国生态史学的思想框架和研究理路[J]. 南开学报（哲学社会科学版），2006（2）：22-32.

[256] 王如松，欧阳志云. 社会—经济—自然复合生态系统与可持续发展[J]. 中国科学院院刊，2012，27（3）：337-345.

[257] 王如松. 从农业文明到生态文明——转型期农村可持续发展的生态学方法[J]. 中国农村观察，2000（1）：2-8，80.

[258] 王守春. 论古代黄土高原植被[J]. 地理研究，1990，9（4）：72-79.

[259] 王涛，王学伦. 社区运行的制度解析——以奥斯特罗姆制度分析与发展框架为视角[J]. 学会，2010（3）：75-79.

[260] 中国可持续发展林业战略研究项目组. 中国可持续发展林业战略研究总论[M]. 北京：中国林业出版社，2002.

[261] 王文杰，潘英姿，王明翠，等. 区域生态系统适应性管理概念、理论框架及其应用研究[J]. 中国环境监测，2007，23（2）：1-8.

[262] 王文君，黄道明. 国内外河流生态修复研究进展[J]. 水生态学，2012，33（4）：142-146.

[263] 王文科，李俊亭，王钊，等. 河流与地下水关系的演化及若干科学问题[J]. 吉林大学学报（地球科学版），2007，37（2）：231-238.

[264] 王锡锌. 公众参与和行政过程——一个理念和制度分析的框架[M]. 北京：中国民主法制出版社，2007：166-217.

[265] 王晓军，王嘉维，梅傲雪. 河流渠化问题分析与对策研究[J]. 环境科学与管理，2017，42（3）：149-152.

[266] 王晓军，宇振荣. 基于参与式地理信息系统的社区制图研究[J]. 陕西师范大学学报（自然科学版），2010，38（2）：95-98.

[267] 王晓军，李新平. 参与式土地利用规划理论、方法与实践[M]. 北京：中国林业出版社，2007.

[268] 王晓军，唐海凯（Tane H），张红. 可持续发展项目中的参与式地理信息系统——中国和澳洲案例研究[J]. 山西大学学报（哲学社会科学版），2009，32（6）：85-89.

[269] 王晓军. 参与式地理信息系统研究综述[J]. 中国生态农业学报，2010，18（5）：1138-1144.

[270] 王晓军，孙拖焕. 参与式监测评估理论与实践[M]. 北京：中国林业出版社，2007.

[271] 王晓军，周洋. 问题导向下的村庄规划模式研究[J]. 浙江农业学报，2015，10：1859-1864.

[272] 王羊，刘金龙，冯喆，等. 公共池塘资源可持续管理的理论框架[J]. 自然资源学报，2012，27（10）：1797-1807.

[273] 王子今. 中国生态史学的进步及其意义——以秦汉生态史研究为中心的考察[J]. 历史研究，2003（1）：98-108.

[274] 威廉 • N. 邓恩. 公共政策分析导论[M]. 谢明，杜子芳，译. 北京：中国人民大学出版社，2010.

[275] 温贵常. 山西林业史料[M]. 北京：中国林业出版社，1988.
[276] 温铁军，等. 八次危机——1949—2009 年，中国的真实经验[M]. 北京：东方出版社，2012.
[277] 温仲明，焦峰，张晓萍，等. 黄土丘陵区纸坊沟流域 60 年来土地利用格局变化研究[J]. 水土保持学报，2004，18（5）：125-128，133.
[278] 吴阿娜，车越，张宏伟，等. 国内外城市河道整治的历史、现状及趋势[J]. 中国给水排水，2008，24（4）：13-18.
[279] 吴保生，陈红刚，马吉明. 美国基西米河渠化工程对河流生态环境的影响[J]. 水利水电技术，2004，35（9）：13-16.
[280] 吴玉鸣，张燕. 中国区域经济增长与环境的耦合协调发展研究[J]. 资源科学，2008，30（1）：25-30.
[281] 西北林学院. 简明林业词典[M]. 北京：科学出版社，1982.
[282] 西蒙. 现代决策理论的基石：有限理性说[M]. 北京：北京经济学院出版社，1989.
[283] 谢晨，张坤，王佳男. 奥斯特罗姆的公共池塘治理理论及其对我国林业改革的启示[J]. 林业经济，2017（5）.
[284] 徐菲，王永刚，张楠，等. 河流生态修复相关研究进展[J]. 生态环境学报，2014，23（3）：515-520.
[285] 徐惠民，丁德文，石洪华，等. 基于复合生态系统理论的海洋生态监控区区划指标框架研究[J]. 生态学报，2014，34（1）：122-128.
[286] 徐建华，余庆余. 人类生态系统[M]. 兰州：兰州大学出版社，1993.
[287] 徐庆勇，黄玫，李雷，等. 晋北地区生态环境脆弱性的 GIS 综合评价[J]. 地球信息科学学报，2013，15（5）：705-711.
[288] 徐瑱，祁元，齐红超，等. 社会—生态系统框架（SES）下区域生态系统适应能力建模研究[J]. 中国沙漠，2010，30（5）：1174-1181.
[289] 徐小明，杜自强，张红，等. 晋北地区 1986—2010 年土地利用/覆被变化的驱动力[J]. 中国环境科学，2016，36（7）：2154-2161.
[290] 薛力. 城市化背景下的“空心村”现象及其对策探讨——以江苏省为例[J]. 城市规划，2001，25（6）：8-13.
[291] 杨朝飞. 善待洪水——还河流于自然[J]. 环境保护，2004（7）：38-40.
[292] 杨红善，周学辉，苗小林，等. 牧区放牧管理传统乡土知识挖掘[J]. 草业与畜牧，2011（5）：60-62.
[293] 杨涛. 公共事务治理行动的影响因素——兼论埃莉诺·奥斯特罗姆社会—生态系统分析框架[J]. 南京社会科学，2014（10）：77-83.
[294] 叶敬忠. 一分耕耘未必有一分收获——当农民双脚站在市场经济之中[J]. 中国农业大学学报（社会科学版），2012（1）：5-13.
[295] 尹飞，毛任钊，傅伯杰，等. 农田生态系统服务功能及其形成机制[J]. 应用生态学报，2006，17（5）：929-934.

[296] 于泓，吴志强. Lindblom与渐进决策理论[J]. 国际城市规划，2000（2）：39-41.
[297] 于泓. DaVidoff的倡导性城市规划理论[J]. 国际城市规划，2000（1）：30-33.
[298] 于立. 规划理论的批判和规划效能评估原则[J]. 国际城市规划，2005，20（4）：34-40.
[299] 余达忠. 农耕社会与原生态文化的特征[J]. 农业考古，2010（4）：1-6.
[300] 余新晓，鲁绍伟，靳芳，等. 中国森林生态系统服务功能价值评估[J]. 生态学报，2005，25（8）：2096-2102.
[301] 俞可平. 当代西方学术前沿论丛之一：治理与善治[M]. 北京：社会科学文献出版社，2000.
[302] 俞孔坚. 水生态基础设施构建关键技术[J]. 中国水利，2015（22）：1-4.
[303] 俞孔坚. 制止粗暴无度的水利工程建设水生态基础设施[J]. 绿色中国，2014（21）：34-35.
[304] 郧文聚. 农用地分等及其应用研究[D]. 北京：中国农业大学，2005：1-5.
[305] 翟旺，杨丕文. 管涔山林区森林与生态变迁史[M]. 太原：山西高校联合出版社，1994：8-170.
[306] 翟旺，张士权，赵汉儒. 雁北森林与生态史[M]. 北京：中央文献出版社，2004：131-167.
[307] 翟旺，米文精. 山西森林与生态史[M]. 北京：中国林业出版社，2009.
[308] 翟旺. 山西森林变迁史略[J]. 山西林业科技，1982（4）：13-18.
[309] 张保华，谷艳芳，丁圣彦，等. 农业景观格局演变及其生态效应研究进展[J]. 地理科学进展，2007，26（1）：114-122.
[310] 张建辉. 多层次模糊综合评判在林业土壤评价中的应用[J]. 资源开发与市场，1991，7（1）：8-12.
[311] 张劲峰，耿云芬，周鸿. 乡土知识及其传承与保护[J]. 北京林业大学学报（社会科学版），2007，6（2）：5-8.
[312] 张红，王晓军，贾宁凤，等. 基于多利益相关者视角的耕地利用与保护研究[J]. 干旱区资源与环境，2012，26（2）：126-131.
[313] 张明，曹梅英. 浅淡城市河流整治与生态环境保护[J]. 中国水土保持，2002（9）：33-34.
[314] 张秋菊，傅伯杰，陈利顶. 关于景观格局演变研究的几个问题[J]. 地理科学，2003，23（3）：264-270.
[315] 张思. 近代华北农村的农家生产条件·农耕结合·村落共同体[J]. 中国农史，2003（3）：84-95.
[316] 张晓彤，宇振荣，王晓军. 京承高速公路沿线农民对多功能农业不同需求的研究[J]. 中国生态农业学报，2009，17（4）：782-788.
[317] 张勇，杨晓光，张静，等. 有限投入下的普通村庄规划研究与实践[J]. 城市规划，2010，34（S1）：54-57.
[318] 张舟，吴次芳，谭荣. 生态系统服务价值在土地利用变化研究中的应用：瓶颈和展望[J]. 应用生态学报，2013，24（2）：556-562.
[319] 赵哈林，赵学勇，张铜会，等. 北方农牧交错带的地理界定及其生态问题[J]. 地球科学进展，2002，17（5）：739-747.
[320] 赵华甫，张凤荣，姜广辉，等. 基于农户调查的北京郊区耕地保护困境分析[J]. 中国土地科学，2008，

22（3）：28-34.

[321] 赵静. 我国农村耕地利用及保护对策[J]. 资源开发与市场，2007，23（9）：839-840.

[322] 赵文琳，谢淑君. 中国人口史[M]. 北京：人民出版社，1988.

[323] 郑艳，潘家华，廖茂林. 适应规划：概念、方法学及案例[J]. 中国人口·资源与环境，2013，23（3）：132-139.

[324] 郑圆圆，郭思彤，苏筠. 我国北方农牧交错带的气候界线及其变迁[J]. 中国农业资源与区划，2014（3）：6-13.

[325] 中国科学院南京土壤研究所主办. 土壤学进展[M]. 南京：中国科学院南京土壤研究所，1979.

[326]《中国可持续发展林业战略研究》项目组. 中国可持续发展林业战略研究 森林问题卷[M]. 北京：中国林业出版社，2003.

[327]《中国植被》编辑委员会. 中国植被[M]. 北京：科学出版社，1983.

[328] 钟春欣，张玮. 基于河道治理的河流生态修复[J]. 水利水电科技进展，2004，24（3）：12-14.

[329] 钟太洋，黄贤金. 农户层面土地利用变化研究综述[J]. 自然资源学报，2007，22（3）：341-351.

[330] 周勇，田有国，任意，等. 定量化土地评价指标体系及评价方法探讨[J]. 生态环境，2003，12（1）：37-41.

[331] 朱党生，张建永，廖文根，等. 水工程规划设计关键生态指标体系[J]. 水科学进展，2010，21（4）：560-566.

[332] 朱德米. 新制度主义政治学的兴起[J]. 复旦学报（社会科学版），2001（3）：107-113.

[333] 朱卫红，曹光兰，李莹，等. 图们江流域河流生态系统健康评价[J]. 生态学报，2014（14）：3969-3977.

[334] 朱文玉. 我国生态农业政策和法律的缺陷及其完善[J]. 学术交流，2008，12：96-99.

[335] 竺可桢. 中国近五千年来气候变迁的初步研究[J]. 气象科技，1973（s1）：15-38.